Der durchlaufende Träger über ungleichen Öffnungen

Theorie, gebrauchsfertige Formeln, Zahlenbeispiele

Von

Dr.-Ing. Emil Kammer

ord. Professor für Ingenieurwissenschaften an der Technischen Hochschule
Darmstadt

Mit 303 Abbildungen im Text
und auf 4 Tafeln

Berlin
Verlag von Julius Springer
1926

ISBN-13: 978-3-642-89924-9   e-ISBN-13: 978-3-642-91781-3
DOI: 10.1007/978-3-642-91781-3

Softcover reprint of the hardcover 1st edition 1926

Vorwort.

Das vorliegende Buch verfolgt in erster Linie praktische Zwecke: Es will dem Statiker Hilfsmittel zur Vereinfachung und Abkürzung der statischen Berechnung durchlaufender Balken an die Hand geben. Es befaßt sich daher mit theoretischen Dingen nur so weit, als zur verständnisvollen Benutzung der Hilfstafeln notwendig erscheint.

Deshalb sei dem Leser für den ersten Gebrauch des Buches empfohlen, sogleich mit dem Abschnitt V des ersten Teiles und den Zahlenbeispielen des zweiten Teiles, die die verschiedenen Anwendungsmöglichkeiten der Hilfstafeln des dritten Teiles zeigen, zu beginnen. Hat sich der Leser erst davon überzeugt, daß der vorgeschlagene Weg die Rechenarbeit vereinfacht und erleichtert, dann wird er den theoretischen Untersuchungen ein um so größeres Interesse entgegenbringen.

Die Hilfstafeln des dritten Teiles bilden nun, abweichend von den bisherigen Tabellen zur Berechnung kontinuierlicher Träger, bei denen es sich stets um fertige Zahlenwerte handelt, eine Zusammenstellung gebrauchsfertiger Formeln in Tafelform, die so aufgebaut sind, daß wesentliche Teile der Rechnung unter Benutzung gegebener Zahlenreihen — nämlich der durch Müller-Breslau eingeführten Zahlen ω — durchgeführt werden können. Hierdurch wird eine knappe und übersichtliche Form der Hilfstafeln, und außerdem eine größere Vielseitigkeit und Leistungsfähigkeit in der Anwendung gegenüber den bisherigen reinen Zahlentafeln erreicht.

Die Hilfstafeln sind für Balken über mehreren ungleichen Öffnungen aufgestellt und gestatten — unter Berücksichtigung der Veränderlichkeit des Querschnittes in den einzelnen Öffnungen — das unmittelbare Auftragen der Einflußlinien für Stützen- und Feld-Momente, Querkräfte und Auflagerdrücke, ohne zuvor zeitraubende Zwischenrechnungen, wie Aufstellen und Auflösen von Dreimomentengleichungen oder entsprechende graphische Untersuchungen, ausführen zu müssen.

Weiterhin lassen sich mit Hilfe der gebrauchsfertigen Formeln sofort die Momente und Querkräfte infolge Eigengewicht, sowie die Größt- und Kleinst-Werte von Momenten, Querkräften und Stützdrücken infolge veränderlicher Nutzlast p ermitteln — alles Werte, die der Statiker so schnell wie möglich haben möchte, weil er sie unbedingt für die Querschnittsermittlung braucht.

Da nun diese Hilfstafeln kein Rezeptbuch bilden sollen, sondern eine verständnisvolle Benutzung durch den Ingenieur voraussetzen, darf die theoretische Begründung nicht zu kurz kommen. Deshalb werden im ersten Teil alle wichtigen Fragen, die bei der Berechnung durchlaufender Träger auftreten, besprochen und auch alle in den Hilfstafeln vorkommenden Formeln hergeleitet. Hierbei ist auch die rechnerische und graphische Untersuchung des besonders im Eisenbetonbau neuerdings wichtigen Falles durchgeführt, daß der Balkenquerschnitt innerhalb der Öffnungen beliebig veränderlich ist.

An einer größeren Zahl von Beispielen wird die vielseitige Benutzbarkeit der Hilfstafeln gezeigt. Zunächst werden in einer Anzahl von Grundaufgaben die immer wieder vorkommenden Fälle wie Ermitteln und Auftragen der Einflußordinaten innerhalb der Öffnungen, Darstellung der Maximal- und Minimal-Momenten- und Querkraftflächen infolge p u. a., besprochen; hierauf wird die zahlenmäßige Durchrechnung von Trägern über 2, 3, 4, 6 und 7 Öffnungen unter Benutzung der Hilfstafeln gezeigt. Das Schlußbeispiel bringt die rechnerische und graphische Untersuchung eines Balkens über 4 Öffnungen, dessen Querschnitt auch innerhalb der einzelnen Öffnungen veränderlich ist.

Zur Erleichterung der Zahlenrechnungen sind eine Anzahl von Zahlentafeln aufgenommen worden: die Ordinaten der Einheitsparabeln, die Zahlen ω_D und ω'_D und die Nomogramme für ω_T und ω'_T. Letztere sind mit Erlaubnis des Dr.-Ing. G. Worch seiner Abhandlung: „Graphische Hilfstafeln zur schnellen Berechnung statisch unbestimmter vollwandiger Träger und Rahmen", Beton und Eisen 1924, entnommen worden.

An dieser Stelle möchte ich den Assistenten meines Lehrstuhles für ihre Mitarbeit danken. Mein erster Assistent, Herr Privatdozent Dr.-Ing. Worch, sowie die Herren Dipl.-Ing. Stahl und Dipl.-Ing. Havemann haben mir insbesondere bei der Aufstellung der Hilfstafeln sowie bei den umfangreichen Zahlenrechnungen und auch bei der Korrektur wertvolle Hilfe geleistet.

Der Verlagsbuchhandlung Julius Springer bin ich für ihre Unterstützung bei der schwierigen drucktechnischen Herstellung sowie für die sorgfältige Ausstattung des Buches ebenfalls zu Dank verpflichtet.

Darmstadt, im September 1926.

Emil Kammer.

Inhaltsverzeichnis.

Zweiter Teil.

Grundaufgaben und Zahlenbeispiele.

Dritter Teil.

Hilfstafeln zur Berechnung durchlaufender Balken über ungleichen Öffnungen.

$$\int \omega_T\, d\!\left(\frac{x}{l}\right) \quad \text{und} \quad \int \omega'_T\, d\!\left(\frac{x'}{l}\right) \quad \text{(Ausschlagtafel).}$$

---

[1]) Die Hilfstafeln II bis VII enthalten folgende Untertafeln:

1. Bezeichnungen und Abkürzungen,
2. die Dreimomentengleichungen,
3. die Auflösung der Dreimomentengleichungen,
4. Tafel der Werte β,
5. Tafel der Werte k,
6. Einflußlinien für die Stützenmomente,
7. „   „   „   Feldmomente,
8. „   „   „   Querkräfte,
9. „   „   „   Auflagerdrücke,
10. Einfluß des Eigengewichts g,
11. „   der veränderlichen Nutzlast p,
12. „   „ symmetrischen Belastung je einer Öffnung.

Berichtigungen.

S. 10, 3. Zeile v. u. lies: $M_k = \frac{b}{l} x + \frac{a}{l} x'$ statt $M_k = \frac{b}{l} x = \frac{a}{l} x'$.

S. 27, Formel (36 b) lies: $E J_c \delta_{r+1,\,r} = \sum\limits_{r=1}^{n_{r-1}-1} w_{r+1} \frac{x_{r+1}}{l_{r+1}}$

$\qquad\qquad$ statt $E J_c \delta_{r+1,\,r} = \sum\limits_{r=1}^{n_r-1} w_{r+1} \frac{x_{r+1}}{l_{r+1}}$.

S. 42, 3. Zeile v. o. lies: $\beta_{1\,r}$ statt $\beta_{2\,r}$.

S. 60, Formel (78) lies: $Q_{mg} = g_r (x_{0\,r} - x_r)$ statt $Q_{mg} = g_r (x_{0\,r} - x_m)$.

S. 60, 3. Zeile v. o. lies: x_r'' statt $x_{0\,r}''$.

S. 82, Formel (135), 3. Zeile v. o. lies: $-\left[\frac{1}{b_r'} + \frac{\mu_r'}{b_{r+1}'}\right] k_{r-1,\,r}\, \omega_D'$

$\qquad\qquad$ statt $-\left[\frac{1}{b_r'} + \frac{u_r'}{b_{r+1}'}\right] k_{r-1,\,r}\, \omega_D'$.

S. 97, Formel (151) lies: f_r statt f_r'.

S. 123, 7. Zeile v. o. lies: $\eta_{45} = -3{,}930\,(\omega_D' - 0{,}340\,\omega_D)$

$\qquad$ statt $\eta_{45} = -3{,}930\,(\omega_D - 0{,}340\,\omega_D)$.

S. 125, 10. Zeile v. u. lies: $\mu = 0{,}385$ statt $i = 0{,}385$.

S. 132, Abb. 134a u. b lies: $\eta_A = 3{,}82$ statt $\eta_{0\,m}' = 3{,}82$.

S. 141, 2. Zeile v. u. lies: $Z_2 = -P\,l_3\,l_3'\,\omega_D'$ statt $Z_2 = -P\,l_3\,l_3'\,\omega_D$.

S. 145, 14. Zeile v. o. lies: $c_{2\,p} = \frac{l_2}{2} - \frac{1}{4} k_{12}$ statt $c_{2\,p} = \frac{l}{2} - \frac{1}{4} k_{12}$.

S. 150, 9. Zeile v. o. lies: $\min M_{L_2} = -\frac{p}{4} l_1 k_{11} \frac{b_2}{l_2}$

$\qquad\qquad$ statt $\min M_{L_1} = -\frac{p}{4} l_1 k_{11} \frac{b_2}{l_2}$.

S. 151, 10. Zeile v. u. lies: $\min C_{1\,p} = 0$ statt $\min C_p = 0$.

S. 152, letzte Zeile lies: $Q_{II} = -\frac{1{,}22}{12{,}0}$ statt $Q_{II} = \frac{1{,}22}{12{,}0}$.

S. 158, 4. Zeile v. o. lies: $t_1' = 2 c_{1\,p} - b_1'$ statt $t_1' = 2 c_1 - b_1'$.

S. 170, 3. Zeile v. links lies: $l_3 = 14{,}0$ statt $l_3 = 14{,}3$.

S. 217, 1. Zeile der M_g-Werte lies: $M_{2\,g} = -\frac{1}{4}\,[g_1\,l_1\,k_{21} + g_2\,l_2\,k_{22}\,(1-\mu_1) + g_3\,l_3\,k_{23}]$

$\qquad\qquad$ statt $M_{1\,g} = -\frac{1}{4}\,[g_1\,l_1\,k_{21} + g_2\,l_2\,k_{22}\,(1-\mu_1) + g_3\,l_3\,k_{23}]$.

S. 218, 4. Zeile v. o. lies: $c_{3\,p} = \frac{l_3}{2} - \frac{1}{4\,l_3}\,[k_{21}\,l_1 + k_{23}\,l_3]$

$\qquad\qquad$ statt $c_{3\,p} = \frac{l_3}{2} - \frac{1}{4\,l_2}\,[k_{21}\,l_1 + k_{23}\,l_3]$.

S. 248, in der Reihe der Q_I-Werte lies: $\eta_{I4} = -\frac{k_{14}}{l_1}\,\omega_{T_4}'$ statt $\eta_{I4} = -\frac{k_{14}}{l_1}\,\omega_{T_4}$.

S. 259, in der Reihe der max. Auflagerkräfte, unter C_5 lies:

$$p\,\frac{l_5 + l_6}{2} - \alpha_5\,l_5 + \alpha_6\,l_6 - \min \gamma_5 + \max \gamma_6$$

$$\text{statt } p\,\frac{l_5 + l_6}{2} - \alpha_5\,l_5 + \alpha_6\,l_6 - \min \gamma_5 - \max \gamma_6.$$

Erster Teil

Theorie des durchlaufenden Balkens über ungleichen Öffnungen.

I. Die Grundlagen.

1. Einleitung.

Der Balken auf mehreren Stützen, wie ihn Abb. 1 zeigt, besitzt nur ein festes Auflager, während alle anderen Auflager, um Zwängungen infolge von Temperaturänderungen, von Erhärtungsvorgängen usw. im Tragwerk zu vermeiden, beweglich angeordnet sind. Da nun ein Balken auf zwei Stützen statisch bestimmt ist, hier aber zu den beiden Endauflagern noch n Unbekannte der n Innenauflager hinzutreten, ist ein Tragwerk nach Abb. 1 n-fach statisch unbestimmt.

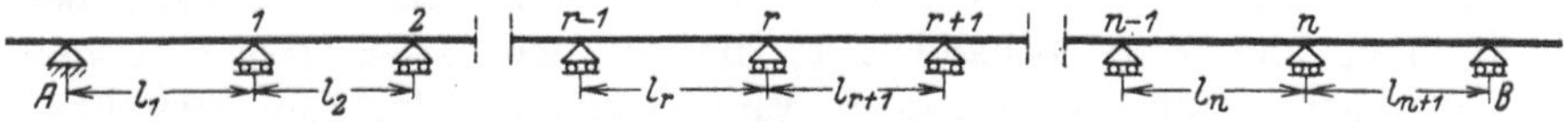

Abb. 1.

Zur Berechnung dieser n Unbekannten müssen n Gleichungen gefunden werden, die man aus dem elastischen Verhalten des Trägers herleiten kann und die daher Elastizitätsgleichungen genannt werden. Wählt man als statisch unbestimmte Größen die Biegungsmomente über den Innenstützen, so nehmen diese Elastizitätsgleichungen eine für die Auflösung sehr bequeme Form an, weil in jeder Gleichung nicht mehr als drei Unbekannte vorkommen. Diese Gleichungen gehen in der Praxis unter dem Namen Clapeyron'sche Gleichungen (von Clapeyron 1857 aufgestellt), werden aber besser Dreimomentengleichungen genannt, denn bereits zwei Jahre vor Clapeyron, d. h. 1855, hat Bertot diese Dreimomentengleichungen verwendet[1]).

---

[1]) Wir Deutsche bevorzugen ja gern fremdländische, klangvolle Bezeichnungen, haben aber meist wenig Glück damit. So rührt der Polonceau-Dachstuhl von Wiegmann her, die Cremonaschen Kräftepläne hat zuerst Bow aufgestellt usw.

Die Theorie des kontinuierlichen Trägers ist später vor allem in Deutschland ausgebaut worden, wobei Namen wie Winkler, Mohr, Müller-Breslau in erster Linie zu nennen sind. Die graphische Theorie des Balkens auf vielen Stützen baut sich auf den Untersuchungen von Mohr über die elastische Linie auf. Auf diesem Gebiet haben besonders Culmann und Ritter in Zürich Grundlegendes geleistet.

Bei der praktischen Durchführung der Berechnung durchlaufender Balken sind gewöhnlich umfangreiche Zahlenrechnungen erforderlich. Um diese abzukürzen, stehen den in der Praxis tätigen Ingenieuren seit langem eine Reihe von Tabellenwerken zur Verfügung. Aus der reichhaltigen Literatur seien nur einige der bekanntesten hier erwähnt. Zunächst die weitverbreiteten und vielbenutzten Winkler'schen Zahlentafeln für kontinuierliche Träger, die von Winkler vorerst für Balken über zwei bis vier gleichen Öffnungen aufgestellt, später auf andere Fälle erweitert wurden. Diese Tafeln geben unmittelbar die Größt- und Kleinstwerte der Biegungsmomente, Querkräfte und Auflagerdrücke infolge Eigengewichts und gleichmäßig verteilter Nutzlast an. Weiter hat Griot in seinem bekannten Büchlein die Einflußlinienordinaten für Momente und Scherkräfte tabellarisch berechnet, und zwar behandelt er Balken über zwei, drei und vier Öffnungen. Während Griot die Einflußordinaten für fünf Zwischenpunkte berechnet, gibt Lederer in seinem 1908 erschienenen Buche „Analytische Ermittlung und Anwendung von Einflußlinien" die Einflußordinaten für eine Zwischenteilung der einzelnen Öffnungen in zehn Felder. Griot und Lederer behandeln außer den Einflußlinien noch den Einfluß des Eigengewichtes und einer gleichmäßig verteilten Nutzlast p. Auch Kapferer gibt in seinen „Tabellen der Maximalquerkräfte und Maximalmomente durchlaufender Träger mit zwei, drei und vier Öffnungen" Tabellen für den Einfluß von Eigengewicht und Nutzlast p. Erwähnt seien hier auch noch kurz die Tabellen für kontinuierliche Träger im Handbuch für Eisenbeton (Balkenbrücken), im Betonkalender, in den „Statischen Tabellen" von Börner, sowie in der kurzen aber inhaltsreichen Broschüre von Lewe: „Die Berechnung durchlaufender Träger und mehrstieliger Rahmen nach der Methode des Zahlenrechtecks". An wichtigen Büchern über die Theorie des kontinuierlichen Trägers seien hier nur die grundlegenden Werke genannt: Müller-Breslau: Die graphische Statik der Baukonstruktionen Bd. II, 1. und 2. Abteilung; Ritter, W.: Anwendungen der graphischen Statik. 3. Teil. Der kontinuierliche Balken.

Bevor nun die allgemeine Theorie des durchlaufenden Balkens entwickelt wird, möge einiges aus den Grundlagen der Statik kurz zusammengestellt werden, natürlich nur so weit, als es zum Verständnis der späteren Betrachtungen notwendig erscheint.

2. Die Elastizitätsgleichungen.

Zur Einführung in die folgenden, ganz allgemein geltenden Entwicklungen wollen wir von einem Sonderfall ausgehen.

Der kontinuierliche Träger nach Abb. 2 ist, da drei Innenstützen vorhanden sind, dreifach äußerlich statisch unbestimmt. Bei der Wahl der statisch unbestimmten Größen hat man nun gewisse Freiheiten: so kann man als Unbekannte Stützendrücke, aber auch Biegungsmomente,

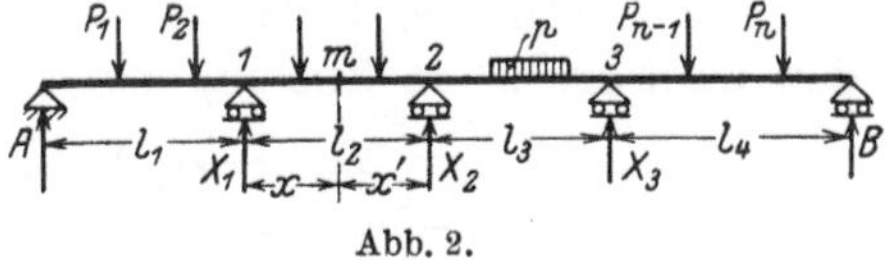

Abb. 2.

Drehwinkel und andere statische Größen wählen. Die Zweckmäßigkeit der einen oder anderen Wahl wird uns noch später beschäftigen. Hier wählen wir zunächst als am naheliegendsten die drei Stützdrücke $X_1 X_2 X_3$ als statisch unbestimmte Größen. Der Träger sei beliebig mit Einzelkräften P_1 bis P_n bzw. mit gleichmäßig verteilten Streckenlasten belastet. Es wirken nun im Ganzen an dem Tragwerk die angreifende äußere Belastung und die widerstehenden Kräfte A, B und X. Den Einfluß, den all diese Kräfte auf den Träger ausüben, wollen wir in der folgenden Weise getrennt untersuchen und dann zum Schluß die Einzelergebnisse zusammenzählen.

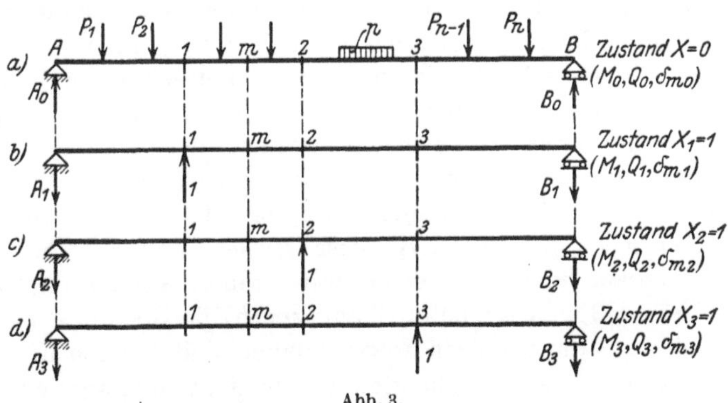

Abb. 3.

Zunächst betrachten wir nur den Einfluß der angreifenden äußeren Belastung und setzen $X_1 = X_2 = X_3 = 0$; dann liegt ein mit p und P belasteter Balken auf 2 Stützen vor. Diesen Teilzustand wollen wir den **Zustand $X = 0$** nennen; die Lasten wirken an dem **statisch bestimmten Hauptsystem**. Man erhält nach Abb. 3a die Auflagerdrücke A_0 und B_0, Biegungsmomente M_0 und Querkräfte Q_0. Die Durchbiegung eines Punktes m infolge dieses Zustandes ist δ_{m0}; der erste Zeiger von δ gibt den Ort an, nämlich m, der zweite Zeiger die Ursache, nämlich den Lastzustand $X = 0$.

Hierauf untersucht man der Reihe nach die Zustände $X_1 = 1$; $X_2 = 1$; $X_3 = 1$ und erhält die folgenden Werte:

Zustand $X_1 = 1$ (Abb. 3b): A_1, B_1, M_1, Q_1 und δ_{m1},

   $X_2 = 1$ („   3c): A_2, B_2, M_2, Q_2 „ δ_{m2},

   $X_3 = 1$ („   3d): A_3, B_3, Q_3, M_3 „ δ_{m3}.

Aus diesen vier Teilzuständen erhält man durch Zusammenzählen den ursprünglichen Zustand nach Abb. 2. Es wird also

$$\left.\begin{aligned}
A &= A_0 + A_1 X_1 + A_2 X_2 + A_3 X_3\,, \\
B &= B_0 + B_1 X_1 + B_2 X_2 + B_3 X_3\,, \\
M &= M_0 + M_1 X_1 + M_2 X_2 + M_3 X_3\,, \\
Q &= Q_0 + Q_1 X_1 + Q_2 X_2 + Q_3 X_3\,, \\
\delta_m &= \delta_{m0} + \delta_{m1} X_1 + \delta_{m2} X_2 + \delta_{m3} X_3\,.
\end{aligned}\right\} \qquad (1)$$

Der Querschnitt m des Balkens ist beliebig. Setzt man der Reihe nach für m die Angriffspunkte 1, 2, 3 der statisch unbestimmten Stützkräfte $X_1\, X_2\, X_3$, dann erhält man die drei Gleichungen

$$\left.\begin{aligned}
\delta_1 &= \delta_{10} + \delta_{11} X_1 + \delta_{12} X_2 + \delta_{13} X_3\,, \\
\delta_2 &= \delta_{20} + \delta_{21} X_1 + \delta_{22} X_2 + \delta_{23} X_3\,, \\
\delta_3 &= \delta_{30} + \delta_{31} X_1 + \delta_{32} X_2 + \delta_{33} X_3\,.
\end{aligned}\right\} \qquad (2)$$

Stillschweigend haben wir bei den bisherigen Operationen angenommen, daß es zulässig sei, den wirklichen Zustand in Teilzustände aufzulösen, die Einzelzustände für sich zu betrachten und dann die Ergebnisse zusammenzuzählen. Das darf jedoch nur bei Gültigkeit des Superpositionsgesetzes gemacht werden, des Gesetzes von der Zulässigkeit der Übereinanderlagerung verschiedener Spannungszustände. Dieses gilt nun stets, wenn das Hookesche Gesetz und die Navier'sche Spannungshypothese gelten, was für die meisten Baustoffe genau oder wenigstens mit großer Annäherung zutrifft. Bekannt ist, daß in Eisenbeton-Tragkörpern die Biegungsspannungen anderen als linearen Gesetzen folgen; daher sind für den Eisenbetonbau die hier entwickelten Theorien nur bedingt anzuwenden — eben nur so lange, als durch Versuche eine befriedigende Übereinstimmung zwischen Berechnung und wirklichem Verhalten nachgewiesen wird. Für den kontinuierlichen Träger aus Eisenbeton ist dieser Nachweis erbracht.

Bei dem Träger nach Abb. 2 haben wir bisher bezüglich der Stützung noch keine Voraussetzungen gemacht. Die Stützen können nun in Wirklichkeit nachgiebig oder starr sein. Hat man es mit starren Stützen zu tun, wie es in der Praxis häufig der Fall sein wird, dann werden die Verschiebungen der Stützen 1, 2 und 3

$$\delta_1 = \delta_2 = \delta_3 = 0,$$

und in dem Gleichungssystem (2) sind dann nur die Größen X unbekannt, denn sämtliche Verschiebungswerte δ mit Doppelzeigern kann man am statisch bestimmten Hauptsystem berechnen. Wir erhalten also zur Berechnung der unbekannten Stützendrücke X die Elastizitätsgleichungen

$$\begin{aligned}
&1. \quad \delta_{11} X_1 + \delta_{12} X_2 + \delta_{13} X_3 = -\,\delta_{10}, \\
&2. \quad \delta_{21} X_1 + \delta_{22} X_2 + \delta_{23} X_3 = -\,\delta_{20}, \\
&3. \quad \delta_{31} X_1 + \delta_{32} X_2 + \delta_{33} X_3 = -\,\delta_{30}.
\end{aligned} \right\} \qquad (2\,\text{a})$$

Die Werte δ_{10}, δ_{20}, δ_{30} nennt man die Belastungsglieder, weil sie nur von der Belastung des statisch bestimmten Hauptsystems abhängig sind. Bei der Untersuchung des Einflusses beweglicher Belastung pflegt man für diese Belastungsglieder zweckmäßig die folgende Bezeichnungsweise zu wählen: Wirkt an einem Punkte m des statisch bestimmten Hauptsystems eine Einzellast P_m, so wird die Verschiebung δ_{10} in diesem Falle $P_m \cdot \delta_{1m}$, wobei δ_{1m} die Verschiebung des Punktes 1 ist, die hervorgerufen wird durch eine im Punkte m wirkende Last 1 und im Sinne und in der Richtung von P_m gemessen wird.

Greifen nun eine Reihe von Lasten P_m in beliebig vielen Punkten m an, so erhalten wir den Summenausdruck

$$\delta_{10} = \sum P_m\, \delta_{1m}.$$

Entsprechend wird

$$\delta_{20} = \sum P_m\, \delta_{2m} \quad \text{und} \quad \delta_{30} = \sum P_m\, \delta_{3m}.$$

Erweitern wir nun die Betrachtung von dem Sonderfalle des dreifach statisch unbestimmten Systems auf den allgemeinen Fall eines n-fach statisch unbestimmten Tragwerks, dann können wir entsprechend dem Gleichungssystem (2) ganz allgemein die n Elastizitätsgleichungen anschreiben, wobei wir wieder die Glieder mit den unbekannten Größen X auf die linke Seite bringen. Außerdem wollen wir noch die Gleichungen (2) um ein Glied erweitern, indem wir den Einfluß der Wärmeänderungen hinzunehmen. Bezeichnet man mit δ_{1t} den Einfluß, den eine Temperaturänderung um t Grad auf die Durchbiegung des Querschnitts 1 (bei Stütze 1) ausübt, so lautet die erste der Gleichungen

$$\delta_1 = \delta_{10} + \delta_{11} X_1 + \delta_{12} X_2 + \delta_{13} X_3 + \delta_{1t}. \qquad (2\,\text{b})$$

Entsprechend kommen in den beiden anderen Gleichungen der Gruppe 2 die Glieder δ_{2t} und δ_{3t} hinzu. Eine gleichmäßige Temperaturänderung des kontinuierlichen Trägers ruft nun keine Zusatzspannungen hervor, wenn der Träger, wie hier stets vorausgesetzt wird, nur ein festes Auflager hat und alle anderen beweglich sind.

Bei derartig gelagerten durchlaufenden Balken spielt nur der Einfluß einer ungleichmäßigen Erwärmung eine Rolle.

Für das n-fach statisch unbestimmte Tragwerk — übrigens gleichgültig, ob es ein kontinuierlicher Träger oder ein anderes statisch unbestimmtes Tragwerk, wie Rahmen- oder Bogenträger usw. ist — lauten demnach ganz allgemein die n Elastizitätsgleichungen zur Berechnung der n statisch unbestimmten Größen

$$
\begin{aligned}
(1):\quad & \delta_{11}X_1 + \delta_{12}X_2 + \cdots \delta_{1,\,r-1}X_{r-1} + \delta_{1\,r}X_r \\
& + \delta_{1,\,r+1}X_{r+1} + \cdots \delta_{1\,n}X_n = \delta_1 - \delta_{10} - \delta_{1\,t}, \\[4pt]
(2):\quad & \delta_{21}X_1 + \delta_{22}X_2 + \cdots \delta_{2,\,r-1}X_{r-1} + \delta_{2\,r}X_r \\
& + \delta_{2,\,r+1}X_{r+1} + \cdots \delta_{2\,n}X_n = \delta_2 - \delta_{20} - \delta_{2\,t}, \\[4pt]
& \cdots \cdots \cdots \cdots \cdots \cdots \cdots \cdots \cdots \cdots \cdots \cdots \cdots \\[4pt]
(r-1):\quad & \delta_{r-1,\,1}X_1 + \delta_{r-1,\,2}X_2 + \cdots \delta_{r-1,\,r-1}X_{r-1} + \delta_{r-1,\,r}X_r \\
& + \delta_{r-1,\,r+1}X_{r+1} + \cdots \delta_{r-1,\,n}X_n = \delta_{r-1} - \delta_{r-1,\,0} - \delta_{r-1,\,t}, \\[4pt]
(r):\quad & \delta_{r1}X_1 + \delta_{r2}X_2 + \cdots \delta_{r,\,r-1}X_{r-1} + \delta_{r\,r}X_r \\
& + \delta_{r,\,r+1}X_{r+1} + \cdots \delta_{rn}X_n = \delta_r - \delta_{r0} - \delta_{r\,t}, \\[4pt]
(r+1):\quad & \delta_{r+1,\,1}X_1 + \delta_{r+1,\,2}X_2 + \cdots \delta_{r+1,\,r-1}X_{r-1} + \delta_{r+1,\,r}X_r \\
& + \delta_{r+1,\,r+1}X_{r+1} + \cdots \delta_{r+1,\,n}X_n = \delta_{r+1} - \delta_{r+1,\,0} - \delta_{r+1,\,t}, \\[4pt]
& \cdots \cdots \cdots \cdots \cdots \cdots \cdots \cdots \cdots \cdots \cdots \cdots \cdots \\[4pt]
(n-1):\quad & \delta_{n-1,\,1}X_1 + \delta_{n-1,\,2}X_2 + \cdots \delta_{n-1,\,r-1}X_{r-1} + \delta_{n-1,\,r}X_r \\
& + \delta_{n-1,\,r+1}X_{r+1} + \cdots \delta_{n-1,\,n}X_n = \delta_{n-1} - \delta_{n-1,\,0} - \delta_{n-1,\,t}, \\[4pt]
(n):\quad & \delta_{n1}X_1 + \delta_{n2}X_2 + \cdots \delta_{n,\,r-1}X_{r-1} + \delta_{n\,r}X_r \\
& + \delta_{n,\,r+1}X_{r+1} + \cdots \delta_{nn}X_n = \delta_n - \delta_{n0} - \delta_{n\,t}.
\end{aligned}
\qquad (3)
$$

Die Glieder der rechten Seite pflegt man bei allgemeinen Untersuchungen auch häufig mit $Z_1 Z_2 \ldots Z_r \ldots Z_n$ zu bezeichnen. Hervorgehoben sei noch, daß es in den vorstehenden Gleichungen ganz gleichgültig ist, was als statisch unbestimmte Größen gewählt wird; es brauchen dies nicht nur Auflagerkräfte zu sein, wie es in dem betrachteten Sonderfall mit Rücksicht auf eine möglichst einfache Erläuterung geschah.

Da nun dieses System von Elastizitätsgleichungen (3) häufig angeschrieben werden muß, so liegt das Bedürfnis für eine abgekürzte und doch klare und verständliche Bezeichnungsweise vor.

So schreibt Müller-Breslau neuerdings die Elastizitätsgleichungen in folgender Form an (Matrix-Form):

	X_1	X_2		X_r		X_n	
1	δ_{11}	δ_{12}	$\cdots$	δ_{1r}	$\cdots$	δ_{1n}	$= Z_1$
2	δ_{21}	δ_{22}	$\cdots$	δ_{2r}	$\cdots$	δ_{2n}	$= Z_2$
..	....	....	....	....	....	....	....
r	δ_{r1}	δ_{r2}	$\cdots$	δ_{rr}	$\cdots$	δ_{rn}	$= Z_r$
..	....	....	....	....	....	....	....
n	δ_{n1}	δ_{n2}	$\cdots$	δ_{nr}	$\cdots$	δ_{nn}	$= Z_n$

$$(3\,\mathrm{a})$$

Auch werden wir in Zukunft die r-te Elastizitätsgleichung in der folgenden Summenform schreiben

$$(r): \quad \sum_{k=1}^{n} \delta_{rk} \cdot X_k = Z_r, \qquad (3\,\mathrm{b})$$

wobei k ein beliebiger Zeiger ist, der der Reihe nach die Werte $k = 1$ bis $k = n$ annimmt.

Für das gesamte Gleichungssystem (4) kann auch das folgende kurze Symbol eingeführt werden

$$\sum_{k=1}^{n} \delta_{ik} \cdot X_k = Z_i \qquad (i = 1, 2 \ldots r \ldots n). \qquad (3\,\mathrm{c})$$

i variiert, liefert der Reihe nach die Zeilen des Gleichungssystems; k variiert, gibt die Indizes der δ innerhalb der Zeile. Für $i = r$ erhält man die Gleichung (3b).

Hat man aus diesem System von Gleichungen die Unbekannten X bestimmt, dann erhält man die wirklichen Auflagerkräfte, Querkräfte und Momente mit Hilfe der Gleichung (1).

3. Die Berechnung der Verschiebungen δ.

Die Ermittlung der statisch unbestimmten Größen X aus dem Gleichungssystem (3) ist erst möglich, wenn die einzelnen Verschiebungen δ berechnet sind. Zunächst bestimmen wir die Werte δ der linken Seite der Gleichungen (3), also die Beiwerte der Größen X. Greifen wir irgendeinen Wert heraus, z. B. δ_{13}, so ist dieser Wert die Verschiebung des Punktes 1, hervorgerufen durch den Kräftezustand $X_3 = 1$, also infolge der im Punkt 3 angreifenden Kraft 1. Ganz allgemein wollen wir die Zeiger von δ mit i und k bezeichnen, dann ist δ_{ik} die Verschiebung des Punktes i, hervorgerufen durch eine in k angreifende Kraft $K = 1$.

Zur Ermittlung dieser Verschiebungen δ_{ik} ziehen wir die Arbeitsgleichung heran, die wir für vollwandige Tragwerke in der Form anschreiben

$$\sum \bar{K}\delta = \int \bar{M}\,d\varphi. \qquad (4)$$

Die Arbeit einer in m angreifenden Kraft P_m ist $P_m \cdot \delta_m$, wobei nach Abb. 4 δ_m die Projektion der wirklichen Verschiebung $\overline{mm'}$ auf die Kraftrichtung ist. Diese Arbeit ist positiv, wenn Kraft und Verschiebung denselben Pfeilsinn haben. Erstreckt man die Summe dieser Einzelarbeiten über das ganze Kraftsystem K, dann erhält man die Arbeit der äußeren Kräfte auf der linken Seite der Gleichung (4). Nach dem Prinzip der virtuellen Verrückungen kann Kraftzustand und Verschiebungszustand verschieden voneinander angenommen werden; um das in Gleichung (4) auszudrücken, pflegt man den Kraftzustand mit einem darüberliegenden, wagerechten Strich zu versehen.

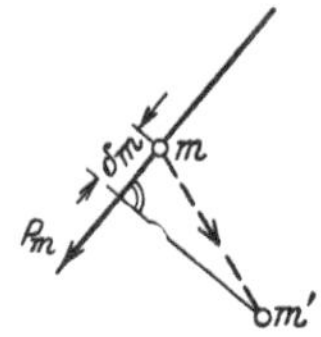

Abb. 4.

Da wir es bei den vorliegenden Aufgaben mit vollwandigen Tragwerken zu tun haben, setzt sich die innere Arbeit auf der rechten Seite der Gl. (4) aus den einzelnen Anteilen infolge der Biegungs-, Normal- und Schubspannungen zusammen. Für den Balken nach Abb. 1 verschwinden für den gewöhnlich vorliegenden Fall lotrechter Belastung die Normalkräfte und Normalspannungen, geben also keinen Beitrag zur inneren Arbeit. Der Anteil der Schubkräfte ist bei den üblichen Tragwerken erfahrungsgemäß sehr gering, so daß er bei praktischen Rechnungen vernachlässigt zu werden pflegt. Es bleibt also nur der Anteil der Arbeit der Momente übrig. Greift in irgendeinem Querschnitt des Trägers ein Biegungsmoment M an, so ist die innere Arbeit dieses Momentes das Produkt aus Moment und dem Drehwinkel $d\varphi$, den zwei Stabquerschnitte im Abstand dx nach der Formänderung miteinander bilden (Abb. 5). Aus der Biegungslehre ergibt sich dieser Wert zu

$$d\varphi = \frac{M\,dx}{EJ}.$$

Zählt man die Arbeit für sämtliche Querschnitte des Balkens zusammen, so erhält man

$$\int \overline{M}\,d\varphi = \int \overline{M}\,\frac{M\,dx}{EJ}.$$

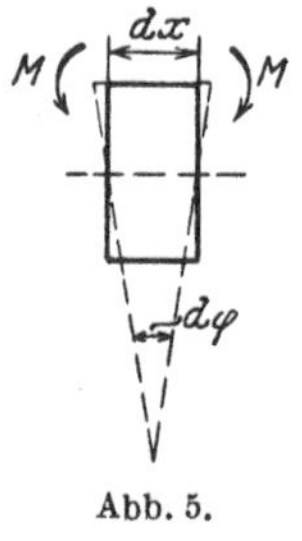

Abb. 5.

Wählt man nun den virtuellen Kraftzustand $X_i = 1$ und bestimmt die Verschiebungen des Tragwerkes für einen ebenfalls virtuellen Zustand X_k, was man schematisch folgendermaßen auszudrücken pflegt:

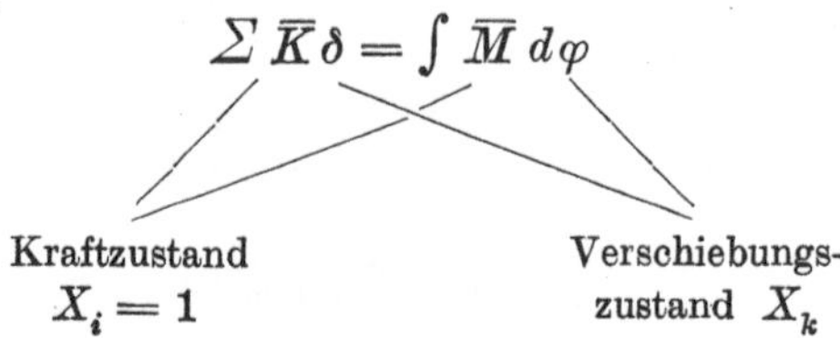

$$\Sigma\,\overline{K}\,\delta = \int \overline{M}\,d\varphi$$

so beträgt die Arbeit der äußeren Kräfte $1 \cdot \delta_{ik}$. Denn am Tragwerk wirkt nur die eine im Punkte i angreifende Kraft 1. Diese Kraft 1 ist mit der Verschiebung des Punktes i infolge des Zustandes X_k zu multiplizieren. Nach früheren Festsetzungen erhält daher die Verschiebung die Zeiger ik. Es sei hier nochmals hervorgehoben, daß nach der vorstehenden Definition der Arbeit für δ_{ik} nur die Projektion der aus dem Verschiebungszustand erhaltenen Verschiebung des Punktes i in bezug auf die Richtung der Kraft X_i zu nehmen ist.

Wir machen hier die Voraussetzung, daß die Auflagerkräfte des statisch bestimmten Hauptsystems keinen Anteil zur äußeren Arbeit liefern. Diese Voraussetzung kann man stets erfüllen, wenn man die Verschiebungen auf ein Koordinatensystem bezieht, dessen Abszissenachse durch die beiden Auflagergelenke dieses statisch bestimmten Hauptsystems, das ja beim durchlaufenden Balken ein Träger auf zwei Stützen ist, hindurchgeht.

Der Kräftezustand $X_i = 1$ ruft Biegungsmomente M_i hervor; die Arbeit dieser Momente M_i beträgt

$$\int M_i \, d\varphi_k .$$

Da nun der vom Verschiebungszustand X_k abhängige Drehwinkel

$$d\varphi_k = M_k \frac{dx}{EJ} \text{ ist,}$$

so erhält man

$$\delta_{ik} = \int M_i \, d\varphi_k = \int M_i \, M_k \frac{dx}{EJ} . \tag{5}$$

Wählt man den Kraftzustand $X_k = 1$ und den Verschiebungszustand X_i, dann wird

$$\delta_{ki} = \int M_k \, d\varphi_i = \int M_k \, M_i \frac{dx}{EJ} . \tag{5a}$$

Da die rechten Seiten der Gleichungen (5) und (5a) gleich sind, erhält man den bekannten Maxwell'schen Satz

$$\delta_{ik} = \delta_{ki} . \tag{6}$$

Man kann also in den Elastizitätsgleichungen (3) die beiden Zeiger der δ-Werte miteinander vertauschen.

Das Elastizitätsmaß E ist für das ganze Tragwerk gewöhnlich konstant, kann in diesem Falle also vor das Integral gestellt werden. Das Trägheitsmoment J ist dagegen meist veränderlich. Für die praktischen Rechnungen ist es nun zweckmäßig, statt des im Nenner stehenden Wertes J den Verhältniswert $\frac{J_c}{J}$ einzuführen; man multipliziert zu dem Zweck die Gl. (5) mit einem beliebigen, konstanten Trägheitsmoment J_c, über dessen Größe man von Fall zu Fall aus praktischen Gründen entscheidet. Man arbeitet zweckmäßig mit den EJ_c-fachen Verschiebungen δ_{ik} und schreibt daher die Formel (5)

$$EJ_c\,\delta_{ik} = \int M_i\,M_k\,dx\,\frac{J_c}{J}. \qquad (5\,\mathrm{b})$$

Für den Sonderfall $k = i$ erhält man die Verschiebungen in der Hauptdiagonalen der quadratischen Matrix der Elastizitätsgleichungen

$$EJ_c\,\delta_{ii} = \int M_i^2\,dx\,\frac{J_c}{J}. \qquad (5\,\mathrm{c})$$

Für die Verschiebungen der rechten Seite der Elastizitätsgleichungen $\delta_{10},\ \delta_{20},\ \ldots,\ \delta_{i0},\ \ldots$ erhält man ebenso

$$EJ_c\,\delta_{i0} = \int M_i\,M_0\,dx\,\frac{J_c}{J}, \qquad (5\,\mathrm{d})$$

wobei M_i aus dem Zustand $X_i = 1$, M_0 aus dem Zustand $X = 0$ zu ermitteln ist.

In praktischen Fällen kann häufig das Trägheitsmoment J über einer gewissen Strecke l des Trägers konstant angenommen werden, dann erhält man für diese Strecke l

$$EJ_c\,\delta_{ik} = \frac{J_c}{J}\int_0^l M_i\,M_k\,dx. \qquad (5\,\mathrm{e})$$

Sind nun für ein Tragwerk die M_i- und M_k-Flächen sowie die Verteilung der Trägheitsmomente, also der Wert $\dfrac{J_c}{J}$ bekannt, dann läßt sich das Integral der Gl. (5) bestimmen. Bei späteren Anwendungen wird der Fall nach Abb. 6 häufig eintreten; daher sollen für diesen Fall geschlossene Formeln aufgestellt werden, auf die dann öfter zurückgegriffen wird.

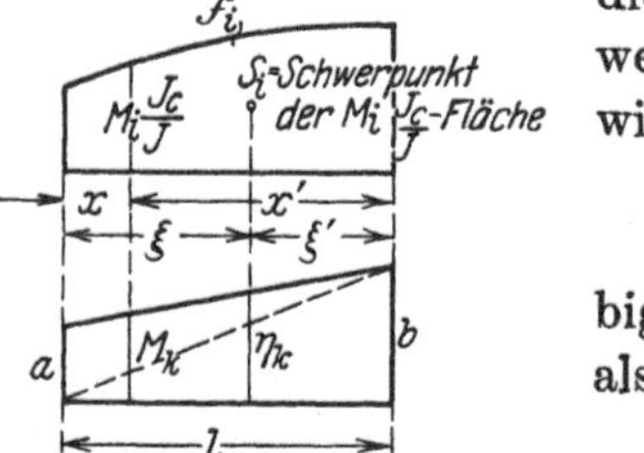

Abb. 6.

Ist nach Abb. 6 die $M_i\dfrac{J_c}{J}$-Fläche beliebig, die M_k-Fläche dagegen trapezförmig, also

$$M_k = \frac{b}{l}x = \frac{a}{l}x',$$

dann erhält man

$$\int_0^l M_i\frac{J_c}{J}M_k\,dx = \frac{b}{l}\int_0^l M_i\frac{J_c}{J}x\,dx + \frac{a}{l}\int_0^l M_i\frac{J_c}{J}x'\,dx.$$

Die beiden Integrale auf der rechten Seite sind die statischen Momente der $M_i \dfrac{J_c}{J}$-Fläche in bezug auf den linken und rechten Endpunkt. Bezeichnet man den Inhalt der $M \dfrac{J_c}{J}$-Fläche, die wir in Zukunft die **reduzierte Momentenfläche** nennen wollen, mit $\mathfrak{F}$, dann ist

$$\int\limits_0^l M_i \frac{J_c}{J} x\, dx = \mathfrak{F}_i \xi\,; \qquad \int\limits_0^l M_i \frac{J_c}{J} x'\, dx = \mathfrak{F}_i \xi'.$$

Demnach erhält man

$$\int\limits_0^l M_i\, M_k \frac{J_c}{J}\, dx = \mathfrak{F}_i \left[\frac{b}{l}\,\xi + \frac{a}{l}\,\xi'\right].$$

Der Klammerausdruck ist aber mit Rücksicht auf die Bezeichnung in Abb. 6 gleich der Ordinate η_k der M_k-Fläche an der Stelle des Schwerpunktes S_i der $M_i \dfrac{J_c}{J}$-Fläche, so daß

$$\int\limits_0^l M_i\, M_k \frac{J_c}{J}\, dx = \mathfrak{F}_i\, \eta_k. \tag{7}$$

Mit Hilfe dieser allgemeinen Formel erhält man für einige häufig vorkommende Sonderfälle folgende Ausdrücke, wobei als Abkürzung $l\dfrac{J_c}{J} = l'$ gesetzt wird:

Abb. 7. 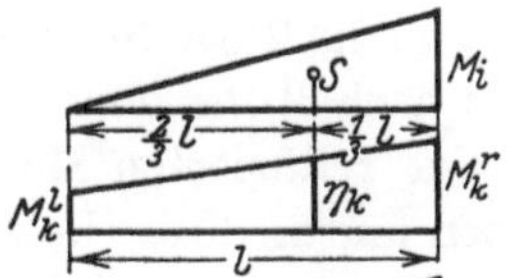
$$\int\limits_0^l M_i\, M_k\, dx\, \frac{J_c}{J} = \frac{l'}{6}\, M_i\, [M_k^l + 2\, M_k^r], \tag{7a}$$

Abb. 8. 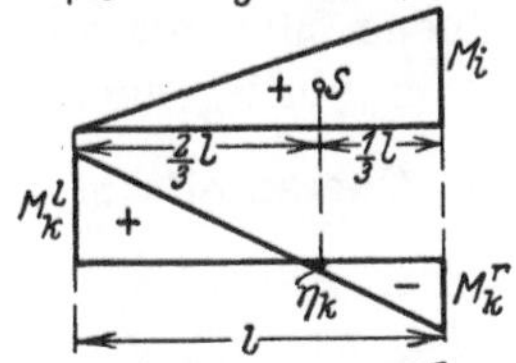
$$\int\limits_0^l M_i\, M_k\, dx\, \frac{J_c}{J} = \frac{l'}{6}\, M_i\, [M_k^l - 2\, M_k^r], \tag{7b}$$

Abb. 9. 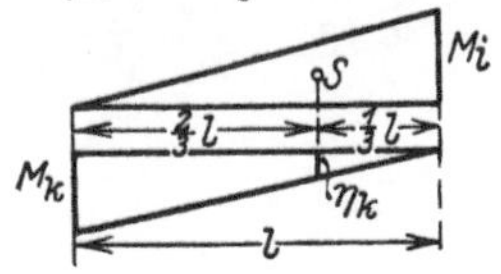
$$\int\limits_0^l M_i\, M_k\, dx\, \frac{J_c}{J} = \frac{l'}{6}\, M_i\, M_k, \tag{7c}$$

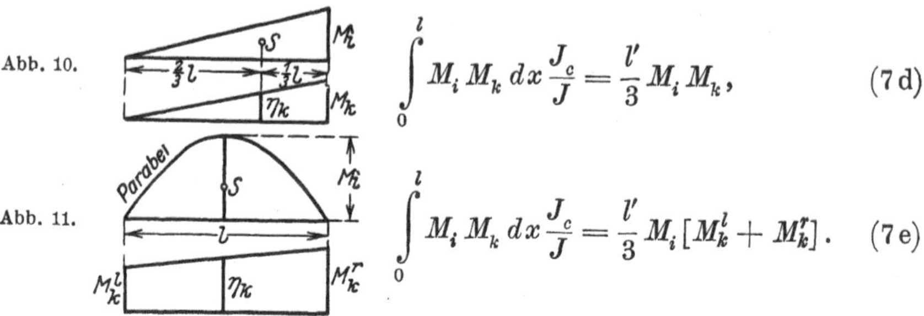

Abb. 10.

$$\int_0^l M_i\, M_k\, dx\, \frac{J_c}{J} = \frac{l'}{3}\, M_i\, M_k, \qquad (7\,\text{d})$$

Abb. 11.

$$\int_0^l M_i\, M_k\, dx\, \frac{J_c}{J} = \frac{l'}{3}\, M_i\, [M_k^l + M_k^r]. \qquad (7\,\text{e})$$

Ist z. B. der Pfeil der Parabel $M_i \dfrac{J_c}{J} = \dfrac{q\,l^2}{8} \cdot \dfrac{J_c}{J}$ infolge gleichmäßig verteilter Belastung der Öffnung l, dann wird

$$\int_0^l M_i\, M_k\, dx\, \frac{J_c}{J} = \frac{q\,l^2\,l'}{24}\,[M_k^l + M_k^r],$$

4. Die Zahlen ω.

a) Die Zahlen ω_D und ω_D'.

An einem Balken auf zwei Stützen mit konstantem Trägheitsmoment greift am Auflager B ein Moment M_B an (vgl. Abb. 12). Gesucht wird die Biegelinie des Balkens infolge dieser Belastung. Die Auflagerkräfte des Balkens werden

$$A = \frac{M_B}{l} = -\,B.$$

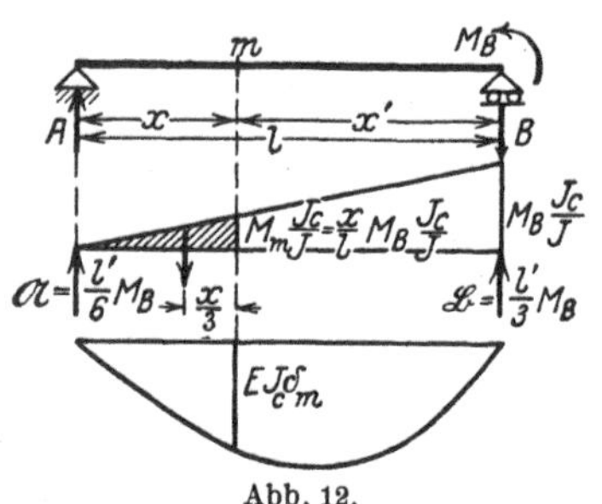

Abb. 12.

Die Momentenfläche ist ein Dreieck mit der größten Höhe M_B über Auflager B.

Will man nun die Biegelinie ermitteln, so muß man nach Mohr den einfachen Balken mit der reduzierten Momentenfläche belasten und zu dieser Belastungsfläche eine neue Momentenfläche bestimmen. Reduzierte Momentenfläche ist im vorliegenden Fall die $M\dfrac{J_c}{J}$-Fläche. Die Durchbiegung für einen Querschnitt m ermittelt sich also zu

$$E J_c\, \delta_m = \mathfrak{A} \cdot x - M_B\, \frac{J_c}{J} \cdot \frac{x}{l} \cdot \frac{x}{2} \cdot \frac{x}{3} = \frac{l'}{6}\, M_B\, x - M_B\, \frac{J_c}{J} \cdot \frac{x^3}{6\,l}$$

oder

$$E J_c\, \delta_m = \frac{l\,l'}{6}\, M_B\left[\frac{x}{l} - \frac{x^3}{l^3}\right].$$

Die Biegelinie ist also eine kubische Parabel. Den Klammerwert bezeichnen wir nach Müller-Breslau mit ω_D; der Zeiger D soll andeuten, daß der ω-Wert aus einer Dreiecksbelastung entstanden ist.

$$\omega_D = \frac{x}{l} - \frac{x^3}{l^3} \tag{8}$$

ist éin reiner Zahlwert und ist tabellarisch von Müller-Breslau für verschiedene Verhältniswerte $\dfrac{x}{l}$ zusammengestellt worden [1]).

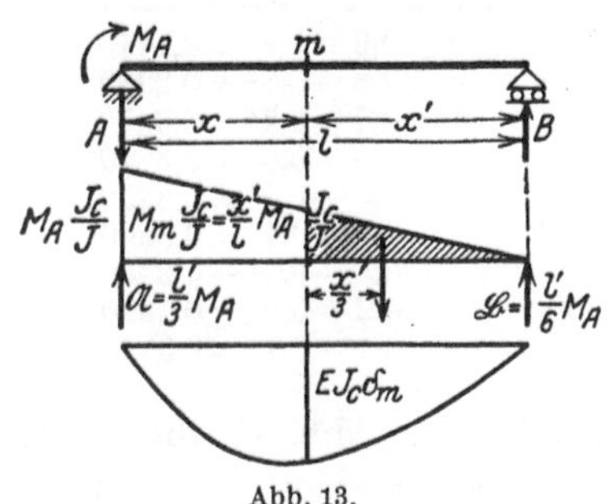

Abb. 13.

Demnach ist

$$E J_c\, \delta_m = \frac{l\,l'}{6}\, M_B \cdot \omega_D. \tag{9}$$

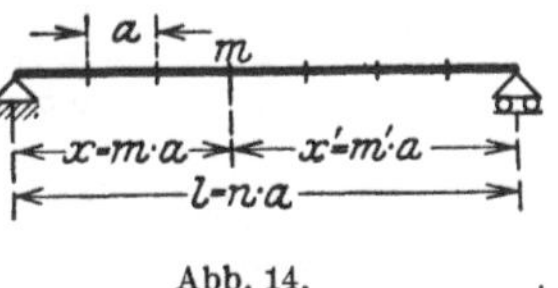

Abb. 14.

Wirkt am Auflager A des einfachen Balkens nach Abb. 13 das Moment M_A, so erhält man entsprechend

$$E J_c\, \delta_m = \mathfrak{B} \cdot x' - M_A \frac{J_c}{J} \cdot \frac{x'}{l} \cdot \frac{x'}{2} \cdot \frac{x'}{3} = \frac{l\,l'}{6}\, M_A \left[\frac{x'}{l} - \frac{x'^3}{l^3} \right].$$

Mit

$$\frac{x'}{l} - \frac{x'^3}{l^3} = \omega_D' \tag{10}$$

wird

$$E J_c\, \delta_m = \frac{l\,l'}{6}\, M_A \cdot \omega_D'. \tag{11}$$

Bei Aufgaben der Praxis ist die Spannweite l des Balkens gewöhnlich in eine bestimmte Anzahl gleicher Felder geteilt; vgl. Abb. 14.

Wird die Feldweite mit a bezeichnet, dann erhält man mit den Bezeichnungen der Abb. 14

$$\omega_D = \frac{m}{n} - \left(\frac{m}{n}\right)^3 \tag{8a}$$

$$\omega_D' = \frac{m'}{n} - \left(\frac{m'}{n}\right)^3. \tag{10a}$$

---

[1]) Die Zahlenwerte ω_D und ω_D' vgl. Müller-Breslau: Graph. Statik II, 2. Siehe auch Dritter Teil, Hilfstafel IX.

Ist z. B. der Balken in 10 Felder geteilt, also $n = 10$, dann erhält man für die einzelnen Knotenpunkte 1, 2, 3 ... der Reihe nach die Zahlen ω_D und ω_D' nach dem Ansatz der Tafel 1.

Für die üblichen Felderteilungen von $n = 5$ bis $n = 20$ können die Zahlen ω_D und ω_D' der Hilfstafel IX dieses Buches entnommen werden.

Tafel 1.

m	m'	ω_D	ω_D'
1	9	$0,1 - 0,1^3 = 0,0990$	$0,9 - 0,9^3 = 0,1710$
2	8	$0,2 - 0,2^3 = 0,1920$	$0,8 - 0,8^3 = 0,2880$
3	7	$0,3 - 0,3^3 = 0,2730$	$0,7 - 0,7^3 = 0,3570$
4	6	$0,4 - 0,4^3 = 0,3360$	$0,6 - 0,6^3 = 0,3840$
5	5	$0,5 - 0,5^3 = 0,3750$	$0,5 - 0,5^3 = 0,3750$
6	4	$0,6 - 0,6^3 = 0,3840$	$0,4 - 0,4^3 = 0,3360$
7	3	$0,7 - 0,7^3 = 0,3570$	$0,3 - 0,3^3 = 0,2730$
8	2	$0,8 - 0,8^3 = 0,2880$	$0,2 - 0,2^3 = 0,1920$
9	1	$0,9 - 0,9^3 = 0,1710$	$0,1 - 0,1^3 = 0,0990$

Soll daher für den Belastungsfall nach Abb. 15 die Biegelinie unter Benutzung der ω_D'-Werte ermittelt werden, dann wird mit Rücksicht auf Gl. (11), wenn $J_c = J$ gesetzt wird,

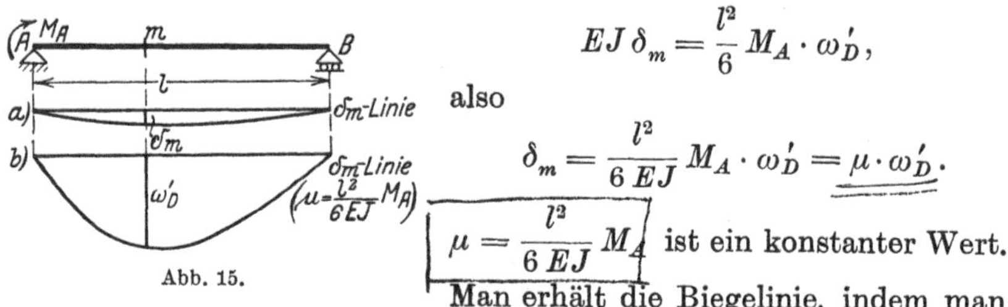

Abb. 15.

$$EJ\,\delta_m = \frac{l^2}{6} M_A \cdot \omega_D',$$

also

$$\delta_m = \frac{l^2}{6\,EJ} M_A \cdot \omega_D' = \mu \cdot \omega_D'.$$

$$\mu = \frac{l^2}{6\,EJ} M_A \text{ ist ein konstanter Wert.}$$

Man erhält die Biegelinie, indem man entweder jede der Tabelle entnommene ω_D'-Ordinate mit μ multipliziert (Abb. 15 a), oder indem man die Multiplikation mit μ erst am Schluß der Rechnung vornimmt und die ω_D'-Linie unmittelbar als Biegelinie benutzt. Man pflegt in diesem Fall zu sagen, man arbeitet mit einer **verzerrten** Biegelinie; das Resultat wird mit Hilfe eines **Multiplikators** μ erhalten (Abb. 15 b).

b) Die Zahlen ω_T und ω_T'.

Ist ein einfacher Balken nach Abb. 16 mit den Auflagermomenten M_A und M_B belastet, so besteht die Momentenfläche aus einem Trapez. Lösen wir dieses Trapez in zwei Dreiecke auf, dann läßt sich die Durchbiegung des Punktes m unter Berücksichtigung der Entwicklungen unter a) anschreiben (vgl. Gl. (9) und (11))

$$EJ_c\,\delta_m = \frac{l\,l'}{6} M_B\,\omega_D + \frac{l\,l'}{6} M_A\,\omega_D' = \frac{l\,l'}{6}[M_B\,\omega_D + M_A\,\omega_D'].$$

Ist nun $M_B > M_A$, also $\dfrac{M_A}{M_B} = i < 1$, dann wird

$$EJ_c \, \delta_m = \frac{l\,l'}{6} \, M_B \, [\omega_D + i\,\omega_D'].$$

Man setzt zur Abkürzung

$$\omega_D + i\,\omega_D' = \omega_T, \tag{12}$$

wobei der Zeiger T andeutet, daß der Zahlwert ω infolge einer Trapezbelastung entsteht. Dann erhält man

$$EJ_c \, \delta_m = \frac{l\,l'}{6} \, M_B \cdot \omega_T. \tag{13}$$

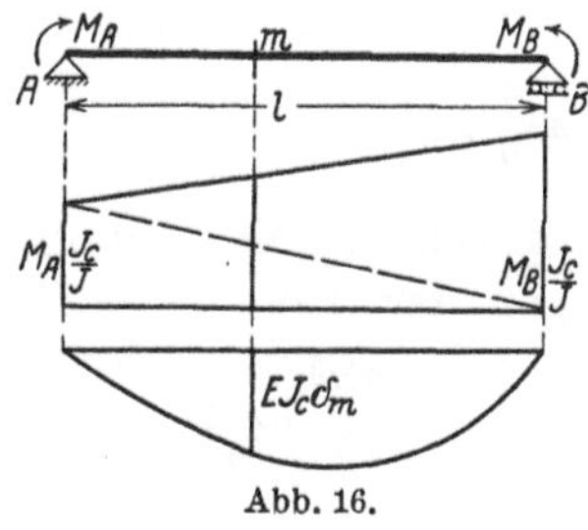

Abb. 16.

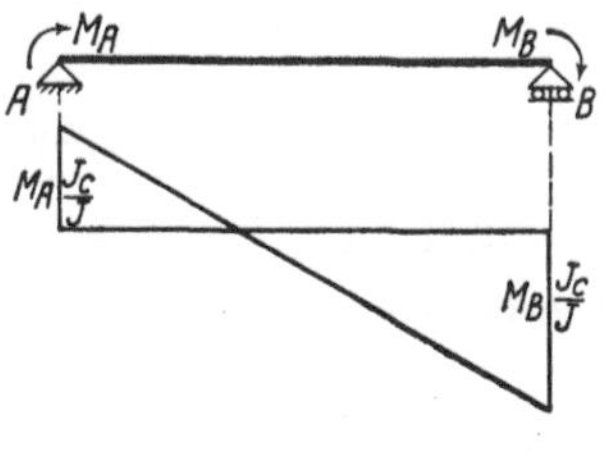

Abb. 17.

Ist $M_A > M_B$, also $\dfrac{M_B}{M_A} = i < 1$, dann wird

$$EJ_c \, \delta_m = \frac{l\,l'}{6} \, M_A \, \omega_T', \tag{13a}$$

wobei

$$\omega_T' = \omega_D' + i\,\omega_D \tag{12a}$$

ist.

Bei der häufig vorliegenden Belastung nach Abb. 17 ist die Momentenfläche ein verschränktes Trapez; dann wird

$$EJ_c \, \delta_m = \frac{l\,l'}{6} \, [M_A \, \omega_D' - M_B \, \omega_D].$$

In diesem Fall hat man es also mit den Werten

$$\omega_T = \omega_D - i\,\omega_D' \quad\text{und}\quad \omega_T' = \omega_D' - i\,\omega_D$$

zu tun.

Bei der Berechnung von ω_T und ω_T' kann man entweder die Zahlentafeln ω_D und ω_D' benutzen[1]), oder man kann die Werte ω_T und ω_T' den graphischen Hilfstafeln von Dr.-Ing. Worch entnehmen

---

[1]) Vgl. hierzu auch: Müller-Breslau: Graph. Statik II, 2, S. 42, wo für Trapezbelastung besondere Formeln aufgestellt sind.

(Beton und Eisen 1924), die als Hilfstafeln X am Ende dieses Buches dargestellt sind. Die Benutzung dieser Nomogramme[1]) zeigt Grundaufgabe 3.

5. Die Einheitsparabeln.

Bei der Darstellung der Momenten- und Querkraftflächen infolge Eigengewicht und gleichmäßig verteilter Nutzlast p spielen Parabelflächen eine große Rolle. Beim Auftragen dieser Flächen kann man meist von den in Hilfstafel VIII zusammengestellten Ordinaten der Einheitsparabeln zweckmäßigen Gebrauch machen.

a) Die Momentenparabel.

Für den einfachen Balken nach Abb. 18, der gleichmäßig mit q belastet ist, beträgt das Angriffsmoment für den Querschnitt m

$$M_m = \frac{q\,l}{2}\,x - \frac{q\,x^2}{2} = \frac{q}{2}\,x\,x'. \tag{14}$$

Ist der Balken in eine beliebige Anzahl gleicher Felder geteilt, dann wird mit Rücksicht auf die Bezeichnungen der Abb. 18

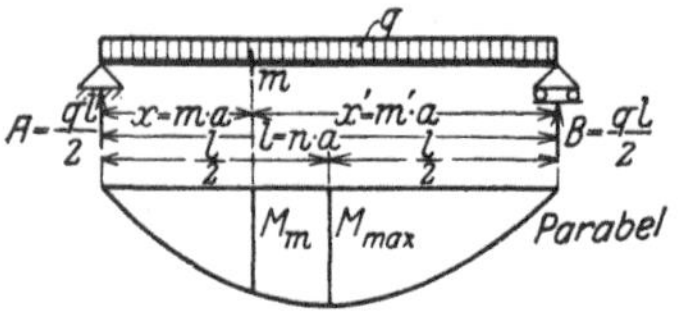

$$M_m = \frac{q\,a^2}{2}\,m \cdot m'.$$

Da

$$\frac{q\,a^2}{2} = c \tag{15}$$

ein konstanter Wert ist, wird

$$M_m = c \cdot m \cdot m'. \tag{16}$$

Abb. 18.

Für die Trägermitte erhält man mit $m = m' = \dfrac{n}{2}$

$$M_{\max} = c\,\frac{n^2}{4}. \tag{17}$$

Die Gl. (16) und (17) zeigen, daß die Momentenfläche durch eine Parabel begrenzt wird, deren Größtordinate in Trägermitte entsteht. Soll nun die Parabelfläche in der Mitte, also im Scheitel, die Höhe 1 erhalten, dann muß

$$1 = \frac{c\,n^2}{4}, \quad \text{also} \quad c = \frac{4}{n^2}$$

sein. Diese Parabel mit der Scheitelordinate 1 wollen wir die Momenten-Einheitsparabel nennen, sie hat die Gleichung (Abb. 19)

$$y_M = \frac{4}{n^2}\,m \cdot m'. \tag{18}$$

---

[1]) An dieser Stelle sei schon hervorgehoben, daß sich auch der Einfluß unsymmetrischer Streckenbelastung mit Hilfe der Worch'schen Nomogramme bequem untersuchen läßt. Ausführliches hierüber vgl. Grundaufgabe 6.

Sie ist also die Momentenfläche für die Belastung $q = \dfrac{8}{l^2}$, denn es muß sein

$$c = \frac{q\,a^2}{2} = \frac{4}{n^2} \qquad (l = n \cdot a).$$

Für die verschiedenen Felderzahlen von $n = 5$ bis $n = 20$ sind in Hilfstafel VIII die Ordinaten y_M zusammengestellt. Die Gl. (18) läßt sich auch folgendermaßen schreiben

$$y_M = \frac{4}{n^2}\, m\,(n - m) = 4\left[\frac{m}{n} - \left(\frac{m}{n}\right)^2\right]. \tag{18a}$$

Führt man nach **Müller-Breslau** die Bezeichnung ein

$$\omega_R = \frac{m}{n} - \left(\frac{m}{n}\right)^2, \tag{19}$$

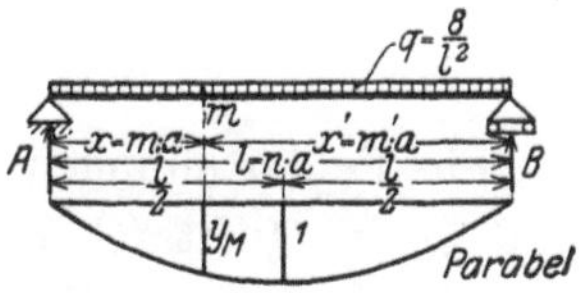

dann lautet Gl. (18a) auch

$$y_M = 4\,\omega_R.$$

Abb. 19.

Anwendungsbeispiele für die Darstellung von Momentenparabeln siehe Grundaufgabe 1 (Seite 115).

b) Die Querkraftsparabel.

Der einfache Balken ist nach Abb. 20 nur rechts vom Querschnitt m belastet, dann ist die Querkraft

$$Q_m = A = \frac{q\,x'^2}{2\,l} = \frac{q\,a}{2\,n}\, m'^2. \tag{20}$$

Mit

$$\frac{q\,a}{2\,n} = c \tag{21}$$

wird

$$Q_m = c \cdot m'^2. \tag{22}$$

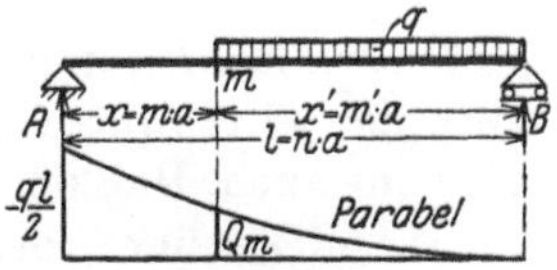

Abb. 20.

Unter dem linken Auflager A entsteht infolge Vollbelastung der Größtwert

$$Q_{\max} = \frac{q\,l}{2}. \tag{23}$$

Aus Gl. (22) und (23) sieht man, daß die Q_m-Fläche eine Parabel ist, die ihren Nullpunkt in B und ihre größte Ordinate in A hat. Wollen wir eine Parabel darstellen, die in A die Ordinate 1 hat (die Querkrafts-Einheitsparabel), dann muß nach Gl. (23) sein

$$\frac{q\,l}{2} = 1,$$

also
$$q = \frac{2}{l},$$

und nach Gl. (21)

$$c = \frac{q\,a}{2\,n} = \frac{1}{n^2}. \tag{24}$$

Demnach lautet die Gleichung der Einheitsparabel, Abb. 21,

$$y_Q' = \left(\frac{m'}{n}\right)^2. \tag{25}$$

Für eine Streckenbelastung nach Abb. 22 erhält man eine Parabel mit der Ordinate 1 unter B mit der Gleichung

$$y_Q = \left(\frac{m}{n}\right)^2, \tag{26}$$

Für Felderteilungen von $n = 5$ bis $n = 20$ sind die Ordinaten y_Q' und y_Q in Hilfstafel VIII zusammengestellt.

Anwendungen dieser Einheitsparabeln siehe Grundaufgabe 1.

Abb. 21.   Abb. 22.

6. Die Einflußlinien des statisch bestimmten Hauptsystems.

Als statisch bestimmtes Hauptsystem werden wir für den durchlaufenden Balken in den Mittelöffnungen den Balken auf zwei Stützen — kurz der einfache Balken genannt — wählen; in den Endöffnungen können auch Balken auf zwei Stützen mit Kragarmen vorkommen.

Wandert über den Balken mit Kragarmen nach Abb. 23 eine bewegliche Last $P = 1$, so ist der Auflagerdruck A, wenn die Last gerade im Abstand x und x' von den Auflagern steht,

$$A = 1\,\frac{x'}{l}. \tag{27}$$

Trägt man diesen Wert von A von einer beliebigen Nullinie aus jedesmal unter der betreffenden Laststellung auf, so liegen die Endpunkte auf einer Geraden, der Einflußlinie für den Auflagerdruck A, kurz die A-Linie genannt. Die Fläche zwischen der A-Linie und der Nullinie heißt die Einflußfläche für A. Die Einflußlinie für A ist nun am einfachsten aufzuzeichnen, indem man in A die Ordinate 1 aufträgt; in B liegt der Nullpunkt der Linie. Die A-Fläche nach Abb. 23

hat positive und negative Beitragsstrecken, daher erhält man bei veränderlicher Nutzlast einen positiven und einen negativen Auflagerdruck A.

Die B-Linie in Abb. 23 ergibt sich aus ähnlichen Betrachtungen
mit Hilfe der Gleichung

$$B = 1\frac{x}{l}\,. \tag{28}$$

Die Einflußlinie der Querkraft für irgendeinen Querschnitt m
gewinnt man aus der Überlegung, daß, solange die Last 1 sich rechts
vom Punkt m befindet, die Querkraft gleich dem Auflagerdruck A
ist; also ist dort die Q_m-Linie gleich der A-Linie. Rollt dagegen
die Last 1 links von m, dann ist die Querkraft $Q_m = -B$, also für
den Balkenteil links von m ist die Querkraftslinie gleich der B-Linie
mit negativem Vorzeichen (Abb. 24).

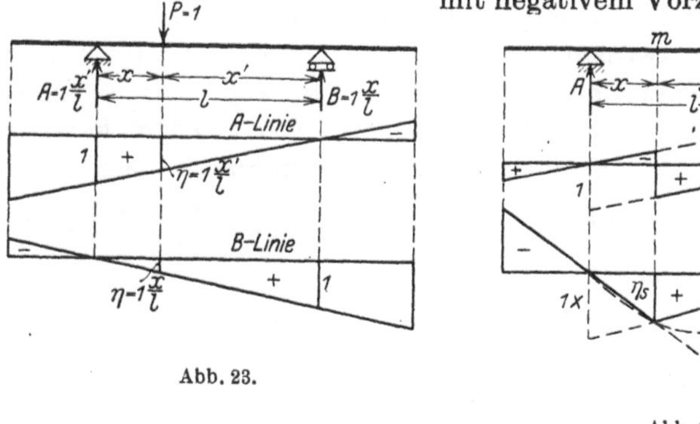

Abb. 23.

Abb. 24.

Die Einflußlinie für das Biegungsmoment M_m in dem beliebigen
Querschnitt m im Abstand x und x' von den Auflagern läßt sich
wie folgt bestimmen. Befindet sich die Last 1 auf dem Teil des
Balkens rechts von m, dann ist das Angriffsmoment

$$M_m = A \cdot x, \tag{29}$$

also ist die M_m-Linie gleich der mit x multiplizierten A-Linie. Sie
ist durch eine Gerade gegeben, die unter A die Ordinate $1 \cdot x$, unter
B die Ordinate Null hat. Damit ist die M_m-Linie für den Teil rechts
von m bestimmt. Wandert dagegen die Last 1 auf dem links von m
befindlichen Teil des Balkens, dann ist

$$M_m = B \cdot x', \tag{30}$$

dort gilt also die mit x' multiplizierte B-Linie als M_m-Linie
(Abb. 24). Die Spitzenordinate η_s beträgt

$$\eta_s = 1\frac{x\,x'}{l}\,. \tag{31}$$

Die Endpunkte der Spitzenordinaten liegen, da die Gleichung qua-
dratisch ist, auf einer Parabel, der Spitzenkurve, die sich bequem
mit Hilfe der Einheitsparabeln auftragen läßt.

2*

Haben zwei Balken von den Spannweiten l_1 und l_2 nach Abb. 25 ein gemeinsames Lager C, so setzt sich die Einflußlinie für C aus der Einflußlinie des rechten Auflagers des Balkens 1 und derjenigen des linken Auflagers des Balkens 2 zusammen (Abb. 25).

Charakteristisch sowohl für die bisher entwickelten Einflußlinien als auch ganz allgemein für alle Einflußlinien statisch bestimmter Tragwerke ist, daß sie sich aus geraden Linien zusammensetzen. Ihre Bestimmung erfolgt daher einfach durch das Auftragen einiger weniger Ordinaten. Bei statisch unbestimmten Tragwerken dagegen bestehen die Einflußlinien aus Kurven bzw. Polygonzügen oder auch aus einer Kombination von geraden Linien, die vom statisch bestimmten Hauptsystem, und von Kurven, die von Biegelinien herrühren. Diese Einflußlinien werden meistens punktweise ermittelt. In solchen Fällen erscheint es auch zweckmäßig, die Ordinaten der geraden Strecken ebenfalls für die einzelnen Knotenpunkte in Tafelform zusammenzustellen. Gewöhnlich besteht der Balken aus n gleichen Feldern a. Zur Festlegung z. B. des linken Astes der M-Fläche nach Abb. 26 bestimmt man die Ordinate des Punktes 1 $\eta_1 = \dfrac{\eta_s}{m}$, dann erhält man der Reihe nach

$$\text{für Knotenpunkt 2:} \quad \eta_2 = 2\,\eta_1,$$
$$\text{''} \qquad\qquad \text{''} \qquad 3: \quad \eta_3 = 3\,\eta_1,$$
$$\cdot\ \cdot\ \cdot\ \cdot\ \cdot\ \cdot\ \cdot\ \cdot\ \cdot\ \cdot\ \cdot$$
$$\text{''} \qquad\qquad \text{''} \qquad i: \quad \eta_i = i\,\eta_1.$$

Für den rechten Ast wird

$$\eta_{n-1} = \frac{\eta_s}{m'} \quad \text{und} \quad \eta_i' = i'\,\eta_{n-1}.$$

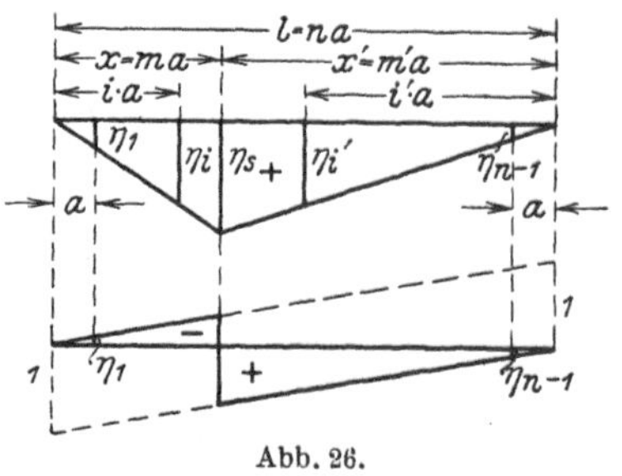

Abb. 25.   Abb. 26.

Da nun nach Gl. (31) $\eta_s = 1 \cdot \dfrac{x\,x'}{l} = \dfrac{a}{n}\,m \cdot m'$, so wird

$$\eta_1 = \frac{a}{n}\,m' \quad \text{und} \quad \eta_{n-1} = \frac{a}{n}\,m.$$

Ebenso berechnen sich die einzelnen Knotenpunktsordinaten der Querkraftsfläche nach Abb. 26 bequem mit Hilfe der Werte

$$\eta_1 = \frac{1}{n} \quad \text{und} \quad \eta_{n-1} = \frac{1}{n}.$$

Noch eine Einflußlinien-Aufgabe soll hier besprochen werden, die uns die späteren Betrachtungen erleichtern wird. Gesucht wird die Einflußlinie für den **Drehwinkel** des Endquerschnittes A des einfachen Balkens nach Abb. 27. Infolge einer über den Balken wandernden Last 1 wird sich der Träger durchbiegen. Die Tangente der Biegungslinie am linken Auflager A infolge der verschiedenen Laststellungen in den einzelnen Querschnitten m, also der Ausdruck δ_{Am}, ist der gesuchte Wert. Nach dem Begriff der Einflußlinie muß nun dieser Wert von einer beliebigen Nullinie aus unter der jedesmaligen Laststellung als Ordinate aufgetragen werden; die Verbindungslinie der Endpunkte dieser Ordinaten ist die verlangte Einflußlinie. Diese Aufgabe läßt sich mit Hilfe des Maxwell'schen Satzes auf eine andere, früher behandelte zurückführen. Nach dem **Maxwell**schen Satz (vgl. Gl. (6)) ist

$$\delta_{Am} = \delta_{mA},$$

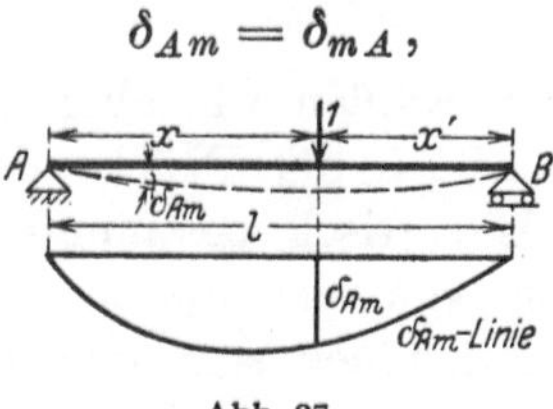

Abb. 27.

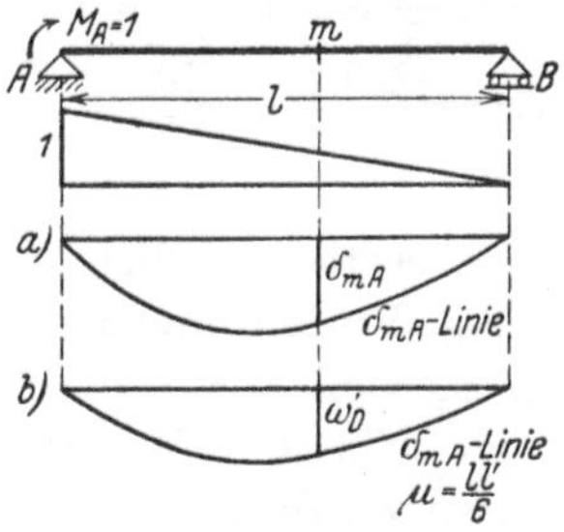

Abb. 28.

das heißt in Worten: der Drehwinkel bei A infolge der in m wirkenden Last 1 ist gleich der Durchbiegung des Punktes m, hervorgerufen durch ein am linken Auflager wirkendes Moment $M_A = 1$ (Abb. 28a und b). Die Durchbiegung δ_{mA} haben wir aber bereits bestimmt. Nach Gl. (11) wird

$$E J_c \delta_{mA} = \frac{l l'}{6} \omega'_D.$$

Für die verschiedenen Punkte m läßt sich der Wert ω'_D der Hilfstafel IX sofort entnehmen. Die $E J_c \delta_{mA}$-Linie ist also gleich der ω'_D-Linie, deren Ordinaten mit dem konstanten Faktor $\dfrac{l l'}{6}$ zu multiplizieren sind, oder bequemer: man benutzt die ω'_D-Linie als Einflußlinie und multipliziert zum Schluß nach der Auswertung der Linie das erhaltene Resultat mit $\dfrac{l l'}{6}$. Man pflegt das kurz so auszudrücken: man verwendet die ω'_D-Linie und versieht sie mit dem Multiplikator $\mu = \dfrac{l l'}{6}$. (Die Zahlenrechnung vgl. in Grundaufgabe 2a, Seite 120.)

II. Der Balken auf beliebig vielen Stützen mit veränderlichem Querschnitt.

1. Die Dreimomentengleichungen.

Es liege nach Abb. 29 ein vollwandiger Balken mit veränderlichem Querschnitt über $n + 1$ Öffnungen vor. Das System hat n Innenstützen, ist also n-fach statisch unbestimmt. Zur Berechnung der n statisch unbestimmten Größen dienen n Elastizitätsgleichungen, die in der Form der Gl. (3) aufgestellt werden können.

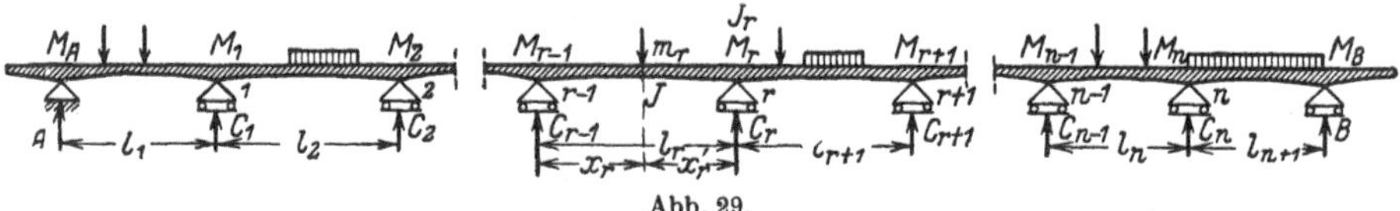

Abb. 29.

Als statisch unbestimmte Größen X wählen wir aber nicht, wie in dem Einführungsbeispiel im Abschnitt I, die Drücke der Innenstützen, weil wir bei solcher Wahl als statisch bestimmtes Hauptsystem (Zustand $X = 0$) einen Balken von der Spannweite $A — B$ erhalten würden, also im vorliegenden Fall einen sehr langen Balken. Die Verschiebungen δ_{ik} an diesem langen Träger würden sehr große Werte annehmen. Weiter würden bei dieser Wahl der Unbekannten alle Verschiebungswerte δ_{ik} in den Elastizitätsgleichungen vorkommen, keiner würde zu Null werden. Bei der großen Anzahl der Unbekannten, also bei der großen Anzahl der Gleichungen, würde die Auflösung eines solchen Systems eine langwierige Arbeit sein.

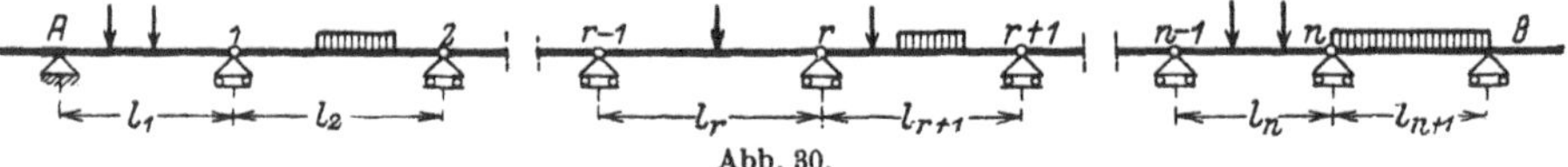

Abb. 30.

Man geht daher bei solchen hochgradig unbestimmten Systemen darauf aus, die Wahl der Unbekannten so zu treffen, daß eine möglichst große Anzahl von δ_{ik}-Werten Null wird, und daß ferner das statisch bestimmte Hauptsystem keine zu großen Verschiebungswerte liefert. Im vorliegenden Fall ist nun folgende Wahl der Unbekannten zweckmäßig: Man führt als statisch unbestimmte Größen die Biegungsmomente über den Mittelstützen ein. Wir wählen also

$$X_1 = M_1, \quad X_2 = M_2, \ldots, \quad X_r = M_r, \ldots, \quad X_n = M_n. \tag{32}$$

Für den Zustand $X = 0$ sind die Momente über den Mittelstützen Null. Das statisch bestimmte Hauptsystem besteht also aus kurzen Einzelbalken nach Abb. 30, an denen die äußere Belastung angreift.

Bei dem Zustand $X_1 = M_1 = 1$ wirkt am statisch bestimmten Hauptsystem nur ein Moment 1 am Auflager 1 (Abb. 31). Am Auflager 1 stoßen die beiden Balken mit den Spannweiten l_1 und l_2 zusammen; diese beiden Balken werden von dem Moment M_1 in Mitleidenschaft gezogen, aber auch nur diese beiden, alle anderen Balken des statisch bestimmten Hauptsystems werden nicht beeinflußt. So entsteht die M_1-Fläche nach Abb. 31. Ebenso sind

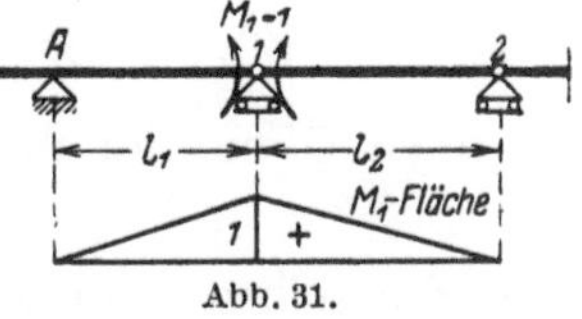

Abb. 31.

für die beliebigen Stützen $r-2$, $r-1$, r, $r+1$ die zugehörigen Momentenflächen M_{r-2}, M_{r-1}, M_r, M_{r+1} in Abb. 32 zusammengestellt.

Von den n Elastizitätsgleichungen schreiben wir hier nur die r-te Gleichung an

$$\delta_{r1} X_1 + \delta_{r2} X_2 + \cdots + \delta_{r,\,r-1} X_{r-1} + \delta_{rr} X_r$$
$$+ \delta_{r,\,r+1} X_{r+1} + \cdots + \delta_{rn} X_n = Z_r. \quad (33)$$

Die Beiwerte der X, also die Verschiebungen δ_{ik}, berechnen sich nach der Formel (5b)

$$E J_c\, \delta_{ik} = \int M_i M_k \frac{J_c}{J}\, dx$$

im vorliegenden Falle wie folgt:

$$\cdots \cdots \cdots \cdots \cdots \cdots$$

$$E J_c\, \delta_{r,\,r-2} = \int M_r M_{r-2}\, dx\, \frac{J_c}{J},$$

$$E J_c\, \delta_{r,\,r-1} = \int M_r M_{r-1}\, dx\, \frac{J_c}{J},$$

$$E J_c\, \delta_{rr} = \int M_r^2\, dx\, \frac{J_c}{J},$$

$$E J_c\, \delta_{r,\,r+1} = \int M_r M_{r+1}\, dx\, \frac{J_c}{J},$$

$$E J_c\, \delta_{r,\,r+2} = \int M_r M_{r+2}\, dx\, \frac{J_c}{J}.$$

$$\cdots \cdots \cdots \cdots \cdots \cdots$$

Bei der Auswertung dieser Integrale sieht man, daß zum Beispiel in der Formel $EJ_c \cdot \delta_{r,\,r-2}$ die M_r-Fläche mit der M_{r-2}-Fläche zu kombinieren ist. Diese Flächen liegen aber in verschiedenen Öffnungen (vgl. Abb. 32), daher ist der Beitrag zum Integral $\int M_r\,M_{r-2}\,dx\,\dfrac{J_c}{J}$ in allen Öffnungen des Balkens gleich Null. Es wird also

$$\delta_{r,\,r-2} = 0;$$

aus demselben Grunde muß

$$\delta_{r,\,r-3} = \cdots \delta_{r,\,2} = \delta_{r1} = 0$$

sein. Ebenso ist

$$\delta_{r,\,r+2} = \delta_{r,\,r+3} = \cdots \delta_{rn} = 0\,.$$

Nur die drei Verschiebungen

$$\delta_{r,\,r-1}, \qquad \delta_{rr}, \qquad \delta_{r,\,r+1}$$

sind von Null verschieden; sie lassen sich nach Formel (35) bis (37) bestimmen, wie unter 2 gezeigt wird.

Infolge der getroffenen Wahl der Unbekannten schrumpft also die r-te Elastizitätsgleichung (33) zu einer **dreigliedrigen** Gleichung oder einer **Dreimomentengleichung** zusammen. Vertauschen wir noch nach dem **Maxwell**'schen Satz die Indizes in den δ-Werten, so lautet die r-te Dreimomentengleichung

$$\delta_{r-1,\,r}\,X_{r-1} + \delta_{rr}\,X_r + \delta_{r+1,\,r}\,X_{r+1} = Z_r\,. \tag{34}$$

2. Die Ermittlung der Verschiebungen δ.

a) Die Beiwerte δ_{ik} der statisch unbestimmten Größen X.

Es handelt sich um die Bestimmung der Werte $\delta_{r-1,\,r}$, δ_{rr}, $\delta_{r+1,\,r}$ der r-ten Elastizitätsgleichung (34). Da wir es mit einem Balken mit veränderlichem Querschnitt zu tun haben, gehen wir zweckmäßig von den Gleichungen (5b) und (5c) aus

$$EJ_c\,\delta_{ik} = \int M_i\,M_k\,dx\,\frac{J_c}{J}\,,$$

$$EJ_c\,\delta_{ii} = \int M_i^2\,dx\,\frac{J_c}{J}\,.$$

Dann wird

$$EJ_c\,\delta_{r-1,\,r} = \int M_{r-1}\cdot M_r\,dx\,\frac{J_c}{J}\,.$$

Abb. 33 zeigt, daß die M_{r-1}-Fläche und die M_r-Fläche sich nur in der Öffnung l_r überdecken, daß sich daher das Integral nur über die Öffnung l_r erstreckt. Mit

$$M_{r-1} = 1\,\frac{x_r{}'}{l_r}$$

wird

$$E J_c\, \delta_{r-1,\,r} = \int_0^{l_r} M_r\,\frac{J_c}{J}\cdot\frac{x_r{}'}{l_r}\,dx = \frac{1}{l_r}\int_0^{l_r} M_r\,\frac{J_c}{J}\,dx\cdot x_r{}'.$$

Nun ist $M_r\,\dfrac{J_c}{J}\,dx$ der in Abb. 33 schraffierte Streifen der reduzierten

M_r-Fläche. Weiter ist $M_r\,\dfrac{J_c}{J}\,dx\cdot x_r{}'$ das statische Moment dieses

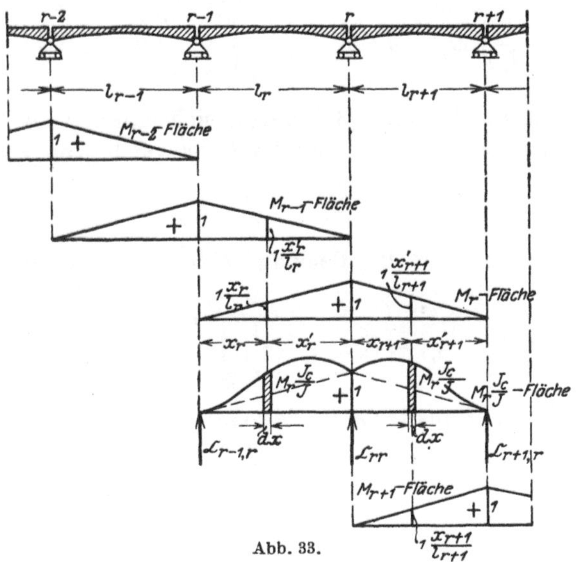

Abb. 33.

Flächenstreifens in bezug auf die Stütze r. Faßt man also die
$M_r\,\dfrac{J_c}{J}$-Fläche als Belastungsfläche des statisch bestimmten Haupt-
systems auf, dann erhält man den Auflagerdruck des so belasteten
Balkens zu

$$\mathfrak{C}_{r-1,\,r} = \frac{1}{l_r}\int_0^{l_r} M_r\,\frac{J_c}{J}\,dx\cdot x_r{}' \qquad \text{(siehe Abb. 33).}$$

Die Doppelzeiger von $\mathfrak{C}$ bedeuten wieder: der erste Zeiger den Ort,
nämlich Stütze $r-1$, der zweite die Ursache, nämlich Belastung
durch die reduzierte Momentenfläche infolge $M_r = 1$. Es ergibt sich also

$$E J_c\, \delta_{r-1,\,r} = \mathfrak{C}_{r-1,\,r} = \frac{1}{l_r}\int_0^{l_r} M_r\,\frac{J_c}{J}\,dx\cdot x_r{}'. \tag{35}$$

Aus ähnlichen Betrachtungen erhält man

$$E\,J_c\,\delta_{r+1,\,r} = \int_0^{l_{r+1}} M_{r+1}\,M_r\,dx\,\frac{J_c}{J} = \frac{1}{l_{r+1}}\int_0^{l_{r+1}} M_r\,\frac{J_c}{J}\,dx\cdot x_{r+1} = \mathfrak{C}_{r+1,\,r}. \qquad (36)$$

Das Integral

$$E\,J_c\,\delta_{rr} = \int M_r{}^2\,dx\,\frac{J_c}{J}$$

erstreckt sich entsprechend der M_r-Fläche über die beiden Öffnungen l_r und l_{r+1}. Man erhält

$$E\,J_c\,\delta_{rr} = \frac{1}{l_r}\int_0^{l_r} M_r\,\frac{J_c}{J}\,dx\cdot x_r + \frac{1}{l_{r+1}}\int_0^{l_{r+1}} M_r\,\frac{J_c}{J}\,dx\cdot x'_{r+1} = \mathfrak{C}_{rr}. \qquad (37)$$

Die Formeln (35), (36) und (37) lassen sich durch eine Umformung weiter vereinfachen. In der Öffnung l_r ist nach Abb. 34

$$M_r = 1\,\frac{x_r}{l_r}\,.$$

Führen wir diesen Wert in Gleichung (35) ein, so ergibt sich

$$E\,J_c\,\delta_{r-1,\,r} = \mathfrak{C}_{r-1,\,r} = \frac{1}{l_r{}^2}\int_0^{l_r} \frac{J_c}{J}\,x_r\,x_r'\,dx\,. \qquad (35\,\mathrm{a})$$

Entsprechend erhält man, da in der Öffnung l_{r+1}

$$M_r = 1\,\frac{x'_{r+1}}{l_{r+1}}$$

ist,

$$E\,J_c\,\delta_{r+1,\,r} = \mathfrak{C}_{r+1,\,r} = \frac{1}{l_{r+1}^2}\int_0^{l_{r+1}} \frac{J_c}{J}\,x_{r+1}\,x'_{r+1}\,dx \qquad (36\,\mathrm{a})$$

und

$$E\,J_c\,\delta_{rr} = \mathfrak{C}_{rr} = \frac{1}{l_r{}^2}\int_0^{l_r} \frac{J_c}{J}\,x_r{}^2\,dx + \frac{1}{l_{r+1}^2}\cdot\int_0^{l_{r+1}} \frac{J_c}{J}\,x_{r+1}^2\,dx\,. \qquad (37\,\mathrm{a})$$

Wegen des veränderlichen Querschnitts innerhalb der einzelnen Öffnungen wird man diese δ_{ik}-Werte in der Weise ermitteln, daß man zunächst das Integral der reduzierten Momentenfläche durch die Summe einzelner Teilflächen ersetzt. Man teilt zu diesem Zweck die Öffnung in einzelne senkrechte Streifen entsprechend der Feldweite bzw. Querträgerteilung a. In jedem der Teilpunkte lassen wir die Werte $w_r = a_r\,\dfrac{x_r}{l_r}\cdot\dfrac{J_c}{J}$ bzw. $w_{r+1} = a_{r+1}\,\dfrac{x_{r+1}}{l_{r+1}}\,\dfrac{J_c}{J}$ angreifen. Sie

stellen den Inhalt der beiden an den Teilpunkt anstoßenden Streifen-
hälften dar (vgl. Abb. 34).

Bei einer Feldteilung $l_r = n_r \cdot a_r$ bzw. $l_{r+1} = n_{r+1} a_{r+1}$ sind also
in ganzen in jeder Öffnung $n - 1$ solcher Werte w vorhanden. In
den Endfeldern ergeben sich bei dieser Einteilung der reduzierten
Momentenfläche allerdings
kleine Restflächen von der
Breite $\frac{a_r}{2}$ bzw. $\frac{a_{r+1}}{2}$. Sie
sind in Abb. 34 durch dop-
pelte Schraffur kenntlich
gemacht. Ihr Einfluß ist
jedoch belanglos und kann
vernachlässigt werden, ohne
daß die Genauigkeit der
Rechnung beeinträchtigt
wird.

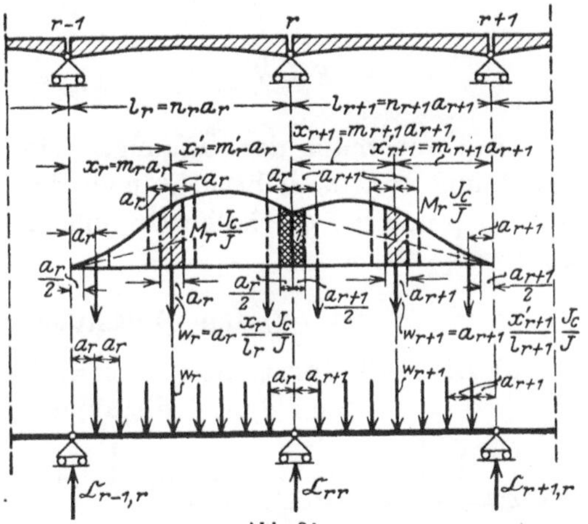

Durch Einführung der

Werte $\quad w_r = a_r \cdot \dfrac{x_r}{l_r} \dfrac{J_c}{J}$

und $\quad w_{r+1} = a_{r+1} \dfrac{x'_{r+1}}{l_{r+1}} \dfrac{J_c}{J}$

Abb. 34.

ergeben sich dann aus den Gleichungen (35a), (36a) und (37a) folgende Formeln:

$$E J_c \delta_{r-1,r} = \sum_{r=1}^{n_r-1} w_r \frac{x_r'}{l_r}.$$

Setzt man mit Rücksicht auf die Bezeichnungen der Abb. 34

$$x_r = m_r \cdot a_r; \qquad x_r' = m_r' \cdot a_r; \qquad l_r = n_r \cdot a_r,$$

dann wird

$$E J_c \delta_{r-1,r} = \mathfrak{C}_{r-1,r} = \frac{a_r}{n_r^2} \sum_{r=1}^{n_r-1} \frac{J_c}{J} m_r m_r'. \tag{35b}$$

In gleicher Weise erhält man

$$E J_c \delta_{r+1,r} = \mathfrak{C}_{r+1,r} = \sum_{r=1}^{n_r-1} w_{r+1} \frac{x_{r+1}}{l_{r+1}} = \frac{a_{r+1}}{n_{r+1}^2} \sum_{r=1}^{n_{r+1}-1} \frac{J_c}{J} m_{r+1} m_{r+1}' \tag{36b}$$

und

$$E J_c \delta_{rr} = \mathfrak{C}_{rr} = \sum_{r=1}^{n_r-1} w_r \frac{x_r}{l_r} + \sum_{r=1}^{n_{r+1}-1} w_{r+1} \frac{x'_{r+1}}{l_{r+1}}$$

$$= \frac{a_r}{n_r^2} \sum_{r=1}^{n_r-1} \frac{J_c}{J} m_r^2 + \frac{a_{r+1}}{n_{r+1}^2} \sum_{r=1}^{n_{r+1}-1} \frac{J_c}{J} m'^2_{r+1}. \tag{37b}$$

Führt man nun für die viel vorkommenden Summen die Abkürzungen

$$\sum \frac{J_c}{J}\, m_r\, m_r' = f_r; \qquad \sum \frac{J_c}{J}\, m_{r+1}\, m_{r+1}' = f_{r+1} \qquad (38)$$

ein, dann wird

$$E J_c\, \delta_{r-1,\,r} = \mathfrak{C}_{r-1,\,r} = \frac{a_r}{n_r^2}\, f_r, \qquad (35\,\mathrm{c})$$

$$E J_c\, \delta_{r+1,\,r} = \mathfrak{C}_{r+1,\,r} = \frac{a_{r+1}}{n_{r+1}^2}\, f_{r+1}. \qquad (36\,\mathrm{c})$$

Liegt innerhalb der Öffnungen eine symmetrische Querschnittsanordnung vor, dann braucht man die Summenbildung der Werte f_r und f_{r+1} nur für die halbe Öffnung durchzuführen und diese Werte zu verdoppeln.

b) Das Belastungsglied Z_r.

α) Einfluß der äußeren, ständigen oder beweglichen Belastung.

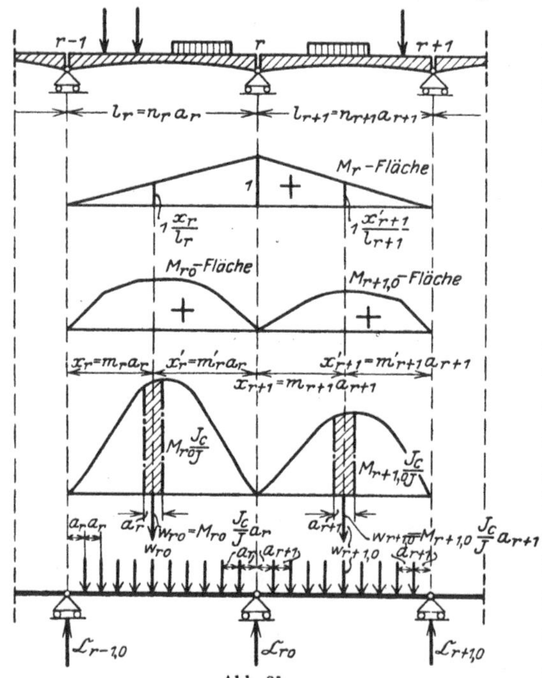

Abb. 35.

Wir betrachten zunächst den Einfluß einer ständigen Belastung. Das Belastungsglied der r-ten Elastizitätsgleichung lautet nach Gl. (3)

$$Z_r = \delta_r - \delta_{r0} - \delta_{rt} \qquad (39)$$
$$= \delta_r - \Sigma P_m\, \delta_{rm} - \delta_{rt}.$$

In dieser Gleichung ist δ_r der Einfluß der Stützenverschiebung; dieser wird später unter β) untersucht werden. Den Einfluß der ständigen Belastung gibt uns das Glied δ_{r0}, während die Schreibweise $\Sigma P_m\, \delta_{rm}$ für Einflußlinienuntersuchung gewählt wird. Da wir bisher mit den $E \cdot J_c$-fachen Verschiebungen gearbeitet haben, so geschieht es auch hier. Wir ermitteln also

$$E J_c\, \delta_{r0} = \int M_r\, M_0\, \frac{J_c}{J}\, dx. \qquad (40)$$

Mit Rücksicht auf Abb. 35 wird

$$E J_c\, \delta_{r0} = \int\limits_0^{l_r} M_r\, M_{r0}\, \frac{J_c}{J}\, dx + \int\limits_0^{l_{r+1}} M_r\, M_{r+1,0}\, \frac{J_c}{J}\, dx$$

oder

$$E J_c\, \delta_{r0} = \frac{1}{l_r} \int\limits_0^{l_r} M_{r0}\, \frac{J_c}{J}\, x_r\, dx + \frac{1}{l_{r+1}} \int\limits_0^{l_{r+1}} M_{r+1,0}\, \frac{J_c}{J}\, x'_{r+1}\, dx. \qquad (41)$$

Die beiden Glieder geben zusammen wieder den Auflagerdruck infolge der reduzierten M_0-Fläche als Belastungsfläche; also

$$E J_c\, \delta_{r0} = \mathfrak{C}_{r0}\,. \qquad (41\,\mathrm{a})$$

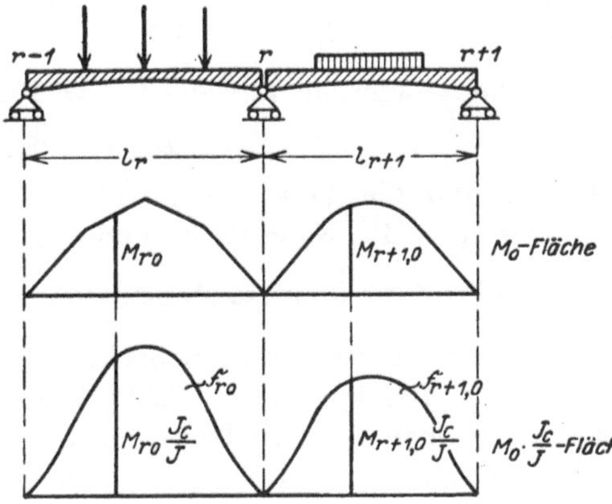

Bei beliebig veränderlichem Querschnitt wird in der linken Öffnung der Flächeninhalt eines Streifens der reduzierten M_0-Fläche

$$w_{r0} = M_{r0}\, \frac{J_c}{J}\, a_r\,,$$

in der rechten Öffnung

$$w_{r+1,\,0} = M_{r+1,\,0}\, \frac{J_c}{J}\, a_{r+1}\,,$$

man erhält demnach

Abb. 36.

$$\left.\begin{aligned}
E J_c\, \delta_{r0} &= \mathfrak{C}_{r0} = \sum_{r=1}^{n_r-1} w_{r0}\, \frac{x_r}{l_r} + \sum_{r=1}^{n_{r+1}-1} w_{r+1,\,0}\, \frac{x_{r+1}}{l_{r+1}}\,,\\[2ex]
E J_c\, \delta_{r0} &= \frac{a_r}{n_r} \sum_{r=1}^{n_r-1} M_{r0}\, \frac{J_c}{J}\, m_r + \frac{a_{r+1}}{n_{r+1}} \sum_{r=1}^{n_{r+1}-1} M_{r+1,\,0}\, \frac{J_c}{J}\, m'_{r+1}\,.
\end{aligned}\right\} (41\,\mathrm{b})$$

Liegt **symmetrische Belastung** in den einzelnen Öffnungen vor und ist auch die Querschnittsanordnung des Balkens symmetrisch zur Mitte der Öffnungen l_r bzw. l_{r+1} (vgl. Abb. 36), dann vereinfachen sich die vorstehenden Gleichungen zu

$$E J_c\, \delta_{r0} = \frac{1}{2} \left[\int\limits_0^{l_r} M_{r0}\, \frac{J_c}{J}\, dx + \int\limits_0^{l_{r+1}} M_{r+1,\,0}\, \frac{J_c}{J}\, dx \right]$$

$$E J_c\, \delta_{r0} = \tfrac{1}{2} [\mathfrak{F}_{r0} + \mathfrak{F}_{r+1,\,0}]; \qquad (42)$$

Hierin sind $\mathfrak{F}_{r0}$ und $\mathfrak{F}_{r+1,\,0}$ die Flächeninhalte der reduzierten Momentenfläche in den Öffnungen l_r und l_{r+1}.

Für den Sonderfall einer gleichmäßig verteilten Belastung q_r in der Öffnung l_r wird

$$M_{r0} = \frac{1}{2}\, q_r\, x_r\, x_r'; \qquad \mathfrak{F}_{r0} = \frac{1}{2}\, q_r \int \frac{J_c}{J}\, x_r\, x_r'\, dx = \frac{a_r^{\,3}}{2}\, q_r \sum \frac{J_c}{J}\, m_r\, m_r'.$$

Mit Rücksicht auf Gl. (38) ist dann

$$\mathfrak{F}_{r0} = \frac{a_r^{\,3}}{2}\, q_r\, f_r; \qquad \mathfrak{F}_{r+1,\,0} = \frac{a_{r+1}^{\,3}}{2}\, q_{r+1}\, f_{r+1}. \tag{43}$$

Die Untersuchung des Einflusses der beweglichen Belastung erfolgt am übersichtlichsten mit Hilfe von Einflußlinien. Das Belastungsglied lautet in diesem Falle

$$Z_r = -\sum P_m\, \delta_{rm} = -\sum P_m\, \delta_{mr}.$$

Für eine wandernde Einzellast $P = 1$ ist

$$Z_r = -\delta_{mr}. \tag{44}$$

δ_{mr} ist nun die Verschiebung des Querschnittes m infolge des Zustandes $X_r = 1$. Nach Mohr findet man die Durchbiegungen $EJ_c\,\delta_{mr}$, indem man die reduzierte Momentenfläche $-\,M_r\dfrac{J_c}{J}\,-$ als Belastungsfläche auffaßt und hierzu nochmals die Momentenfläche ermittelt (Abb. 37). Bei konstanter Feldweite a in den einzelnen Öffnungen bestimmt man die Streifenkräfte w_r und w_{r+1} und ermittelt hierzu durch Zeichnung oder Rechnung die neue Momentenfläche. Auf rechnerischem Wege erhält man die Momente am bequemsten aus der bekannten Beziehung

$$Q_m = \frac{dM}{dx} = \frac{\varDelta M}{\varDelta x} = \frac{M_m - M_{m-1}}{a_m}.$$

Es wird also

$$M_m = M_{m-1} + a_m\, Q_m \tag{45}$$

(vgl. Grundaufgabe 1 c).

Die so ermittelte Momentenfläche ist Einflußfläche für die Verschiebungen $EJ_c\,\delta_{mr}$.

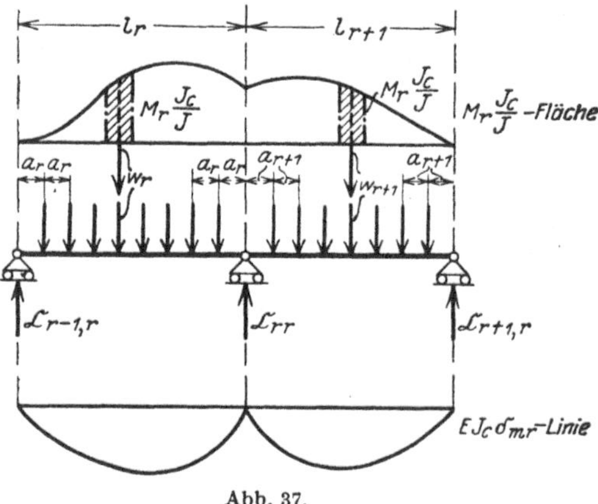

Abb. 37.

Da sich nun die $M_r\dfrac{J_c}{J}$-Fläche nach Abb. 37 nur auf die beiden an r anstoßenden Öffnungen erstreckt, so geht auch die $EJ_c\,\delta_{mr}$-Fläche nur über die Öffnungen l_r und l_{r+1}; daher hat eine Belastung außerhalb l_r und l_{r+1} auf δ_{mr} und damit auf Z_r keinen Einfluß.

Die untenstehende Tafel 2 gibt die Werte Z für den mittleren r-ten Bereich des Balkens an, wenn eine veränderliche Einzellast 1 in den verschiedenen Öffnungen steht.

Tafel 2.

	Einzellast 1 in den Öffnungen			
	l_{r-1}	l_r	l_{r+1}	l_{r+2}
$Z_{r-1} =$	$-\delta_{m,\,r-1}$	$-\delta_{m,\,r-1}$	—	—
$Z_r \quad =$	—	$-\delta_{m\,r}$	$-\delta_{m\,r}$	—
$Z_{r+1} =$	—	—	$-\delta_{m,\,r+1}$	$-\delta_{m,\,r+1}$

β) Einfluß beobachteter Stützenverschiebungen.

Zu Beginn unserer theoretischen Betrachtungen haben wir die Voraussetzung gemacht, daß der durchlaufende Balken auf starren Stützen aufruhen möge. Im Gegensatz hierzu steht der Balken auf elastischen Stützen, bei dem sich die Auflagerpunkte des Balkens bei jeder Belastung eben infolge des elastischen Verhaltens der Stützung verschieben werden. Solche elastische Stützung liegt z. B. vor bei Balken auf hohen Pfeilern oder Stützen oder bei Schiffbrücken. In diesen Betrachtungen wollen wir die elastischen Stützenbewegungen ausschließen, uns also auf Träger mit starren Stützen beschränken. Nun kann es aber auch bei einem solchen Balken auf starren Stützen vorkommen, daß sich nachträglich das eine oder andere Auflager verschiebt, daß also eine beobachtete Stützenverschiebung auftritt. Das kann z. B. auf einem Fehler der Auflagerkonstruktion beruhen, der Boden unter den Fundamenten kann nachgeben oder es kann sonst irgendeine Ursache hierfür auftreten. Nun ist die Frage zu untersuchen, welchen Einfluß eine solche zufällig beobachtete Stützenverschiebung auf die Beanspruchungen des Trägers ausübt.

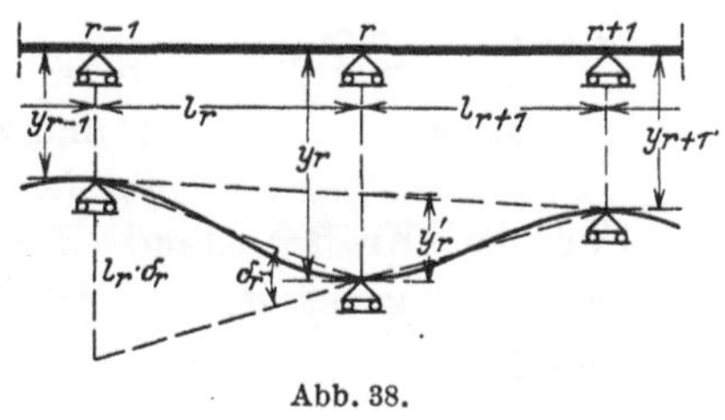
Abb. 38.

Wir nehmen an, daß sich die Stützen $r-1$, r und $r+1$ infolge der Nachgiebigkeit der Widerlager um y_{r-1}, y_r und y_{r+1} gesenkt haben. Infolge dieser Stützenverschiebungen ermittelt sich nach Abb. 38 der Drehwinkel δ_r, den die Endquerschnitte der an der Stütze r zusammenstoßenden Balken bilden, aus der geometrischen Beziehung

$$l_r \delta_r = y_r{}' \frac{l_r + l_{r+1}}{l_{r+1}} \quad \text{zu} \quad \delta_r = y_r{}' \frac{l_r + l_{r+1}}{l_r \cdot l_{r+1}}.$$

Bei dieser Betrachtung beschränken wir uns auf sehr kleine Verschiebungen.

Nun ist

$$y_r' = y_r - y_{r-1}\frac{l_{r+1}}{l_r + l_{r+1}} - y_{r+1}\frac{l_r}{l_r + l_{r+1}},$$

$$y_r' = \frac{(y_r - y_{r-1})\,l_{r+1} + (y_r - y_{r+1})\,l_r}{l_r + l_{r+1}}.$$

Demnach wird

$$\delta_r = \frac{y_r - y_{r-1}}{l_r} + \frac{y_r - y_{r+1}}{l_{r+1}}. \tag{46}$$

Da bisher stets mit den $EJ_c\delta$-Werten gerechnet wurde, muß man auch hier ebenfalls den Wert $EJ_c\,\delta_r$ bilden und in die Elastizitätsgleichungen einsetzen.

γ) Einfluß ungleichmäßiger Wärmeänderungen.

Das Glied δ_{rt} in Gl. (3) bestimmt man wie folgt: Herrscht in der oberen Faser des Querschnitts eine Temperatur t_o, in der unteren $t_u > t_o$, wird ferner angenommen, daß der Wärmeausgleich zwischen diesen beiden Fasern geradlinig erfolgt, so werden zwei ursprünglich parallele Querschnitte im Abstande dx voneinander nach der Wärmeänderung schräg zueinander stehen, und zwar unter dem Winkel

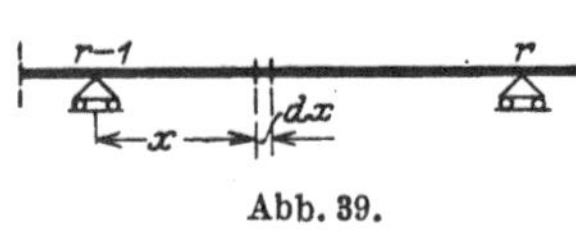

Abb. 39.

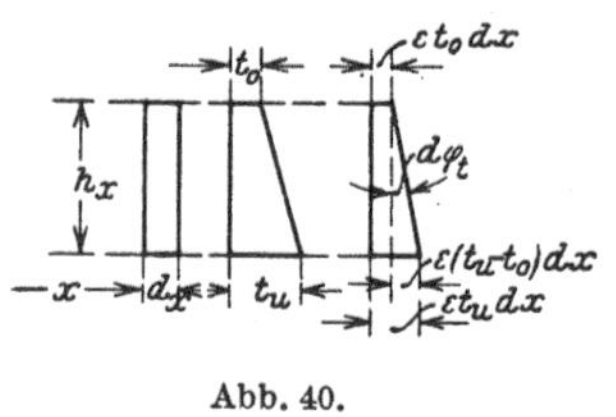

Abb. 40.

$$d\varphi_t = \frac{\varepsilon\,(t_u - t_o)\,dx}{h_x},$$

wobei h_x die Querschnittshöhe an der Stelle x und ε die Wärmeausdehnungszahl bedeutet (Abb. 39 und 40).

Für den Kräftezustand $X_r = 1$ und den Verschiebungszustand infolge der Wärmeänderung erhält man aus der Arbeitsgleichung die Beziehung

$$1\cdot\delta_{rt} = \int M_r\,d\varphi_t = \int M_r\,\frac{\varepsilon\,(t_u - t_o)}{h_x}\,dx.$$

Ist der Wärmeeinfluß für die ganze Trägerlänge gleichmäßig, so kann der konstante Teil $\varepsilon\,(t_u - t_o)$ vor das Integral gezogen werden. Arbeitet man ferner mit Rücksicht auf die früheren Entwicklungen mit den EJ_c-fachen Verschiebungen, dann ist

$$EJ_c\delta_{rt} = \varepsilon\,EJ_c\,(t_u - t_o)\int \frac{M_r}{h_x}\,dx. \tag{47}$$

3. Die Auflösung der Dreimomentengleichungen.

a) Auflösung mit Hilfe von · Determinanten.

Bei vielen Untersuchungen in der Praxis ist es zweckmäßig, für die Belastungsglieder Z der rechten Seite zunächst noch nicht die Zahlenwerte einzusetzen und die Gleichungen mit diesen aufzulösen, sondern vorerst die allgemeine Bezeichnung Z in der Auflösung zu lassen. Das hängt damit zusammen, daß man gewöhnlich **mehrere** Belastungsfälle zu untersuchen hat. Man wird nun nicht für jeden Lastzustand die Gleichungen immer von neuem auflösen, sondern nur einmal die Gleichungen ganz allgemein lösen und dann der Reihe nach in diese Auflösungen die einzelnen Lastzustände einsetzen.

Für den **zweifach** statisch unbestimmten Balken über drei Öffnungen erhält man die beiden Gleichungen

$$\delta_{11} X_1 + \delta_{12} X_2 = Z_1,$$
$$\delta_{21} X_1 + \delta_{22} X_2 = Z_2.$$

Setzt man zur Abkürzung die Nennerdeterminante

$$\begin{vmatrix} \delta_{11} & \delta_{12} \\ \delta_{21} & \delta_{22} \end{vmatrix} = \delta_{11}\delta_{22} - \delta_{12}^2 = \Delta \qquad \text{(da } \delta_{12} = \delta_{21} \text{ ist),}$$

dann erhält man für die beiden Unbekannten X_1 und X_2 die Lösungen

$$X_1 = \frac{1}{\Delta} \begin{vmatrix} Z_1 & \delta_{12} \\ Z_2 & \delta_{22} \end{vmatrix} = \frac{\delta_{22}}{\Delta} Z_1 - \frac{\delta_{12}}{\Delta} Z_2,$$

$$X_2 = \frac{1}{\Delta} \begin{vmatrix} \delta_{11} & Z_1 \\ \delta_{21} & Z_2 \end{vmatrix} = - \frac{\delta_{21}}{\Delta} Z_1 + \frac{\delta_{11}}{\Delta} Z_2.$$

Man pflegt nun nach **Müller-Breslau** die Beiwerte von Z mit β zu bezeichnen; dann haben die vorstehenden Gleichungen die allgemeine Form

$$\left. \begin{aligned} X_1 &= \beta_{11} Z_1 + \beta_{12} Z_2 \\ X_2 &= \beta_{21} Z_2 + \beta_{22} Z_2 \end{aligned} \right\} \tag{48}$$

oder symbolisch geschrieben

	Z_1	Z_2
$X_1 =$	β_{11}	β_{12}
$X_2 =$	β_{21}	β_{22}

(Vgl. hierzu die ähnliche, symbolische Schreibweise der Elastizitätsgleichungen auf Seite 7.)

Für den **dreifach** statisch unbestimmten Balken über vier Öffnungen lauten die Dreimomentengleichungen:

$$\delta_{11} X_1 + \delta_{12} X_2 \qquad\qquad = Z_1 ,$$
$$\delta_{21} X_1 + \delta_{22} X_2 + \delta_{23} X_3 = Z_2 ,$$
$$\delta_{32} X_2 + \delta_{33} X_3 = Z_3 .$$

Die Nennerdeterminante dieses Gleichungssystems wird

$$\Delta = \begin{vmatrix} \delta_{11} & \delta_{12} & 0 \\ \delta_{21} & \delta_{22} & \delta_{23} \\ 0 & \delta_{32} & \delta_{33} \end{vmatrix} = \delta_{11}\left[\delta_{22}\delta_{33} - \delta_{23}^2\right] - \delta_{12}^2 \delta_{33} .$$

Man erhält dann die Unbekannten

$$X_1 = \frac{1}{\Delta} \begin{vmatrix} Z_1 & \delta_{12} & 0 \\ Z_2 & \delta_{22} & \delta_{23} \\ Z_3 & \delta_{32} & \delta_{33} \end{vmatrix} = \frac{\delta_{22}\delta_{33} - \delta_{23}^2}{\Delta} Z_1 - \frac{\delta_{12}\delta_{33}}{\Delta} Z_2 + \frac{\delta_{12}\delta_{23}}{\Delta} Z_3 ,$$

also wieder die Form

$$X_1 = \beta_{11} Z_1 + \beta_{12} Z_2 + \beta_{13} Z_3$$

$$X_2 = \frac{1}{\Delta} \begin{vmatrix} \delta_{11} & Z_1 & 0 \\ \delta_{21} & Z_2 & \delta_{23} \\ 0 & Z_3 & \delta_{33} \end{vmatrix} = -\frac{\delta_{21}\delta_{33}}{\Delta} Z_1 + \frac{\delta_{11}\delta_{33}}{\Delta} Z_2 - \frac{\delta_{11}\delta_{23}}{\Delta} Z_3$$

$$X_2 = \beta_{21} Z_1 + \beta_{22} Z_2 + \beta_{23} Z_3$$

$$X_3 = \frac{1}{\Delta} \begin{vmatrix} \delta_{11} & \delta_{12} & Z_1 \\ \delta_{21} & \delta_{22} & Z_2 \\ 0 & \delta_{32} & Z_3 \end{vmatrix} = \frac{\delta_{21}\delta_{32}}{\Delta} Z_1 - \frac{\delta_{11}\delta_{32}}{\Delta} Z_2 + \frac{\delta_{11}\delta_{22} - \delta_{12}^2}{\Delta} Z_3$$

$$X_3 = \beta_{31} Z_1 + \beta_{32} Z_2 + \beta_{33} Z_3 .$$

Wir führen noch folgende Abkürzungen für die Unterdeterminanten ein:

$$\Delta_1 = \delta_{22}\delta_{33} - \delta_{23}^2$$
$$\Delta_2 = \delta_{11}\delta_{33}$$
$$\Delta_3 = \delta_{11}\delta_{22} - \delta_{12}^2$$

und schreiben die Auflösungen der Unbekannten wieder in der symbolischen Form

	Z_1	Z_2	Z_3
$X_1 =$	β_{11}	β_{12}	β_{13}
$X_2 =$	β_{21}	β_{22}	β_{23}
$X_3 =$	β_{31}	β_{32}	β_{33}

$$(49)$$

Da nun

$$\beta_{12} = \beta_{21}$$
$$\beta_{13} = \beta_{31}$$
$$\beta_{23} = \beta_{32}$$

ist, genügt es, nur die eine Hälfte der β-Tafel zu berechnen, und zwar den oberhalb oder unterhalb von der Hauptdiagonalen gelegenen Teil. Es entsteht so die folgende β-Tafel für den Balken über vier Öffnungen:

β-Tafel.

	1	2	3
1	$\dfrac{\Delta_1}{\Delta}$	$-\dfrac{\delta_{12}\,\delta_{33}}{\Delta}$	$\dfrac{\delta_{12}\,\delta_{23}}{\Delta}$
2		$\dfrac{\Delta_2}{\Delta}$	$-\dfrac{\delta_{11}\,\delta_{23}}{\Delta}$
3			$\dfrac{\Delta_3}{\Delta}$

In der vorstehenden Weise lassen sich Systeme von vier Dreimomentengleichungen und mehr übersichtlich mit Hilfe von Determinanten auflösen; vgl. hierzu die in den Hilfstafeln zusammengestellten Werte unter 4a) und 4b).

Bei einer größeren Zahl von Gleichungen führt jedoch ein von Müller-Breslau angegebenes Verfahren zur Ermittlung der β-Tafel bequemer zum Ziel. Bevor wir uns mit diesem Verfahren befassen, bei dem ganz allgemein die Auflösung von n Dreimomentengleichungen mit Hilfe von Kettenrechnungen durchgeführt wird (vgl. unter c)), soll zunächst einiges über die Festpunkte des kontinuierlichen Balkens besprochen werden.

b) Die rechnerische Ermittelung der Festpunkte[1]).

Wir wollen zunächst von dem in Abb. 41 dargestellten Sonderfall ausgehen. Ein Balken über drei Öffnungen mit überkragenden Enden sei nur auf dem rechten Kragarm belastet. Der Balkenquerschnitt sei beliebig veränderlich. Das rechte Stützenmoment beträgt für die angenommene Belastung

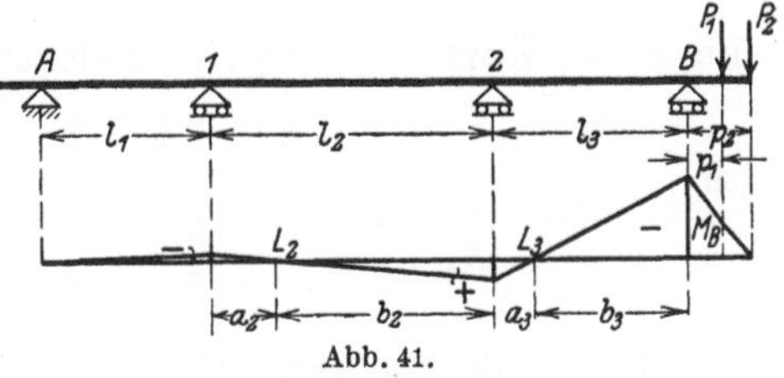

Abb. 41.

$$M_B = -\,P_1 p_1 - P_2 p_2.$$

---

[1]) Bezüglich der Bezeichnung der Festpunktsabstände vgl. die Fußnote auf S. 103.

Die Elastizitätsgleichungen des zweifach statisch unbestimmten Systems lauten

$$(1) \quad \delta_{11} X_1 + \delta_{12} X_2 = Z_1,$$

$$(2) \quad \delta_{21} X_1 + \delta_{22} X_2 = Z_2.$$

Nun ist im vorliegenden Falle

$$Z_1 = - \delta_{01} = 0,$$

weil die M_0-Fläche in den unbelasteten Öffnungen l_1 und l_2 des statisch bestimmten Hauptsystems Null ist. In der Öffnung l_3 ist die M_0-Fläche ein Dreieck mit der Höhe M_B über dem Auflager B. Da nun der Zustand $M_B = 1$ in der Öffnung l_3 ebenfalls eine dreieckige Momentenfläche, jedoch mit der Ordinate 1 über B, liefert, so kann man schreiben:

$$Z_2 = - \delta_{02} = - \delta_{2B} \cdot M_B.$$

Für die einzelnen Verschiebungswerte (vgl. Abb. 42) erhält man:

$$E J_c \delta_{11} = \int M_1{}^2 dx \frac{J_c}{J}; \quad E J_c \delta_{12} = \int M_1 M_2 dx \frac{J_c}{J} = E J_c \delta_{21},$$

$$E J_c \delta_{22} = \int M_2{}^2 dx \frac{J_c}{J}; \quad E J_c \delta_{2B} = \int M_2 M_B dx \frac{J_c}{J}.$$

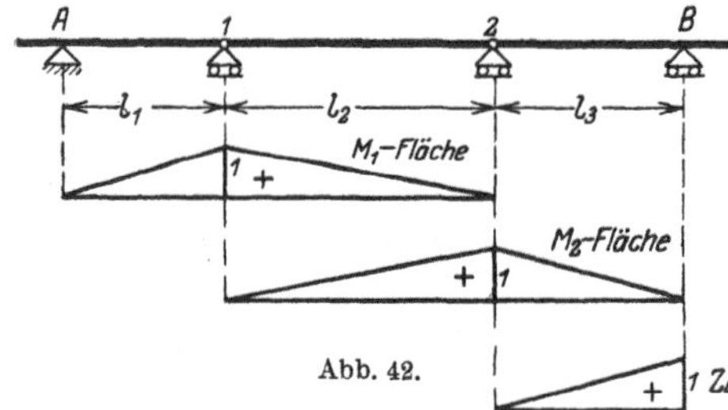

Die Momente M_1, M_2, M_B entsprechen den Zuständen $M_1 = 1$; $M_2 = 1$; $M_B = 1$ und sind aus Abb. 42 ersichtlich.

Die Gleichung (1) liefert, weil $Z_1 = 0$,

$$X_1 = - \frac{\delta_{12}}{\delta_{11}} X_2 = - \mu_1 X_2;$$

wird dieser Wert in die zweite Gleichung eingesetzt, dann erhält man

$$[- \mu_1 \delta_{21} + \delta_{22}] X_2 = - \delta_{2B} M_B,$$

also

$$X_2 = - \frac{\delta_{2B}}{- \mu_1 \delta_{21} + \delta_{22}} M_B = - \mu_2 M_B.$$

μ_1 und μ_2 sind konstante Größen, die sich aus den δ-Werten ermitteln lassen; sie sind unabhängig von der äußeren Belastung. Die Momentenfläche in der Öffnung l_3 (vgl. Abb. 43) ist geradlinig, weil keine äußere Last in der Öffnung l_3 angreift; sie ist also durch die Stützenmomente M_B und X_2 bestimmt. Der Nullpunkt der

Momentenfläche in der Öffnung l_3 ist durch die Beziehung festgelegt

$$\frac{a_3}{b_3} = \frac{X_2}{M_B} = \mu_2 .$$

Ebenso erhält man für die Öffnung l_2

$$\frac{a_2}{b_2} = \frac{X_1}{X_2} = \mu_1 .$$

Da nun die Zahlen μ_2 und μ_1 konstant sind — denn sie hängen ja nicht von der Belastung ab —, so ist auch das Verhältnis $\frac{a_3}{b_3}$ und $\frac{a_2}{b_2}$ konstant; die Nullpunkte der Momentenfläche L_3 und L_2 bleiben daher stets dieselben, welche Größe auch die Belastung des rechten Kragarmes annehmen mag. Sie sind für einen gegebenen Träger ein für allemal festliegende Punkte und werden deshalb **Festpunkte** oder **Fixpunkte** genannt. Der Festpunkt L_3 läßt sich nun wie folgt bestimmen. Es ist

$$l_3 = a_3 + b_3 ,$$

da nun

$$a_3 = \mu_2 b_3$$

ist, so wird

$$l_3 = \mu_2 b_3 + b_3$$

oder

$$b_3 = \frac{l_3}{1 + \mu_2} .$$

Durch b_3 ist L_3 bestimmt; ebenso wird L_2 festgelegt durch die Strecke

$$b_2 = \frac{l_2}{1 + \mu_1} .$$

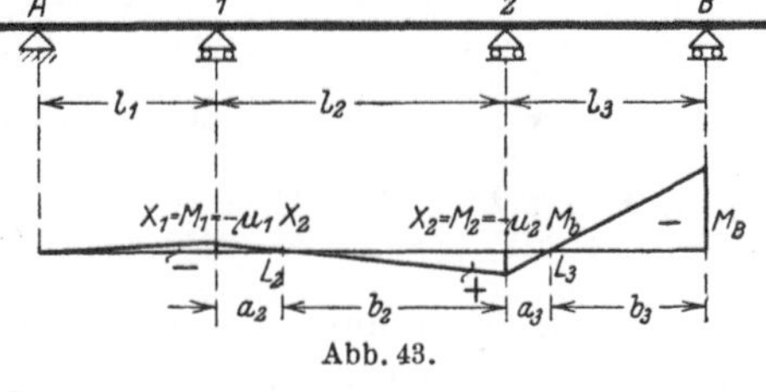

Abb. 43.

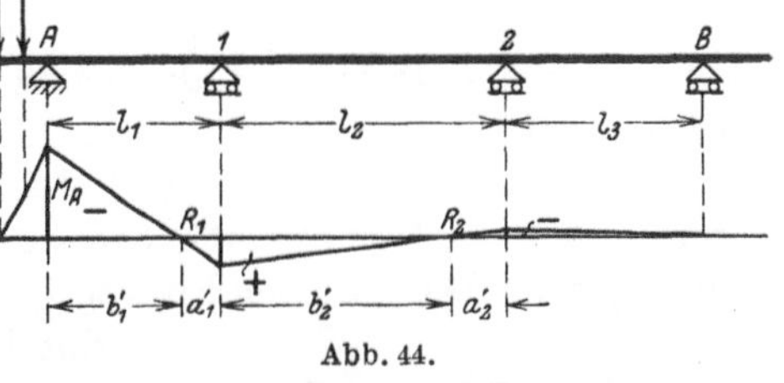

Abb. 44.

Die Punkte L_2 und L_3 heißen die **linken Festpunkte.**

Auf Grund ähnlicher Betrachtungen läßt sich nach Abb. 44 die Momentenfläche infolge einer Belastung des linken Kragarmes bestimmen. In diesem Falle geht die Verbindungslinie der Stützenmomente durch die festen Punkte R_1 und R_2, **die rechten Festpunkte** des Balkens.

Die vorstehenden Überlegungen lassen sich nun leicht verallgemeinern auf den Balken mit $n + 1$ Stützen (Abb. 45). Alle Öffnungen links von r seien unbelastet, dagegen seien eine oder auch beliebig viele Öffnungen rechts von r belastet. Für diese rechts von r liegende Belastung sei das Stützenmoment $X_r = M_r$ ermittelt. Wir schreiben nun die Elastizitätsgleichungen von der linken Stütze anfangend bis zur Öffnung l_{r-1} an und beachten, daß die Belastungsglieder dieser Gleichungen Null sein müssen, weil ja keine äußere Belastung links von l_r vorhanden ist.

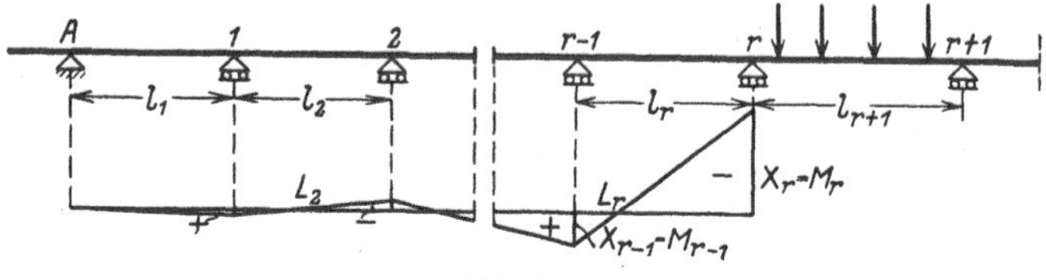

Abb. 45.

$$(1) \qquad \delta_{11}X_1 + \delta_{12}X_2 = 0 \qquad\Big|\qquad X_1 = -\frac{\delta_{12}}{\delta_{11}}X_2 = -\mu_1 X_2; \qquad \mu_1 = \frac{\delta_{12}}{\delta_{11}}$$

$$(2)\ \ \delta_{21}X_1 + \delta_{22}X_2 + \delta_{23}X_3 = 0 \qquad X_2 = -\frac{\delta_{23}}{\delta_{22}-\mu_1\delta_{21}}X_3 = -\mu_2 X_3; \qquad \mu_2 = \frac{\delta_{23}}{\delta_{22}-\mu_1\delta_{21}}$$

$$(3)\ \ \delta_{32}X_2 + \delta_{33}X_3 + \delta_{34}X_4 = 0 \qquad X_3 = -\frac{\delta_{34}}{\delta_{33}-\mu_2\delta_{32}}X_4 = -\mu_3 X_4; \qquad \mu_3 = \frac{\delta_{34}}{\delta_{33}-\mu_2\delta_{32}}$$

$$\cdots\cdots\cdots\cdots\cdots\cdots\cdots\cdots\cdots\cdots\cdots\cdots\cdots\cdots\cdots$$

$$(r-1)\qquad \delta_{r-1,\,r-2}X_{r-2} + \delta_{r-1,\,r-1}X_{r-1} + \delta_{r-1,\,r}X_r = 0$$

$$X_{r-1} = -\frac{\delta_{r-1,\,r}}{\delta_{r-1,\,r-1}-\mu_{r-2}\,\delta_{r-1,\,r-2}}X_r = -\mu_{r-1}X_r;$$

$$\mu_{r-1} = \frac{\delta_{r-1,\,r}}{\delta_{r-1,\,r-1}-\mu_{r-2}\,\delta_{r-1,\,r-2}}.$$

Wir drücken nun, wie in dem vorher behandelten Sonderfall, mit Gleichung (1) anfangend, X_1 durch X_2 aus, dann in der zweiten Gleichung X_2 durch X_3 und so fortlaufend X_{r-1} durch X_r. So erhalten wir der Reihe nach die festen Zahlen $\mu_1\,\mu_2\ldots\mu_{r-1}$ und finden wieder, daß in den unbelasteten Öffnungen links von r die Stützenmomente sich wie die festen Zahlen μ verhalten, also die Begrenzungslinien der Momentenflächen durch festliegende Nullpunkte hindurchgehen. Diese festen Punkte L lassen sich nun allgemein leicht durch die Zahlen μ bestimmen.

Aus Abb. 46 erhält man für eine beliebige Öffnung l_r

$$b_r = l_r - a_r.$$

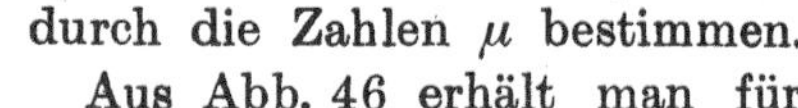

Abb. 46.

Da nun $\mu_{r-1} = \dfrac{a_r}{b_r}$, also $a_r = \mu_{r-1}\,b_r$ ist, so wird

$$b_r = l_r - \mu_{r-1}\,b_r,$$

also

$$b_r = \frac{l_r}{1+\mu_{r-1}}; \qquad (50)$$

hierin ist

$$\mu_{r-1} = \frac{\delta_{r-1,\,r}}{\delta_{r-1,\,r-1}-\mu_{r-2}\,\delta_{r-1,\,r-2}}. \qquad (51)$$

Betrachten wir nun einen Träger, der links von der Stütze $r-1$ irgendwie belastet ist (Abb. 47), dagegen rechts von $r-1$ unbelastet ist, so lauten die Dreimomentengleichungen von dem **rechten Ende** angefangen:

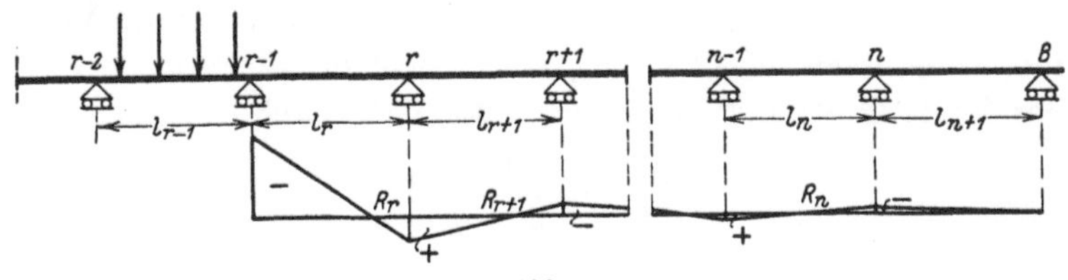

Abb. 47.

$$(n)\ \delta_{n,\,n-1}X_{n-1} + \delta_{nn}X_n = 0 \qquad \Big\downarrow \qquad X_n = -\frac{\delta_{n,\,n-1}}{\delta_{nn}}X_{n-1} = -\mu_n'X_{n-1};$$

$$\mu_n' = \frac{\delta_{n,\,n-1}}{\delta_{nn}}$$

$$(n-1)\ \delta_{n-1,\,n-2}X_{n-2} + \delta_{n-1,\,n-1}X_{n-1} + \delta_{n-1,\,n}X_n = 0$$

$$X_{n-1} = -\frac{\delta_{n-1,\,n-2}}{\delta_{n-1,\,n-1}-\mu_n'\delta_{n-1,\,n}}X_{n-2} = -\mu_{n-1}'X_{n-2};$$

$$\mu_{n-1}' = \frac{\delta_{n-1,\,n-2}}{\delta_{n-1,\,n-1}-\mu_n'\delta_{n-1,\,n}}$$

$$\cdots\cdots\cdots\cdots\cdots\cdots\cdots\cdots$$

$$(r+1)\ \delta_{r+1,\,r}X_r + \delta_{r+1,\,r+1}X_{r+1} + \delta_{r+1,\,r+2}X_{r+2} = 0$$

$$X_{r+1} = -\frac{\delta_{r+1,\,r}}{\delta_{r+1,\,r+1}-\mu_{r+2}'\delta_{r+1,\,r+2}}X_r = -\mu_{r+1}'X_r;$$

$$\mu_{r+1}' = \frac{\delta_{r+1,\,r}}{\delta_{r+1,\,r+1}-\mu_{r+2}'\delta_{r+1,\,r+2}}$$

$$(r)\ \delta_{r,\,r-1}X_{r-1} + \delta_{rr}X_r + \delta_{r,\,r+1}X_{r+1} = 0$$

$$X_r = -\frac{\delta_{r,\,r-1}}{\delta_{rr}-\mu_{r+1}'\delta_{r,\,r+1}}X_{r-1} = -\mu_r'X_{r-1};$$

$$\mu_r' = \frac{\delta_{r,\,r-1}}{\delta_{rr}-\mu_{r+1}'\delta_{r,\,r+1}}$$

Wir drücken in vorstehendem Ansatz wieder der Reihe nach X_n durch X_{n-1}, dann X_{n-1} durch X_{n-2} und so fort bis X_r durch X_{r-1} aus und erhalten die Zahlen μ_n', $\mu_{n-1}'\ldots\mu_r'$, die zur Bestimmung der rechten Festpunkte dienen. Nach Abb. 46 wird

$$b_r' = l_r - a_r' = l_r - b_r'\mu_r',$$

also

$$b_r' = \frac{l_r}{1+\mu_r'}, \tag{52}$$

wobei

$$\mu_r' = \frac{\delta_{r,\,r-1}}{\delta_{rr}-\mu_{r+1}'\delta_{r,\,r+1}}. \tag{53}$$

Mit Hilfe der Formeln (50) bis (53) kann man fortlaufend, vom linken Auflager anfangend, die linken Festpunkte L, und vom rechten Auflager aus die rechten Festpunkte R bestimmen. Der Festpunkt L_1 fällt mit dem Auflagerpunkt A, der Festpunkt R_{n+1} mit B zusammen.

40 Der Balken auf beliebig vielen Stützen mit veränderlichem Querschnitt.

Ist nur die Öffnung l_r eines beliebigen Trägers nach Abb. 48 belastet und hat man die anstoßenden Stützenmomente M_{r-1} und M_r ermittelt, so kann man mit Hilfe der Festpunkte die ganze Momentenfläche darstellen.

In den Endöffnungen l_1 und l_{n+1} erhält man, wenn die Momente an den Endstützen M_A und M_B sind, folgende Werte:

Der letzte Festpunkt L_{n+1} ist bestimmt durch

$$b_{n+1} = \frac{l_{n+1}}{1 + \mu_n}, \tag{50a}$$

worin

$$\mu_n = \frac{\delta_{nB}}{\delta_{nn} - \mu_{n-1}\,\delta_{n,\,n-1}}. \tag{51a}$$

In dieser Gleichung ist

$$\delta_{nB} = \int M_n\,M_B\,dx\,\frac{J_c}{J}$$

(vgl. hierzu die Abb. 41 und 42).

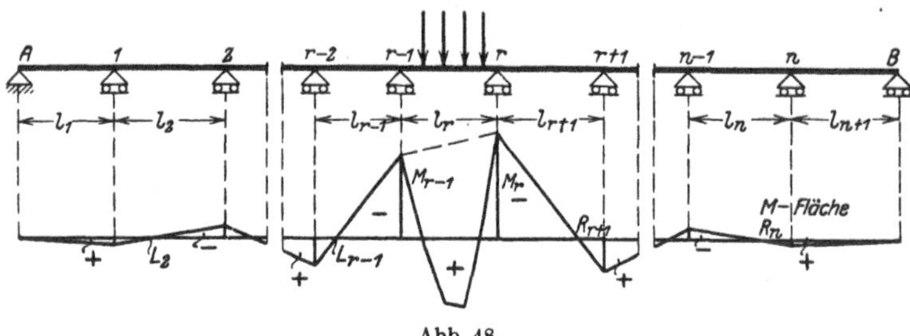

Abb. 48.

Entsprechend erhält man für den ersten Festpunkt R_1

$$b_1' = \frac{l_1}{1 + \mu_1'}; \tag{52a}$$

hierin ist

$$\mu_1' = \frac{\delta_{1A}}{\delta_{11} - \mu_2'\,\delta_{12}} \quad \text{und} \quad \delta_{1A} = \int M_1\,M_A\,dx\,\frac{J_c}{J}. \tag{53a}$$

c) Die β-Tafel.

Wir knüpfen wieder an die Betrachtungen unter a) an; dort war die Lösung des Gleichungssystems für irgendeine Unbekannte X_r auf die Form gebracht

$$X_r = \beta_{r1}Z_1 + \beta_{r2}Z_2 + \cdots + \beta_{rr}Z_r + \cdots + \beta_{rn}Z_n = \sum_{i=1}^{n}\beta_{ri}Z_i. \tag{54}$$

Es handelt sich nun darum, ganz allgemein die Beiwerte β für ein System von n Elastizitätsgleichungen zu bestimmen. In der vorstehend angeschriebenen Gleichung (54) läßt sich z. B. der Beiwert β_{rr}

folgendermaßen definieren: Setzen wir in der Gleichung alle Belastungsglieder Z bis auf Z_r gleich Null, dagegen $Z_r = 1$, dann wird

$$X_r = \beta_{rr},$$

das heißt, β_{rr} ist in diesem Falle gleich der statisch unbestimmten Größe X_r. Und da uns nun zur Ermittlung der Größen X ein System linearer Gleichungen zur Verfügung steht, so können wir auch die β-Werte aus einem solchen System linearer Gleichungen bestimmen.

Dieses System erhält man, wenn man in den Elastizitätsgleichungen an Stelle der Größen X die Größen β unter Beachtung der entsprechenden Zeiger einführt und alle Belastungsglieder mit Ausnahme von Z_r gleich Null setzt, für Z_r dagegen den Wert „eins" einsetzt.

Ist i ein beliebiger Zeiger, so tritt also für X_i der Wert β_{ir} ein; es entsteht daher folgendes Gleichungssystem[1]):

$$(1) \qquad \delta_{11}\beta_{1r} + \delta_{12}\beta_{2r} = 0 \qquad \Big| \qquad \beta_{1r} = -\frac{\delta_{12}}{\delta_{11}}\beta_{2r} = -\mu_1\beta_{2r}$$

$$(2) \quad \delta_{21}\beta_{1r} + \delta_{22}\beta_{2r} + \delta_{23}\beta_{3r} = 0 \qquad \beta_{2r} = -\frac{\delta_{23}}{\delta_{22} - \mu_1\delta_{21}}\beta_{3r} = -\mu_2\beta_{3r}$$

$$(3) \quad \delta_{32}\beta_{2r} + \delta_{33}\beta_{3r} + \delta_{34}\beta_{4r} = 0 \qquad \beta_{3r} = -\frac{\delta_{34}}{\delta_{33} - \mu_2\delta_{32}}\beta_{4r} = -\mu_3\beta_{4r}$$

$$\cdots\cdots\cdots\cdots\cdots\cdots\cdots\cdots\cdots\cdots\cdots\cdots$$

$$1)\ \ \delta_{r-1,r-2}\beta_{r-2,r} + \delta_{r-1,r-1}\beta_{r-1,r} + \delta_{r-1,r}\beta_{rr} = 0$$
$$\beta_{r-1,r} = -\frac{\delta_{r-1,r}}{\delta_{r-1,r-1} - \mu_{r-2}\delta_{r-1,r-2}}\beta_{rr} = -\mu_{r-1}\beta_{rr}$$

$$(r)\ \ \delta_{r,r-1}\beta_{r-1,r} + \delta_{rr}\beta_{rr} + \delta_{r,r+1}\beta_{r+1,r} = 1$$
$$\beta_{rr} = \frac{1}{-\mu_{r-1}\delta_{r,r-1} + \delta_{rr} - \mu'_{r+1}\delta_{r,r+1}}$$

$$1)\ \ \delta_{r+1,r}\beta_{rr} + \delta_{r+1,r+1}\beta_{r+1,r} + \delta_{r+1,r+2}\beta_{r+2,r} = 0$$
$$\beta_{r+1,r} = -\frac{\delta_{r+1,r}}{\delta_{r+1,r+1} - \mu'_{r+2}\delta_{r+1,r+2}}\beta_{rr} = -\mu'_{r+1}\beta_{rr}$$

$$\cdots\cdots\cdots\cdots\cdots\cdots\cdots\cdots\cdots\cdots\cdots\cdots$$

$$1)\ \ \delta_{n-1,n-2}\beta_{n-2,r} + \delta_{n-1,n-1}\beta_{n-1,r} + \delta_{n-1,n}\beta_{nr} = 0$$
$$\beta_{n-1,r} = -\frac{\delta_{n-1,n-2}}{\delta_{n-1,n-1} - \mu'_n\delta_{n-1,n}}\cdot\beta_{n-2,r} = -\mu'_{n-1}\beta_{n-2,r}$$

$$(n)\qquad \delta_{n,n-1}\beta_{n-1,r} + \delta_{nn}\beta_{nr} = 0$$
$$\beta_{nr} = -\frac{\delta_{n,n-1}}{\delta_{nn}}\beta_{n-1,r} = -\mu'_n\beta_{n-1,r}.$$

---

[1]) Diese mit Rücksicht auf einfache Darstellung gewählte Erklärung läßt sich natürlich strenger fassen. Es handelt sich hier um mathematische Gesetzmäßigkeiten bei der Lösung eines Systems linearer Gleichungen. Wir verweisen z. B. auf Domke: Handbuch für Eisenbetonbau 10. Bd., 2. Aufl., Hochbau II, S. 48 und Müller-Breslau: Graphische Statik Bd. 2.

Drückt man nun, genau so wie wir es zur Bestimmung der Festpunkte taten, aus der ersten Gleichung $\beta_{1\,r}$ durch $\beta_{2\,r}$ aus und setzt diesen Wert für $\beta_{2\,r}$ in die zweite Gleichung ein, so enthält die zweite Gleichung nur die beiden Größen $\beta_{2\,r}$ und $\beta_{3\,r}$ und man kann also aus der zweiten Gleichung $\beta_{2\,r}$ durch $\beta_{3\,r}$ ausdrücken, wie das rechts neben dem System der Dreimomentengleichungen dargestellt ist. Schreitet man in dieser Weise fort bis zur Gleichung $r-1$, in der $\beta_{r-1,\,r}$ durch β_{rr} ausgedrückt wird, so erhält man der Reihe nach bestimmte Werte μ, denen wir vorhin schon bei der Berechnung der Festpunkte begegnet sind.

Hierauf fängt man mit der letzten Gleichung an, drückt $\beta_{n\,r}$ durch $\beta_{n-1,\,r}$ aus, setzt diesen Wert in die vorletzte Gleichung ein, drückt hier wieder $\beta_{n-1,\,r}$ durch $\beta_{n-2,\,r}$ aus und so fort bis zur $r+1$-ten Gleichung, in der $\beta_{r+1,\,r}$ durch β_{rr} ausgedrückt wird. Setzt man dann in der r-ten Gleichung

$$\beta_{r-1,\,r} = -\,\mu_{r-1}\beta_{r\,r} \quad \text{und} \quad \beta_{r+1,\,r} = -\,\mu'_{r+1}\beta_{r\,r},$$

so erhält man den Ausdruck

$$\beta_{r\,r} = \frac{1}{-\,\mu_{r-1}\,\delta_{r,\,r-1} + \delta_{rr} - \mu'_{r+1}\,\delta_{r,\,r+1}}. \tag{55}$$

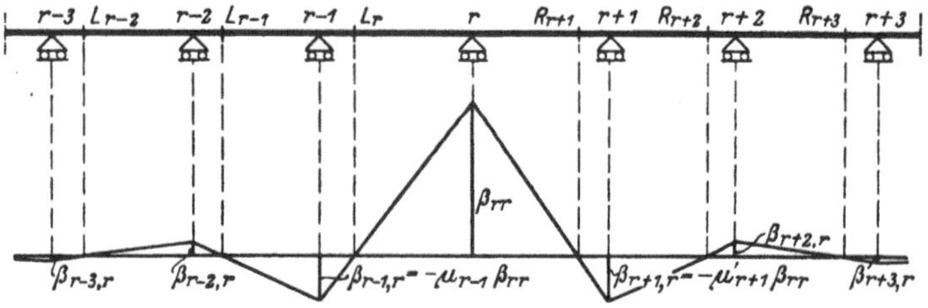

Abb. 49.

Mit Hilfe dieser Formel kann man die β-Werte mit gleichen Zeigern, also die β-Werte in der **Hauptdiagonalen** der β-Tafel ermitteln. Die anderen β-Werte mit verschiedenen Zeigern berechnet man mit Hilfe der Beziehung

$$\beta_{r-1,\,r} = -\,\mu_{r-1}\beta_{rr} \quad \text{und} \quad \beta_{r+1,\,r} = -\,\mu'_{r+1}\beta_{rr} \tag{56}$$

(vgl. Abb. 49). Beachtet man, daß

$$\mu_r' = \frac{\delta_{r,\,r-1}}{\delta_{rr} - \mu'_{r+1}\,\delta_{r,\,r+1}},$$

also

$$\delta_{rr} - \mu'_{r+1}\,\delta_{r,\,r+1} = \frac{\delta_{r,\,r-1}}{\mu_r'},$$

so kann man Gl. (55) auch schreiben

$$\beta_{rr} = \frac{1}{\delta_{r,\,r-1}\left(\dfrac{1}{\mu_r{}'} - \mu_{r-1}\right)} = \frac{\mu_r{}'}{\delta_{r,\,r-1}(1 - \mu_{r-1}\,\mu_r{}')} \,. \qquad (55\,\mathrm{a})$$

Die Berechnung der β-Tafel nach vorstehenden Formeln vgl. in Zahlenbeispiel 5.

Wir können nun wieder **abgekürzt** das System von Gleichungen in der Matrixform anschreiben:

	Z_1	Z_2	$\cdots$	Z_r	$\cdots$	Z_n
$X_1 =$	β_{11}	β_{12}	$\cdots$	β_{1r}	$\cdots$	β_{1n}
$X_2 =$	β_{21}	β_{22}	$\cdots$	β_{2r}	$\cdots$	β_{2n}
$\cdots$	$\cdots$	$\cdots$	$\cdots$	$\cdots$	$\cdots$	$\cdots$
$X_r =$	β_{r1}	β_{r2}	$\cdots$	β_{rr}	$\cdots$	β_{rn}
$\cdots$	$\cdots$	$\cdots$	$\cdots$	$\cdots$	$\cdots$	$\cdots$
$X_n =$	β_{n1}	β_{n2}	$\cdots$	β_{nr}	$\cdots$	β_{nn}

Auch hier kann man, wie bei den Elastizitätsgleichungen, die folgende kurze symbolische Schreibweise anwenden:

$$X_i = \sum_{k=1}^{n} \beta_{ik} Z_k; \qquad (i = 1, 2 \ldots r \ldots n). \qquad (57)$$

Wie bereits hervorgehoben wurde, sind auch die Werte der β-Tafel symmetrisch zur Hauptdiagonalen; d. h. die Werte β der r-ten Spalte sind gleich den entsprechenden Werten der r-ten Zeile. Es genügt also die Bestimmung der Werte oberhalb oder unterhalb der Hauptdiagonalen (vgl. hierzu Zahlenbeispiel 5).

4. Die Stützenmomente infolge ständiger und beweglicher Belastung.

a) Nur eine Öffnung l_r ist belastet.

Wenn nur eine Öffnung l_r des durchlaufenden Balkens belastet ist, so werden alle Belastungsglieder Z der Gleichung

$$M_r = \beta_{r1} Z_1 + \beta_{r2} Z_2 + \cdots + \beta_{r,\,i-1} Z_{i-1} + \beta_{ri} Z_i + \beta_{r,\,i+1} Z_{i+1} + \cdots$$
$$\cdots + \beta_{r,\,r-1} Z_{r-1} + \beta_{rr} Z_r + \beta_{r,\,r+1} Z_{r+1} + \cdots + \beta_{rn} Z_n \qquad (54)$$

bis auf die beiden Werte Z_{r-1} und Z_r gleich Null. Demnach lauten die Gleichungen für die anliegenden Stützenmomente

$$M_{r-1} = \beta_{r-1,\,r-1} Z_{r-1} + \beta_{r-1,\,r} Z_r,$$
$$M_r = \beta_{r,\,r-1} Z_{r-1} + \beta_{rr} Z_r.$$

Berücksichtigt man, daß

$$\beta_{r-1,\,r} = -\,\mu_r'\,\beta_{r-1,\,r-1}$$

und

$$\beta_{r,\,r-1} = -\,\mu_{r-1}\,\beta_{rr}$$

ist, dann wird

$$\left.\begin{aligned}
M_{r-1} &= \beta_{r-1,\,r-1}\,[Z_{r-1} - \mu_r'\,Z_r],\\
M_r &= \beta_{rr}\,[Z_r - \mu_{r-1}\,Z_{r-1}].
\end{aligned}\right\} \tag{58}$$

α) Ständige Belastung.

Handelt es sich um den Einfluß irgendwelcher ständigen Belastung in der Öffnung l_r, dann wird nach Abb. 50 und mit Rücksicht auf die Entwicklungen unter 2 b dieses Abschnittes

$$Z_{r-1} = -\,\mathfrak{C}_{r-1,\,0} \quad\text{und}\quad Z_r = -\,\mathfrak{C}_{r0},$$

also

$$\left.\begin{aligned}
M_{r-1} &= -\,\beta_{r-1,\,r-1}\,[\mathfrak{C}_{r-1,\,0} - \mu_r'\,\mathfrak{C}_{r0}],\\
M_r &= -\,\beta_{rr}\,[\mathfrak{C}_{r\,0} - \mu_{r-1}\,\mathfrak{C}_{r-1,\,0}].
\end{aligned}\right\} \tag{59}$$

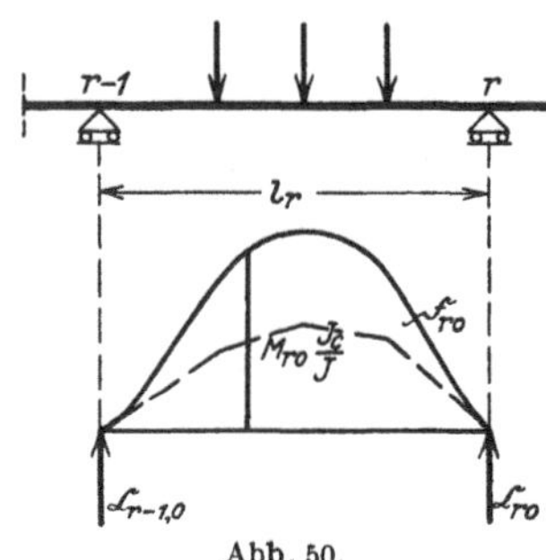

Abb. 50.

Liegt der Sonderfall symmetrischer Belastung der Öffnung l_r vor, und ist auch die Querschnittsverteilung innerhalb der Öffnung symmetrisch, so wird

$$\mathfrak{C}_{r-1,\,0} = \mathfrak{C}_{r0} = \tfrac{1}{2}\,\mathfrak{F}_{r\,0},$$

wobei $\mathfrak{F}_{r0}$ der Inhalt der reduzierten M_{r0}-Fläche ist; dann wird

$$\left.\begin{aligned}
M_{r-1} &= -\,\tfrac{1}{2}\,\mathfrak{F}_{r0}\,\beta_{r-1,\,r-1}\,[1 - \mu_r'],\\
M_r &= -\,\tfrac{1}{2}\,\mathfrak{F}_{r0}\,\beta_{rr}\,[1 - \mu_{r-1}].
\end{aligned}\right\} \tag{59a}$$

β) Veränderliche Belastung; Einflußlinien.

Bei veränderlicher Belastung wird für $P_r = 1$

$$Z_{r-1} = -\,E J_c\,\delta_{m,\,r-1} \quad\text{und}\quad Z_r = -\,E J_c\,\delta_{mr}.$$

Dann erhält man aus Formel (58) die Gleichungen der Einflußlinien für die Stützenmomente in der Öffnung l_r (Abb. 51):

$$\left.\begin{aligned}
M_{r-1,\,r} = \eta_{r-1,\,r} &= -\,\beta_{r-1,\,r-1}\,[E J_c\,\delta_{m,\,r-1} - \mu_r'\,E J_c\,\delta_{mr}],\\
M_{rr} = \eta_{rr} &= -\,\beta_{rr}\,[E J_c\,\delta_{mr} - \mu_{r-1}\,E J_c\,\delta_{m,\,r-1}].
\end{aligned}\right\} \tag{60}$$

Für den Ast der Einflußlinie in der Öffnung l_{r+1} findet man die Gleichung der Einflußordinaten, indem man in der ersten Gleichung der Formelgruppe (60) mit dem Index um 1 weiter geht, also für $r-1$ den Index r, für r den Index $r+1$ nimmt; es wird also

$$\eta_{r,\,r+1} = -\,\beta_{rr}\,[E J_c\,\delta_{m\,r} - \mu_{r+1}'\,E J_c\,\delta_{m,\,r+1}].$$

Will man nun den Ast der Einflußlinie für M_r in der beliebigen, links von r gelegenen Öffnung l_i haben, so kommen in der allgemeinen Gl. (54) die an der Öffnung l_i liegenden Belastungsglieder Z_{i-1} und Z_i in Betracht; die Einflußordinate der M_r-Linie folgt also in der Öffnung l_i der Gleichung

$$\eta_{ri} = -\beta_{ri}[EJ_c\,\delta_{mi} - \mu_{i-1}\,EJ_c\,\delta_{m,\,i-1}]\,. \quad (61)$$

Die Gleichung für eine Öffnung l_k rechts von r lautet

$$\eta_{rk} = -\beta_{rk}[EJ_c\,\delta_{mk} - \mu'_{k+1}\,EJ_c\,\delta_{m,\,k+1}]\,. \quad (62)$$

In dieser Weise läßt sich die Einflußlinie für das Biegungsmoment der beliebig herausgegriffenen Stütze r darstellen; wir brauchen für diese Darstellung die Werte μ und β (Abb. 52).

Zu einer andern, sehr übersichtlichen Entwicklung der Einflußlinie für M_r kommt man bei

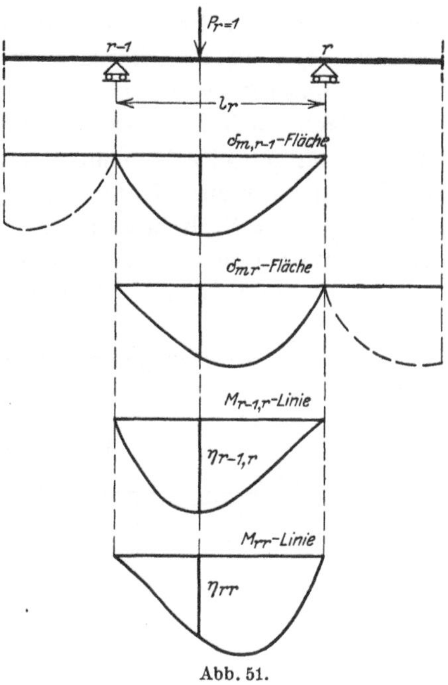

Abb. 51.

Verwendung eines statisch unbestimmten Hauptsystems. Führt man als einzige statisch unbestimmte Größe das Stützenmoment $X_r = M_r$ des n-fach statisch unbestimmten Trägers nach Abb. 53

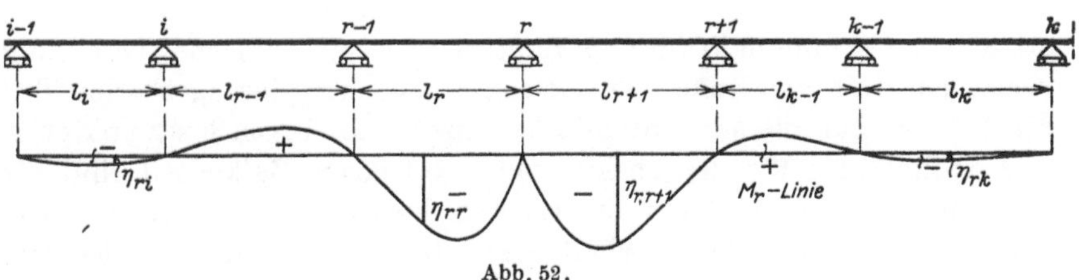

Abb. 52.

ein, so entsteht für den Zustand $X_r = M_r = 0$ ein $n-1$-fach statisch unbestimmtes Hauptsystem. Zur Berechnung von M_r dient jetzt die eine Elastizitätsgleichung.

$$X_r = -\frac{\delta_{mr}^{n-1}}{\delta_{rr}^{n-1}}\,. \quad (63)$$

In dieser Gleichung müssen die Verschiebungen an dem $n-1$-fach statisch unbestimmten Träger ermittelt werden; dies deutet der obere

Zeiger von δ an, zum Unterschied von δ_{mr}, das nach früheren Verein-
barungen die Verschiebung am statisch bestimmten Hauptsystem ist.

Für den Zustand $M_r = 0$ kann das statisch unbestimmte Hauptsystem über der Stütze r kein Moment aufnehmen; das bedeutet
statisch, daß an der Stütze r der biegungsfeste Balken durch ein
Gelenk unterbrochen wird. Für den Zustand $M_r = 1$ an diesem
$n - 1$-fach statisch unbestimmten Hauptsystem entsteht nun die in
Abb. 53 dargestellte Momentenfläche, die als M_r^{n-1}-Fläche bezeichnet
wird, und zwar zum Unterschied von der M_r-Fläche des Zustandes
$M_r = 1$ am statisch bestimmten, aus lauter Einzelbalken bestehenden Hauptsystem, mit der wir es bisher allein zu tun hatten. Da
außer dem Moment $M_r = 1$ weitere Kräfte an dem Balken nicht an-

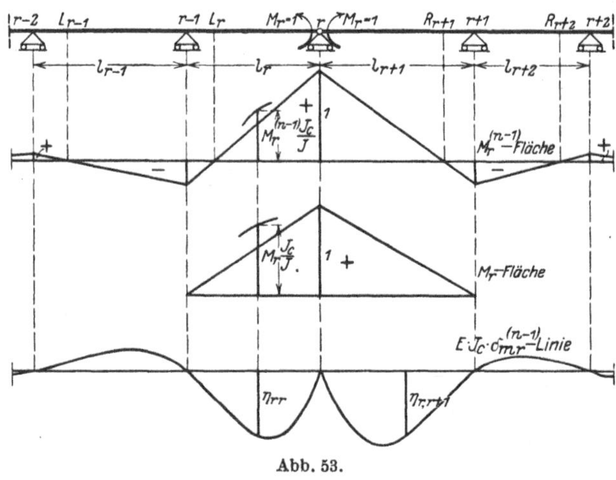

Abb. 53.

greifen, muß innerhalb der Öffnungen die M_r^{n-1}-Fläche geradlinig
verlaufen. Für den links vom Gelenk r liegenden durchgehenden Teil
des Trägers hat die Momentenfläche unter den linken Festpunkten L
ihre Nullpunkte; für den rechts von r gelegenen Balkenteil sind die
Momentennullpunkte durch die rechten Festpunkte R gegeben. Die
verzerrte Momentenfläche erhält man durch Multiplikation der Momentenordinaten mit $\dfrac{J_c}{J}$. Faßt man nun diese verzerrte Momentenfläche nach Mohr als Belastungsfläche des $n - 1$-fach statisch unbestimmten Hauptsystems auf und stellt hierzu von neuem eine
Momentenfläche dar, so erhält man die $E J_c \delta_{mr}^{n-1}$-Fläche. Die Verzerrung mit $\dfrac{J_c}{J}$ ist in Abb. 53 und 54 mit Rücksicht auf die Deutlich-
keit der Figur nur über einer kleinen Strecke innerhalb der Öffnung l_r angedeutet.

Der Nenner der Gl. (63) wird

$$E J_c\, \delta_{rr}^{n-1} = \int (M_r^{n-1})^2 \frac{J_c}{J}\, dx . \tag{64}$$

Hierfür kann man bei Benutzung des Reduktionssatzes[1] auch schreiben

$$E J_c\, \delta_{rr}^{n-1} = \int M_r\, M_r^{n-1} \cdot \frac{J_c}{J}\, dx = \mathfrak{C}_{rr}^{n-1} . \tag{64a}$$

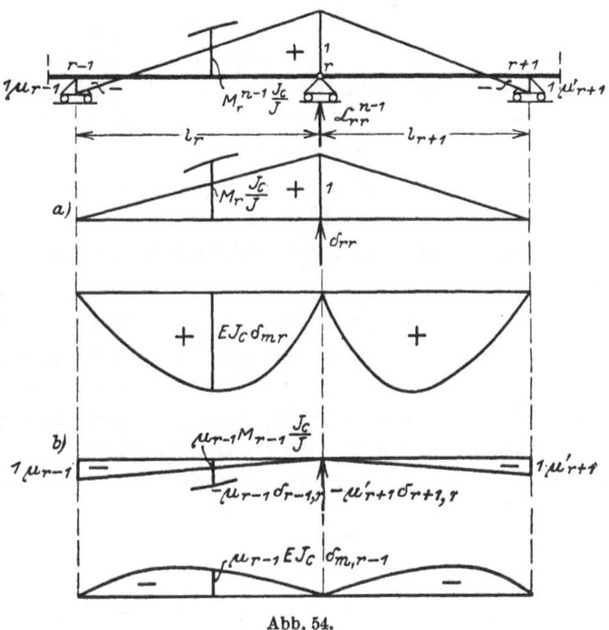

Abb. 54.

In dieser Gleichung erstreckt sich das Integral nur über die beiden Öffnungen l_r und l_{r+1}, wie aus Abb. 54 hervorgeht. In dieser Abbildung ist nun die M_r^{n-1}-Fläche in die beiden Teilzustände a) und b) zerlegt; die Auswertung des Integrals der Gl. (64a) liefert dann

$$E J_c\, \delta_{rr}^{n-1} = -\mu_{r-1}\, \delta_{r-1,r} + \delta_{rr} - \mu'_{r+1}\, \delta_{r+1,r} = \frac{1}{\beta_{rr}} . \tag{65}$$

Ferner wird der Zähler der Gl. (63) bei Belastung der Öffnung l_r

$$E J_c\, \delta_{mr}^{n-1} = E J_c\, \delta_{mr} - \mu_{r-1}\, E J_c\, \delta_{m,r-1} ,$$

so daß wir wieder die früher abgeleitete Formel für das Stützenmoment erhalten

$$M_{rr} = \eta_{rr} = -\beta_{rr}\left[E J_c\, \delta_{mr} - \mu_{r-1}\, E J_c\, \delta_{m,r-1}\right] .$$

---

[1] Leser, denen die Theorie der statisch unbestimmten Hauptsysteme nicht geläufig ist, finden eine Darstellung des Reduktionssatzes mit Beispielen in dem Aufsatz von Dr.-Ing. Worch: „Beispiele zur Anwendung des Reduktionssatzes", Beton und Eisen 1924, Heft 4, S. 39.

Die vorstehenden Entwicklungen gestatten nun, sofort sämtliche Äste der Einflußlinien für das Stützenmoment M_r darzustellen, wobei r ein beliebiger Index ist, für den der Reihe nach 1, 2, 3 usf. gesetzt werden kann; damit sind die Einflußlinien für sämtliche Stützenmomente ermittelt. Über die Gestalt der Einflußlinien für die Stützenmomente muß man sich im klaren sein, weil man bei beweglicher Belastung die ungünstigste Laststellung mit Hilfe der Lastscheiden der Einflußflächen feststellen muß. Hierzu genügt schon die Form, ohne daß man die Größe der einzelnen Ordinaten zu kennen braucht. Man erkennt aus Abb. 52, daß die Nullpunkte der Einflußlinien stets mit den Stützen zusammenfallen, daß also nur Belastung ganzer Öffnungen in Frage kommt. Weiter haben stets die beiden an den untersuchten Querschnitt r sich anschließenden Öffnungen negative Einflußflächen; an diese reihen sich dann abwechselnd positive und negative Beitragstrecken an.

Für die praktische Rechnung ist es nun gewöhnlich nicht zweckmäßig, sämtliche Äste der Einflußlinien der Stützenmomente darzustellen und für die vorhandene bewegliche Belastung auszuwerten. Dies würde für einen Träger über $n + 1$ Öffnungen, der n Stützenmomentlinien mit je $n + 1$ in jeder Öffnung besonders zu berechnenden Ästen aufweist, eine viel zu umfangreiche Arbeit sein. Zweckmäßig ist für die praktische Rechnung der folgende Weg, der an einem Balken auf beliebig vielen Stützen, vom linken Auflager angefangen, erläutert werden soll.   (Abb. 55.)

Man entwickelt vom Stützenmoment M_1 nur den Ast der Einflußlinie in der Öffnung l_1 (Abb. 55a), wertet diesen Teil für die vorgesehene bewegliche Belastung, z. B. Raddrücke oder gleichmäßig verteilte Streckenlasten, aus und erhält so das Moment M_{11} (Indexbezeichnung: Moment in 1 infolge Belastung in der Öffnung l_1); dann erhält man nach Abb. 55 mit Hilfe der rechten Festpunkte R der Reihe nach die Momente

$$M_{21} = - \mu_2{}' M_{11},$$

$$M_{31} = - \mu_3{}' M_{21},$$

$$\cdots\cdots\cdots\cdots$$

$$M_{r1} = - \mu_r{}' M_{r-1,\,1}.$$

$$\cdots\cdots\cdots\cdots$$

Hierauf berechnet man für die Öffnung l_2 den zugehörigen Ast der M_1-Linie (s. Abb. 55b), durch dessen Auswertung man M_{12} erhält. Außerdem stellt man für die Öffnung l_2 in Abb. 55c den Ast der M_2-Linie dar, wertet ihn aus, erhält M_{22} und mit Hilfe der rechten Festpunkte

$$M_{32} = - \mu_3{}' M_{22},$$
$$M_{42} = - \mu_4{}' M_{32},$$
$$\cdots\cdots\cdots$$
$$M_{r2} = - \mu_r{}' M_{r-1,\,2}\,.$$

In der dritten Öffnung ermittelt man in Abb. 55d und 55e von den Einflußlinien der beiden anstoßenden Stützenmomente M_2 und M_3 die beiden Äste η_{23} und η_{33} und so fort: in der Öffnung l_r braucht

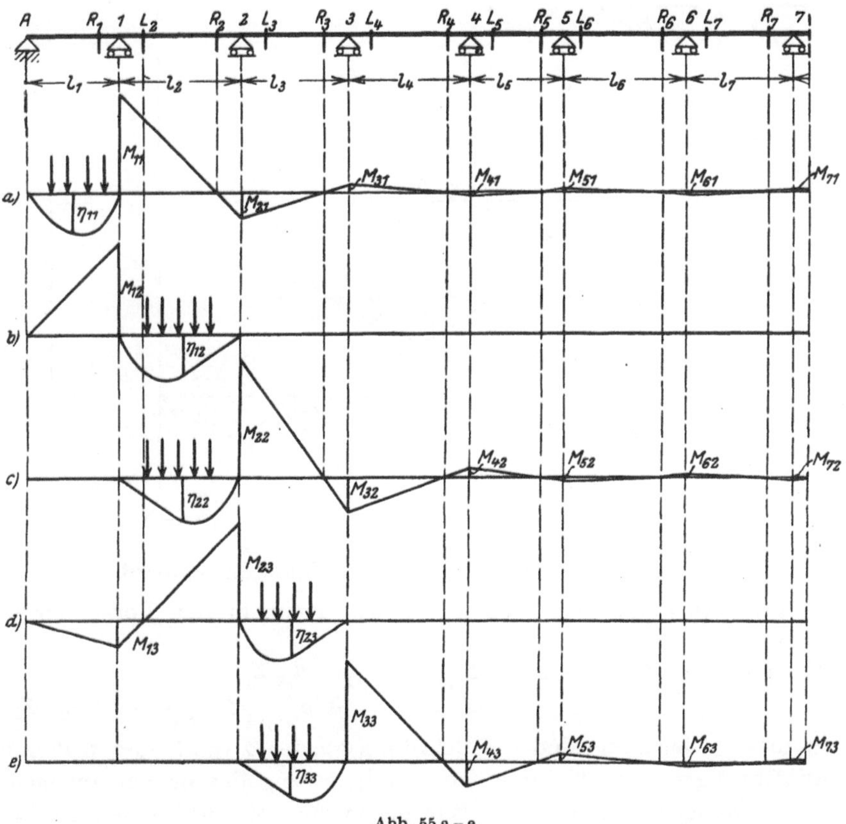

Abb. 55 a—e.

man die Äste der M_{r-1}- und M_r-Fläche. Insgesamt hat man demnach in jeder mittleren Öffnung von jeder Stützenmomentenlinie nur zwei Äste darzustellen, wie Abb. 56 zeigt. Man erspart bei dieser Darstellung nun folgendes: Wenn man sämtliche Äste der Einflußlinien entwickelt, muß man in jeder Öffnung n Einflußlinienäste auftragen und auswerten. Arbeitet man jedoch so, wie eben besprochen, dann braucht man in jeder mittleren Öffnung nur zwei Äste darzustellen. Man erspart bei mittleren Öffnung nur zwei Einflußlinienäste zu zeichnen und auszuwerten, in jeder Endöffnung nur einen Einflußlinienast. Auftragen und Auswertung aller übrigen Äste der Einflußlinien wird ersetzt durch einfache Multiplikation der vorgenommenen wenigen Auswertungen mit μ und μ'. Für Träger über vielen Öffnungen gibt dieser Weg eine wesentliche Vereinfachung und Ersparnis an Rechenarbeit.

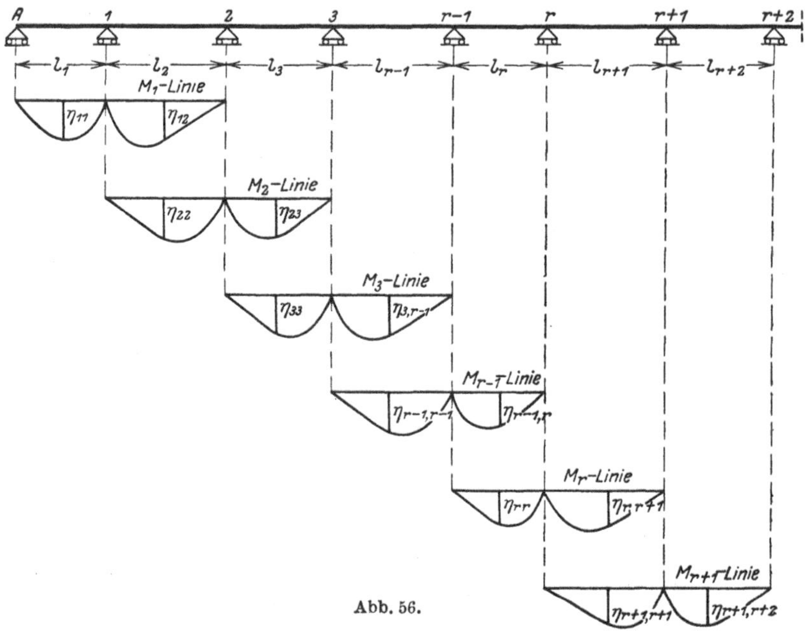

Abb. 56.

b) Es sind eine Anzahl von Öffnungen belastet.

Das Stützenmoment haben wir allgemein in der Form dargestellt:

$$M_r = \beta_{r1} Z_1 + \beta_{r2} Z_2 + \cdots + \beta_{r,r-1} Z_{r-1} + \beta_{rr} Z_r$$
$$+ \beta_{r,r+1} Z_{r+1} + \cdots + \beta_{rn} Z_n.$$

In dieser Gleichung sind die Belastungsglieder Z_r nach den früheren Ausführungen nur abhängig von der Belastung der beiden anliegenden Öffnungen l_r und l_{r+1}. Wir gehen nun in der folgenden Betrachtung von dem Grundfall aus, daß nur eine Öffnung belastet ist, und summieren dann für den Fall mehrerer belasteter Öffnungen die betreffenden Einzelglieder. Wir bezeichnen wieder das Belastungsglied Z_r infolge Belastung der Öffnung l_r mit Z_{rr}, infolge der Belastung der Öffnung l_{r+1} mit $Z_{r,r+1}$. Dann erhalten wir

$$M_r = \beta_{r1}[Z_{11} + Z_{12}] + \beta_{r2}[Z_{22} + Z_{23}] + \cdots + \beta_{r,r-1}[Z_{r-1,r-1} + Z_{r-1,r}]$$
$$+ \beta_{rr}[Z_{rr} + Z_{r,r+1}] + \beta_{r,r+1}[Z_{r+1,r+1} + Z_{r+1,r+2}] + \cdots$$
$$+ \beta_{r,n-1}[Z_{n-1,n-1} + Z_{n-1,n}] + \beta_{rn}[Z_{nn} + Z_{n,n+1}].$$

Bei Symmetrie der Belastung und Querschnittsanordnung innerhalb der Öffnungen wird

$$Z_{12} = Z_{22}; \; \ldots Z_{r-1,r} = Z_{rr}; \; Z_{r,r+1} = Z_{r+1,r+1}; \; Z_{n-1,n} = Z_{nn}.$$

Der einheitlichen Schreibweise halber können wir entsprechend setzen:

$$Z_{n,n+1} = Z_{n+1,n+1}.$$

Berücksichtigt man, daß

$$\beta_{r1} = -\mu_1 \beta_{r2}; \; \beta_{r2} = -\mu_2 \beta_{r3}; \qquad \ldots \beta_{r,r-1} = -\mu_{r-1} \beta_{rr}$$

und

$$\beta_{rn} = -\mu'_n \beta_{r,n-1}; \; \beta_{r,n-1} = -\mu'_{n-1} \beta_{r,n-2}; \; \ldots \beta_{r,r+1} = -\mu'_{r+1} \beta_{rr};$$

dann erhält man

$$M_r = \beta_{r1} Z_{11} + \beta_{r2}(1-\mu_1) Z_{22} + \cdots + \beta_{rr}(1-\mu_{r-1}) Z_{rr}$$
$$+ \beta_{rr}(1-\mu'_{r+1}) Z_{r+1,r+1} + \cdots + \beta_{r,n-1}(1-\mu'_n) Z_{nn} + \beta_{rn} Z_{n+1,n+1}.$$

Ohne den Wert von M_r zu ändern, kann man anstatt $\beta_{r1} Z_{11}$ und $\beta_{rn} Z_{n+1,n+1}$ auch $\beta_{r1}(1-\mu_0) Z_{11}$ bzw. $\beta_{rn}(1-\mu'_{n+1}) Z_{n+1,n+1}$ setzen, da $\mu_0 = \mu'_{n+1} = 0$ ist.

Dann kann man die Gleichung für M_r bequem in folgender Summenform zusammenfassen:

$$M_r = \sum_{i=1}^{r} \beta_{ri}(1-\mu_{i-1}) Z_{ii} + \sum_{i=r+1}^{n+1} \beta_{r,i-1}(1-\mu'_i) Z_{ii}, \qquad (66)$$

wobei $i = 1, 2, 3 \ldots n, n+1$.

Infolge einer gleichmäßig verteilten Belastung der Öffnung l_i mit q_i wird die M_{i0}-Fläche eine Parabel mit der Scheitelordinate $\dfrac{q_i l_i^2}{8}$.

Der Inhalt der $M_{i0} \cdot \dfrac{J_c}{J}$-Fläche sei $\mathfrak{F}_{i0}$, dann wird das Belastungsglied

$$Z_{ii} = -\mathfrak{C}_{i0} = -\tfrac{1}{2}\mathfrak{F}_{i0} \; \text{(Abb. 57)}$$

und das Stützenmoment wird

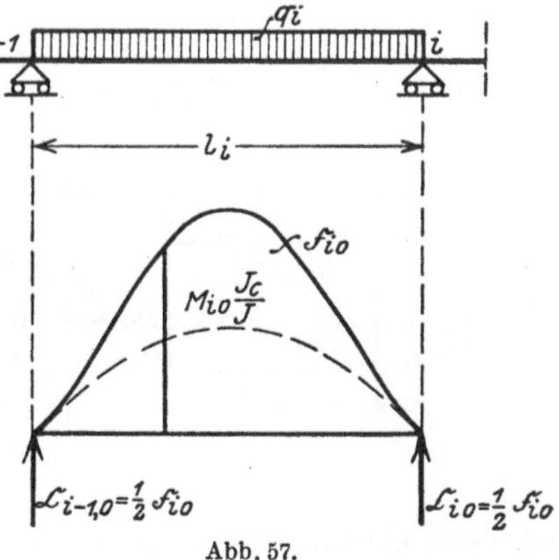

Abb. 57.

$$M_{rq} = -\tfrac{1}{2}\left[\sum_{i=1}^{r} \beta_{ri}(1-\mu_{i-1})\mathfrak{F}_{i0} + \sum_{i=r+1}^{n+1} \beta_{r,i-1}(1-\mu'_i)\mathfrak{F}_{i0}\right]. \qquad (67)$$

Nun ist aber das Moment an der Stelle x infolge einer gleichmäßig verteilten Belastung q_i

$$M_{i0} = \frac{q_i x_i x'_i}{2} = \frac{q_i a_i^2}{2} m_i m'_i.$$

Es wird also
$$\mathfrak{F}_{i0} = \frac{q_i\,a_i^{\,3}}{2} \sum \frac{J_c}{J}\, m_i\, m_i' = \frac{q_i\,a_i^{\,3}}{2} \cdot f_i.$$

Mit Rücksicht hierauf wird das Stützenmoment

$$M_{rq} = -\tfrac{1}{4}\Bigg[\sum_{i=1}^{r} q_i\,a_i^{\,3}\,f_i\,\beta_{ri}\,(1-\mu_{i-1}) + \sum_{i=r+1}^{n+1} q_i\,a_i^{\,3}\,f_i\,\beta_{r,\,i-1}\,(1-\mu_i')\Bigg].\ (68)$$

5. Feldmomente, Querkräfte, Stützendrücke.

Gesucht wird das Biegungsmoment des Querschnittes m der Öffnung l_r im Abstand x_r und x_r' von den Auflagern. Die Belastung in der Öffnung sei beliebig. Die Stützenmomente M_{r-1} und M_r für diese Belastung seien nach den vorhergehenden Betrachtungen ermittelt.

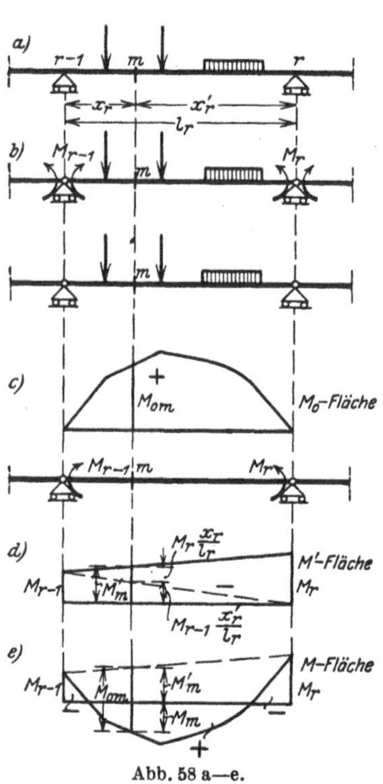

Abb. 58 a—e.

Statt des wirklichen Zustandes nach Abb. 58a können wir auch den durchlaufenden Träger nach Abb. 58b darstellen, indem wir an dem statisch bestimmten Hauptsystem — lauter Einzelbalken — außer den gegebenen äußeren Lasten innerhalb der einzelnen Öffnungen noch die Biegungsmomente über den Stützen angreifen lassen. Zerlegen wir nun diesen Zustand 58b in die beiden Teilzustände 58c und 58d und ermitteln deren Momente zunächst einzeln, so erhalten wir infolge der äußeren Belastung des statisch bestimmten Hauptsystems, also für den Teilzustand 58c, die M_0-Fläche eines einfachen Balkens; das Moment im Querschnitt m, M_{m0}, wird positiv. Der zweite Teilzustand 58d liefert als Beitrag zur wirklichen Momentenfläche ein Trapez. Über den Stützen sind die Momente M_{r-1} und M_r; da zwischen den Stützen keine äußere Belastung für diesen Teilzustand angreift, so muß die Momentenfläche von Stütze zu Stütze geradlinig verlaufen. Die Stützenmomente sind gewöhnlich negativ; daher wird auch die M'-Fläche meistens negativ sein.

Für einen Querschnitt m im Abstande x_r und x_r' von den Auflagern ergibt sich nach Abb. 58d

$$M_m' = \frac{x_r'}{l_r}\,M_{r-1} + \frac{x_r}{l_r}\,M_r.$$

Aus den beiden Teilzuständen nach 58c und 58d erhält man nun die wirkliche Momentenfläche nach 58e. Das gesamte Biegungsmoment des Querschnitts m wird dann

$$M_m = M_{0\,m} + \frac{x_r{'}}{l_r} M_{r-1} + \frac{x_r}{l_r} M_r.\qquad(69)$$

In dieser Formel sind die Zahlenwerte der Stützenmomente M_{r-1} und M_r gewöhnlich negativ.

Handelt es sich um die Darstellung von Einflußlinien, dann ist die $M_{0\,m}$-Fläche nach Abschnitt I, 6 ein Dreieck, dessen Spitzenordinate $\dfrac{1}{l_r} x_r x_r{'}$ beträgt (Abb. 59). Sind nun die M_{r-1}-Linie und die M_r-Linie bekannt, so läßt sich nach Formel (69) die Einflußlinie für M_m bilden.

Zum Aufzeichnen dieser Einflußlinie für die einzelnen Querschnittsmomente innerhalb einer Öffnung l_r kann man auch zweckmäßig folgendes Verfahren einschlagen.

Wir setzen wieder die Kenntnis der M_{r-1}- und M_r-Linien voraus. Ferner wird bei konstanter Feldweite

$$\eta_{m0} = \frac{a}{n}\, m \cdot m' \quad (\text{Abb. 60}).$$

Man erhält dann die Spitzenordinate

$$\eta_s = \frac{a}{n}\, m\,m' + \frac{m'}{n}\,\eta_{r-1} + \frac{m}{n}\,\eta_r.\quad(70)$$

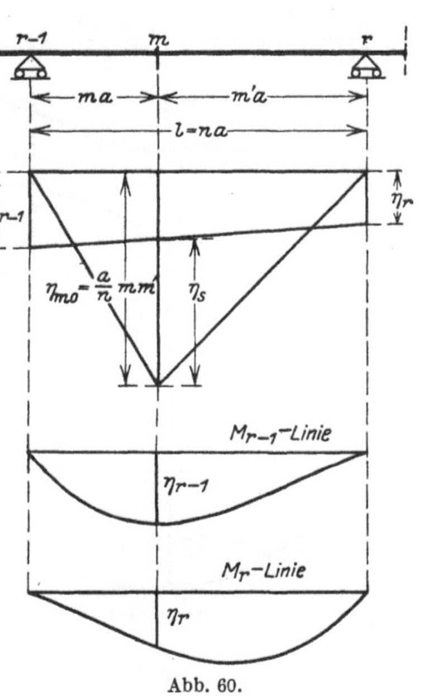

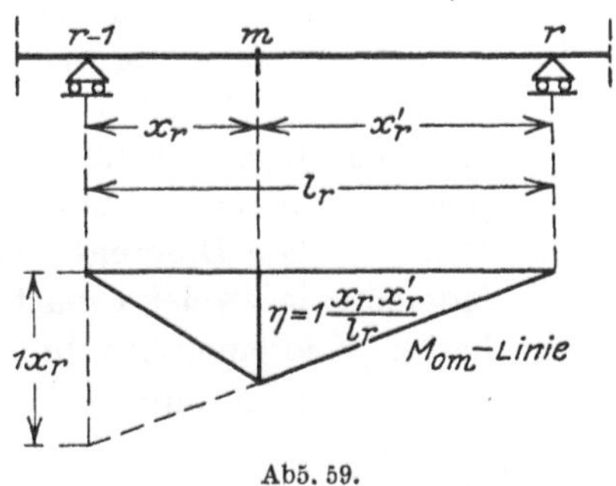

Abb. 59.

Abb. 60.

Die Ordinaten η_{r-1} und η_r der M_{r-1}- und M_r-Linie sind hier, ihrem wirklichen Wert entsprechend, als negative Werte einzusetzen. Das erste Glied der Gl. (70) ist eine Parabel, die bequem mit Hilfe der Einheitsparabel aufgetragen werden kann. Die Endpunkte der Ordinaten η_s nach Gl. (70) bestimmen eine Kurve, die den Namen Spitzenkurve trägt.

Diese Spitzenkurve sei berechnet und in Abb. 61a dargestellt. Außerdem sei in dieser die Einflußlinie für das Stützenmoment M_{r-1}

aufgetragen. Gesucht wird zunächst der rechte Ast der Einflußlinie für das Knotenpunktsmoment M_m in der Öffnung l_r. Solange die veränderliche Einzellast 1 rechts von m steht, wirkt auf den links von m gelegenen Teil des statisch bestimmten Hauptsystems — also zwischen $r-1$ und m — als einzige äußere Last der Auflagerdruck an der Stütze $r-1$; daher ist für die verschiedenen Querschnitte zwischen $r-1$ und m die Querkraft konstant; sie ist gleich dem Auflagerdruck infolge $P=1$. Bei gleicher Feldweite a beträgt die Querkraft:

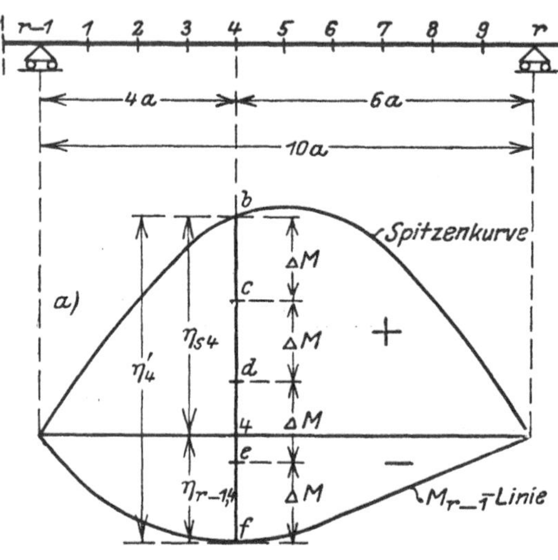

$$Q = \frac{dM}{dx} = \frac{\Delta M}{\Delta x}$$

$$= \frac{\Delta M}{a} = \frac{M_m - M_{m-1}}{a}.$$

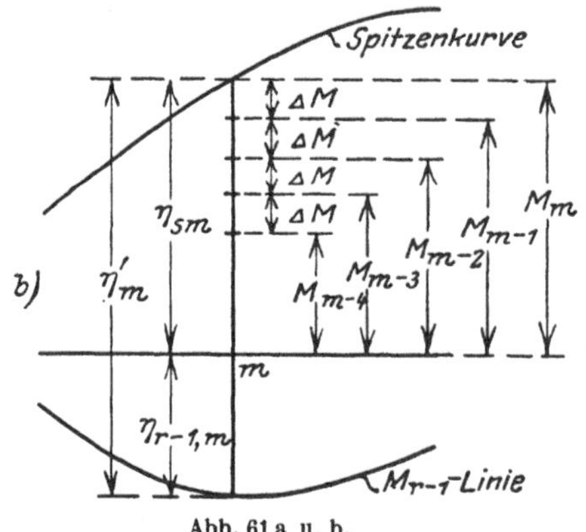

Abb. 61 a u. b.

Für die weitere Betrachtung nehmen wir zunächst der einfachen Darstellung wegen $m=4$; die Untersuchung gilt jedoch ebensogut für jeden beliebigen anderen Wert m. Die Differenz der Momente je zweier benachbarter Knotenpunkte links von $m=4$ ist nun

$$
\begin{aligned}
\Delta M &= \phantom{M_4 - {}} M_1 - M_{r-1} \\
\Delta M &= \phantom{M_4 - {}} M_2 - M_1 \\
\Delta M &= \phantom{M_4 - {}} M_3 - M_2 \\
\Delta M &= M_4 - M_3 \\
\hline
4\,\Delta M &= M_4 - M_{r-1} = \eta_4'.
\end{aligned}
$$

Es ist also: $\Delta M = \dfrac{\eta_4'}{4}$.

Nun ist die Ordinate der M_4-Linie im Querschnitt 4 gleich der Ordinate der Spitzenkurve η_{s4}. Da die M_{r-1}-Linie negative Ordinaten hat, so wird

$$\eta_4' = \eta_{s4} + \eta_{r-1,4}.$$

Teilt man demnach den Abstand zwischen Spitzenkurve und M_{r-1}-Linie im Knotenpunkt 4, also die Strecke η_4', in vier gleiche Teile, dann ist jeder Teil

$$\varDelta M = M_4 - M_3 = M_3 - M_2 = M_2 - M_1 = M_1 - M_{r-1}.$$

Aus dieser Beziehung ergibt sich nun z. B.

$$M_3 = M_4 - \varDelta M,$$

also die Ordinate der M_3-Linie im Querschnitt $m = 4$ (Abb. 61a) ist gleich der Strecke $\overline{4-c}$. Ebenso wird $M_2 = M_2 - \varDelta M$, also die Ordinate der M_2-Linie im Querschnitt $m = 4$ ist $\overline{4-d}$. Die Ordinate der M_1-Linie in $m = 4$ wird negativ, nämlich gleich $\overline{4-e}$.

Verallgemeinern wir jetzt unsere Betrachtung auf den beliebigen Knotenpunkt m, dann muß die Strecke

$$\eta_m' = \eta_{sm} + \eta_{r-1,m}$$

in m gleiche Teile geteilt werden und man erhält

$$\varDelta M = \frac{\eta_m'}{m} = M_m - M_{m-1} = M_{m-1} - M_{m-2} = \cdots . \quad \text{(Abb. 61b.)}$$

Im Knotenpunkt m erhält man also die Ordinaten der M_m-, M_{m-1}- $\cdots$ Linien. Nimmt man nun der Reihe nach für m die Punkte 1, 2, 3, $\ldots$ an, dann hat man die Strecken zwischen Spitzenkurve und M_{r-1}-Linie im Knotenpunkt 1 in einen Teil, im Knotenpunkt 2 in 2 Teile usf., im Knotenpunkt m in m Teile zu teilen und erhält damit in den einzelnen Knotenpunkten die Ordinaten der Einflußlinien für die Feldmomente. In Abb. 62a sind für den Fall $n = 10$ die rechten Äste der M_m-Linien der Öffnung l_r dargestellt, denn die vorstehende Betrachtung gilt ja nur für den Fall, daß die bewegliche Last rechts vom betrachteten Knotenpunkt angreift; man erhält deshalb auch nur die rechten Äste der Einflußlinien.

Führt man die entsprechende Betrachtung für den Fall durch, daß die Last 1 links vom Knotenpunkt m liegt, dann erhält man die linken Äste der Einflußlinien der Feldmomente nach Abb. 62 b.

Die Abb. 63 zeigt nun drei charakteristische Formen von Einflußlinien der Feldmomente der Öffnung l_r. Liegt der Querschnitt m im mittleren Teile des Balkens zwischen den Festpunkten L_r und R_r, dann ist die M_m-Linie in der Öffnung l_r nur positiv. Liegt der Knotenpunkt m dagegen zwischen Festpunkt und Auflager, dann haben die Einflußlinien positive und negative Beitragsstrecken (M_{m1}- und M_{m2}-Linien).

Die Einflußlinie für M_{0m} erstreckt sich nur über die Öffnung l_r. Für jede andere Öffnung wird daher M_{0m} gleich Null; dann erhält man die Einflußlinie allein mit Hilfe der Stützenmomente zu

$$M_m = \frac{x_r' M_{r-1} + x_r M_r}{l_r}. \tag{71}$$

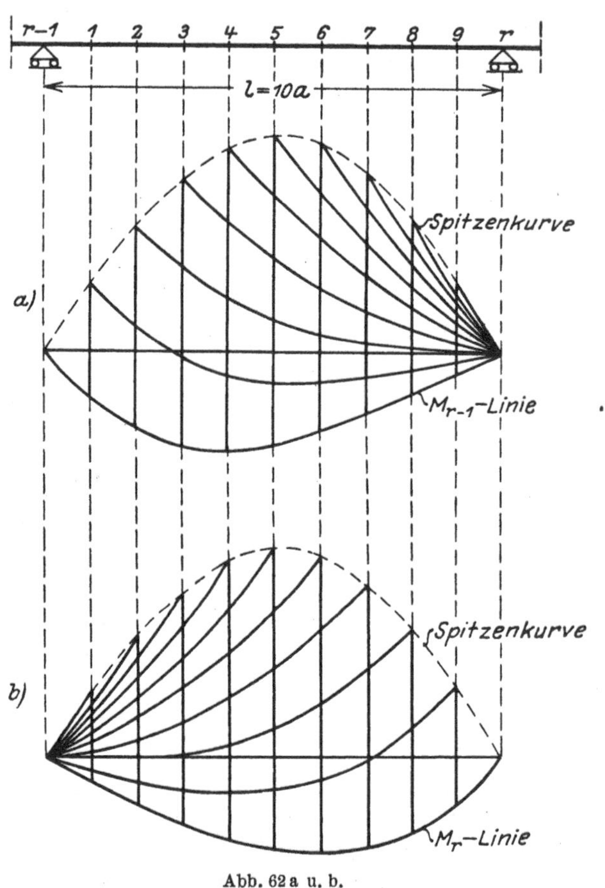

Abb. 62a u. b.

Die **Querkraft** für den Querschnitt m ergibt sich aus den beiden Teilzuständen a und b der Abb. 64 zu

$$Q_m = Q_{0m} + \frac{M_r - M_{r-1}}{l_r}. \tag{72}$$

Die Einflußlinie für die Querkraft ist also gleich der Q-Linie des einfachen Balkens und der Differenz der Einflußlinien der Stützenmomente, dividiert durch l_r. In Abb. 64b ist angenommen, daß $M_r > M_{r-1}$ ist.

Für den **Auflagerdruck** C_r einer inneren Stütze erhält man aus den beiden Teilzuständen a und b der Abb. 65 die Formel

$$C_r = C_{r0} + C_r',$$

$$C_r = C_{r0} + \frac{M_{r-1} - M_r}{l_r} + \frac{M_{r+1} - M_r}{l_{r+1}}. \tag{73}$$

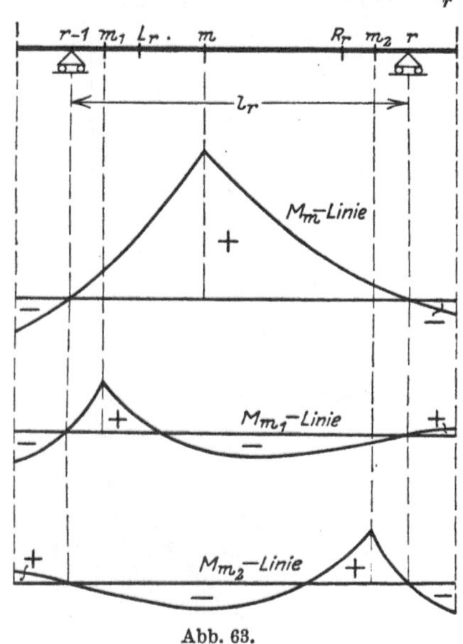

Abb. 63.

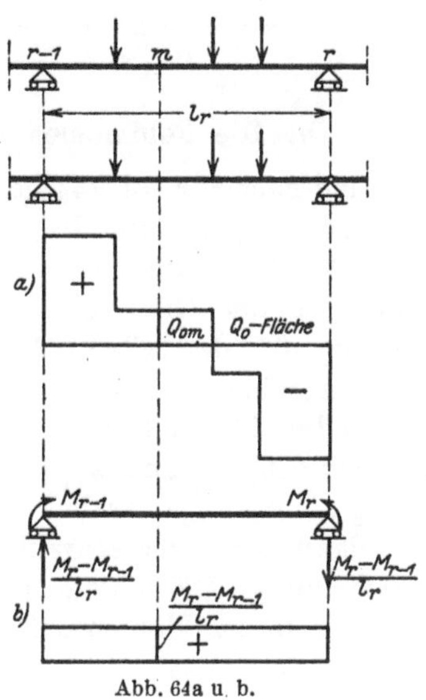

Abb. 64a u. b.

Die Gl. (73) kann man auch schreiben:

$$C_r = C_{r0} + \frac{1}{l_r} M_{r-1} - \left(\frac{1}{l_r} + \frac{1}{l_{r+1}}\right) M_r$$

$$+ \frac{1}{l_{r+1}} M_{r+1}. \tag{73a}$$

Die C_0-Linie ist im Abschnitt I, 6 dargestellt. Sind außerdem die Stützenmomente bekannt, dann läßt sich die Einflußlinie für C_r nach Gl. (73) bzw. (73a) zusammensetzen.

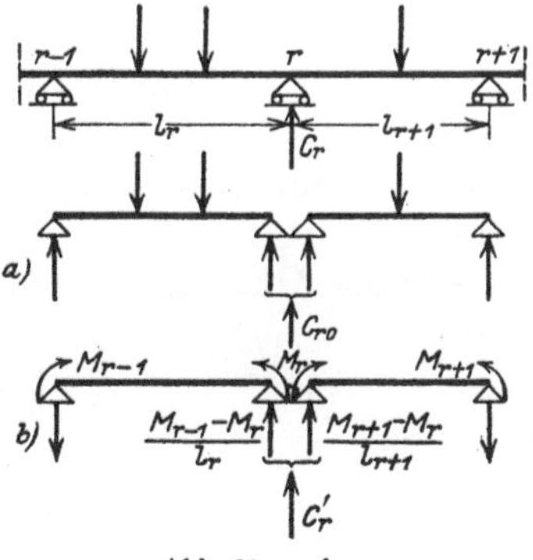

Abb. 65a u. b.

6. Der Einfluß des Eigengewichtes.

a) Die Stützenmomente.

Das Eigengewicht wird wohl meistens innerhalb ein und derselben Öffnung konstant angenommen werden können. Bei dieser Annahme ermittelt man die Stützenmomente nach Formel (68), indem man q_i mit g_i vertauscht (Abb. 66).

Es wird also

$$M_{rg} = -\tfrac{1}{4}\left[\sum_{i=1}^{r} g_i\, a_i^3\, f_i\, \beta_{ri}\,(1-\mu_{i-1}) + \sum_{i=r+1}^{n+1} g_i\, a_i^3\, f_i\, \beta_{r,\,i-1}\,(1-\mu_i')\right] \quad (74)$$

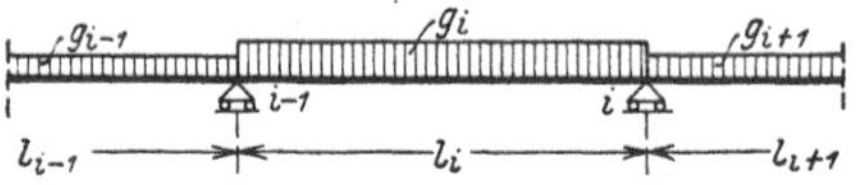

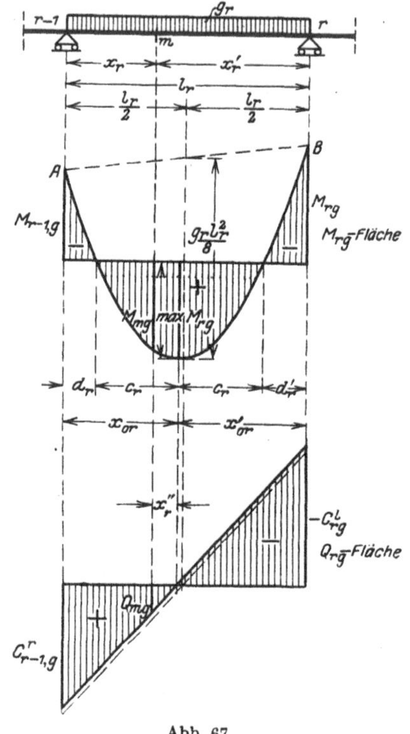

Abb. 66.

b) Die Feldmomente.

Sind nach Formel (74) die Stützenmomente $M_{r-1,g}$ und M_{rg} ermittelt, so läßt sich die Momentenfläche innerhalb der Öffnung l_r nach Abbildung 67 darstellen. Man trägt von der Schlußlinie $A—B$, die durch die Endpunkte der negativen Stützenmomente $M_{r-1,g}$ und M_{rg} gezogen ist, die positive M_{r0}-Parabel infolge g_r ab, dann bleibt die schraffierte M_{rg}-Fläche übrig. Die zahlenmäßige Darstellung dieser Momentenfläche vgl. Grundaufgabe 1a.

Braucht man für die Öffnung l_r nicht die ganze M_{rg}-Fläche, sondern nur das größte Moment innerhalb der Öffnung und die Lage dieses Momentes, dann geht man von der

Abb. 67.

Beziehung aus, daß das Maximalmoment dort liegt, wo die Querkraft in der Öffnung gleich Null wird. Die Gleichung der Querkraft lautet:

$$Q_{rg} = Q_{r0} + \frac{M_{rg} - M_{r-1,g}}{l_r};$$

hierin ist

$$Q_{r0} = g_r\left(\frac{l_r}{2} - x_r\right).$$

Bezeichnet man den Abstand des Querkraftnullpunktes vom Auflager $r-1$ mit x_{0r}, dann ist

$$0 = \frac{g_r l_r}{2} - g_r x_{0r} + \frac{M_{rg} - M_{r-1,g}}{l_r},$$

also

$$x_{0r} = \frac{l_r}{2} + \frac{M_{rg} - M_{r-1,g}}{g_r l_r}. \quad (75)$$

Der Abstand des linken Nullpunktes der Momentenfläche vom linken Auflager ist nach Abb. 68 gleich d_r, vom Maximalmoment c_r. Trägt man nun den links vom Maximalmoment gelegenen Teil der Momentenfläche nach dieser Abbildung nochmals rechts vom Maximalmoment ab, so daß ein Balken von der Spannweite $2\,x_{0r}$ mit symmetrischer Momentenfläche entsteht, dann wird das Moment in bezug auf den linken Nullpunkt

$$0 = \frac{g_r\,(x_{0r} - c_r)\,(x_{0r} + c_r)}{2} + M_{r-1,\,g}\,.$$

Da nun $(x_{0r} - c_r)\,(x_{0r} + c_r) = x_{0r}^2 - c_r^2$ wird, so ist

$$c_{rg}^2 = x_{0r}^2 + \frac{2\,M_{r-1,\,g}}{g_r}\,,$$

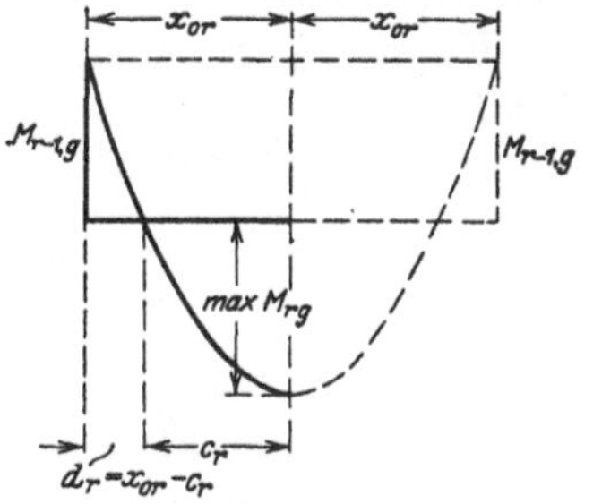

also

$$c_{rg} = \sqrt{x_{0r}^2 + \frac{2\,M_{r-1,\,g}}{g_r}}\,. \tag{76}$$

Abb. 68.

Entsprechend läßt sich für den rechten Nullpunkt die Gleichung aufstellen:

$$0 = \frac{g_r\,(x_{0r}' + c_r)\,(x_{0r}' - c_r)}{2} + M_{r\,g}\,,$$

also

$$c_{rg} = \sqrt{x_{0r}'^2 + \frac{2\,M_{r\,g}}{g_r}}\,. \tag{76a}$$

Ist c_r bekannt, dann wird

$$d_r = x_{0r} - c_r \quad \text{und} \quad d_r' = x_{0r}' - c_r\,.$$

Das Maximalmoment beträgt

$$\max M_{r\,g} = \tfrac{1}{2}\,g_r\,c_{rg}^2\,. \tag{77}$$

Setzt man in Gl. (77) die errechneten Werte für c_{rg} ein, so kann man auch schreiben:

$$\max M_{r\,g} = \tfrac{1}{2}\,g_r\,x_{0r}^2 + M_{r-1,\,g} = \tfrac{1}{2}\,g_r\,x_{0r}'^2 + M_{r\,g}\,. \tag{77a}$$

c) Die Querkräfte.

Die Querkraftfläche infolge Eigengewicht ist nach Abb. 67 in der Öffnung l_r durch eine schräge Gerade begrenzt; sie hat ihren Nullpunkt im Abstand x_{0r} von der Stütze $r-1$. Für irgendeinen Querschnitt m lautet die Gleichung der Querkraft

$$Q_{m\,g} = g_r\left(\frac{l_r}{2} - x_r\right) + \frac{M_{r\,g} - M_{r-1,\,g}}{l_r}\,.$$

Da nun $\dfrac{l_r}{2} + \dfrac{M_{rg} - M_{r-1,g}}{g_r l_r}$ nach Gl. (75) gleich x_{0r} ist, wird

$$Q_{mg} = g_r\,(x_{0r} - x_m) = g_r\,x_r'' . \qquad (78)$$

x_{0r}'' ist vom Querkraftsnullpunkt zu zählen, links vom Nullpunkt positiv, rechts vom Nullpunkt negativ.

Unmittelbar neben den Stützen $r-1$ und r werden die Querkräfte

$$C_{r-1,g}^r = +\,g_r\,x_{0r} \quad \text{und} \quad -\,C_{rg}^l = -\,g_r\,x_{0r}' .$$

d) Die Stützendrücke.

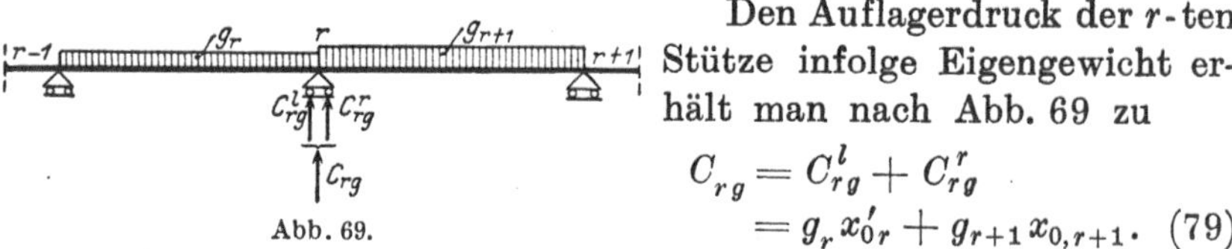

Den Auflagerdruck der r-ten Stütze infolge Eigengewicht erhält man nach Abb. 69 zu

$$C_{rg} = C_{rg}^l + C_{rg}^r$$
$$= g_r\,x_{0r}' + g_{r+1}\,x_{0,r+1} . \qquad (79)$$

Abb. 69.

7. Der Einfluß der Nutzlast p.

a) Die Stützenmomente.

Wie die Einflußlinie für das Stützenmoment M_r in Abb. 70 zeigt, entstehen bei beweglicher Belastung negative und positive Stützenmomente, je nachdem man die negativen oder positiven Beitragsstrecken der Einflußfläche belastet. Der Anteil der negativen Stützenmomente wird überwiegen. Die Ermittlung der Stützenmomente erfolgt unter Beachtung der Laststellungen a und b der Abb. 70.

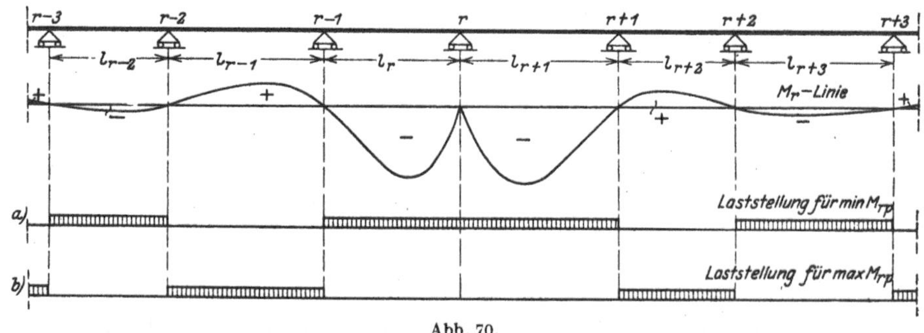

Abb. 70.

Für eine gleichmäßig verteilte Nutzlast p und symmetrische Querschnittsausbildung innerhalb der Öffnung erhält man, wenn mit $^+\Sigma$ die Summe der Öffnungen, in denen die Einflußlinien positive Vorzeichen haben und mit $^-\Sigma$ die Summe der Öffnungen mit negativen Vorzeichen bezeichnet wird, für die größten und kleinsten

Stützenmomente aus Formel (68) die Werte[1])

$$\left.\begin{aligned}
\max M_{rp} &= -\frac{p}{4}\left[^{+}\!\sum a_i^3 f_i \beta_{ri}(1-\mu_{i-1}) + {}^{+}\!\sum a_i^3 f_i \beta_{r,\,i-1}(1-\mu_i')\right], \\[2mm]
\min M_{rp} &= -\frac{p}{4}\left[^{-}\!\sum a_i^3 f_i \beta_{ri}(1-\mu_{i-1}) + {}^{-}\!\sum a_i^3 f_i \beta_{r,\,i-1}(1-\mu_i')\right],
\end{aligned}\right\} \quad (80)$$

b) Die Feldmomente.

Liegt der betrachtete Querschnitt m in der Öffnung l_r zwischen den Festpunkten, so kommen als ungünstigste Laststellungen nach Abb. 71 nur Vollbelastungen der einzelnen Öffnungen in Betracht. Laststellung a in dieser Abbildung liefert $\max M_{mp}$; die zu dieser Laststellung a gehörigen Momente über den anliegenden Stützen $r-1$

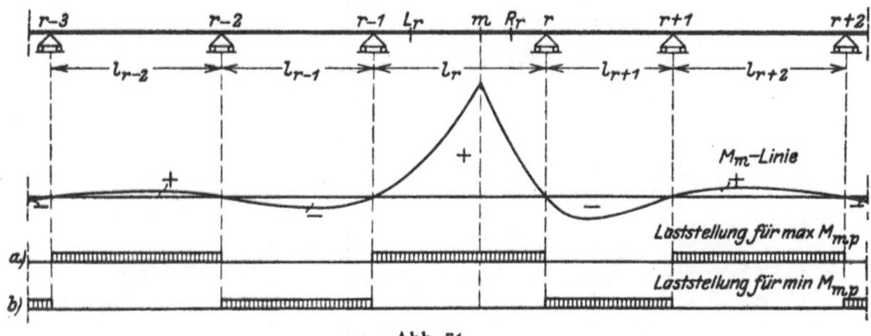

Abb. 71.

und r werden mit $M_{r-1,a}$ und M_{ra} bezeichnet. Die Laststellung b liefert $\min M_{mp}$; die Stützenmomente infolge der Belastung b seien $M_{r-1,b}$ und M_{rb} genannt. Diese Momente

$$\begin{aligned}
&M_{r-1,a}, \qquad M_{ra}, \\
&M_{r-1,b}, \qquad M_{rb}
\end{aligned}$$

werden bestimmt nach 4, b dieses Abschnittes. Mit Hilfe dieser so ermittelten Werte können nun die Maximal- und Minimal-Momentenflächen für die Strecke e_r zwischen den Festpunkten dargestellt werden, wie es in Abb. 72 geschehen ist. Die Maximalmomentenfläche ist eine Parabel, deren Lage durch $M_{r-1,a}$ und M_{ra} bestimmt ist. Die Minimalmomentenfläche ist ein Trapez, festgelegt durch die Stützenmomente $M_{r-1,b}$ und M_{rb}. Der größte positive Wert $\max M_{mp}$ ist durch die Abstände bestimmt [vgl. Formel (75)]:

$$\left.\begin{aligned}
x_{0r} &= \frac{l_r}{2} + \frac{M_{ra}-M_{r-1,a}}{p\,l_r}, \\[2mm]
x_{0r}' &= \frac{l_r}{2} - \frac{M_{ra}-M_{r-1,a}}{p\,l_r}.
\end{aligned}\right\} \quad (81)$$

---

[1]) Bezüglich der Grenzen dieser Summen siehe Fußnote auf S. 65.

Ferner ist nach (77a)

$$\max M_{mp} = \tfrac{1}{2}\, p\, x_{0r}^2 + M_{r-1,a} = \tfrac{1}{2}\, p\, x_{0r}'^2 + M_{ra}. \tag{82}$$

Die Momentenparabel durchschneidet die Nullinie an den Stellen:

$$c_{rp} = \sqrt{x_{0r}^2 + \frac{2\,M_{r-1,a}}{p}} = \sqrt{x_{0r}'^2 + \frac{2\,M_{ra}}{p}}, \tag{83}$$

$$d_{rp} = x_{0r} - c_{rp}; \quad d_{rp}' = x_{0r}' - c_{rp}; \quad t_{rp} = a_r - d_{rp}; \quad t_{rp}' = a_r' - d_{rp}'.$$

Bei Benutzung des Wertes c_{rp} kann das maximale Feldmoment auch geschrieben werden:

$$\max M_{mp} = \tfrac{1}{2}\, p\, c_{rp}^2. \tag{84}$$

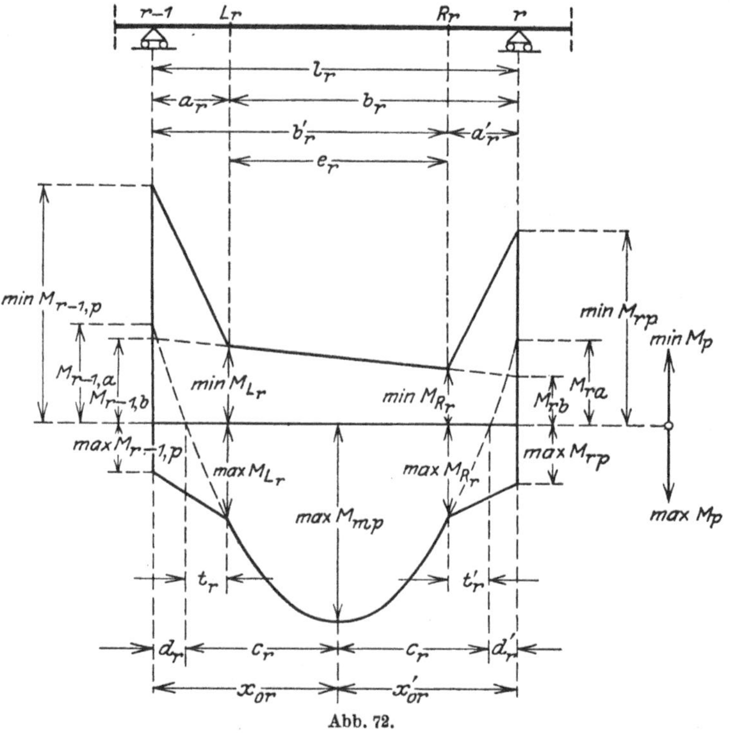

Abb. 72.

Liegt der Querschnitt m zwischen Festpunkt und Auflager, dann kommt als ungünstigste Belastung für das Biegungsmoment M_m außer der vollen Belastung ganzer Öffnungen auch teilweise Streckenbelastung in Betracht, wie es die Einflußlinie in Abb. 73 zeigt. Die genaue Untersuchung ist nun umständlich. Man pflegt in der Praxis zur Vermeidung langwieriger und für die endgültige Querschnittsbestimmung doch unwesentlicher Untersuchungen nach dem Vorschlag Müller-Breslau's bei der Darstellung der Maximal- und Minimal-Momentenflächen für die Strecken zwischen Festpunkt und Auflager gerade

Linien einzuschalten (vgl. Abb. 72). Zur Festlegung der Momentenflächen dienen dann die Momente in den Festpunkten

$$\max M_{Lr} = \tfrac{1}{2}\,p\,t_r\,(2\,c_r - t_r), \qquad \min M_{Lr} = \frac{1}{l_r}\,[b_r\,M_{r-1,\,b} + a_r\,M_{rb}],$$

$$\max M_{Rr} = \tfrac{1}{2}\,p\,t_r'\,(2\,c_r - t_r'), \qquad \min M_{Rr} = \frac{1}{l_r}\,[a_r'\,M_{r-1,\,b} + b_r'\,M_{rb}]. \tag{85}$$

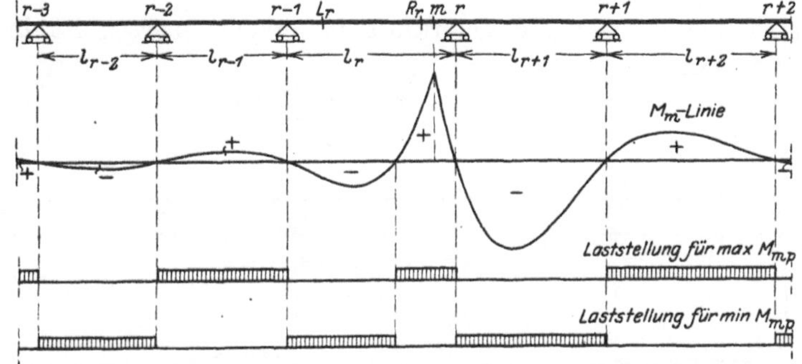

Abb. 73.

Für die linke Endöffnung l_r zeigt Abb. 74 die Größt- und Kleinstwerte der Momente. Die vorstehend für eine Mittelöffnung entwickelten Formeln vereinfachen sich zu

$$x_{01} = c_1 = \frac{l_1}{2} + \frac{M_{1a}}{p\,l_1},$$
$$x_{01}' = l_1 - x_{01}, \tag{81a}$$
$$d_1' = x_{01}' - c_1,$$
$$t_1' = a_1' - d_1',$$

$$\max M_{mp} = \tfrac{1}{2}\,p\,x_{01}^2, \tag{84a}$$

$$\max M_{R_1} = \tfrac{1}{2}\,p\,b_1'\,t_1',$$
$$\min M_{R_1} = \frac{1}{l_1}\,b_1'\,M_{1b}. \tag{85a}$$

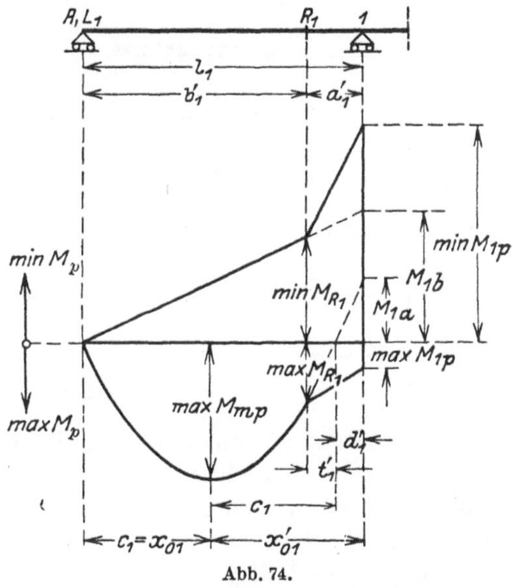

Abb. 74.

Anmerkung: Die Einflußlinien für die Festpunktsmomente M_{Lr} und M_{Rr} erstrecken sich nur über die Öffnungen l_1 bis l_r bzw. l_r bis l_{n+1}. Es liegt nahe, die Auswertung dieser Linien direkt vorzunehmen, anstatt die Festpunktsmomente aus den Stützenmomenten herzuleiten, wie es hier geschehen ist. Dieses Verfahren wurde z. B. bei der Aufstellung der Hilfstafel IV (Balken über drei Öffnungen) angewandt. Im allgemeinen erweist sich jedoch der oben angegebene Rechnungsgang als der zweckmäßigere, da die in den Formeln für M_{Lr} und M_{Rr} auftretenden Stützenmomente bereits bei der Ermittlung der größten Feldmomente benutzt wurden und daher zahlenmäßig übernommen werden können.

c) Die Querkräfte.

Bei beweglicher Streckenbelastung p treten in den einzelnen Querschnitten m sowohl positive als auch negative Querkräfte auf, wie aus der Einflußlinie für Q_m (Abb. 75) hervorgeht. Als ungünstigste Laststellung für $\max Q_{mp}$ und auch für $\min Q_{mp}$ kommt außer Vollbelastung gewisser Öffnungen auch eine Streckenbelastung der Öffnung l_r in Betracht.

Die Gleichung für die Querkraft in einem Querschnitt in der Öffnung l_r lautet:

$$Q_{mp} = Q_{0p} + \frac{M_{rp} - M_{r-1,p}}{l_r}. \tag{86}$$

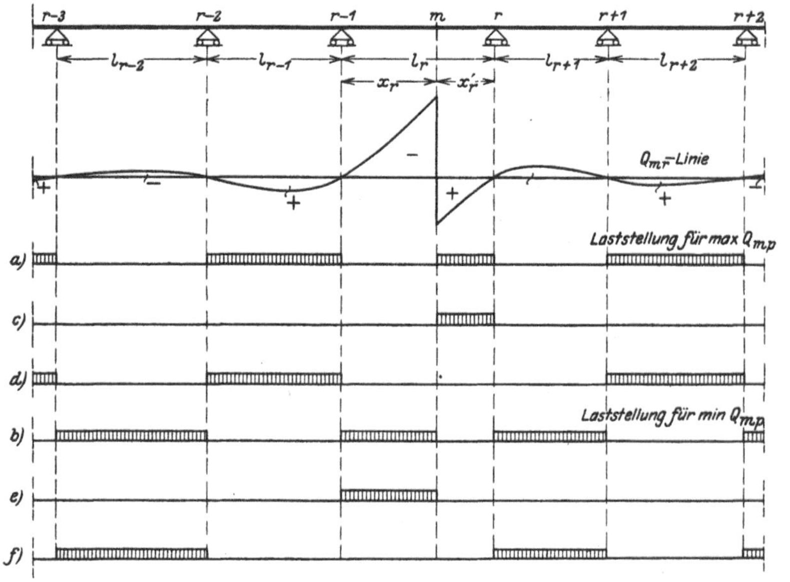

Abb. 75a—f.

Betrachten wir zunächst die größten positiven Querkräfte. Nach Abb. 75c und d zerlegen wir die Belastung für $\max Q_{mp}$ in zwei Teile und bezeichnen die Momente der an l_r anliegenden Stützen infolge des Lastanteils c mit $M_{r-1,c}$ und M_{rc}, infolge des Lastanteils d mit $M_{r-1,d}$ und M_{rd}.

Für Q_{0p} in Gl. (86) ist die Maximalquerkraftsfläche des einfachen Balkens mit der Spannweite l_r zu setzen. Es ist also

$$\max Q_{0p} = \frac{p\,x_r'^2}{2\,l_r}.$$

Die Gleichung stellt eine Parabel mit der Größtordinate $\dfrac{p\,l_r}{2}$ über Stütze $r-1$ dar (Abb. 76).

Das zweite Glied der Gl. (86) hängt von der Differenz der Stützenmomente ab, die infolge der Laststellungen c und d der Abb. 75 entstehen. Zur Ermittlung des Anteiles c infolge der Streckenlast, also $M_{r-1,c}$ und M_{rc}, gehen wir auf die Einflußlinie für M_{r-1} und M_r zurück (Abb. 77). Es wird

$$M_{r-1,c} = p\,F'_{r-1,c},$$
$$M_{rc} = p\,F'_{rc},$$

also
$$\frac{M_{rc} - M_{r-1,c}}{l_r} = \frac{p}{l_r}\left[F'_{rc} - F'_{r-1,c}\right].$$

Der Anteil d infolge der Vollbelastung der Öffnungen nach Abb. 75d liefert die Stützenmomente $M_{r-1,d}$ und M_{rd}, deren Ermittlung mit Hilfe der Formel (68) erfolgt. Es wird [1])

$$M_{r-1,d} = -\frac{p}{4}\left[{}^+\!\sum a_i^3 f_i \beta_{r-1,i}(1-\mu_{i-1}) + {}^+\!\sum a_i^3 f_i \beta_{r-1,i-1}(1-\mu'_i)\right].$$

$$M_{rd} = -\frac{p}{4}\left[{}^+\!\sum a_i^3 f_i \beta_{ri}(1-\mu_{i-1}) + {}^+\!\sum a_i^3 f_i \beta_{r,i-1}(1-\mu'_i)\right].$$

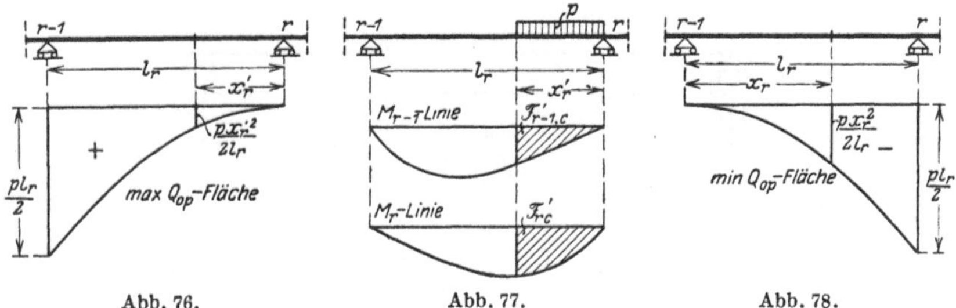

Abb. 76.　　　　Abb. 77.　　　　Abb. 78.

Wir setzen
$$\frac{M_{rd} - M_{r-1,d}}{l_r} = \max \gamma_r, \tag{87}$$

dann erhalten wir insgesamt für $\max Q_{mp}$ die Gleichung

$$\max Q_{mp} = \frac{p\,x_r'^2}{2\,l_r} + \frac{p}{l_r}\left[F'_{rc} - F'_{r-1,c}\right] + \max \gamma_r. \tag{88}$$

Für die größten negativen Querkräfte infolge p zeigt Abb. 78 die Minimalquerkraftsfläche des einfachen Balkens mit der Gleichung

$$\min Q_{0p} = -\frac{p\,x_r^2}{2\,l_r}.$$

---

[1]) In den Formeln für $M_{r-1,d}$ und M_{rd} sind die Grenzen an den $\sum$ fortgelassen, da man 4 Fälle zu unterscheiden hat, je nachdem die zu untersuchende Öffnung gerade oder ungerade ist und ob die n-te Stütze gerade oder ungerade ist. Derselbe Fall tritt ein bei der Behandlung des Balkens mit innerhalb der Felder konstantem J, im Abschnitt III, S. 86. Dort sind die 4 Fälle ausführlich untersucht worden.

Für den durchlaufenden Balken wird insgesamt

$$\min Q_{mp} = \min Q_{0p} + \frac{M_{re} - M_{r-1,e}}{l_r} + \frac{M_{rf} - M_{r-1,f}}{l_r}.$$

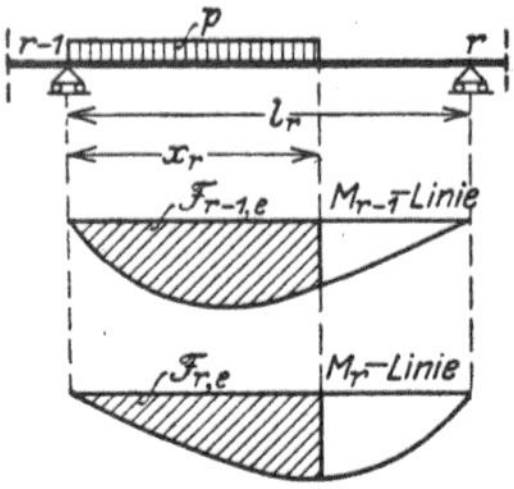

Abb. 79.

Mit Rücksicht auf die Bezeichnungen der Abb. 79 wird

$$\left.\begin{aligned}
\min Q_{mp} &= -\frac{p x_r^2}{2 l_r} + \frac{p}{l_r}(F_{re} - F_{r-1,e}) + \min \gamma_r, \\
\text{worin} \quad \min \gamma_r &= \frac{M_{rf} - M_{r-1,f}}{l_r} \\
\text{und} \quad & \\
M_{rf} &= -\frac{p}{4}\left[{}^{-}\sum a_i^3 f_i \beta_{ri}(1-\mu_{i-1}) + {}^{-}\sum a_i^3 f_i \beta_{r,i-1}(1-\mu_i')\right], \\
M_{r-1,f} &= -\frac{p}{4}\left[{}^{-}\sum a_i^3 f_i \beta_{r-1,i}(1-\mu_{i-1}) + {}^{-}\sum a_i^3 f_i \beta_{r-1,i-1}(1-\mu_i')\right].
\end{aligned}\right\} \quad (89)$$

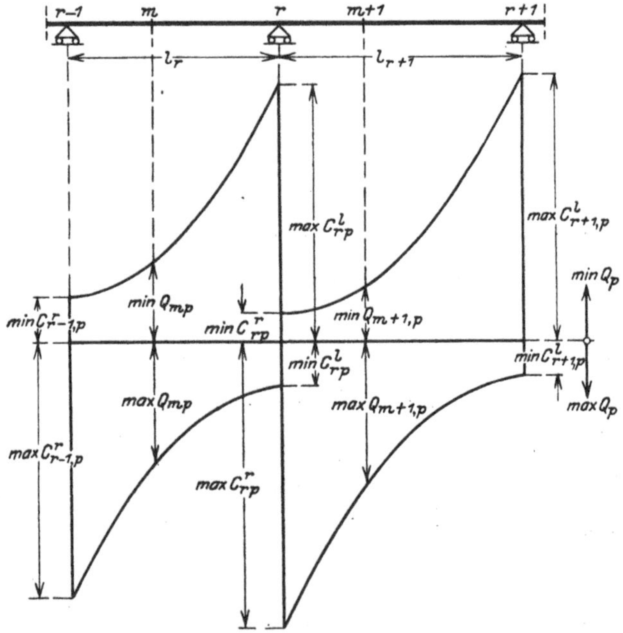

Abb. 80.

Nach den vorstehenden Formeln können die Maximal- und Minimal-Querkraftflächen für die mittleren Öffnungen des durchlaufenden Balkens dargestellt werden (vgl. Abb. 80).

Für die linke Endöffnung l_1 vereinfachen sich die Formeln, weil $M_{r-1} = M_A = 0$ wird.

$$\max Q_{mp} = \frac{p\,x_1'^2}{2\,l_1} + \frac{p}{l_1}\,F_{1c}' + \max \gamma_1 , \qquad (88\,\mathrm{a})$$

$$\min Q_{mp} = - \frac{p\,x_1^2}{2\,l_1} + \frac{p}{l_1}\,F_{1e} + \min \gamma_1 , \qquad (89\,\mathrm{a})$$

$$\max \gamma_1 = \frac{M_{1d}}{l_1}; \qquad \min \gamma_1 = \frac{M_{1f}}{l_1} .$$

Für die rechte Endöffnung l_{n+1} lauten die Formeln

$$\max Q_{mp} = \frac{p\,x_{n+1}'^2}{2\,l_{n+1}} - \frac{p}{l_{n+1}}\,F_{nc}' + \max \gamma_{n+1} , \qquad (88\,\mathrm{b})$$

$$\min Q_{mp} = - \frac{p\,x_{n+1}^2}{2\,l_{n+1}} - \frac{p}{l_{n+1}}\,F_{ne} + \min \gamma_{n+1} . \qquad (89\,\mathrm{b})$$

d) Die Auflagerkräfte.

Die größten positiven und negativen Stützdrücke C_{rp} können aus den Maximal- und Minimal-Querkraftflächen in den Öffnungen l_r und l_{r+1}, die in Abb. 80 dargestellt sind, gewonnen werden.

$$\left.\begin{aligned}
\max C_{rp} &= \max C_{rp}^l + \max C_{rp}^r , \\
\min C_{rp} &= \min C_{rp}^l + \min C_{rp}^r .
\end{aligned}\right\} \qquad (90)$$

$\max C_{rp}^l$ erhält man aus Gl. (89) für $\min Q_{mp}$, indem man $x_r = l_r$ setzt. $\max C_{rp}^r$ ist aus der Gleichung für $\max Q_{m+1,p}$ der Öffnung l_{r+1} zu berechnen, wenn man x_{r+1}' durch l_{r+1} ersetzt. Entsprechend wird $\min C_{rp}^l$ aus Gl. (89) der Maximal-Querkraftfläche der Öffnung l_r und $\min C_{rp}^r$ aus Gl. (88) der Minimal-Querkraftfläche der Öffnung l_{r+1} gewonnen.

Die Größt- und Kleinstwerte für den Auflagerdruck A_p der linken Endstütze erhält man aus den Gleichungen (88a) und (89a), indem man $x_1 = 0$ und $x_1' = l_1$ setzt. $p \cdot F_{1c}'$ ist dann das Moment M_1 infolge der Belastung der Öffnung l_1 mit p. Dieses ist nach Gleichung (68) zu ermitteln, wobei man $q_i = p$ und $i = 1$ sowie $r = 1$ zu setzen hat. Dann wird mit $\mu_0 = 0$

$$p\,F_{1c}' = M_{1c} = - \tfrac{1}{4}\,p\,a_1^3 \cdot f_1 \cdot \beta_{11}$$

und man erhält

$$\max A_p = \frac{p \cdot l_1}{2} - \frac{p}{4\,l_1} \cdot a_1^3 f_1 \beta_{11} + \max \gamma_1 . \qquad (90\,\mathrm{a})$$

Da für $\min A_p$ das Feld l_1 unbelastet ist, wird $p_1 F_{1e} = 0$. Der erste Wert in Gleichung (89a) wird infolge $x_1 = 0$ ebenfalls gleich Null und wir erhalten

$$\min A_p = + \min \gamma_1 . \tag{90b}$$

Für die rechte Endstütze gilt

$$\max B_p = - \min Q_{mp}$$

und

$$\min B_p = - \max Q_{mp},$$

wenn man m mit dem rechten Ende zusammenfallen läßt, d. h. $x_{n+1} = l_{n+1}$ und $x'_{n+1} = 0$ setzt. Die Gleichung (68) ergibt sinngemäß angewandt mit $q_i = p$ und $i = n + 1$ sowie $r = n$

$$p \cdot F_{ne} = M_{ne} = - \tfrac{1}{4} p\, a_{n+1}^3 f_{n+1}\, \beta_{nn} .$$

Dabei ist $\mu'_{n+1} = 0$. Es ist dann

$$\max B_p = + \frac{p \cdot l_{n+1}}{2} - \frac{p}{4\, l_{n+1}} \cdot a_{n+1}^3 f_{n+1}\, \beta_{nn} - \min \gamma_{n+1} . \tag{90 c}$$

Die beiden ersten Glieder in (88b) werden wieder gleich Null, da $x'_{n+1} = 0$ ist. Dann wird

$$\min B_p = - \max \gamma_{n+1} . \tag{90d}$$

8. Maximalmomente infolge $q = g + p$.

Bei der statischen Berechnung durchlaufender Balken pflegt man den Einfluß des Eigengewichtes g und der Verkehrslast p gewöhnlich getrennt zu untersuchen. Während die Größe der Verkehrslast meistens von vornherein festliegt, muß das Eigengewicht zunächst schätzungsweise eingeführt werden. Bei einer getrennten Untersuchung von g und p lassen sich nun leichter im Laufe der statischen Untersuchung Verbesserungen in den Eigengewichtsannahmen berücksichtigen.

Will man jedoch z. B. bei einer Nachrechnung das größte Moment für Eigengewicht und Verkehrslast zusammen ermitteln, dann erhält man für ein mittleres Feld von der Spannweite l_r den Abstand des Maximalmomentes (vgl. Abb. 81) zu

$$x_{0r} = \frac{C^r_{r-1, q}}{q_r}, \tag{91}$$

wobei

$$C^r_{r-1, q} = C^r_{r-1, g} + C^r_{r-1, p} \tag{92}$$

ist. Das Maximalmoment infolge $q = g + p$ wird dann in einer mittleren Öffnung

$$\max M_{mq} = \tfrac{1}{2} C^r_{r-1, q} \cdot x_{0r} + M_{r-1, q}, \tag{93}$$

hierin ist $\quad M_{r-1, q} = M_{r-1, g} + M_{r-1, p} .$

Die Werte $C^r_{r-1, p}$ und $M_{r-1, p}$ sind zu berechnen für die Laststellung a) in Abb. 71, Seite 61.

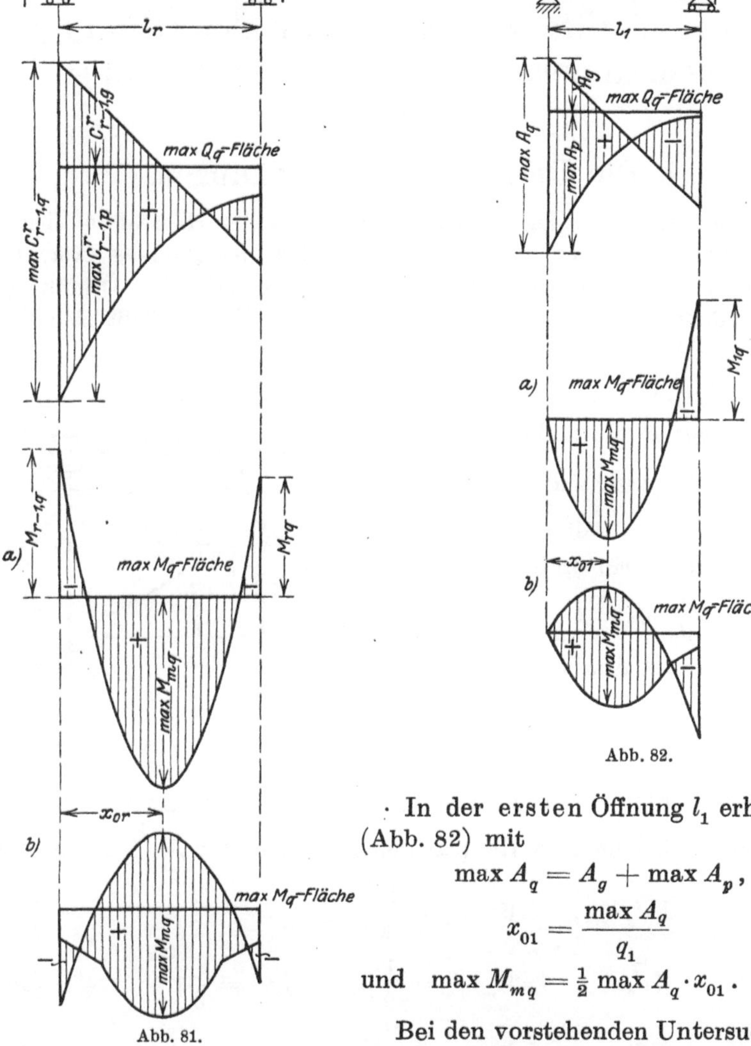

Abb. 82.

Abb. 81.

· In der ersten Öffnung l_1 erhält man (Abb. 82) mit

$$\max A_q = A_g + \max A_p, \qquad (92\,\mathrm{a})$$

$$x_{01} = \frac{\max A_q}{q_1} \qquad (91\,\mathrm{a})$$

und $\quad \max M_{mq} = \tfrac{1}{2} \max A_q \cdot x_{01}. \qquad (93\,\mathrm{a})$

Bei den vorstehenden Untersuchungen der Maximalmomente ist angenommen, daß die Belastung q sich über die ganze Öffnung erstreckt. Dies gilt nach den Betrachtungen unter 7b dieses Abschnittes genau nur für den Bereich innerhalb der Festpunkte.

Die genauen $\max M_q$-Flächen sind in Abb. 81 und Abb. 82 unter b) dargestellt.

Entsprechende Flächen lassen sich auch für $\min Q$ ·und $\min M$ auftragen.

III. Der Balken auf vielen Stützen.

Die Querschnitte sind innerhalb der Öffnungen gleich, ändern sich jedoch von Öffnung zu Öffnung.

1. Die Dreimomentengleichungen.

Für den meist vorliegenden Fall, der auch den Hilfstafeln dieses Buches zugrunde liegt, daß die Querschnitte des Balkens zwar in den einzelnen Öffnungen verschieden, innerhalb der Öffnungen selbst jedoch konstant angenommen werden dürfen, läßt sich die allgemeine Dreimomentengleichung (Formel 34)

$$\delta_{r-1,\,r}\,X_{r-1} + \delta_{rr}\,X_r + \delta_{r+1,\,r}\,X_{r+1} = Z_r$$

auf die folgende Form bringen.

Nach Abb. 83 besteht die $M_r\dfrac{J_c}{J}$-Fläche für diesen Fall aus zwei Dreiecken, deren Höhen über der Stütze r $1\dfrac{J_c}{J_r}$ bzw. $1\dfrac{J_c}{J_{r+1}}$ sind. Führen wir als Abkürzung die Werte

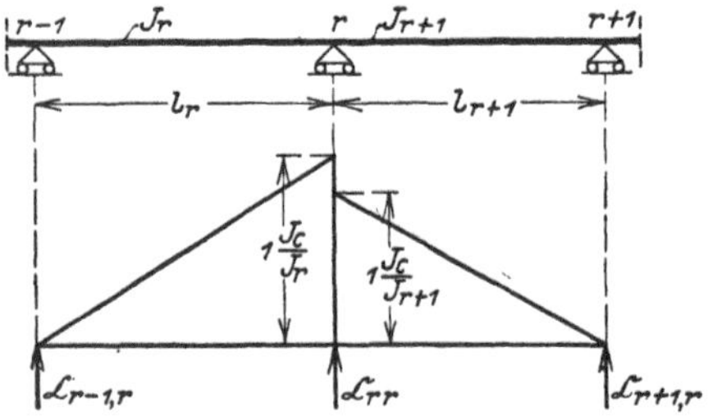

Abb. 83.

$$l_r\frac{J_c}{J_r} = l_r', \qquad l_{r+1}\frac{J_c}{J_{r+1}} = l_{r+1}', \qquad 2\,(l_r' + l_{r+1}') = s_r$$

ein, dann werden die Verschiebungen δ, die ja die Auflagerdrücke des statisch bestimmten Hauptsystems infolge der $M\dfrac{J_c}{J}$-Belastung sind:

$$E\,J_c\,\delta_{r-1,\,r} = \mathfrak{C}_{r-1,\,r} = \frac{l_r'}{6}, \tag{94}$$

$$E\,J_c\,\delta_{rr} \;\;= \mathfrak{C}_{rr} \;\;= \frac{1}{3}\,[l_r' + l_{r+1}'] = \frac{s_r}{6}, \tag{95}$$

$$E\,J_c\,\delta_{r+1,\,r} = \mathfrak{C}_{r+1,\,r} = \frac{l_{r+1}'}{6}. \tag{96}$$

Während wir bisher in den Elastizitätsgleichungen die statisch unbestimmten Größen, also die Stützenmomente, gewöhnlich mit X bezeichneten, wollen wir in Zukunft für die Unbekannten nur die Bezeichnung M einführen. Die r-te Dreimomentengleichung lautet dann mit Berücksichtigung der vorstehend ermittelten δ-Werte, wenn man die allgemeinen Elastizitätsgleichungen mit $6\,E\,J_c$ multipliziert,

$$l_r'\,M_{r-1} + s_r\,M_r + l_{r+1}'\,M_{r+1} = Z_r. \tag{97}$$

Das Belastungsglied Z_r wird dann

$$Z_r = + 6\,EJ_c\,\delta_r - 6\,EJ_c\,\delta_{r0} - 6\,EJ_c\,\delta_{rt}. \qquad (98)$$

Wird der Querschnitt in sämtlichen Öffnungen konstant angenommen, dann geht Gl. (97) in die bekannte, in der Praxis gewöhnlich als Clapeyron'sche Gleichung bezeichnete Form über

$$l_r\,M_{r-1} + s_r\,M_r + l_{r+1}\,M_{r+1} = Z_r, \qquad (99)$$

wobei dann $s_r = 2\,(l_r + l_{r+1})$ ist.

Bei der ersten Vorberechnung, bei der man ja ⌊gewöhnlich bezüglich der Querschnittsverhältnisse noch keinen Anhalt hat, hilft man sich zunächst dadurch, daß man entweder konstanten Balkenquerschnitt in allen Öffnungen annimmt, oder man macht auch die Voraussetzung, daß die Trägheitsmomente sich entsprechend den Spannweiten l verhalten, also

$$\frac{l_r}{J_r} = \frac{l_{r+1}}{J_{r+1}} = \frac{l}{J}.$$

Bei dieser letzteren, meistens sehr zweckmäßigen Annahme vereinfachen sich die Dreimomentengleichungen wegen $l_r' = l_{r+1}' = l'$ zu

$$M_{r-1} + 4\,M_r + M_{r+1} = Z_r, \qquad (100)$$

wobei

$$Z_r = \frac{6\,E\,J_c}{l'}\,\delta_r - \frac{6\,E\,J_c}{l'}\,\delta_{r0} - \frac{6\,E\,J_c}{l'}\,\delta_{rt}. \qquad (101)$$

Diese Annahme liefert für die Mittelfelder brauchbare Näherungsresultate, in den Endfeldern liegen allerdings die Querschnittsverhältnisse meistens anders.

2. Das Belastungsglied Z_r.

Für eine beliebige ständige Belastung gehen die Formeln (40) und (41) für den vorliegenden Sonderfall über in

$$\left.\begin{aligned}
EJ_c\,\delta_{r0} = \mathfrak{S}_{r0} &= \frac{1}{l_r}\frac{J_c}{J_r}\int_0^{l_r} M_{r0}\,x_r\,dx + \frac{1}{l_{r+1}}\frac{J_c}{J_{r+1}}\int_0^{l_{r+1}} M_{r+1,0}\,x_{r+1}'\,dx \\[2mm]
EJ_c\,\delta_{r0} &= \frac{a_r}{n_r}\frac{J_c}{J_r}\sum_1^{n_r-1} M_{r0}\,m_r + \frac{a_{r+1}}{n_{r+1}}\frac{J_c}{J_{r+1}}\sum_1^{n_{r+1}-1} M_{r+1,0}\,m_{r+1}' \\[2mm]
Z_r = - 6\,EJ_c\,\delta_{r0} &= - \frac{6\,a_r}{n_r}\frac{J_c}{J_r}\sum_1^{n_r-1} M_{r0}\,m_r \\[2mm]
&\quad - \frac{6\,a_{r+1}}{n_{r+1}}\frac{J_c}{J_{r+1}}\sum_1^{n_{r+1}-1} M_{r+1,0}\,m_{r+1}'
\end{aligned}\right\} \quad (102)$$

Diese Formeln kommen in Betracht, wenn die $\mathfrak{C}_0$-Werte nicht ohne weiteres zu bestimmen sind, was bei unsymmetrischer Belastung oft der Fall ist.

Liegt eine **symmetrische ständige** Belastung vor, dann wird aus Formel (42), S. 29 $\quad E J_c \delta_{r0} = \tfrac{1}{2}[\mathfrak{F}_{r0} + \mathfrak{F}_{r+1,0}]$

$$Z_r = - 6 E J_c \delta_{r0} = - 3 [\mathfrak{F}_{r0} + \mathfrak{F}_{r+1,0}]. \tag{103}$$

Wirkt z. B. in der Öffnung l_r eine gleichmäßig verteilte Belastung q_r, in der Öffnung l_{r+1} die Belastung q_{r+1}, dann ist

$$\mathfrak{F}_{r0} = \frac{1}{12} q_r \, l_r^{\,3} \frac{J_c}{J_r} = \frac{1}{12} q_r \, l_r^{\,2} \, l_r',$$

$$\mathfrak{F}_{r+1,0} = \frac{1}{12} q_{r+1} \, l_{r+1}^{\,3} \frac{J_c}{J_{r+1}} = \frac{1}{12} q_{r+1} \, l_{r+1}^{\,2} \, l_{r+1}',$$

und damit das Belastungsglied

$$Z_r = - 6 E J_c \delta_{r0} = - \tfrac{1}{4} [q_r \, l_r^{\,2} \, l_r' + q_{r+1} \, l_{r+1}^{\,2} \, l_{r+1}']. \tag{104}$$

Das Belastungsglied infolge Wärmeänderung nach Formel (47) lautet

$$Z_r = - 6 E J_c \delta_{rt} = - 6 \varepsilon E J_c (t_u - t_o) \int \frac{M_r}{h_x} dx.$$

h_x ist nun im vorliegenden Fall konstant in jeder Öffnung;

$$\text{innerhalb } l_r \quad \text{ist } h_x = h_r \quad,$$
$$\text{„} \qquad l_{r+1} \quad \text{„} \quad h_x = h_{r+1}.$$

Das Integral erstreckt sich über die Öffnungen l_r und l_{r+1}, soweit die M_r-Fläche reicht. Es ist

$$\int \frac{M_r}{h_x} dx = \frac{1}{2}\left[\frac{l_r}{h_r} + \frac{l_{r+1}}{h_{r+1}}\right].$$

Also wird

$$Z_r = - 3 \varepsilon E J_c (t_u - t_o)\left[\frac{l_r}{h_r} + \frac{l_{r+1}}{h_{r+1}}\right]. \tag{105}$$

Liegt der Sonderfall vor, daß $h_r = h_{r+1} = h$ ist, dann wird

$$Z_r = - 3 \varepsilon E J_c \frac{t_u - t_o}{h}[l_r + l_{r+1}]. \tag{105a}$$

Infolge etwaiger **Stützenverschiebungen** wird aus Formel (46) für den vorliegenden Sonderfall

$$Z_r = 6 E J_c \delta_r = 6 E J_c\left[\frac{y_r - y_{r-1}}{l_r} + \frac{y_r - y_{r+1}}{l_{r+1}}\right].$$

Der Einfluß einer **veränderlichen Last** P_r in der Öffnung l_r auf die Belastungsglieder Z_{r-1} und Z_r ermittelt sich wie folgt:

Die reduzierte Momentenfläche des statisch bestimmten Haupt-systems infolge P_r ist nach Abb. 84 ein Dreieck, dessen Spitzen-ordinate $P_r \dfrac{x_r x_r'}{l_r} \cdot \dfrac{J_c}{J_r}$ ist.

Zu dieser Belastungsfläche des einfachen Balkens zwischen den Stützen $r-1$ und r ermittelt man die Auflagerdrücke. Zur Bestim-mung von $\mathfrak{C}_{r-1,0}$ nimmt man den Punkt r als Drehpunkt an, setzt zunächst das Moment des Dreiecks CGF an und zieht dann ab das Moment des Dreiecks FEG. Dann wird

$$\mathfrak{C}_{r-1,0} = \frac{1}{l_r} \frac{J_c}{J_r} \left[\frac{P_r x_r' l_r}{2} \cdot \frac{l_r}{3} - P_r x_r' \frac{x_r'}{2} \cdot \frac{x_r'}{3} \right] = \frac{P_r}{6} l_r{}^2 \frac{J_c}{J_r} \left[\frac{x_r'}{l_r} - \frac{x_r'{}^3}{l_r{}^3} \right].$$

Nun ist

$$\frac{x_r'}{l_r} - \frac{x_r'{}^3}{l_r{}^3} = \omega_D' \qquad \text{und} \qquad l_r \frac{J_c}{J_r} = l_r',$$

demnach wird

$$\mathfrak{C}_{r-1,0} = \frac{P_r}{6} l_r l_r' \omega_D'.$$

Den Auflagerdruck $\mathfrak{C}_{r0}$ erhält man zu

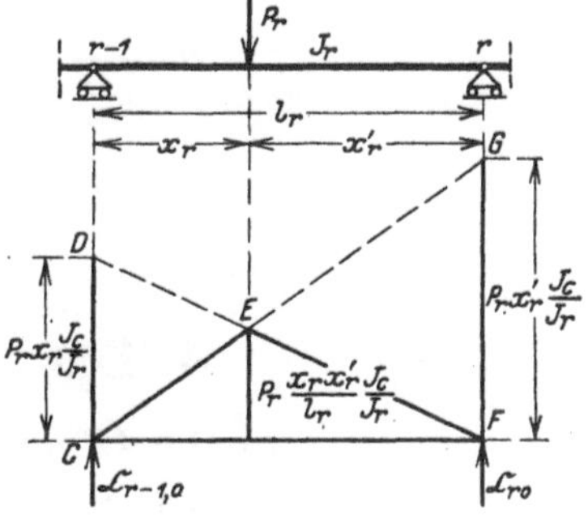

Abb. 84.

$$\mathfrak{C}_{r0} = \frac{1}{l_r} \frac{J_c}{J_r} \left[P_r \frac{x_r l_r}{2} \cdot \frac{l_r}{3} - P_r x_r \frac{x_r}{2} \cdot \frac{x_r}{3} \right]$$

$$= \frac{P_r}{6} l_r{}^2 \frac{J_c}{J_r} \left[\frac{x_r}{l_r} - \frac{x_r{}^3}{l_r{}^3} \right],$$

$$\mathfrak{C}_{r0} = \frac{P_r}{6} l_r l_r' \omega_D, \qquad \text{wobei} \qquad \omega_D = \frac{x_r}{l_r} - \frac{x_r{}^3}{l_r{}^3}.$$

Demnach lauten die Belastungsglieder

$$\left.\begin{array}{l} Z_{r-1} = -6\,\mathfrak{C}_{r-1,0} = -P_r l_r l_r' \omega_D' \\[4pt] Z_r \ \ = -6\,\mathfrak{C}_{r0} \ \ = -P_r l_r l_r' \omega_D \end{array}\right\} \tag{106}$$

3. Die Auflösung der Dreimomentengleichungen.

Die Lösung der Elastizitätsgleichungen bringen wir wieder auf die Form

$$M_r = \beta_{r1} Z_1 + \beta_{r2} Z_2 + \cdots + \beta_{rr} Z_r + \cdots + \beta_{rn} Z_n = \sum_{i=1}^{n} \beta_{ri} Z_i. \tag{54}$$

Setzt man in die Gl. (51) und (53) für μ und μ' die unter 1. dieses Abschnittes ermittelten Formeln für δ ein, dann erhält man

$$\mu_{r-1} = \frac{l_r'}{s_{r-1} - \mu_{r-2} l_{r-1}'}, \tag{107}$$

$$\mu_r' = \frac{l_r'}{s_r - \mu_{r+1}' l_{r+1}'}. \tag{108}$$

Für die Berechnung der β-Tafel erhält man den Wert β_{rr} in der Hauptdiagonalen (vgl. (55))

$$\beta_{rr} = \frac{1}{-\mu_{r-1}\,l_r' + s_r - \mu_{r+1}'\,l_{r+1}'} = \frac{1}{l_r'\left(\dfrac{1}{\mu_r'} - \mu_{r-1}\right)}. \tag{109}$$

Mit Hilfe dieser β_{rr}-Werte berechnen sich die übrigen β_{ik}-Werte nach den früher entwickelten Formeln zu

$$\beta_{r-1,\,r} = -\mu_{r-1}\beta_{rr},$$
$$\beta_{r+1,\,r} = -\mu_{r+1}'\beta_{rr}.$$

Für die Festpunktsabstände gelten wieder die früher aufgestellten Gleichungen

$$b_r = \frac{l_r}{1+\mu_{r-1}}, \quad a_r = l_r - b_r,$$

$$b_r' = \frac{l_r}{1+\mu_r'}, \quad a_r' = l_r - b_r'.$$

4. Die Stützenmomente.

a) Die Öffnung l_r ist allein belastet.

Für ständige Belastung der Öffnung lauten die Gleichungen der anliegenden Stützenmomente (Formel (58), Seite 44)

$$\begin{aligned}
M_{r-1} &= +\beta_{r-1,\,r-1}[Z_{r-1} - \mu_r'\,Z_r] \\
M_r &= +\beta_{rr}[Z_r - \mu_{r-1}\,Z_{r-1}]
\end{aligned}\right\} \tag{58}$$

Es ist nun für die weiteren Entwicklungen zweckmäßig, das Belastungsglied Z in der folgenden Form zu schreiben

$$\begin{aligned}
Z_{r-1} &= -\,l_r\,l_r'\,z_{r-1} \\
Z_r &= -\,l_r\,l_r'\,z_r
\end{aligned}\right\} \tag{110}$$

Für eine beliebige Einzellast P_r in l_r wird dann mit Rücksicht auf Gl. (106) S. 73

$$\begin{aligned}
z_{r-1} &= P_r\,\omega_D' \\
z_r &= P_r\,\omega_D
\end{aligned}\right\} \tag{111}$$

Für eine beliebige symmetrische Belastung in l_r wird

$$z_{r-1} = z_r = \frac{3\,\mathfrak{F}_{r0}}{l_r\,l_r'}. \tag{112}$$

Für eine gleichmäßig verteilte Last q_r in l_r wird

$$z_{r-1} = z_r = \frac{q_r\,l_r}{4}. \tag{113}$$

Für einige andere in der Praxis häufig vorliegende symmetrische Belastungen sind die Werte z_{r-1} und z_r nach Gl. (112) berechnet und in Hilfstafel I zusammengestellt.

Mit den Bezeichnungen der Gl. (110) gehen dann die Formeln (58) über in

$$\left.\begin{aligned} M_{r-1} &= - l_r l_r' \beta_{r-1,\,r-1} \left[z_{r-1} - \mu_r' \quad z_r \quad \right] \\ M_r \quad &= - l_r l_r' \beta_{rr} \quad\quad \left[z_r \quad - \mu_{r-1} z_{r-1} \right] \end{aligned}\right\} \tag{114}$$

Als weitere Abkürzung wird eingeführt

$$\left.\begin{aligned} l_r l_r' \beta_{r-1,\,r-1} &= k_{r-1,\,r} \\ l_r l_r' \beta_{rr} \quad &= k_{rr} \end{aligned}\right\} \tag{115}$$

Der erste Index von k deutet wieder den Ort an, nämlich die Stütze $r-1$ bzw. r; der zweite Index bezieht sich auf die Ursache, nämlich Belastung der Öffnung l_r. Mit diesen Abkürzungen lauten die Gleichungen der Stützenmomente [1])

$$\left.\begin{aligned} M_{r-1,\,r} &= - k_{r-1,\,r} \left[z_{r-1} - \mu_r' z_r \right] \\ M_{rr} \quad &= - k_{rr} \quad \left[z_r \quad - \mu_{r-1} z_{r-1} \right] \end{aligned}\right\} \tag{116}$$

Für eine beliebige Einzellast P_r in l_r wird mit Rücksicht auf die Gl. (111)

$$\left.\begin{aligned} M_{r-1,\,r} &= - k_{r-1,\,r} P_r \left[\omega_D' - \mu_r' \, \omega_D \right] \\ M_{rr} \quad &= - k_{rr} \quad P_r \left[\omega_D - \mu_{r-1} \omega_D' \right] \end{aligned}\right\} \tag{117}$$

Führen wir noch nach Formel (12) und (12a) S. 15 die Bezeichnungen ω_T und ω_T' ein, nämlich

$$\left.\begin{aligned} \omega_{T_r} &= \omega_D - \mu_{r-1} \omega_D' \\ \omega_{T_r}' &= \omega_D' - \mu_r' \omega_D \end{aligned}\right\} \tag{118}$$

wobei sich bei ω_T der weitere Index r auf die belastete Öffnung l_r bezieht, dann wird

$$\left.\begin{aligned} M_{r-1,\,r} &= - k_{r-1,\,r} P_r \omega_{T_r}' \\ M_{rr} \quad &= - k_{rr} \quad P_r \omega_{T_r} \end{aligned}\right\} \tag{119}$$

Wirken mehrere Lasten P in der Öffnung l_r, dann ist

$$\left.\begin{aligned} M_{r-1,\,r} &= - k_{r-1,\,r} \sum P_r \omega_{T_r}' \\ M_{rr} \quad &= - k_{rr} \quad \sum P_r \omega_{T_r} \end{aligned}\right\} \tag{120}$$

Liegt eine gleichmäßig verteilte Belastung q_r in der Öffnung l_r vor, dann gehen unter Berücksichtigung der Gl. (113) die Formeln (116) über in

---

[1]) Im folgenden wollen wir auch die Momente mit Doppelzeigern versehen. Der erste Index gibt wieder den Ort an, der zweite bezeichnet die Ursache.

$$M_{r-1,\,r} = - \, k_{r-1,\,r}\,\frac{q_r\,l_r}{4}\,(1 - \mu_r{}')$$
$$M_{rr} \;\;= - \, k_{rr}\,\frac{q_r\,l_r}{4}\,(1 - \mu_{r-1}) \qquad\qquad (121)$$

Handelt es sich um den Einfluß einer wandernden Einzellast $P_r = 1$, also um Einflußlinien, dann erhält man die Gleichungen der Einflußlinien der anliegenden Stützenmomente M_{r-1} und M_r aus Formel (117) bzw. (119)

$$M_{r-1,\,r} = - \, k_{r-1,\,r}\,[\omega_D' - \mu_r'\,\omega_D] = - \, k_{r-1,\,r}\,\omega_{T_r}$$
$$M_{rr} \;\;= - \, k_{rr} \;\;[\omega_D - \mu_{r-1}\,\omega_D'] = - \, k_{rr}\,\omega_{T_r} \qquad (122)$$

Bisher wurden für die Belastung einer Öffnung l_r die anliegenden Stützenmomente ermittelt. Jetzt sollen auch die übrigen Stützenmomente für eine Belastung der Öffnung l_r bestimmt werden.

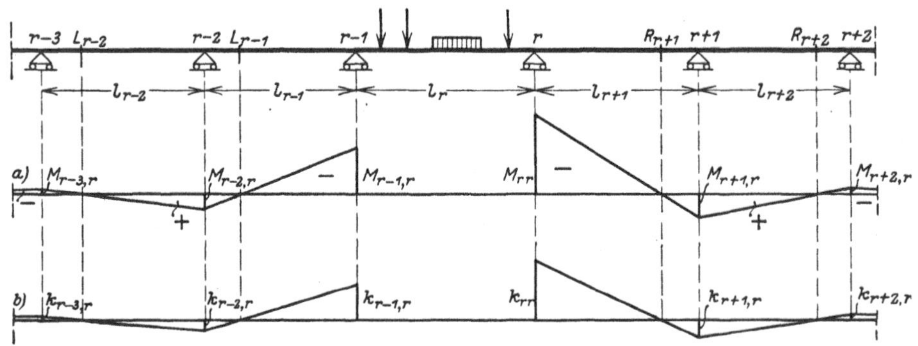

Abb. 85a u. b.

Da die Momentenfläche in den übrigen Öffnungen entsprechend der Abb. 85a durch die Festpunkte bestimmt wird, so erhält man

$$M_{r-2,\,r} = - \, \mu_{r-2}\,M_{r-1,\,r}, \qquad M_{r+1,\,r} = - \, \mu_{r+1}'\,M_{rr},$$
$$M_{r-3,\,r} = - \, \mu_{r-3}\,M_{r-2,\,r}, \qquad M_{r+2,\,r} = - \, \mu_{r+2}'\,M_{r+1,\,r}.$$
$$\cdots\cdots\cdots\cdots\cdots\qquad\cdots\cdots\cdots\cdots\cdots$$

Setzt man in die beiden oberen dieser Gleichungen die Werte für $M_{r-1,\,r}$ und M_{rr} nach Gleichung (114) ein, so erhält man

$$M_{r-2,\,r} = + \, \mu_{r-2}\,l_r\,l_r'\,\beta_{r-1,\,r-1}\,[z_{r-1} - \mu_r'\,z_r] =$$
$$= - \, l_r\,l_r'\,\beta_{r-2,\,r-1}\,[z_{r-1} - \mu_r'\,z_r]$$
$$M_{r+1,\,r} = + \, \mu_{r+1}'\,l_r\,l_r'\,\beta_{rr}\,[z_r - \mu_{r-1}\,z_{r-1}] =$$
$$= - \, l_r\,l_r'\,\beta_{r+1,\,r}\,[z_r - \mu_{r-1}\,z_{r-1}].$$

Entsprechend Gleichung (115) wird zur Abkürzung eingeführt:

$$k_{r-2,\,r} = l_r\,l_r'\,\beta_{r-2,\,r-1} = - \, \mu_{r-2}\,l_r\,l_r'\,\beta_{r-1,\,r-1} = - \, \mu_{r-2}\,k_{r-1,\,r}$$
und $$k_{r+1,\,r} = l_r\,l_r'\,\beta_{r+1\,r} = - \, \mu_r'{}_{+1}\,l_r\,l_r'\,\beta_{rr} = - \, \mu_r'{}_{+1}\,k_{rr}.$$

In gleicher Weise werden alle Werte $k_{r \pm i,\, r}$ bestimmt. Führt man immer für die Werte $l\, l'\, \beta$ die Abkürzung k ein, so folgen diese k-Werte wie die β-Werte und die Momente demselben Gesetze: Es gehen die Verbindungslinien zweier benachbarter k-Werte durch den zwischenliegenden Festpunkt, und zwar links der belasteten Öffnung l_r durch die entsprechenden linken Festpunkte; rechts von l_r durch die entsprechenden rechten Festpunkte (vgl. Abb. 85 b). Es ist also:

$$k_{r-3,\,r} = -\,\mu_{r-3}\, k_{r-2,\,r} \qquad k_{r+2,\,r} = -\,\mu'_{r+2}\, k_{r+1,\,r}$$
$$k_{r-4,\,r} = -\,\mu_{r-4}\, k_{r-3,\,r} \qquad k_{r+3,\,r} = -\,\mu'_{r+3}\, k_{r+2,\,r}\,.$$

Damit ergeben sich die Stützmomente zu:

$$M_{r-2,\,r} = -\,k_{r-2,\,r}\,[z_{r-1} - \mu'_r\, z_r] \quad\Big|\quad M_{r+1,\,r} = -\,k_{r+1,\,r}\,[z_r - \mu_{r-1}\, z_{r-1}]$$
$$M_{r-3,\,r} = -\,k_{r-3,\,r}\,[z_{r-1} - \mu'_r\, z_r] \quad\Big|\quad M_{r+2,\,r} = -\,k_{r+2,\,r}\,[z_r - \mu_{r-1}\, z_{r-1}]$$

Ganz allgemein kann man also zur Berechnung irgendeines i-ten Stützenmomentes infolge einer Belastung in der Öffnung l_r sofort anschreiben

$$M_{ir} = -\,k_{ir}\,[z_{r-1} - \mu'_r\, z_r] \quad \text{für} \quad i < r \,\Big\}$$
$$\text{bzw.} \qquad M_{ir} = -\,k_{ir}\,[z_r - \mu_{r-1}\, z_{r-1}] \quad \text{für} \quad i \geqq r \,\Big\} \tag{123}$$

Unter Beachtung der Gl. (111) und (118) ergibt sich daraus die Gleichung der Einflußlinie für M_i innerhalb der Öffnung l_r zu

$$\eta_{ir} = \begin{cases} -\,k_{ir}\, \omega'_{T\,r} & \text{für} \quad i < r \\ -\,k_{ir}\, \omega_{T\,r} & \text{für} \quad i \geqq r \end{cases} \tag{123 a}$$

b) Beliebig viele Öffnungen des Balkens sind belastet.

Die Gleichung (123) stellt das Stützmoment M_i infolge Belastung der Öffnung l_r dar. Vertauscht man in dieser Gleichung die beiden Zeiger i und r, so erhält man das Stützenmoment M_r infolge Belastung der Öffnung l_i

$$M_{ri} = \begin{cases} -\,k_{ri}\,[z_{i-1} - \mu'_i\, z_i] & \text{für} \quad r < i \\ -\,k_{ri}\,[z_i - \mu_{i-1}\, z_{i-1}] & \text{für} \quad r \geqq i. \end{cases}$$

Sind nun mehrere Öffnungen belastet, so erhalten wir durch Superposition:

$$M_r = -\,[\textstyle\sum k_{ri}\,(z_i - \mu_{i-1}\, z_{i-1}) + \sum k_{ri}\,(z_{i-1} - \mu'_i\, z_i)]\,.$$

Hierin erstreckt sich die erste Summe über die links von r und die zweite Summe über die rechts von r gelegenen belasteten Öffnungen.

Ist die Belastung innerhalb jeder Öffnung symmetrisch, dann ist

$$z_{i-1} = z_i$$

und die Gleichung für M_r geht über in

$$M_r = -\,[\textstyle\sum k_{ri}\, z_i\,(1 - \mu_{i-1}) + \sum k_{ri}\, z_i\,(1 - \mu'_i)]\,.$$

Bei voller Belastung der Öffnung l_i mit q_i wird

$$z_i = \frac{q_i l_i}{4}$$

und das Stützenmoment

$$M_r = -\tfrac{1}{4}\left[\sum q_i l_i k_{ri}(1 - \mu_{i-1}) + \sum q_i l_i k_{ri}(1 - \mu_i')\right].$$

Sind sämtliche Öffnungen belastet, dann erhalten wir

$$M_r = -\left[\sum_{i=1}^{r} k_{ri} z_i (1 - \mu_{i-1}) + \sum_{i=r+1}^{n+1} k_{ri} z_i (1 - \mu_i')\right] \tag{124}$$

und

$$M_r = -\tfrac{1}{4}\left[\sum_{i=1}^{r} q_i l_i k_{ri}(1 - \mu_{i-1}) + \sum_{i=r+1}^{n+1} q_i l_i k_{ri}(1 - \mu_i')\right] \tag{125}$$

5. Feldmomente, Querkräfte und Stützendrücke.

a) Feldmomente.

Das Moment für einen beliebigen Querschnitt m der belasteten Öffnung l_r wird nach Gl. (69) S. 53

$$M_m = M_{m0} + \frac{x_r'}{l_r} M_{r-1,r} + \frac{x_r}{l_r} M_{rr}.$$

Wir setzen für M_{r-1} und M_r die Gl. (122) ein, nämlich

$$M_{r-1,r} = - k_{r-1,r}\left[\omega_D' - \mu_r' \omega_D\right]$$
$$M_{rr} = - k_{rr}\left[\omega_D - \mu_{r-1} \omega_D'\right]$$

und berücksichtigen, daß zwischen $k_{r-1,r}$ und k_{rr} die folgende Beziehung besteht:

$$\beta_{r,r-1} = - \mu_r' \beta_{r-1,r-1} = - \mu_{r-1} \beta_{rr}.$$

Dann ist auch

$$l_r l_r' \beta_{r-1,r-1} \cdot \mu_r' = l_r l_r' \beta_{rr} \mu_{r-1}$$

oder

$$k_{r-1,r} \mu_r' = k_{rr} \mu_{r-1}$$

Daraus folgt:

$$k_{r-1,r} = \frac{\mu_{r-1}}{\mu_r'} \cdot k_{rr}$$

Dann wird

$$M_m = M_{m0} - \frac{k_{rr}}{l_r}\left[(x_r - \mu_{r-1} x_r') \omega_D + \frac{\mu_{r-1}}{\mu_r'}(x_r' - \mu_r' x_r) \omega_D'\right].$$

Bezeichnet man

$$\left.\begin{aligned}
\xi_r &= \frac{x_r}{l_r} - \mu_{r-1} \frac{x_r'}{l_r} = \frac{m}{n} - \mu_{r-1} \frac{m'}{n}\\
\xi_r' &= \frac{x_r'}{l_r} - \mu_r' \frac{x_r}{l_r} = \frac{m'}{n} - \mu_r' \frac{m}{n}
\end{aligned}\right\} \tag{126}$$

dann erhält man die Gleichung der Einflußlinie für das Feldmoment der Öffnung l_r

$$M_{mr} = \eta_{mr} = M_{m0} - [k_{rr}\,\xi_r\,\omega_D + k_{r-1,r}\cdot\xi_r{}'\,\omega_D']. \qquad (127)$$

Die Ordinate der Einflußlinie für das Feldmoment M_m in der Öffnung l_{r-1} wird

$$M_{m,r-1} = \eta_{m,r-1} = \frac{x_r{}'}{l_r}\,M_{r-1,r-1} + \frac{x_r}{l_r}\,M_{r,r-1}\,.$$

Nun ist nach Gl. (123a)

$$M_{r-1,r-1} = -\,k_{r-1,r-1}\,\omega_{Tr-1}$$
$$M_{r,r-1} = -\,k_{r,r-1}\,\omega_{Tr-1}$$

und
$$k_{r,r-1} = -\,\mu_r{}'\,k_{r-1,r-1}\,.$$

Daher wird

$$\eta_{m,r-1} = -\,[x_r{}' - \mu_r{}'\,x_r]\,\frac{k_{r-1,r-1}}{l_r}\,\omega_{Tr-1} = -\,\xi_r{}'\,k_{r-1,r-1}\,\omega_{Tr-1}. \qquad (128)$$

In der Öffnung l_{r+1} wird die Ordinate der M_m-Linie

$$M_{m,r+1} = \eta_{m,r+1} = \frac{x_r{}'}{l_r}\,M_{r-1,r+1} + \frac{x_r}{l_r}\,M_{r,r+1}\,.$$

Setzt man nach Gl. (123a)

$$M_{r-1,r+1} = -\,k_{r-1,r+1}\,\omega_{Tr+1}'$$
$$M_{r,r+1} = -\,k_{r,r+1}\,\omega_{Tr+1}'$$

und
$$k_{r-1,r+1} = -\,\mu_{r-1}\,k_{r,r+1}\,,$$

dann ist

$$\eta_{m,r+1} = -\,[x_r - \mu_{r-1}\,x_r{}']\,\frac{k_{r,r+1}}{l_r}\,\omega_{Tr+1}' = -\,\xi_r\,k_{r,r+1}\,\omega_{Tr+1}'. \qquad (129)$$

Ist wieder allgemein die Öffnung l_i belastet, dann hat das Feldmoment M_m in der Öffnung l_i folgende Einflußliniengleichung

$$\eta_{mi} = \begin{cases} -\,\xi_r{}'\,k_{r-1,i}\,\omega_{Ti} & \text{für } i < r, \\ M_{m0} - [\xi_r\,k_{rr}\,\omega_D + \xi_r{}'\,k_{r-1,r}\,\omega_D'] & \text{„ } \; i = r, \\ -\,\xi_r\,k_{ri}\,\omega_{Ti}' & \text{„ } \; i > r. \end{cases}$$

b) Querkräfte.

Die Querkraft für den Querschnitt m in der Öffnung l_r folgt der Gleichung

$$Q_{mr} = Q_{m0} + \frac{M_{rr} - M_{r-1,r}}{l_r}\,.$$

Setzt man für die Stützenmomente die Gl. (122) ein, dann ist

$$M_{rr} - M_{r-1,r} = - k_{rr} \left[(\omega_D - \mu_{r-1}\,\omega_D') - \frac{\mu_{r-1}}{\mu_r'}(\omega_D' - \mu_r'\,\omega_D) \right],$$

$$M_{rr} - M_{r-1,r} = - k_{rr} \left[\omega_D(1 + \mu_{r-1}) - \mu_{r-1}\,\omega_D'\left(1 + \frac{1}{\mu_r'}\right) \right].$$

Führt man ein

$$1 + \mu_{r-1} = \frac{l_r}{b_r},$$

$$1 + \mu_r' = \frac{l_r}{b_r'},$$

dann wird

$$Q_{mr} = Q_{m0} + k_{rr}\left[\frac{\mu_{r-1}}{\mu_r'}\frac{1}{b_r'}\,\omega_D' - \frac{1}{b_r}\,\omega_D \right],$$

$$Q_{mr} = Q_{m0} + \left[\frac{k_{r-1,r}}{b_r'}\,\omega_D' - \frac{k_{rr}}{b_r}\,\omega_D \right]. \tag{130}$$

Die Ordinate der Q_m-Linie in der Öffnung l_{r-1} wird

$$Q_{m,r-1} = \frac{M_{r,r-1} - M_{r-1,r-1}}{l_r} = \omega_{Tr-1}\left[\frac{-k_{r,r-1} + k_{r-1,r-1}}{l_r} \right],$$

$$Q_{m,r-1} = \omega_{Tr-1}\,k_{r-1,r-1}\,\frac{1 + \mu_r'}{l_r}.$$

Da nun $\dfrac{1 + \mu_r'}{l_r} = \dfrac{1}{b_r'}$ ist, wird

$$Q_{m,r-1} = \frac{1}{b_r'}\,k_{r-1,r-1}\,\omega_{Tr-1}. \tag{131}$$

Für die Ordinate der Q_m-Linie in der Öffnung l_{r+1} erhält man

$$Q_{m,r+1} = \frac{M_{r,r+1} - M_{r-1,r+1}}{l_r} = - \frac{1}{b_r}\,k_{r,r+1}\,\omega_{Tr+1}'. \tag{132}$$

Ist wieder allgemein l_i die belastete Öffnung, dann ist

$$\eta_{mi} = \begin{cases} + \dfrac{k_{r-1,i}}{b_r'}\,\omega_{Ti} & \text{für } i < r \\[2ex] Q_{m0} + \left[\dfrac{k_{r-1,r}}{b_r'}\,\omega_D' - \dfrac{k_{rr}}{b_r}\,\omega_D \right] & \text{\textquotedbl}\;\; i = r \\[2ex] - \dfrac{k_{ri}}{b_r}\,\omega_{Ti}' & \text{\textquotedbl}\;\; i > r. \end{cases} \tag{133}$$

c) Stützendrücke.

Der Auflagerdruck der Stütze r beträgt

$$C_r = C_{r0} + \frac{1}{l_r} M_{r-1} - \left(\frac{1}{l_r} + \frac{1}{l_{r+1}}\right) M_r + \frac{1}{l_{r+1}} M_{r+1}.$$

Die Einflußlinie des Auflagerdruckes in der Öffnung l_r, also C_{rr}, erhalten wir, wenn man für die Stützenmomente folgende Werte gesetzt werden:

$$M_{r-1,r} = -k_{r-1,r}(\omega_D' - \mu_r'\,\omega_D),$$
$$M_{rr} = -k_{rr}(\omega_D - \mu_{r-1}\omega_D''),$$
$$M_{r+1,r} = -k_{r+1,r}(\omega_D - \mu_{r-1}\,\omega_D').$$

Setzt man wieder

$$k_{r-1,r} = \frac{\mu_{r-1}}{\mu_r'}\,k_{rr},$$
$$k_{r+1,r} = -\mu_{r+1}'\,k_{rr},$$

dann wird

$$C_{r,r} = C_{r0} + \left[\frac{1}{b_r} + \frac{1}{b_{r+1}'}\right] k_{rr}\,\omega_D - \left[\frac{1}{b_r'\,\mu_r'} + \frac{1}{b_{r+1}'}\right] \mu_{r-1}\,k_{rr}\,\omega_D'$$

oder auch

$$C_{rr} = C_{r0} + \left[\frac{1}{b_r} + \frac{1}{b_{r+1}'}\right] k_{rr}\,\omega_D - \left[\frac{1}{b_r'} + \frac{\mu_r'}{b_{r+1}'}\right] k_{r-1,r}\,\omega_D'. \qquad (134\,\text{a})$$

Um die Ordinate der Einflußlinie für den Auflagerdruck C_1 in der Öffnung l_{r+1} zu erhalten, muß man für die Stützenmomente setzen

$$M_{r-1,r+1} = -k_{r-1,r+1}(\omega_D' - \mu_{r+1}'\,\omega_D),$$
$$M_{r,r+1} = -k_{r,r+1}(\omega_D' - \mu_{r+1}'\,\omega_D),$$
$$M_{r+1,r+1} = -k_{r+1,r+1}(\omega_D - \mu_r\,\omega_D').$$

Dann wird

$$C_{r,r+1} = C_{r0} + \left[\frac{1}{b_{r+1}'} + \frac{1}{b_r}\right] k_{r,r+1}\,\omega_D'$$
$$- \left[\frac{1}{b_{r+1}} + \frac{\mu_r}{b_r}\right] k_{r+1,r+1}\cdot\omega_D. \qquad (134\,\text{b})$$

Allgemein erhält man auf Grund ähnlicher Betrachtungen wie unter a) und b) für eine belastete Öffnung l_i die Einflußordinaten

$$\eta_{ri} = \begin{cases} -\left[\dfrac{k_{r-1,i}}{b_r'} - \dfrac{k_{ri}}{b_{r+1}'}\right]\omega_{Ti} & \text{für } i < r \\[3ex] \begin{aligned} &C_{r0} + \left[\dfrac{1}{b_r} + \dfrac{1}{b_{r+1}'}\right]k_{rr}\,\omega_D \\ &\quad - \left[\dfrac{1}{b_r'} + \dfrac{\mu_r'}{b_{r+1}'}\right]k_{r-1,r}\,\omega_D' \end{aligned} & \text{\char`\"\ } i = r \\[4ex] \begin{aligned} &C_{r0} + \left[\dfrac{1}{b_r} + \dfrac{1}{b_{r+1}'}\right]k_{r,r+1}\,\omega_D' \\ &\quad - \left[\dfrac{1}{b_{r+1}} + \dfrac{\mu_r}{b_r}\right]k_{r+1,r+1}\,\omega_D \end{aligned} & \text{\char`\"\ } i = r+1 \\[4ex] + \left[\dfrac{k_{ri}}{b_r} - \dfrac{k_{r+1,i}}{b_{r+1}}\right]\omega_{Ti}' & \text{\char`\"\ } i > r+1. \end{cases}$$

$$(135)$$

6. Einfluß des Eigengewichtes.

Nach Gl. (125) erhält man für das Stützenmoment M_r infolge Eigengewicht g folgenden Wert

$$M_{rg} = -\tfrac{1}{4}\left[\sum_{i=1}^{r} g_i\, l_i\, k_{ri}(1-\mu_{i-1}) + \sum_{i=r+1}^{n+1} g_i\, l_i\, k_{ri}(1-\mu_i')\right]. \quad (136)$$

Sind die Stützenmomente ermittelt, so erhält man die Momenten- und Querkraftsfläche infolge Eigengewicht wie in Abschnitt II unter 6. (Vgl. auch Grundaufgabe 1, Seite 115.)

7. Einfluß der Nutzlast p.

Im Gegensatz zu den allgemeinen Betrachtungen im Abschnitt II unter 7 sollen hier geschlossene Formeln aufgestellt werden, die die Maximal- und Minimal-Momenten- und Querkrafts-Flächen einer jeden Öffnung des durchlaufenden Balkens möglichst schnell darzustellen gestatten.

Die für die Darstellung der Maximal- und Minimal-Momentenflächen notwendigen Stützenmomente $M_{r-1,a}$, M_{ra}, sowie $M_{r-1,b}$ und M_{rb}, für die unter Abschnitt II, 7, b) S. 61 allgemeine Formeln aufgestellt wurden, werden entsprechend den positiven und negativen Beitragstrecken der Einflußlinien ausgewertet. Die so entstehenden Formeln vgl. später auf S. 86.

Für die Darstellung der Maximal- und Minimal-Querkraft-Flächen knüpfen wir an die Formel (88), S. 65.

$$\max Q_{mp} = \frac{p\,x_r'^2}{2\,l_r} + \frac{p}{l_r}\,[F_{rc}' - F_{r-1,c}'] + \max \gamma_r$$

an.

Das erste Glied ist die bekannte Q_{0p}-Parabel (Abb. 86 a). Das zweite und dritte Glied wollen wir für den hier vorliegenden Fall, daß die Trägheitsmomente innerhalb der Öffnungen konstant sind, noch weiter vereinfachen.

Mit F_{rc}' und $F_{r-1,c}'$ waren die Inhalte der Einflußflächen für M_r und M_{r-1} über den Strecken x_r' bezeichnet. Wir drücken nun diese Inhalte unter Benutzung der Gleichungen

$$M_{r-1,c} = M_{r-1,r} = -k_{r-1,r}\,[\omega_D' - \mu_r'\,\omega_D]$$

und

$$M_{rc} = M_{rr} = -k_{rr}\,[\omega_D - \mu_{r-1}\,\omega_D']$$

aus und erhalten

$$\frac{p}{l_r}\,[F_{rc}' - F_{r-1,c}'] = \frac{M_{rc} - M_{r-1,c}}{l_r} = -k_{rr}\,\frac{p}{l_r}\left[\int_0^{x_r'}\omega_D\,dx' - \mu_{r-1}\int_{x_r}^{l_r}\omega_D'\,dx\right]$$

$$+ k_{r-1,r}\,\frac{p}{l_r}\left[\int_{x_r}^{l_r}\omega_D'\,dx - \mu_r'\int_0^{x_r'}\omega_D\,dx'\right].$$

Setzt man für

$$\omega_D = \frac{x_r}{l_r} - \frac{x_r^3}{l_r^3}$$

und

$$\omega_D' = \frac{x_r'}{l_r} - \frac{x_r'^3}{l_r^3}$$

ein, dann wird

$$\int_0^{x_r'}\omega_D\,dx' = \frac{l_r}{4}\,w_r',$$

wobei[1]

$$w_r' = \frac{x_r'^2}{l_r^2}\left[2 - \frac{x_r'^2}{l_r^2}\right],$$

und $$\int_{x_r}^{l_r}\omega_D'\,dx = \frac{l_r}{4}\,w_r, \quad \text{wobei } w_r{}^{[1]} = \left[1 - \frac{x_r^2}{l_r^2}\right]^2.$$

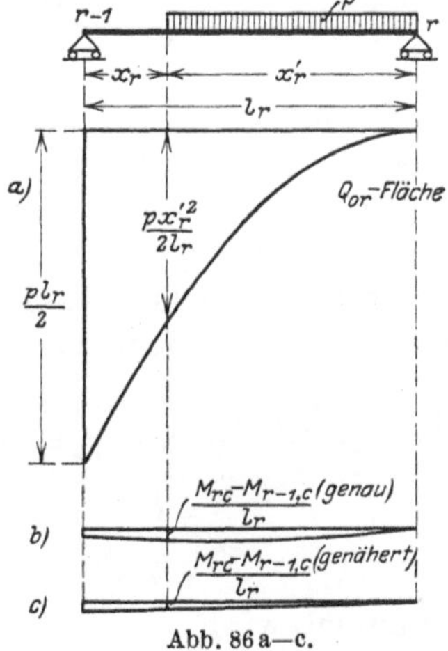

Abb. 86 a—c.

[1] Für Zehntelpunkte sind die w- und w'-Werte in Müller-Breslau, Graph. Statik II, 2, 2. Auflage 1925, S. 103 angegeben; sie sind dort ω_L und ω_R genannt.

Demnach erhält man

$$\frac{M_{rc} - M_{r-1,c}}{l_r} = - \frac{p}{4}\left[k_{rr}(w_r' - \mu_{r-1}\,w_r) - k_{r-1,r}\,(w_r - \mu_r'\,w_r')\right]. \quad (137)$$

Der Einfluß dieses zweiten Gliedes auf die Gesamtgröße der Querkraft ist nun in dem für die Dimensionierung in Betracht kommenden Bereich sehr gering; den Haupteinfluß übt das erste Glied aus (vgl. Abb. 86b, die eine maßstäbliche Darstellung der Flächen gibt). Die Ausrechnung des vorstehenden Ausdruckes (137) ist zwar nicht schwierig, aber immerhin zeitraubend. (Vgl. Zahlenbeispiel 2, Seite 160.)

Da sein Einfluß nun ganz unwesentlich ist, erscheint es für die Praxis ausreichend und zur Vermeidung überflüssiger Zahlenrechnungen zweckmäßig, an Stelle der w_r- und w_r'-Kurven nach Abb. 86c eine Gerade einzuschalten. Die Zahlen w_r und w_r' sind für $x_r = 0$ und $x_r' = l_r$ beide gleich 1, für $x_r = l_r$ und $x_r' = 0$ beide gleich Null. Demnach setzen wir

$$\frac{M_{rc} - M_{r-1,d}}{l_r} = - \frac{p\,x_r'}{4\,l_r}\left[k_{rr}(1 - \mu_{r-1}) - k_{r-1,r}(1 - \mu_r')\right] = \alpha_r\,x_r'. \quad (138)$$

Der Anteil

$$\frac{M_{rd} - M_{r-1,d}}{l_r} = \max \gamma_r \quad (139)$$

ist für die ganze Öffnung l_r konstant; er rührt her von der Auswertung der positiven Einflußfläche der Querkraft infolge Laststellung d nach Abb. 75, S. 64. Deutet die symbolische Bezeichnung $^+\!\sum$ an, daß die Summe sich nur über die positiven Teile der Einflußfläche erstreckt, so erhält man für die Differenz (139) der Stützenmomente unter Benutzung der Gl. (125) S. 78

$$\frac{M_{rd} - M_{r-1,d}}{l_r} = \max \gamma_r = - \frac{p}{4\,l_r}\left[{}^+\!\!\sum_{i=1}^{r} l_i(k_{ri} - k_{r-1,i})(1 - \mu_{i-1}) \right.$$

$$\left. + \,{}^+\!\!\sum_{i=r+1}^{n+1} l_i(k_{ri} - k_{r-1,i})(1 - \mu_i') \right]. \quad (140)$$

Insgesamt wird

$$\max Q_{mp} = \frac{p\,x_r'^2}{2\,l_r} + \alpha_r\,x_r' + \max \gamma_r, \quad (141)$$

wobei aus Gl. (138)

$$\alpha_r = - \frac{p}{4\,l_r}\left[k_{rr}(1 - \mu_{r-1}) - k_{r-1,r}(1 - \mu_r')\right] \quad (142)$$

und $\max \gamma_r$ nach Gl. (140) bestimmt wird. Für die größte negative Querkraft erhält man entsprechend[1])

$$\min Q_{mp} = - \frac{p\,x_r^2}{2\,l_r} + \alpha_r\,x_r + \min \gamma_r,\qquad (143)$$

worin α_r nach Gl. (142) zu berechnen ist, und

$$\min \gamma_r = - \frac{p}{4\,l_r}\left[-\sum_{i=1}^{r} l_i(k_{ri} - k_{r-1,\,i})(1 - \mu_{i-1})\right.$$

$$\left. + {}^{-}\!\!\sum_{i=r+1}^{n+1} l_i(k_{ri} - k_{r-1,\,i})(1 - \mu_i')\right].\qquad (144)$$

Die Summen ${}^{-}\!\sum$ beziehen sich auf die negativen Teile der Einflußfläche für Q_m.

Der größte positive Auflagerdruck der Stütze r wird (vgl. Gl. (90), S. 67)

$$\max C_{rp} = \max C_{rp}^{l} + \max C_{rp}^{r},\qquad (145)$$

worin

$$\max C_{rp}^{l} = \frac{p\,l_r}{2} - \alpha_r\,l_r - \min \gamma_r,$$

$$\max C_{rp}^{r} = \frac{p\,l_{r+1}}{2} + \alpha_{r+1}\,l_{r+1} + \max \gamma_{r+1}.$$

Der größte negative Stützdruck wird

$$\min C_{rp} = \min C_{rp}^{l} + \min C_{rp}^{r}\qquad (146)$$

$$\min C_{rp}^{l} = - \max \gamma_r$$

$$\min C_{rp}^{r} = + \min \gamma_{r+1}.$$

Für den allgemeinen Fall, daß der durchlaufende Balken n Innenstützen hat und die Untersuchung entweder für die Stütze r oder die Öffnung l_r erfolgen soll, können nun bei der Darstellung der Größt- und Kleinstwerte der Momente und Querkräfte infolge der Nutzlast p vier verschiedene Fälle eintreten, je nachdem r eine gerade oder ungerade Zahl und je nachdem die Zahl der Innenstützen n gerade oder ungerade ist.

Es ist nun für die praktische Anwendung zweckmäßig, gesondert der Reihe nach diese vier Fälle zu betrachten; die Formeln für diese vier Fälle sind gleich, nur die Grenzen der Summen ändern sich.

---

[1]) Das zweite Glied dieses Ausdrucks stellt wieder eine Annäherung dar, die in dem Teil, der für die Dimensionierung in Frage kommt, mit dem wirklichen Wert genau genug übereinstimmt.

Folgende Bezeichnung gilt allgemein:

$^{G}\!\sum$ bedeutet: die Summe erstreckt sich über die geraden Öffnungen,

$^{U}\!\sum$ bedeutet: die Summe erstreckt sich über die ungeraden Öffnungen,

$^{G}M =$ Moment infolge Belastung der geraden Öffnungen,

$^{U}M =$ „   „   „   „   ungeraden   „

Fall 1: r und n sind gerade Zahlen.

a) Zur Bestimmung der Maximal- und Minimal-Momentenflächen dienen die folgende Werte, die unter Berücksichtigung der positiven und negativen Beitragstrecken der Einflußlinien erhalten werden.

$$\min M_{rp} = -\frac{p}{4}\,{}^{G}\!\sum_{i=2}^{r} l_i k_{ri}(1-\mu_{i-1}) - \frac{p}{4}\,{}^{U}\!\sum_{i=r+1}^{n+1} l_i k_{ri}(1-\mu_i')$$

$$\max M_{rp} = -\frac{p}{4}\,{}^{U}\!\sum_{i=1}^{r-1} l_i k_{ri}(1-\mu_{i-1}) - \frac{p}{4}\,{}^{G}\!\sum_{i=r+2}^{n} l_i k_{ri}(1-\mu_i').$$

Größtes Feldmoment

$$\max M_{mp} = \tfrac{1}{2}\, p\, c_{rp}^2,$$

wobei

$$x_{0r} = \frac{l_r}{2} + \frac{{}^{G}M_{rp} - {}^{G}M_{r-1,p}}{p\, l_r}; \quad c_{rp} = \sqrt{x_{0r}^2 + \frac{2\,{}^{G}M_{r-1,p}}{p}}$$

$$x_{0r}' = l_r - x_{0r}; \qquad t_r = c_{rp} + a_r - x_{0r}$$

$$t_r' = c_{rp} + a_r' - x_{0r}'$$

$$^{U}M_{rp} = -\frac{p}{4}\,{}^{U}\!\sum_{i=1}^{r-1} l_i k_{ri}(1-\mu_{i-1}) - \frac{p}{4}\,{}^{U}\!\sum_{i=r+1}^{n+1} l_i k_{ri}(1-\mu_i')$$

$$^{G}M_{rp} = -\frac{p}{4}\,{}^{G}\!\sum_{i=2}^{r} l_i k_{ri}(1-\mu_{i-1}) - \frac{p}{4}\,{}^{G}\!\sum_{i=r+2}^{n} l_i k_{ri}(1-\mu_i')$$

Die Festpunktsmomente werden

$$\max M_{L_r} = \tfrac{1}{2}\, p\, t_r (2\, c_{rp} - t_r),$$

$$\min M_{L_r} = \frac{a_r}{l_r}\,{}^{U}M_{rp} + \frac{b_r}{l_r}\,{}^{U}M_{r-1,p},$$

$$\max M_{R_r} = \tfrac{1}{2}\, p\, t_r'(2\, c_{rp} - t_r'),$$

$$\min M_{R_r} = \frac{b_r'}{l_r}\,{}^{U}M_{rp} + \frac{a_r'}{l_r}\,{}^{U}M_{r-1,p}.$$

b) Maximal- und Minimal-Querkraftflächen.

$$\max Q_{mp} = \frac{p\,x_r'^2}{2\,l_r} + \alpha_r\,x_r' + \max \gamma_r,$$

$$\alpha_r = -\frac{p}{4\,l_r}\left[k_{rr}\,(1-\mu_{r-1}) - k_{r-1,\,r}\,(1-\mu_r')\right],$$

$$\max \gamma_r = -\frac{p}{4\,l_r}\left[{}^U\!\!\sum_{i=1}^{r-1} l_i\,(k_{ri} - k_{r-1,\,i})\,(1-\mu_{i-1})\right.$$
$$\left. + {}^G\!\!\sum_{i=r+2}^{n} l_i\,(k_{ri} - k_{r-1,\,i})\,(1-\mu_i')\right],$$

$$\min Q_{mp} = -\frac{p\,x_r^2}{2\,l_r} + \alpha_r\,x_r + \min \gamma_r,$$

$$\min \gamma_r = -\frac{p}{4\,l_r}\left[{}^G\!\!\sum_{i=2}^{r-2} l_i\,(k_{ri} - k_{r-1,\,i})\,(1-\mu_{i-1})\right.$$
$$\left. + {}^U\!\!\sum_{i=r+1}^{n+1} l_i\,(k_{ri} - k_{r-1,\,i})\,(1-\mu_i')\right].$$

Fall 2: r und n sind ungerade Zahlen.

a) Maximal- und Minimal-Momentenflächen.

$$\min M_{rp} = -\frac{p}{4}\,{}^U\!\!\sum_{i=1}^{r} l_i\,k_{ri}\,(1-\mu_{i-1}) - \frac{p}{4}\,{}^G\!\!\sum_{i=r+1}^{n+1} l_i\,k_{ri}\,(1-\mu_i'),$$

$$\max M_{rp} = -\frac{p}{4}\,{}^G\!\!\sum_{i=2}^{r-1} l_i\,k_{ri}\,(1-\mu_{i-1}) - \frac{p}{4}\,{}^U\!\!\sum_{i=r+2}^{n} l_i\,k_{ri}\,(1-\mu_i').$$

Größtes Feldmoment:

$$\max M_{mp} = \tfrac{1}{2}\,p\,c_{rp}^2,$$

wobei

$$x_{0r} = \frac{l_r}{2} + \frac{{}^U\!M_{rp} - {}^U\!M_{r-1,\,p}}{p\,l_r}; \qquad c_{rp} = \sqrt{x_{0r}^2 + \frac{2\,{}^U\!M_{r-1,\,p}}{p}};$$

$$x_{0r}' = l_r - x_{0r}; \qquad\qquad t_r = c_{rp} + a_r - x_{0r};$$

$$\qquad\qquad\qquad\qquad t_r' = c_{rp} + a_r' - x_{0r}';$$

$${}^U\!M_{rp} = -\frac{p}{4}\,{}^U\!\!\sum_{i=1}^{r} l_i\,k_{ri}\,(1-\mu_{i-1}) - \frac{p}{4}\,{}^U\!\!\sum_{i=r+2}^{n} l_i\,k_{ri}\,(1-\mu_i'),$$

$${}^G\!M_{rp} = -\frac{p}{4}\,{}^G\!\!\sum_{i=2}^{r-1} l_i\,k_{ri}\,(1-\mu_{i-1}) - \frac{p}{4}\,{}^G\!\!\sum_{i=r+1}^{n+1} l_i\,k_{ri}\,(1-\mu_i').$$

Die Festpunktsmomente werden

$$\max M_{L_r} = \tfrac{1}{2}\, p\, t_r\, (2\, c_{rp} - t_r),$$

$$\min M_{L_r} = \frac{a_r}{l_r}\,{}^G M_{rp} + \frac{b_r}{l_r}\,{}^G M_{r-1,\,p};$$

$$\max M_{R_r} = \tfrac{1}{2}\, p\, t_r'\, (2\, c_{rp} - t_r'),$$

$$\min M_{R_r} = \frac{b_r'}{l_r}\,{}^G M_{rp} + \frac{a_r'}{l_r}\,{}^G M_{r-1,\,p}.$$

b) Maximal- und Minimal-Querkraftflächen.

$$\max Q_{mp} = \frac{p\, x_r'^{\,2}}{2\, l_r} + \alpha_r\, x_r' + \max \gamma_r,$$

$$\alpha_r = -\frac{p}{4\, l_r}\,[k_{rr}(1 - \mu_{r-1}) - k_{r-1,\,r}(1 - \mu_r')],$$

$$\max \gamma_r = -\frac{p}{4\, l_r}\left[\,{}^G\!\!\sum_{i=2}^{r-1} l_i(k_{ri} - k_{r-1,\,i})(1 - \mu_{i-1})\right.$$

$$\left. + {}^U\!\!\sum_{i=r+2}^{n} l_i(k_{ri} - k_{r-1,\,i})(1 - \mu_i')\right],$$

$$\min Q_{mp} = -\frac{p\, x_r^{\,2}}{2\, l_r} + \alpha_r\, x_r + \min \gamma_r,$$

$$\min \gamma_r = -\frac{p}{4\, l_r}\left[\,{}^U\!\!\sum_{i=1}^{r-2} l_i(k_{ri} - k_{r-1,\,i})(1 - \mu_{i-1})\right.$$

$$\left. + {}^G\!\!\sum_{i=r+1}^{n+1} l_i(k_{ri} - k_{r-1,\,i})(1 - \mu_i')\right].$$

Fall 3: r gerade; n ungerade.

a) Maximal- und Minimal-Momentenflächen.

$$\min M_{rp} = -\frac{p}{4}\,{}^G\!\!\sum_{i=2}^{r} l_i k_{ri}(1 - \mu_{i-1}) - \frac{p}{4}\,{}^U\!\!\sum_{i=r+1}^{n} l_i k_{ri}(1 - \mu_i'),$$

$$\max M_{rp} = -\frac{p}{4}\,{}^U\!\!\sum_{i=1}^{r-1} l_i k_{ri}(1 - \mu_{i-1}) - \frac{p}{4}\,{}^G\!\!\sum_{i=r+2}^{n+1} l_i k_{ri}(1 - \mu_i').$$

Größtes Feldmoment:

$$\max M_{mp} = \tfrac{1}{2}\, p\, c_{rp}^2,$$

$$x_{0r} = \frac{l_r}{2} + \frac{{}^G M_{rp} - {}^G M_{r-1,\,p}}{p\, l_r};\qquad c_{rp} = \sqrt{x_{0r}^2 + \frac{2\,{}^G M_{r-1,\,p}}{p}}\;;$$

$$x_{0r}' = l_r - x_{0r};\qquad\qquad\qquad t_r = c_{rp} + a_r - x_{0r};$$

$$t_r' = c_{rp} + a_r' - x_{0r}';$$

$$^U M_{rp} = -\frac{p}{4} \, ^U\!\!\sum_{i=1}^{r-1} l_i k_{ri}(1-\mu_{i-1}) - \frac{p}{4} \, ^U\!\!\sum_{i=r+1}^{n} l_i k_{ri}(1-\mu_i'),$$

$$^G M_{rp} = -\frac{p}{4} \, ^G\!\!\sum_{i=2}^{r} l_i k_{ri}(1-\mu_{i-1}) - \frac{p}{4} \, ^G\!\!\sum_{i=r+2}^{n+1} l_i k_{ri}(1-\mu_i').$$

Die Festpunktsmomente werden:

$$\max M_{L_r} = \tfrac{1}{2} p\, t_r \,(2\, c_{rp} - t_r),$$

$$\min M_{L_r} = \frac{a_r}{l_r}\,^U M_{rp} + \frac{b_r}{l_r}\,^U M_{r-1,\,p};$$

$$\max M_{R_r} = \tfrac{1}{2} p\, t_r' \,(2\, c_{rp} - t_r'),$$

$$\min M_{R_r} = \frac{b_r'}{l_r}\,^U M_{rp} + \frac{a_r'}{l_r}\,^U M_{r-1,\,p}.$$

b) Maximal- und Minimal-Querkraftsflächen.

$$\max Q_{mp} = \frac{p\, x_r'^{\,2}}{2\, l_r} + \alpha_r x_r' + \max \gamma_r,$$

$$\alpha_r = -\frac{p}{4\, l_r}\,[k_{rr}(1-\mu_{r-1}) - k_{r-1,\,r}(1-\mu_r')]$$

$$\max \gamma_r = -\frac{p}{4\, l_r}\left[\,^U\!\!\sum_{i=1}^{r-1} l_i(k_{ri} - k_{r-1,\,i})(1-\mu_{i-1})\right.$$
$$\left. + \,^G\!\!\sum_{i=r+2}^{n+1} l_i(k_{ri} - k_{r-1,\,i})(1-\mu_i')\right],$$

$$\min Q_{mp} = -\frac{p\, x_r^{\,2}}{2\, l_r} + \alpha_r x_r + \min \gamma_r,$$

$$\min \gamma_r = -\frac{p}{4\, l_r}\left[\,^G\!\!\sum_{i=2}^{r-2} l_i(k_{ri} - k_{r-1,\,i})(1-\mu_{i-1})\right.$$
$$\left. + \,^U\!\!\sum_{i=r+1}^{n} l_i(k_{ri} - k_{r-1,\,i})(1-\mu_i')\right].$$

Fall 4: r ungerade, n gerade.

a) Maximal- und Minimal-Momentenflächen:

$$\min M_{rp} = -\frac{p}{4} \, ^U\!\!\sum_{i=1}^{r} l_i k_{ri}(1-\mu_{i-1}) - \frac{p}{4} \, ^G\!\!\sum_{i=r+1}^{n} l_i k_{ri}(1-\mu_i'),$$

$$\max M_{rp} = -\frac{p}{4} \, ^G\!\!\sum_{i=2}^{r-1} l_i k_{ri}(1-\mu_{i-1}) - \frac{p}{4} \, ^U\!\!\sum_{i=r+2}^{n+1} l_i k_{ri}(1-\mu_i').$$

Größtes Feldmoment:

$$\max M_{mp} = \tfrac{1}{2}\, p\, c_{rp}^2 ,$$

$$x_{0r} = \frac{l_r}{2} + \frac{{}^{U}M_{rp} - {}^{U}M_{r-1,\,p}}{p\,l_r} ; \qquad c_{rp} = \sqrt{x_{0r}^2 + \frac{2\,{}^{U}M_{r-1,\,p}}{p}} ;$$

$$x_{0r}' = l_r - x_{0r} ; \qquad\qquad t_r = c_{rp} + a_r - x_{0r} ;$$

$$\qquad\qquad\qquad\qquad\qquad t_r' = c_{rp} + a_r' - x_{0r}' .$$

$${}^{U}M_{rp} = -\frac{p}{4}\; {}^{U}\!\sum_{i=1}^{r} l_i\, k_{ri}(1 - \mu_{i-1}) - \frac{p}{4}\; {}^{U}\!\sum_{i=r+2}^{n+1} l_i\, k_{ri}(1 - \mu_i') ,$$

$${}^{G}M_{rp} = -\frac{p}{4}\; {}^{G}\!\sum_{i=2}^{r-1} l_i\, k_{ri}(1 - \mu_{i-1}) - \frac{p}{4}\; {}^{G}\!\sum_{i=r+1}^{n} l_i\, k_{ri}(1 - \mu_i') .$$

Die Festpunktsmomente werden:

$$\max M_{L_r} = \tfrac{1}{2}\, p\, t_r\,(2\, c_{rp} - t_r) ,$$

$$\min M_{L_r} = \frac{a_r}{l_r}\, {}^{G}M_{rp} + \frac{b_r}{l_r}\, {}^{G}M_{r-1,\,p} ;$$

$$\max M_{R_r} = \tfrac{1}{2}\, p\, t_r'\,(2\, c_{rp} - t_r') ,$$

$$\min M_{R_r} = \frac{b_r'}{l_r}\, {}^{G}M_{rp} + \frac{a_r'}{l_r}\, {}^{G}M_{r-1,\,p} .$$

b) **Maximal- und Minimal-Querkraftsflächen:**

$$\max Q_{mp} = \frac{p\, x_r'^2}{2\, l_r} + \alpha_r\, x_r' + \max \gamma_r ,$$

$$\alpha_r = -\frac{p}{4\, l_r}\left[k_{rr}(1 - \mu_{r-1}) - k_{r-1,\,r}(1 - \mu_r') \right] ,$$

$$\max \gamma_r = -\frac{p}{4\, l_r}\left[{}^{G}\!\sum_{i=2}^{r-1} l_i\,(k_{ri} - k_{r-1,\,i})(1 - \mu_{i-1}) \right.$$

$$\left. + {}^{U}\!\sum_{i=r+2}^{n+1} l_i\,(k_{ri} - k_{r-1,\,i})(1 - \mu_i') \right] ,$$

$$\min Q_{mp} = -\frac{p\, x_r^2}{2\, l_r} + \alpha_r\, x_r + \min \gamma_r ,$$

$$\min \gamma_r = -\frac{p}{4\, l_r}\left[{}^{U}\!\sum_{i=1}^{r-2} l_i\,(k_{ri} - k_{r-1,\,i})(1 - \mu_{i-1}) \right.$$

$$\left. + {}^{G}\!\sum_{i=r+1}^{n} l_i\,(k_{ri} - k_{r-1,\,i})(1 - \mu_i') \right] .$$

IV. Die graphische Theorie des durchlaufenden Balkens.

1. Die graphische Bestimmung der Festpunkte.

a) Der Querschnitt des Balkens ist beliebig veränderlich.

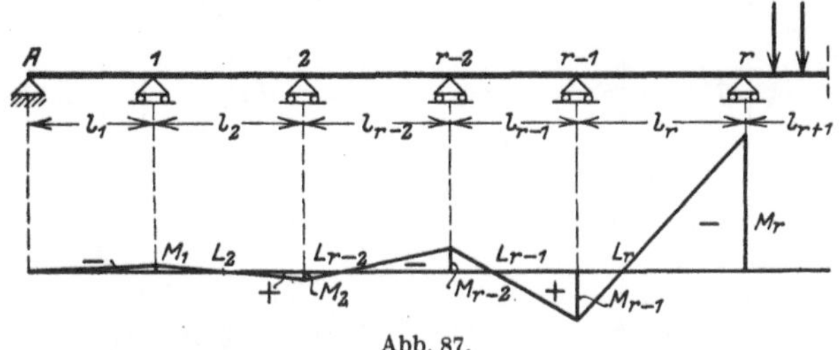

Abb. 87.

Der Balken auf beliebig vielen Stützen nach Abb. 87 sei in einer Öffnung rechts von r irgendwie belastet. Das Moment M_r sei gefunden; dann ist die Momentenfläche in den links von r gelegenen Öffnungen nach den Erörterungen unter II, 3, b bestimmt durch die Festpunkte L. Wie groß nun auch M_r ist, die Form der M-Fläche bleibt immer dieselbe, weil ja die Lage der Festpunkte stets dieselbe bleibt. Wollen wir nun für diesen Balken die Biegelinie, und zwar die $E J_c \delta$-Linie darstellen, dann belasten wir nach Mohr den Balken mit der $M \dfrac{J_c}{J}$-Fläche und ermitteln zu dieser Belastungsfläche die neue Momentenlinie. (In den folgenden Abbildungen ist die Verzerrung der Momentenfläche der Einfachheit halber nicht besonders dargestellt.)

Für die hier anzustellenden Betrachtungen genügt es, nur gewisse Werte dieser Biegelinie zu ermitteln, und zwar braucht man nur die Tangenten der Biegelinie an einigen Stellen. Zur Ermittlung dieser Größen kann man die Inhalte der $M \cdot \dfrac{J_c}{J}$-Flächen innerhalb der einzelnen Öffnungen konzentriert in den betreffenden Schwerpunkten angreifen lassen.

In der ersten Öffnung haben wir es nach Abb. 88 mit dem Flächeninhalt

$$\mathfrak{F}_1 = \int_0^{l_1} M_1 \frac{J_c}{J} \frac{x_1}{l_1}\, dx$$

zu tun.

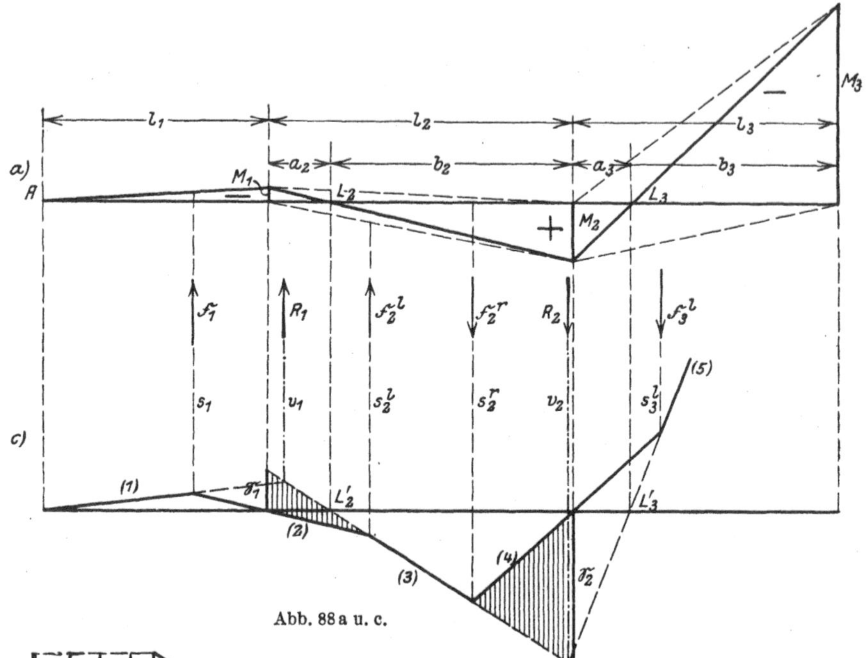

Abb. 88a u. c.

Abb. 88b.

In der zweiten Öffnung wird das verschränkte Trapez der M-Fläche in zwei Dreiecke aufgelöst. Man erhält also in der zweiten Öffnung zwei Werte $\mathfrak{F}_2^l$ und $\mathfrak{F}_2^r$; entsprechend dann in der dritten Öffnung $\mathfrak{F}_3^l$ und $\mathfrak{F}_3^r$ und allgemein in der Öffnung l_r, $\mathfrak{F}_r^l$ und $\mathfrak{F}_r^r$.

Im Krafteck Abb. 88b tragen wir die Flächenwerte $\mathfrak{F}$ unter Berücksichtigung der Vorzeichen auf und erhalten mit der Polweite „eins" durch Ziehen der Parallelen zu den Seilstrahlen 1, 2, 3 usw. in Abb. 88c das gesuchte Tangenteneck. Für einen Balken auf starren Stützen wird nun die Biegelinie an den Stützen 1, 2, 3 usw. die Ordinaten Null erhalten, die Seilstrahlen (1), (2), (4) usw. schneiden die Nullinie also in den Auflagersenkrechten. Vereinigt man $\mathfrak{F}_1$ und $\mathfrak{F}_2^l$ zu einer Resultierenden R_1, dann gehen die verlängerten Seilstrahlen (1) und (3) des Tangentenecks durch denselben Punkt der Wirkungsgeraden von R_1.

Ebenso schneiden sich die Geraden (3) und (5) in einem Punkt der Wirkungsgeraden von R_2, der Resultierenden von $\mathfrak{F}_2{}^r$ und $\mathfrak{F}_3{}^l$.

$\mathfrak{F}_2{}^l$ liegt zwischen den Seilstrahlen (2) und (3); dann ist das statische Moment $\mathfrak{S}_1$ von $\mathfrak{F}_2{}^l$ in bezug auf das Auflager 1 gleich der von den Strahlen (2) und (3) abgeschnittenen Strecke auf der Auflagergeraden 1; ebenso erhält man das statische Moment $\mathfrak{S}_2$ von $\mathfrak{F}_2{}^r$ in bezug auf Stütze 2 auf der Auflagerlinie 2 zwischen (3) und (4). Nun ergibt sich nach Abb. 89

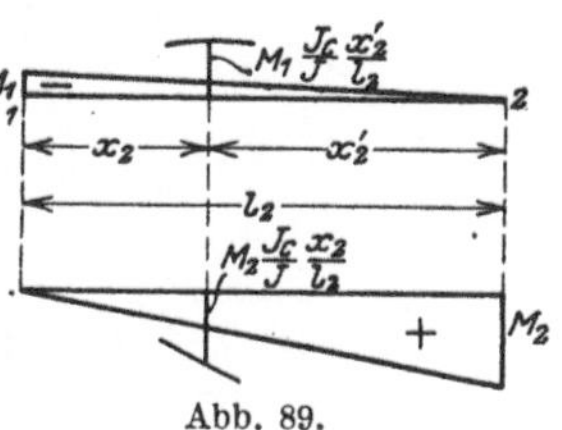

Abb. 89.

$$\mathfrak{F}_2{}^l = \int_0^{l_2} M_1 \frac{J_c}{J} \frac{x_2{}'}{l_2}\, dx; \qquad \mathfrak{S}_1 = \int_0^{l_2} M_1 \frac{J_c}{J} \frac{x_2{}'}{l_2} x_2\, dx;$$

$$\mathfrak{F}_2{}^r = \int_0^{l_2} M_2 \frac{J_c}{J} \frac{x_2}{l_2}\, dx; \qquad \mathfrak{S}_2 = \int_0^{l_2} M_2 \frac{J_c}{J} \frac{x_2}{l_2} x_2{}'\, dx.$$

Man erhält demnach

$$\mathfrak{S}_1 = \frac{M_1}{l_2} \int \frac{J_c}{J} x_2 x_2{}'\, dx; \qquad \mathfrak{S}_2 = \frac{M_2}{l_2} \int \frac{J_c}{J} x_2 x_2{}'\, dx,$$

also wird

$$\frac{\mathfrak{S}_1}{\mathfrak{S}_2} = \frac{M_1}{M_2}. \tag{147}$$

Der Festpunkt L_2 hat die Abstände a_2 und b_2 von den Auflagern 1 und 2, dann ist nach Abb. 88a auch

$$\frac{M_1}{M_2} = \frac{a_2}{b_2}.$$

Demnach verhält sich auch

$$\frac{\mathfrak{S}_1}{\mathfrak{S}_2} = \frac{a_2}{b_2}.$$

Das sagt aber, daß der Punkt $L_2{}'$ in 88c senkrecht unter dem Festpunkt L_2 in 88a liegen muß. Gelingt es also, den Punkt $L_2{}'$ zu konstruieren — und dazu wird uns sofort ein Satz der Geometrie der Lage verhelfen —, dann hat man auch damit den Festpunkt L_2 gefunden.

Betrachten wir in Abb. 90 das schraffierte Dreieck, so liegen die Ecken dieses Dreiecks auf den drei Lotrechten s_1, $s_2{}^l$ und v_1. s_1 und $s_2{}^l$ sind Schwerachsen, in denen $\mathfrak{F}_1$ und $\mathfrak{F}_2{}^l$ wirken. Die Schwerpunktsabstände betragen

$$\xi_1' = \frac{\displaystyle\int_0^{l_1} M_1 \frac{J_c}{J} \frac{x_1}{l_1} x_1' \, dx}{\displaystyle\int_0^{l_1} M_1 \frac{J_c}{J} \frac{x_1}{l_1} \, dx} = \frac{\displaystyle\int_0^{l_1} \frac{J_c}{J} x_1 x_1' \, dx}{\displaystyle\int_0^{l_1} \frac{J_c}{J} x_1 \, dx} \, ,$$

$$\xi_2 = \frac{\displaystyle\int_0^{l_2} M_1 \frac{J_c}{J} \frac{x_2'}{l_2} x_2 \, dx}{\displaystyle\int_0^{l_2} M_1 \frac{J_c}{J} \frac{x_2'}{l_2} \, dx} = \frac{\displaystyle\int_0^{l_2} \frac{J_c}{J} x_2 x_2' \, dx}{\displaystyle\int_0^{l_2} \frac{J_c}{J} x_2' \, dx} \, . \qquad (148)$$

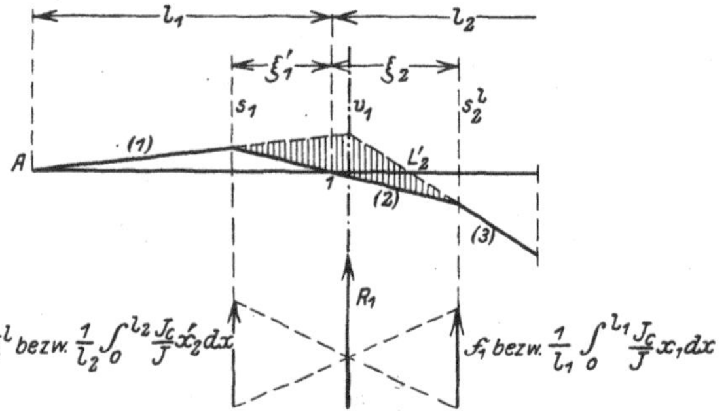

Abb. 90.

Aus den vorstehenden Gleichungen erkennt man, daß die Lage von s_1 und s_2^l und damit von v_1, dessen Lage aus der Konstruktion in Abb. 90 ersichtlich ist, unabhängig von dem Stützenmoment M_1 ist, da dieses sich aus den Gl. (148) heraushebt. Wie groß daher auch die Belastung in dem Felde rechts von r sein mag, die Ecken des schraffierten Dreicks in Abb. 90 liegen stets auf den festen Geraden s_1, s_2^l und v_1. Außerdem gehen von den Seiten des schraffierten Dreiecks zwei, nämlich (1) und (2), durch die festen Auflagerpunkte A und 1. Wie man nun auch die Richtung des Strahles (1) annimmt, die dritte Seite des schraffierten Dreiecks, nämlich (3), muß aus geometrischen Gründen stets durch den festen Punkt L_2' hindurchgehen. Das beruht auf folgendem Satz der Geometrie der Lage: Bewegen sich die Ecken BCD eines Dreiecks (Abb. 91) auf den drei Strahlen $g_1 g_2 g_3$ eines Strahlenbündels durch 0, und gehen hierbei zwei Seiten des Dreiecks durch die festen Punkte I und II, so geht auch die dritte Seite durch einen festen Punkt III, der mit I und II auf einer Geraden liegt.

Zur Konstruktion des Punktes L_2' geht man also folgendermaßen vor: Man bestimmt zunächst die drei lotrechten Schwerlinien s_1 v_1 und s_2^l in Abb. 92. (Der Punkt O der Abb. 91 rückt also ins Unendliche.) Hierauf zieht man von A aus den beliebigen Strahl (1), dann den Strahl (2) durch den Auflagerpunkt 1. Verbindet man nun den Schnittpunkt von Strahl (1) mit v_1, also den Punkt C, und den Schnittpunkt von (2) mit s_2^l, also den Punkt D, miteinander, dann erhält man auf der Geraden durch A und 1 den dritten gesuchten festen Punkt L_2' und damit auch den Festpunkt L_2.

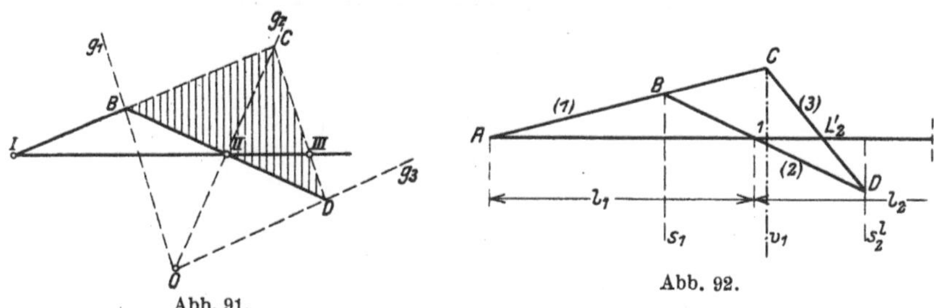

Abb. 91. Abb. 92.

Zur Konstruktion des Festpunktes L_3 in Abb. 93 benutzt man wieder die Beziehung, daß L_3' unter L_3 liegen muß. Wir betrachten jetzt das durch die Seilstrahlen (3) (4) (5) gebildete Dreieck. Von den Seiten dieses Dreiecks geht Seilstrahl (3) durch den festen Punkt L_2', Strahl (4) durch den festen Auflagerpunkt 2, während die drei Ecken auf den festen Schwerlinien s_2^r, s_3^l und v_2 liegen. Damit finden wir auf Grund des oben angeführten geometrischen Satzes wieder den festen Punkt L_3' wie folgt. Nachdem die Schwer-

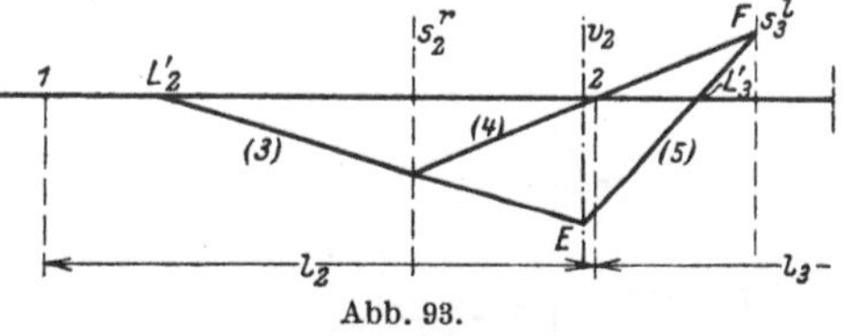

Abb. 93.

achsen s_2^r s_3^l v_2 eingetragen sind, ziehen wir von L_2' aus in beliebiger Richtung den Strahl (3). Der Strahl (4) geht durch das Auflager 2. Seilstrahl (5) ist dann die Verbindungslinie der Schnittpunkte von (3) mit v_2 (Punkt E) und von (4) mit s_3^l (Punkt F). Der Strahl (5) schneidet die Verbindungslinie L_2' 2 im gesuchten Punkte L_3'. Da L_3' erst gefunden werden kann, wenn L_2' bekannt ist, kann die Konstruktion der Festpunkte nicht willkürlich erfolgen; man muß mit der linken Öffnung anfangen und dann in den folgenden Öffnungen der Reihe nach weiterschreiten.

Allgemein für die r-te Öffnung erhält man die Konstruktion von L_r', wenn L_{r-1}' bekannt ist, nach Abb. 94. Für die Öffnung l_r gelten die folgenden Formeln zur Bestimmung der Schwerachsen.

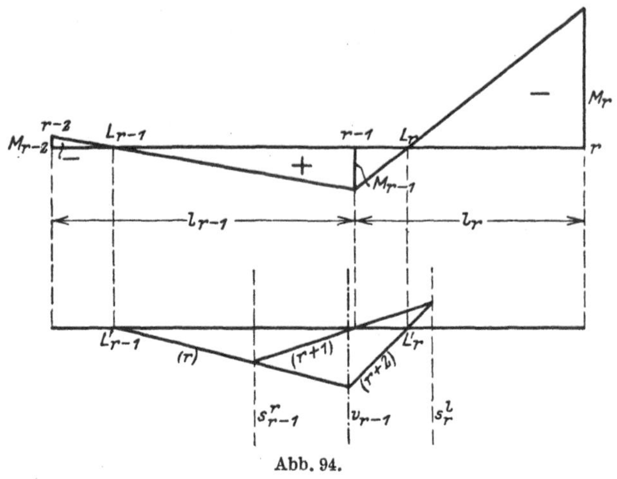

Abb. 94.

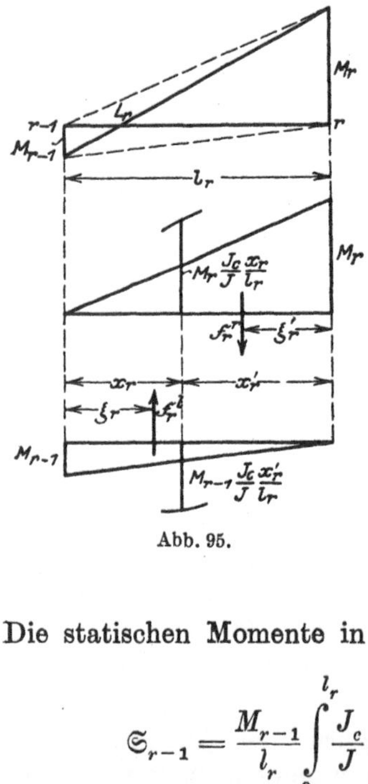

Bei konstanter Feldweite a_r wird mit der Bezeichnung

$$x_r = a_r\, m_r; \qquad x_r' = a_r\, m_r'; \qquad l_r = n_r\, a_r$$

der Flächeninhalt (Abb. 95)

$$\mathfrak{F}_r{}^l = \frac{M_{r-1}}{l_r} \int_0^{l_r} \frac{J_c}{J}\, x_r'\, dx$$

$$= \frac{a_r}{n_r}\, M_{r-1} \sum \frac{J_c}{J}\, m_r'\,,$$

$$\mathfrak{F}_r{}^r = \frac{M_r}{l_r} \int_0^{l_r} \frac{J_c}{J}\, x_r\, dx$$

$$= \frac{a_r}{n_r}\, M_r \sum \frac{J_c}{J}\, m_r\,.$$

Abb. 95.

Die statischen Momente in bezug auf die Stützensenkrechten lauten:

$$\mathfrak{S}_{r-1} = \frac{M_{r-1}}{l_r} \int_0^{l_r} \frac{J_c}{J}\, x_r\, x_r'\, dx = \frac{a_r{}^2}{n_r}\, M_{r-1} \sum \frac{J_c}{J}\, m_r\, m_r'\,,$$

$$\mathfrak{S}_r = \frac{M_r}{l_r} \int_0^{l_r} \frac{J_c}{J}\, x_r\, x_r'\, dx = \frac{a_r{}^2}{n_r}\, M_r \sum \frac{J_c}{J}\, m_r\, m_r'\,.$$

Die Schwerpunktsabstände sind

$$\xi_r = \frac{\mathfrak{S}_{r-1}}{\mathfrak{F}_r{}^l} = \frac{\displaystyle\int_0^{l_r} \frac{J_c}{J} x_r x_r' \, dx}{\displaystyle\int_0^{l_r} \frac{J_c}{J} x_r' \, dx} = a_r \frac{\displaystyle\sum \frac{J_c}{J} m_r m_r'}{\displaystyle\sum \frac{J_c}{J} m_r'},$$

$$\xi_r' = \frac{\mathfrak{S}_r}{\mathfrak{F}_r{}^r} = \frac{\displaystyle\int_0^{l_r} \frac{J_c}{J} x_r x_r' \, dx}{\displaystyle\int_0^{l_r} \frac{J_c}{J} x_r \, dx} = a_r \frac{\displaystyle\sum \frac{J_c}{J} m_r m_r'}{\displaystyle\sum \frac{J_c}{J} m_r}.$$

Setzt man zur Abkürzung

$$c_r = \sum \frac{J_c}{J} m_r, \tag{149}$$

$$c_r' = \sum \frac{J_c}{J} m_r', \tag{150}$$

$$f_r' = \sum \frac{J_c}{J} m_r m_r', \tag{151}$$

dann wird

$$\mathfrak{F}_r{}^l = \frac{a_r}{n_r} M_{r-1} c_r'; \qquad \mathfrak{F}_r{}^r = \frac{a_r}{n_r} M_r c_r; \tag{152}$$

$$\mathfrak{S}_{r-1} = \frac{a_r{}^2}{n_r} M_{r-1} f_r; \qquad \mathfrak{S}_r = \frac{a_r{}^2}{n_r} M_r f_r; \tag{153}$$

$$\xi_r = a_r \frac{f_r}{c_r'}; \qquad \xi_r' = a_r \frac{f_r}{c_r}. \tag{154}$$

Bei der geometrischen Konstruktion der verschränkten
Schwerachse v_{r-1} trägt man
auf s_{r-1}^r den Flächenwert $\mathfrak{F}_r{}^l$,
auf s_r^l den Wert $\mathfrak{F}_{r-1}^r$ auf und
zieht nach Abb. 96 die ge-
kreuzten Linien. Man kann nun
aus $\mathfrak{F}_r{}^l$ und $\mathfrak{F}_{r-1}^r$ den gemeinsamen Wert M_{r-1} herausheben,

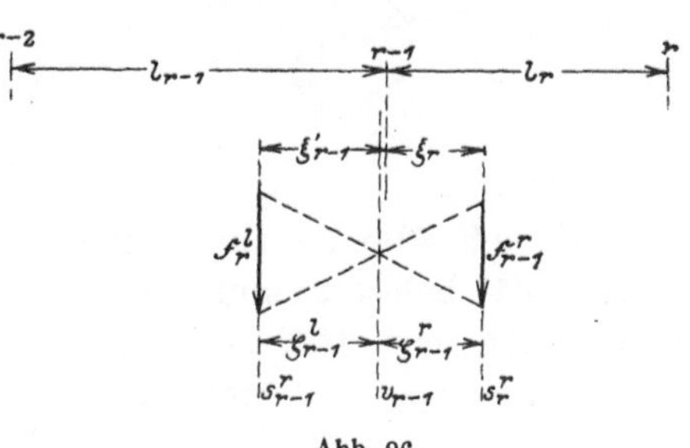

Abb. 96.

so daß man die konstanten Werte $\dfrac{a_r}{n_r} c_r'$ und $\dfrac{a_{r-1}}{n_{r-1}} c_{r-1}$ zur Konstruktion von v_{r-1} benutzen kann. Will man den Abstand von v_{r-1} rechnerisch bestimmen, dann benutzt man die Formeln

$$\zeta_{r-1}^{l} = \frac{\xi_{r-1}' + \xi_r}{\mathfrak{F}_{r-1}^{r} + \mathfrak{F}_r^{l}} \, \mathfrak{F}_r^{l} \tag{155}$$

$$\zeta_{r-1}^{r} = \frac{\xi_{r-1}' + \xi_r}{\mathfrak{F}_{r-1}^{r} + \mathfrak{F}_r^{l}} \, \mathfrak{F}_{r-1}^{r} . \tag{156}$$

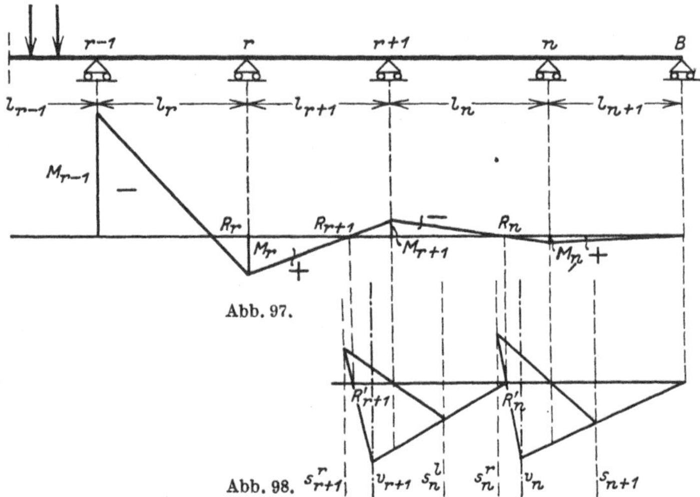

Abb. 97.

Abb. 98.

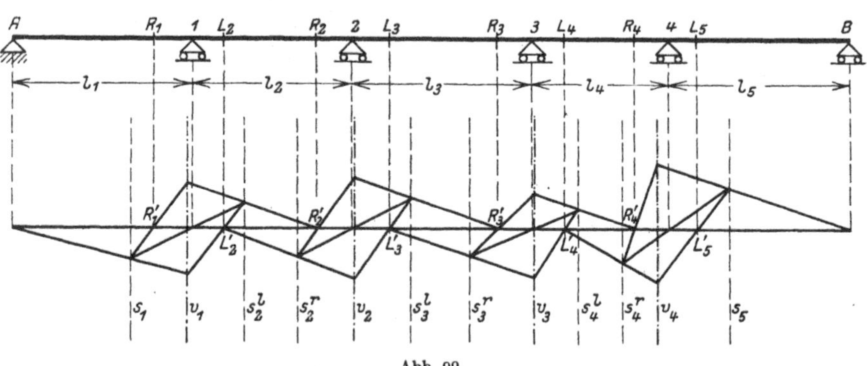

Abb. 99.

Ist nach Abb. 97 eine Öffnung des durchlaufenden Balkens links von $r-1$ belastet und das Stützenmoment M_{r-1} bekannt, dann kann auch mit Hilfe der rechten Festpunkte die Momentenfläche des rechts von $r-1$ gelegenen Trägerstückes gefunden werden. Die geometrische Konstruktion der Punkte R' erfolgt in Abb. 98 auf Grund ähnlicher Betrachtungen, wie sie bei Ermittlung der linken Festpunkte angestellt wurden.

Zusammenfassend ist die graphische Konstruktion der linken und rechten Festpunkte für einen Balken auf 6 Stützen in Abb. 99 dargestellt.

Zu erwähnen ist noch, daß man natürlich auch das schraffierte Dreieck der Abb. 100 zur graphischen Konstruktion der Festpunkte benutzen kann. In Abb. 100 ist in dieser Weise der linke Fest-

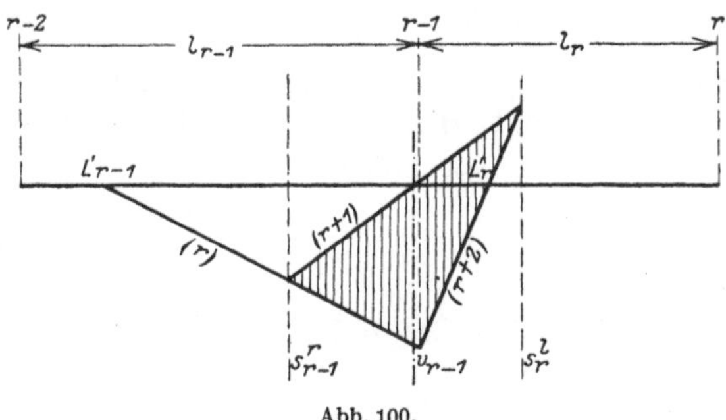

Abb. 100.

punkt L_r konstruiert, wenn L_{r-1} bekannt ist. Während in Abb. 94 der durch L'_{r-1} gehende Strahl (r) mit v_{r-1} zum Schnitt gebracht wurde, wird in Abb. 100 dieser Strahl mit der Stützensenkrechten durch $r-1$ zum Schnitt gebracht. Dagegen geht Strahl $r+1$ nicht wie in Abb. 94 durch den Schnittpunkt von Nullinie und Auflagersenkrechte, sondern durch den Schnittpunkt der Nullinie mit v_{r-1}. Der Strahl $(r+2)$ schneidet die Nullinie wieder im gesuchten Punkt L'_r.

b) Der Querschnitt ist innerhalb der Öffnungen konstant, aber von Öffnung zu Öffnung veränderlich.

Für den hier vorliegenden Sonderfall vereinfachen sich die unter a) entwickelten Formeln wesentlich. Da $\dfrac{J_c}{J}$ für

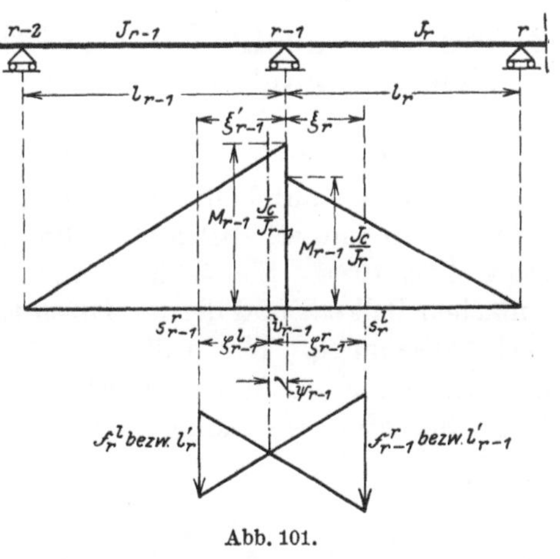

Abb. 101.

die ganze Öffnung konstant bleibt, sind die reduzierten M-Flächen der Abb. 101 Dreiecke; infolgedessen gehen die Schwerlinien s durch die Drittelpunkte der Öffnung und es wird

$$\xi'_{r-1} = \tfrac{1}{3} l_{r-1}; \qquad \xi_r = \tfrac{1}{3} l_r. \tag{157}$$

Die Schwerlinien s werden daher für diesen Sonderfall in der Fachliteratur als Drittellinien bezeichnet. Da

$$\mathfrak{F}_{r-1}^{r} = \frac{l_{r-1}'}{2} M_{r-1}, \qquad \mathfrak{F}_{r}^{l} = \frac{l_{r}'}{2} M_{r-1}, \tag{158}$$

kann der Abstand der verschränkten Drittellinie v_{r-1} entweder graphisch nach Abb. 101 bestimmt werden, indem man in Gl. (158) den beiden $\mathfrak{F}$ gemeinsamen Faktor $\dfrac{M_{r-1}}{2}$ heraushebt und in den Drittel·linien einfach l_{r}' und l_{r-1}' aufträgt, oder man bestimmt den Abstand von v_{r-1} rechnerisch mit Hilfe der Formeln (155) und (156) auf Seite 98. Diese Formeln vereinfachen sich zu

$$\zeta_{r-1}^{l} = \frac{l_{r-1}+l_{r}}{l_{r-1}'+l_{r}'} \cdot \frac{l_{r}'}{3}; \qquad \zeta_{r-1}^{r} = \frac{l_{r-1}+l_{r}}{l_{r-1}'+l_{r}'} \cdot \frac{l_{r-1}'}{3}. \tag{159}$$

v_{r-1} kann auch durch den Abstand ψ_{r-1} von der Stütze $r-1$ festgelegt werden. Es wird

$$\psi_{r-1} = \frac{l_{r-1}}{3} - \zeta_{r-1}^{l} = \frac{l_{r-1}\,l_{r-1}' - l_{r}\,l_{r}'}{3\,(l_{r-1}'+l_{r}')}. \tag{160}$$

Sind Drittellinien und verschränkte Drittellinie v bekannt, dann erfolgt die graphische Konstruktion der Festpunkte genau wie unter a). Vgl. Abb. 99.

2. Die graphische Konstruktion der Stützenmomente. Kreuzlinienabschnitte und Festpunktsmomente.

a) Der Balken mit beliebig veränderlichem Querschnitt.

Ein Balken auf beliebig vielen Stützen sei in der Öffnung l_{r} nach Abb. 102 irgendwie belastet. Die Momentenfläche der Öffnung l_{r} zeigt Abb. 102a. Sie setzt sich aus der positiven M_{r0}-Fläche des einfachen Balkens und der negativen trapezförmigen Stützenmomentenfläche zusammen. Wir wollen zu dieser Momentenfläche wieder ähnlich wie unter 1, a dieses Abschnittes das Tangenteneck bestimmen. Dazu brauchen wir außer den bereits früher bestimmten Werten $\mathfrak{F}_{r}^{l}$, $\mathfrak{F}_{r}^{r}$, ξ_{r} und ξ_{r}' noch die reduzierte Fläche

$$\mathfrak{F}_{r0} = \int_{0}^{l_r} M_{r0}\,\frac{J_c}{J}\,dx = a_r \sum \frac{J_c}{J}\,M_{r0} \tag{161}$$

und deren Schwerachse s_{r0}, die gegeben ist durch

$$\xi_{r0} = \frac{\mathfrak{S}_{r-1,\,0}}{\mathfrak{F}_{r0}}. \quad \text{und} \quad \xi_{r0}' = \frac{\mathfrak{S}_{r\,0}}{\mathfrak{F}_{r0}}, \tag{162}$$

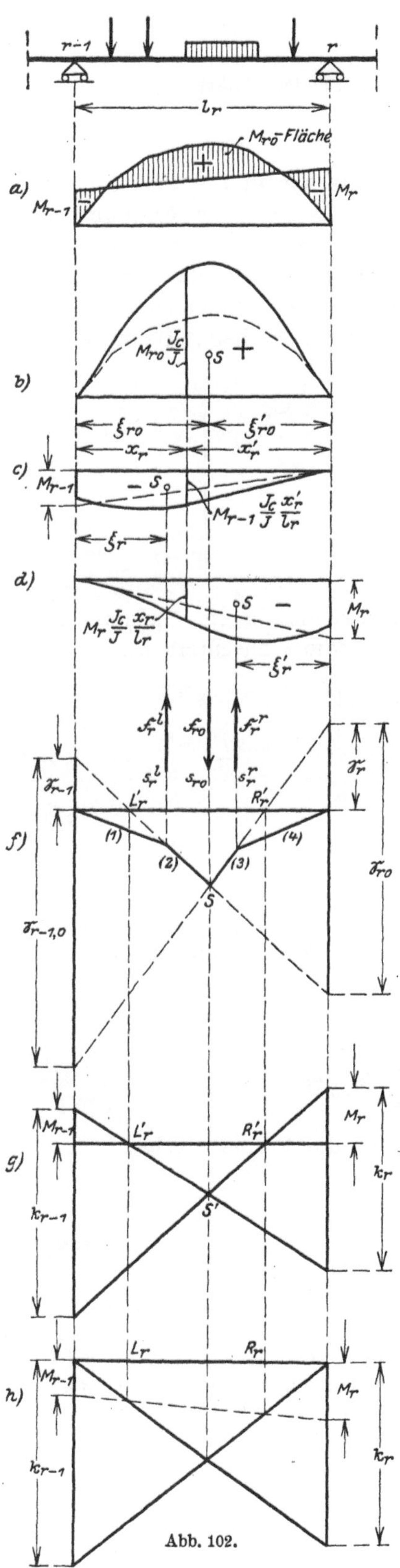

wobei

$$\mathfrak{S}_{r-1,0} = \int_0^{l_r} M_{r0} \frac{J_c}{J} x_r\, dx$$

$$= a_r^2 \sum M_{r0} \frac{J_c}{J} m_r,$$

$$\mathfrak{S}_{r0} = \int_0^{l_r} M_{r0} \frac{J_c}{J} x'_r\, dx$$

$$= a_r^2 \sum M_{r0} \frac{J_c}{J} m'_r. \tag{163}$$

Zu dem Krafteck nach Abb. 102e, wird das Seileck in 102f gezeichnet. Wenn die Auflager starr sind, erhalten wir in $r-1$ und r Nullpunkte. Verlängern wir Strahl (2) bis zur Auflagerlinie durch $r-1$, so schneiden die Strahlen (1) und (2) auf der Auflagerlinie das statische Moment $\mathfrak{S}_{r-1}$ ab; das ist das statische Moment von $\mathfrak{F}_r^l$ in bezug auf $r-1$ als Drehpunkt. Ebenso erhalten wir $\mathfrak{S}_r$ als Abschnitt von (3) und (4) auf der Auflagerlinie durch Stütze r. Die Seilstrahlen (2) und (3) durchschneiden wieder (vgl. hierzu die Erörterungen auf S. 92 ff. und die Abbildung 88) die Nullinie in den Festpunkten L_r' und R_r'. Die zu $\mathfrak{F}_{r0}$ gehörigen Seilstrahlen (2) und (3) schneiden auf den Auflagerlinien $r-1$ und r die Strecken ab

$$\mathfrak{S}_{r-1,\,0} = \mathfrak{F}_{r0} \cdot \xi_{r0}\,; \qquad \mathfrak{S}_{r0} = \mathfrak{F}_{r0} \cdot \xi'_{r0}\,. \qquad (164)$$

Trägt man in Abb. 102g von einer Nullinie aus in $r-1$ und r die Stützenmomente M_{r-1} und M_r auf und zieht von deren Endpunkten aus Gerade durch die Festpunkte, dann schneiden diese Geraden auf den Auflagerlinien die Strecken k_{r-1} und k_r ab, die man als Kreuzlinienabschnitte bezeichnet[1]). Diese Kreuzlinien schneiden sich im Punkt S', der unter dem Punkt S der Abb. 102f liegt. Denn es ist

$$\left.\begin{aligned}
M_{r-1} &= \frac{l_r}{\displaystyle\int \frac{J_c}{J}\, x_r\, x_r'\, dx}\, \mathfrak{S}_{r-1} = \nu_r\, \mathfrak{S}_{r-1}\,, \\[2ex]
M_r &= \frac{l_r}{\displaystyle\int \frac{J_c}{J}\, x_r\, x_r'\, dx}\, \mathfrak{S}_r = \nu_r\, \mathfrak{S}_r\,.
\end{aligned}\right\} \qquad (165)$$

Die Abb. 102g ist daher nichts anderes als die im Maßstabe ν_r dargestellte Abb. 102f. Daher kann man sofort anschreiben:

$$\left.\begin{aligned}
k_{r-1} &= \nu_r\, \mathfrak{S}_{r-1,\,0}\,, \\
k_r &= \nu_r\, \mathfrak{S}_{r0}\,,
\end{aligned}\right\} \qquad (166)$$

wobei

$$\nu_r = \frac{l_r}{\displaystyle\int_0^{l_r} \frac{J_c}{J}\, x_r\, x_r'\, dx} = \frac{n_r}{a_r^{\,2} f_r}\,. \qquad (167)$$

Die statischen Momente $\mathfrak{S}_{r-1,\,0}$ und $\mathfrak{S}_{r0}$ betragen nach Gl. (163):

$$\mathfrak{S}_{r-1,\,0} = a_r^{\,2} \sum \frac{J_c}{J}\, M_{r0} \cdot m_r\,,$$

$$\mathfrak{S}_{r0} = a_r^{\,2} \sum \frac{J_c}{J}\, M_{r0}\, m_r'\,,$$

so daß man für die Kreuzlinienabschnitte die Formeln erhält

$$\left.\begin{aligned}
k_{r-1} &= \frac{n_r}{f_r} \sum \frac{J_c}{J}\, M_{r0}\, m_r\,, \\[2ex]
k_r &= \frac{n_r}{f_r} \sum \frac{J_c}{J}\, M_{r0}\, m_r'\,.
\end{aligned}\right\} \qquad (168)$$

---

[1]) Diese Strecken k_{r-1} und k_r haben nichts zu tun mit den Abkürzungen k des Abschnittes III. Eine Verwechslung der Bezeichnung kommt nicht in Frage, da die Zeichen hier für das graphische, dort für das rechnerische Verfahren benutzt werden.

Für eine gleichmäßig verteilte Vollbelastung q_r der Öffnung l_r wird

$$M_{r0} = \frac{q_r x_r x_r'}{2} = \frac{a_r^{\,2}}{2}\, q_r\, m_r\, m_r',$$

$$\mathfrak{F}_{r0} = a_r \sum \frac{J_c}{J}\, M_{r0} = \frac{a_r^{\,3}}{2}\, q_r \sum \frac{J_c}{J}\, m_r\, m_r' = \frac{a_r^{\,3}}{2}\, q_r\, f_r.$$

Die statischen Momente werden, wenn auch das Verhältnis $\dfrac{J_c}{J}$ symmetrisch zur Mitte der Öffnung ist,

$$\mathfrak{S}_{r-1,\,0} = \mathfrak{S}_{r0} = \mathfrak{F}_{r0}\frac{l_r}{2} = \frac{a_r^{\,3}}{4}\, q_r\, f_r\, l_r.\,{}^{1})$$

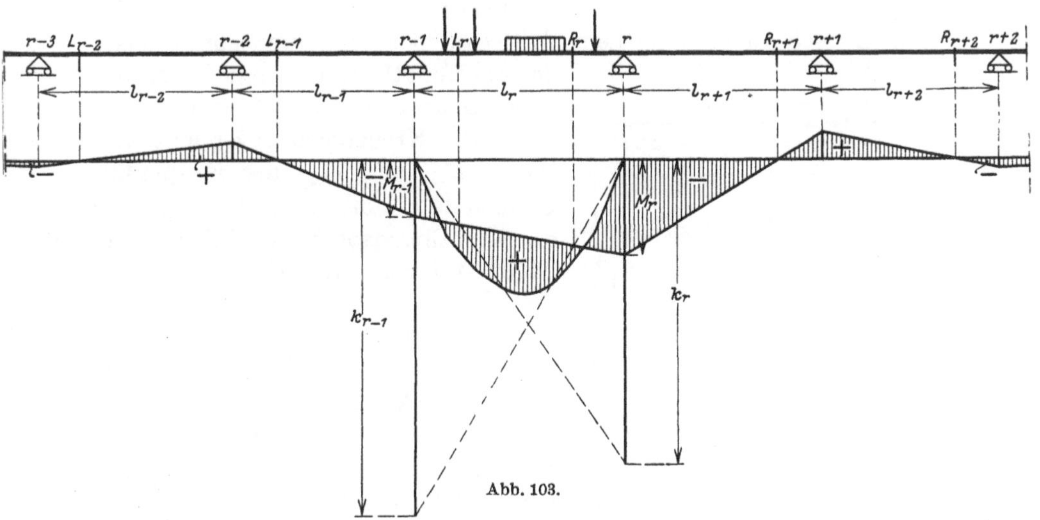

Abb. 103.

Für diesen häufig vorliegenden Belastungsfall werden also die Kreuzlinienabschnitte

$$k_{r-1} = k_r = \frac{q_r l_r^{\,2}}{4}; \qquad (169)$$

sie sind also unabhängig von der Querschnittsänderung innerhalb der Öffnung.

---

¹) Für die **Feldweite** ist im vorstehenden entsprechend den amtlichen Vorschriften die Bezeichnung a eingeführt worden. Anderseits ist der Buchstabe a — namentlich durch **Müller-Breslau** — auch seit langem zur Bezeichnung des **Abstandes der Festpunkte** L vom linken Auflager in der Fachliteratur gebräuchlich und deshalb auch hier beibehalten worden. Bei aufmerksamem Studium des theoretischen Teils kann die Doppelbezeichnung nicht zu Verwechslungen führen; bei der Benutzung der Tabellen im dritten Teil ist ein Irrtum ausgeschlossen, da dort **nur** der Festpunktsabstand a vorkommt.

Sind nach vorstehenden Formeln die Kreuzlinienabschnitte k bestimmt, dann kann mit Hilfe der Festpunkte nach Abb. 102 h die Momentenfläche leicht angegeben werden. Man trägt in der belasteten Öffnung l_r die Kreuzlinienabschnitte ein und zieht durch die Festpunkte L_r und R_r Lote. Die Verbindungslinie der Schnittpunkte dieser Lote mit den Kreuzlinien schneidet auf den Auflagerlinien in $r-1$ das Stützenmoment M_{r-1}, in r das Moment M_r ab. Die M_{r0}-Fläche und das Trapez aus den Stützenmomenten liefern die gesuchte M-Fläche in der belasteten Öffnung l_r. Abb. 103. Mit Hilfe der Festpunkte L erhält man dann weiter die Momentenfläche für den Trägerteil links von der belasteten Öffnung und mit Hilfe der Festpunkte R die Momentenfläche für den rechten Trägerteil. Es liegt nun nahe, die vorstehende Konstruktion der Stützenmomente dadurch noch zu vereinfachen, daß man nicht erst die Schnittpunkte der Festpunktlotrechten mit den Kreuzlinien zeichnerisch findet, sondern die durch die Kreuzlinien abgeschnittenen Werte M_{L_r} und M_{R_r} der Festpunktsgeraden bestimmt, ohne daß man erst die Kreuzlinienabschnitte bildet. Aus Abb. 104 kann man sofort ablesen [1])

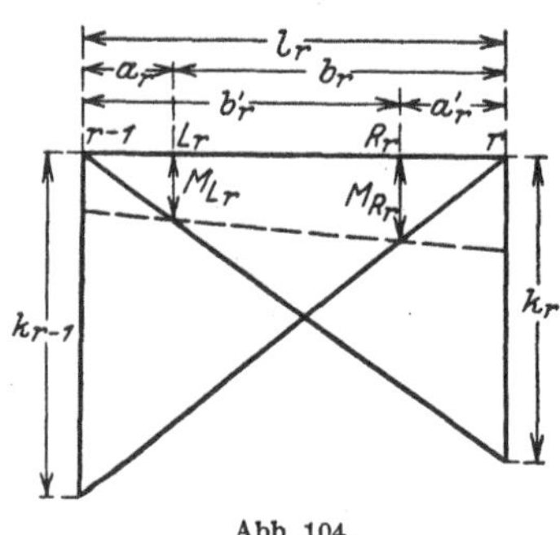

Abb. 104.

$$M_{L_r} = k_r \frac{a_r}{l_r},$$
$$M_{R_r} = k_{r-1} \frac{a_r'}{l_r}. \tag{170}$$

Ist in der Öffnung l_r eine gleichmäßig verteilte Belastung q_r vorhanden, dann wird mit Rücksicht auf Gl. (169)

$$M_{Lr} = \frac{q_r l_r}{4} \cdot a_r,$$
$$M_{Rr} = \frac{q_r l_r}{4} \cdot a_r'. \tag{171}$$

b) Die Querschnitte des Balkens ändern sich von Öffnung zu Öffnung.

Ist das Trägheitsmoment J_r in der Öffnung l_r konstant, dann wird

$$\int_0^{l_r} \frac{J_c}{J_r} x_r x_r' \, dx = \frac{J_c}{J_r} \int_0^{l_r} x_r (l_r - x_r) \, dx = \frac{J_c}{J_r} \frac{l_r^3}{6} = \frac{l_r^2 l_r'}{6}. \tag{172}$$

---

[1]) Siehe hierzu Fußnote auf der vorhergehenden Seite.

Die Formel (167) lautet dann

$$v_r = \frac{l_r}{\displaystyle\int_0^{l_r} \frac{J_c}{J_r}\, x_r\, x_r'\, dx} = \frac{6}{l_r\, l_r'}. \tag{173}$$

Demnach werden die Kreuzlinienabschnitte

$$\left.\begin{aligned} k_{r-1} &= \frac{6}{l_r\, l_r'}\, \mathfrak{S}_{r-1,0}, \\[2mm] k_r &= \frac{6}{l_r\, l_r'}\, \mathfrak{S}_{r\,0}. \end{aligned}\right\} \tag{174}$$

Ist die Öffnung l_r beliebig nach Abb. 105 belastet und die zugehörige Momentenfläche bestimmt, so bilden wir die reduzierte Momentenfläche durch Multiplikation der einzelnen Momentenordinaten mit $\dfrac{J_c}{J_r}$. Ist der Flächeninhalt dieser reduzierten Momentenfläche $\mathfrak{F}_{r\,0}$, die Schwerpunktsabstände von den Stützpunkten $\xi_{r\,0}$ und $\xi_{r\,0}'$, dann wird

$$\mathfrak{S}_{r-1,0} = \mathfrak{F}_{r\,0} \cdot \xi_{r\,0}; \qquad \mathfrak{S}_{r\,0} = \mathfrak{F}_{r\,0} \cdot \xi_{r\,0}'.$$

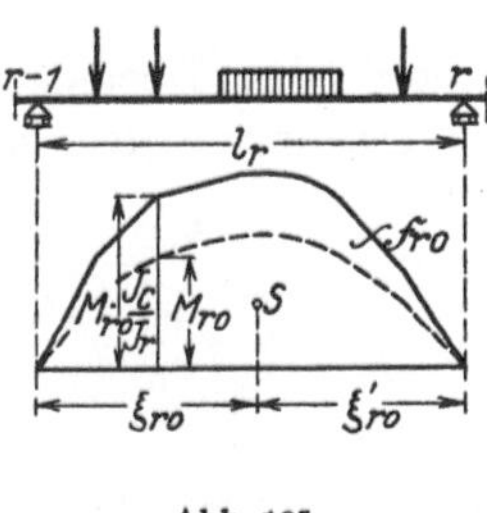

Abb. 105.

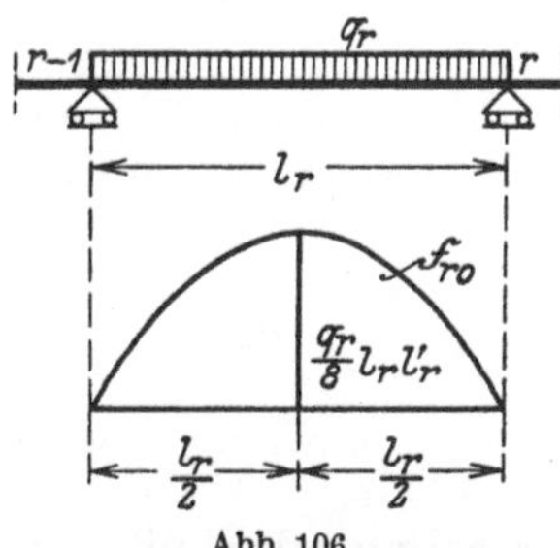

Abb. 106.

Ist die Öffnung l_r gleichmäßig mit q_r belastet (Abb. 106), dann ist die reduzierte Momentenfläche eine Parabel mit der Pfeilhöhe

$$\frac{q_r\, l_r^{\,2}}{8} \cdot \frac{J_c}{J_r} = \frac{q_r}{8}\, l_r\, l_r'.$$

Es wird also

$$\mathfrak{F}_{r\,0} = \frac{2}{3}\, \frac{q_r}{8}\, l_r\, l_r'\, l_r = \frac{q_r}{12}\, l_r^{\,2}\, l_r'.$$

Die Schwerpunktsabstände sind

$$\xi_{r\,0} = \xi_{r\,0}' = \frac{l_r}{2}.$$

Demnach sind die Kreuzlinienabschnitte

$$k_{r-1} = k_r = \frac{q_r\, l_r^{\,2}}{4}. \tag{175}$$

Ist die Öffnung l_r durch eine Einzellast P_r im Abstande x_r und x_r' von den Auflagern belastet, so ist die Momentenfläche nach

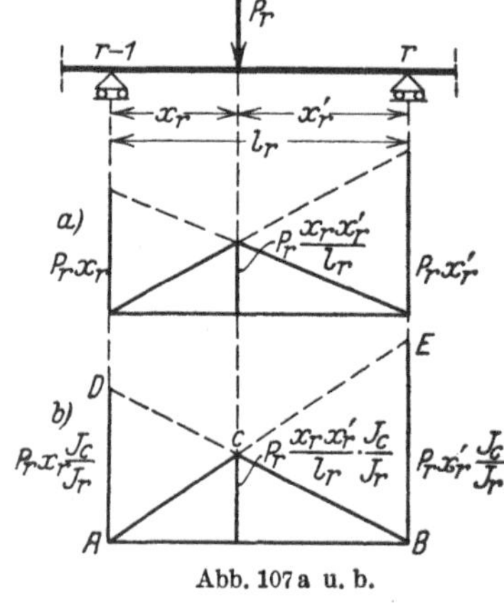

Abb. 107a u. b.

Abb. 107a ein Dreieck. Die reduzierte Momentenfläche ist das Dreieck $A\,B\,C$ in Abb. 107b. Setzt man nun $\mathfrak{S}_{r-1,0}$ in der Weise an, daß man zunächst das statische Moment des Dreiecks $B\,A\,D$ bildet und davon das statische Moment des Dreiecks $C\,A\,D$ abzieht, so erhält man

$$\mathfrak{S}_{r-1,0} = P_r\, x_r\, \frac{J_c}{J_r}\, \frac{l_r}{2}\, \frac{l_r}{3} - P_r\, x_r\, \frac{J_c}{J_r}\, \frac{x_r}{2}\, \frac{x_r}{3}$$

$$= P_r\, \frac{J_c}{J_r}\, \frac{l_r^{\,3}}{6} \left[\frac{x_r}{l_r} - \frac{x_r^{\,3}}{l_r^{\,3}}\right].$$

Der Klammerausdruck ist ω_D. Setzt man $l_r\, \dfrac{J_c}{J_r} = l_r'$, dann wird

$$\mathfrak{S}_{r-1,0} = \frac{P_r\, l_r^{\,2}\, l_r'}{6}\, \omega_D. \tag{176}$$

Ebenso bildet man $\mathfrak{S}_{r0}$ als statisches Moment des Dreiecks $A\,B\,E$ und zieht davon das statische Moment des Dreiecks $C\,B\,E$ ab.

$$\mathfrak{S}_{r0} = P_r\, x_r'\, \frac{J_c}{J_r}\, \frac{l_r}{2}\, \frac{l_r}{3} - P_r\, x_r'\, \frac{J_c}{J_r} \cdot \frac{x_r'}{2} \cdot \frac{x_r'}{3} = P_r\, \frac{J_c}{J_r}\, \frac{l_r^{\,3}}{6} \left[\frac{x_r'}{l_r} - \frac{x_r'^{\,3}}{l_r^{\,3}}\right],$$

$$\mathfrak{S}_{r0} = P_r\, \frac{l_r^{\,2}\, l_r'}{6}\, \omega_D'. \tag{177}$$

Die Kreuzlinienabschnitte werden demnach

$$k_{r-1} = P_r\, l_r\, \omega_D; \qquad k_r = P_r\, l_r\, \omega_D'. \tag{178}$$

Nach Kenntnis der Kreuzlinienabschnitte lassen sich die Stützenmomente in der folgenden Weise bestimmen:

Ein Balken auf beliebig vielen Stützen nach Abb. 108 ist in der Öffnung l_r mit p_r belastet. Die M_{r0}-Fläche ist eine Parabel mit der Pfeilhöhe $\dfrac{p_r\, l_r^{\,2}}{8}$. Die Kreuzlinienabschnitte betragen $\dfrac{p_r\, l_r^{\,2}}{4}$, sind also doppelt so groß als max M_{r0}. Die Kreuzlinien müssen also durch den Scheitel der M_{r0}-Parabel hindurchgehen. Bringt man nun die Festpunktssenkrechten mit den Kreuzlinien zum Schnitt, dann schneidet die Verbindungslinie dieser Schnittpunkte auf den Stützensenkrechten die gesuchten Stützenmomente M_{r-1} und M_r ab. Die Momentenfläche für den links von der belasteten Öffnung l_r gelegenen Balkenteil erhält man dann mit Hilfe der linken Festpunkte L; die Momentenfläche des rechts von der Öffnung l_r gelegenen Teiles des Balkens ist durch die rechten Festpunkte R bestimmt.

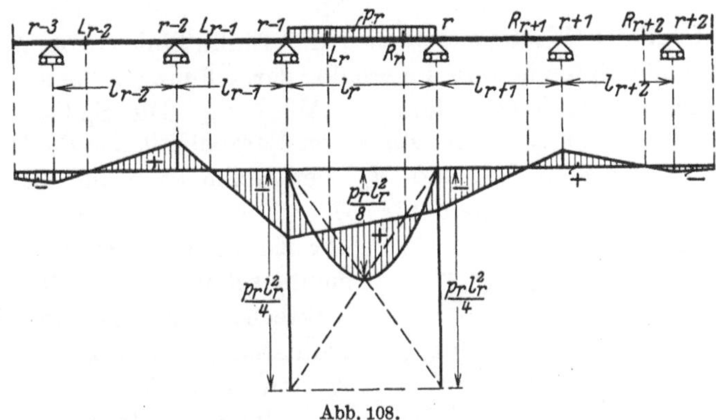

Abb. 108.

Wirkt auf den durchlaufenden Balken in der Öffnung l_r an beliebiger Stelle eine Last $P_r = 1$, dann sind die Kreuzlinienabschnitte

$$k_{r-1} = l_r\,\omega_D; \qquad k_r = l_r\,\omega'_D \qquad (179)$$

mit Hilfe der Tafelwerte für ω_D und ω'_D gegeben. Die $M_{r\,0}$-Fläche ist ein Dreieck, dessen Spitzenordinate $\eta_{s\,0}$ auf Grund der Betrachtungen auf S. 19 mit Hilfe der Einheitsparabel für die verschiedenen Angriffspunkte von 1 schnell bestimmt ist.

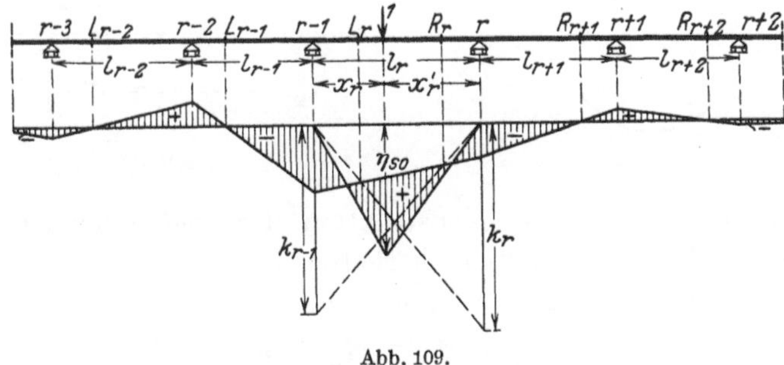

Abb. 109.

Durch die Verbindungslinie der Schnittpunkte der Festpunktslotrechten mit den Kreuzlinien sind M_{r-1} und M_r gegeben; mit Hilfe der linken bzw. rechten Festpunkte läßt sich dann die Momentenfläche in den übrigen Öffnungen darstellen. (Abb. 109.)

Will man die **Festpunktsmomente** zur Bestimmung der Stützenmomente benutzen, dann wird für eine Einzellast $P_r = 1$ mit Rücksicht auf die Formeln (170) und (179)

$$M_{L_r} = k_r \frac{a_r}{l_r} = a_r\, \omega'_D ,$$

$$M_{R_r} = k_{r-1} \frac{a_r'}{l_r} = a_r'\, \omega_D .$$

$$(180)$$

Mit Hilfe dieser Werte lassen sich die Einflußlinien von M_{r-1} und M_r sowie die Spitzenkurve innerhalb der Öffnung l_r bequem unter Benutzung der ω-Zahlen finden. (Abb. 110.) Die Spitzenordinaten der M_0-Flächen, η_{s0}, liegen auf einer Parabel mit der Pfeilhöhe $l_r/4$. Dann ermittelt man M_{Lr} und M_{Rr} der Reihe nach für die Knotenpunkte mit Hilfe der Tafeln für ω_D und ω'_D. Die Verbindungslinien der Endpunkte der Festpunktsmomente schneiden auf den Stützensenkrechten die gesuchten Einflußordinaten η_{r-1} und η_r ab. Aus den Werten η_s erhält man außerdem noch die Spitzenkurve, die eine bequeme Konstruktion der Feldmomente gestattet. In Abb. 110 ist die Konstruktion für $\dfrac{x_r}{l_r} = \dfrac{3}{8}$ angegeben. Vgl. hierzu Zahlenbeispiel 6.

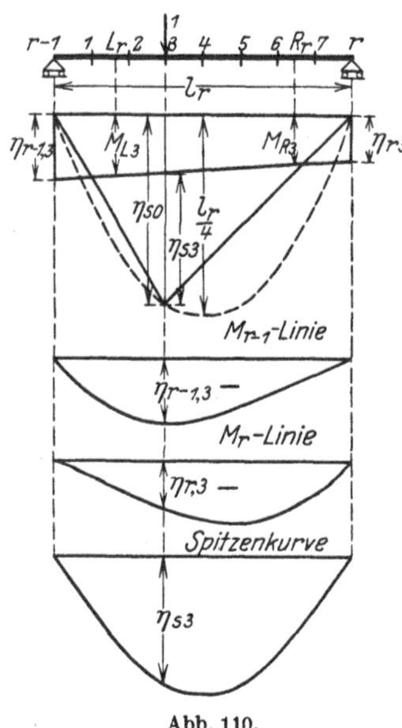

Abb. 110.

Abb. 111.

Aus dieser graphischen Konstruktion der Stützenmomente kann man leicht folgende Beziehung herleiten:

Aus Abb. 111 ersieht man, daß

$$\frac{M_{r-1} - M_L}{a_r} = \frac{M_L - M_R}{c_r}$$

ist.

Bei der vorhergehenden graphischen Untersuchung handelte es sich um Längen und Längenverhältnisse, so daß nur der absolute Wert von M_L und M_R maßgebend und das Vorzeichen ohne Bedeutung war. Da nunmehr nur noch rein analytische Beziehungen in Frage kommen, sind deshalb jetzt die Größen M_L und M_R ihrem wirklichen Werte entsprechend mit negativem Vorzeichen in die Berechnung einzuführen.

Die Gleichung (180) lautet dann

$$M_L = - a_r\, \omega'_D\,; \qquad M_R = - a_r'\, \omega_D\,.$$

Führen wir diese Werte in die vorstehende Gleichung ein, so wird

$$M_{r-1} = - \frac{a_r\, b_r'}{c_r}\left[\omega'_D - \frac{a_r'}{b_r'}\,\omega_D\right].$$

Setzt man den Klammerwert gleich ω'_{T_r}, dann kann man die Einflußlinien für das Stützenmoment M_{r-1} unter Benutzung der Tafeln für ω'_T bestimmen:

$$M_{r-1} = - \frac{a_r\, b_r'}{c_r}\,\omega'_{T_r}\,. \tag{181}$$

Ebenso erhält man mit

$$\omega_{T_r} = \omega_D - \frac{a_r}{b_r}\,\omega'_D\,,$$

$$M_r = - \frac{a_r'\, b_r}{c_r}\,\omega_{T_r}\,. \tag{182}$$

3. Feldmomente, Querkräfte, Stützdrücke.

Bezeichnet man den Abstand des untersuchten Querschnitts m von den Festpunkten mit x_r und x_r', den Abstand der Festpunkte voneinander mit c_r, dann kann nach Abbildung 112 das Angriffsmoment M_m geschrieben werden:

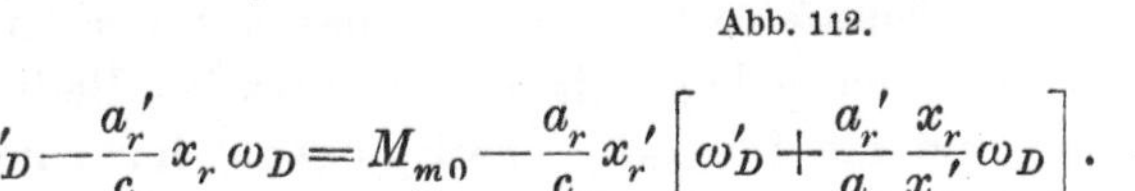

Abb. 112.

$$M_m = M_{m\,0} + M_L\frac{x_r'}{c_r} + M_R\frac{x_r}{c_r}\,. \tag{183}$$

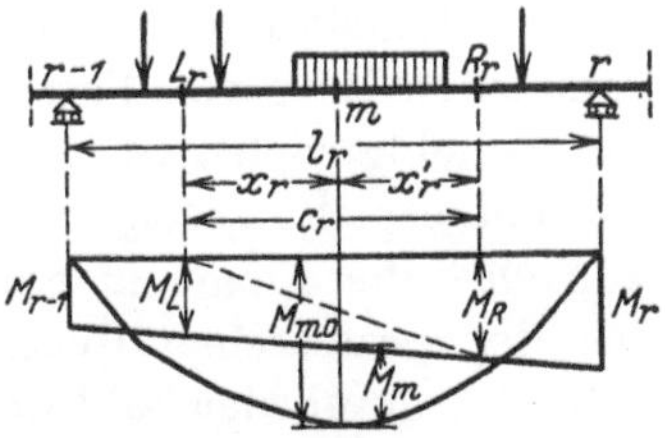

Setzt man nun wieder

$$M_L = - a_r\, \omega'_D\,; \qquad M_R = - a_r'\, \omega_D\,,$$

dann wird

$$M_m = M_{m\,0} - \frac{a_r}{c_r}\,x_r'\,\omega'_D - \frac{a_r'}{c_r}\,x_r\,\omega_D = M_{m\,0} - \frac{a_r}{c_r}\,x_r'\left[\omega'_D + \frac{a_r'}{a_r}\,\frac{x_r}{x_r'}\,\omega_D\right].$$

Setzt man wieder für den Klammerwert ω'_{T_r}, dann ist

$$M_m = M_{m\,0} - \frac{a_r}{c_r}\,x_r'\,\omega'_{T_r}\,. \tag{184}$$

Da

$$\frac{M_r - M_{r-1}}{l_r} = \frac{M_R - M_L}{c_r}$$

ist, wird die Querkraft

$$Q_m = Q_{m\,0} - \frac{a_r'}{c_r}\left[\omega_D - \frac{a_r}{a_r'}\,\omega'_D\right],$$

$$Q_m = Q_{m\,0} - \frac{a_r{}'}{c_r}\,\omega_{T_r}. \tag{185}$$

Für den Auflagerdruck der r-ten Stütze erhält man

$$C_r = C_{r\,0} + \frac{M_{r-1} - M_r}{l_r} + \frac{M_{r+1} - M_r}{l_{r+1}},$$

$$C_r = C_{r\,0} + \frac{a_r{}'}{c_r}\left[\omega_D - \frac{a_r}{a_r{}'}\,\omega_D'\right] + \frac{a_{r+1}}{c_{r+1}}\left[\omega_D' - \frac{a_{r+1}'}{a_{r+1}}\,\omega_D\right],$$

$$C_r = C_{r\,0} + \frac{a_r{}'}{c_r}\,\omega_{T_r} + \frac{a_{r+1}}{c_{r+1}}\,\omega_{T_{r+1}}'. \tag{186}$$

V. Die Hilfstafeln für durchlaufende Balken über 2, 3, 4, 5, 6 und beliebig vielen ungleichen Öffnungen.

1. Anzahl der Öffnungen.

Die Hilfstafeln im dritten Teil dieses Buches enthalten gebrauchsfertige Formeln zur Berechnung kontinuierlicher Balken bis zu sieben Stützen. Diese Formeln gestatten die sofortige Ermittlung der gesuchten, statischen Größen; sie verlangen von dem Ingenieur nur das Einsetzen von Zahlenwerten in die fertigen Formeln. Außer diesen Hilfstafeln II bis VI ist weiterhin unter VII eine Zusammenstellung von Formeln für den allgemeinen Fall eines Balkens auf beliebig vielen Stützen ausgearbeitet, deren Anwendung in dem Zahlenbeispiel 5 gezeigt wird. Bei der Aufstellung der Zahlentafeln war zunächst die Frage zu entscheiden, welche Zahl von Öffnungen man bei der praktischen Rechnung im äußersten Falle berücksichtigen soll. Denn mit der Zahl der Öffnungen steigt naturgemäß der Umfang der Zahlentafeln; man wird daher mit der Aufstellung von Tabellen nur so weit gehen, als ein praktisches Bedürfnis vorliegt. Hierfür war nun die folgende Überlegung maßgebend:

Betrachten wir z. B. die Einflußfläche für das Stützenmoment M_r in Abb. 113, so ersieht man zunächst aus dem Wechsel der Vorzeichen, daß das Stützenmoment M_r sowohl negative als auch positive Werte annehmen kann. Das größte negative Moment erhält man, wenn nur die negativen Beitragstrecken nach Abb. 113a belastet werden. Es kommen zunächst in Frage die Öffnungen l_r und l_{r+1}, die den Haupteinfluß geben. Die Belastung der Öffnung l_{r-2} und l_{r+3} liefert einen Anteil zum negativen Moment M_r, der erfahrungsgemäß nicht sehr groß ist, da mit wachsender Entfernung von der untersuchten Öffnung die Einflußflächen rasch kleiner werden. Der Einfluß der Belastung noch weiter abgelegener Öffnungen, also z. B. l_{r-4}, l_{r+5} usw., braucht daher für praktische Rechnungen als unwesentlich nicht mehr berücksichtigt zu werden.

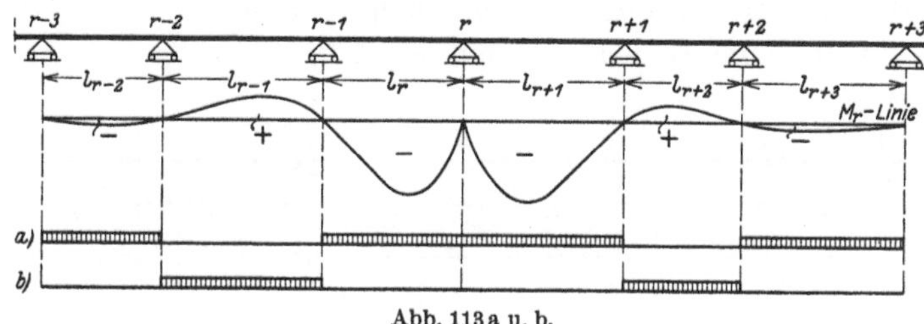

Abb. 113a u. b.

Für das größte positive Moment M_r reicht es aus, nach Abb. 113b die Öffnungen l_{r-1} und l_{r+2} zu belasten.

Liegt also ein Träger auf sehr vielen Stützen vor, so genügt es gewöhnlich, zur Berechnung des Stützenmomentes M_r nur einen Teil des Balkens links und rechts von der betrachteten Stütze r, nämlich einen Balken über sechs Öffnungen zur Berechnung heranzuziehen.

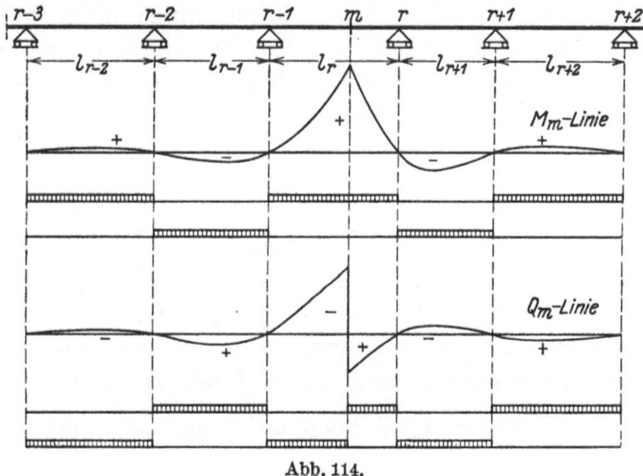

Abb. 114.

Handelt es sich um ein Feldmoment M_m, so ersieht man aus der Einflußlinie in Abb. 114, daß es genügt, einen Balken über fünf Öffnungen zu berücksichtigen. Auch für die Querkräfte Q_m ist nach nach Abb. 114 ein Balken über fünf Öffnungen ausreichend.

Die Einflußlinie für den Stützendruck C_r in Abb. 115 läßt erkennen, daß für die praktische Berechnung höchstens ein Balken über sechs Öffnungen heranzuziehen ist.

Die vorstehenden Betrachtungen zeigen also, daß man bei einem Balken auf beliebig vielen Stützen für praktische Zwecke nur einen

Teil des Balkens — etwa ein Trägerstück über sechs Öffnungen —
zur statischen Untersuchung in Rechnung zu stellen braucht. Eine
Berücksichtigung weiterer Öffnungen lohnt im allgemeinen nicht der
Mühe, weil der errechnete Zuschlag nicht im Einklang mit der auf-
gewandten Arbeit ist und gewöhnlich auf die Wahl der Querschnitts-
abmessungen ohne Bedeutung sein wird.

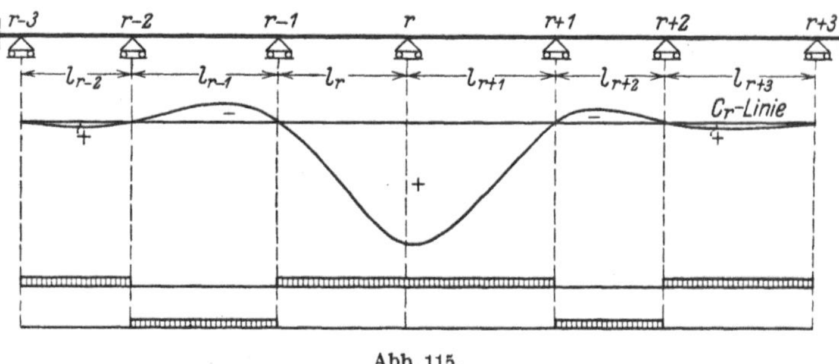

Abb. 115.

Dieses so herausgeschnittene Trägerstück über sechs Öffnungen
ist an den Enden $r - 3$ und $r + 3$ allerdings nicht frei gelagert.
Man könnte diesen Umstand bei der Berechnung berücksichtigen,
indem man den Balken über sechs Öffnungen an den Enden teilweise
eingespannt annimmt. Die Festpunkte L_{r-2} und R_{r+3} liegen dann
nicht über den Stützen $r - 3$ und $r + 3$, sondern sie liegen etwa
in der Nähe von $\dfrac{l_{r-2}}{5}$ bzw. $\dfrac{l_{r+3}}{5}$ von den Endstützen gerechnet, innerhalb der Öffnung. Die Berücksichtigung solcher Feinheiten jedoch
kann man aber für praktische Fälle gewöhnlich unterlassen, schon
mit Rücksicht auf die doch meistens unvermeidlichen anderen rohen
Voraussetzungen und Vereinfachungen der Berechnung. Hauptsäch-
lich für den ersten Rechnungsgang wird das zutreffen, wo man vor
allem über die Verhältnisse $\dfrac{J_c}{J_r}$ noch auf mehr oder minder rohe An-
nahmen angewiesen ist.

2. Die allgemeine Anordnung der Hilfstafeln.

Die Hilfstafeln gelten, wie bereits öfter hervorgehoben, für den
Fall, daß die Querschnitte in den einzelnen Öffnungen zwar verschieden sind, daß sie aber innerhalb jeder Öffnung selbst konstant
angenommen werden können.

Abgesehen von Hilfstafel I, die eine Zusammenstellung der in den
Belastungsgliedern $Z = - l\,l'\,z$ enthaltenen Werte z für verschiedene

symmetrische Feldbelastungen darstellt, findet man in den Hilfstafeln II bis VI Hilfswerte für durchlaufende Balken über zwei bis sechs ungleichen Öffnungen zusammengestellt. Mit Rücksicht auf die bequeme und übersichtliche Benutzbarkeit wurde die Anordnung dieser Tafeln II bis VI nach gemeinsamen Gesichtspunkten durchgeführt. Jede der Hilfstafeln erhält Unterteilungen 1 bis 12, in denen folgendes enthalten ist.

Tafel 1 gibt zunächst eine Zusammenstellung der Bezeichnungen und Abkürzungen, wie sie im Laufe der Untersuchungen vorkommen; weiterhin sind hier die Festpunktsabstände angegeben.

In Tafel 2 sind die Dreimomentengleichungen angeschrieben.

Wenn im folgenden auch für die üblichen Fälle bereits fertige Lösungen für Stützenmomente, Feldmomente usw. gegeben sind, so kann doch zuweilen eine allgemeinere Behandlung notwendig sein; sie läßt sich dann ohne Schwierigkeit mit Hilfe dieser und der folgenden Tafel durchführen.

In Tafel 3 wird die Auflösung der Dreimomentengleichungen gebracht, und zwar in der allgemeinen Form

$$M_r = \sum_{i=1}^{n} \beta_{ri} Z_i .$$

Der Tafel 4 können die Beiwerte β der Belastungsglieder Z entnommen werden. Entsprechend den praktischen Bedürfnissen werden zwei verschiedene Formen für die β-Tafel geboten. Handelt es sich z. B. nicht um eine vollständige Durchrechnung des durchlaufenden Balkens, sondern will man nur einige ganz bestimmte statische Werte ermitteln, so ist die Form unter a) die bequemere, weil man hier sofort ohne jede Zwischenrechnung die gerade gebrauchten Werte β erhält. Muß man dagegen den Träger vollständig durchrechnen, dann ist für die Ausrechnung sämtlicher Werte die Form b) bequemer, da in diesem Falle nur die β-Werte in der Hauptdiagonalen der Tafel mit Hilfe der aufgestellten Formeln zu berechnen sind, während sich alle übrigen Werte aus den Werten der Hauptdiagonalen durch Multiplikation mit den Werten μ ergeben, die bereits zur Bestimmung der Festpunkte gebraucht wurden.

Die Tafel 5 gibt eine Zusammenstellung der Hilfswerte $k = \beta\, l\, l'$.

Hat man es mit Einflußlinien-Untersuchungen zu tun, so benützt man die

Tafeln 6 bis 9. Man kann sofort mit dem Auftragen der Einflußlinien beginnen; man entnimmt den vorhergehenden Tafeln nur die Formeln, die gerade gebraucht werden. Die vielen Zahlenbeispiele geben Anhalt dafür, wie das zu machen ist.

In Tafel 6 sind die Einflußlinien für die Stützenmomente, in Tafel 7 für die Feldmomente, in Tafel 8 für die Querkräfte und in Tafel 9 die Einflußlinien für die Auflagerdrücke zusammengestellt. Eine weitere wichtige Untersuchung ist die Ermittlung des Eigengewichts, die in

Tafel 10 durchgeführt wird. Hierbei können zwei Fälle vorkommen: Das Eigengewicht ist in jeder Öffnung verschieden oder aber es ist für sämtliche Öffnungen gleich groß. Außer den Formeln für die Stützenmomente enthält diese Tafel Formeln für die Lage und Größe des Maximalmoments in jeder Öffnung. Will man die ganze Momentenfläche auftragen, so geschieht dies, wie in Grundaufgabe 1 angegeben ist. Weiterhin lassen sich die Querkraftsflächen infolge Eigengewichts nach den angegebenen Formeln sofort auftragen; auch findet man die einzelnen Auflagerdrücke infolge Eigengewichts in dieser Tafel.

Bei der Untersuchung des Einflusses einer gleichmäßig verteilten, veränderlichen Nutzlast p muß der jeweilig ungünstigste Belastungszustand berücksichtigt werden. Das ist in

Tafel 11 geschehen. Hier findet man alle Angaben, die eine unmittelbare Darstellung der Größt- und Kleinstwerte der Momente und Querkräfte ermöglichen. Auch sind in dieser Tafel die größten positiven und negativen Auflagerdrücke infolge Nutzlast p enthalten.

Tafel 12 gibt die Stützenmomente für den Fall an, daß eine oder beliebig viele Öffnungen des Balkens symmetrisch belastet sind. Wie in Zahlenbeispiel 3 gezeigt wird, findet diese Tafel zweckmäßig bei Untersuchung des Eigengewichtes und einer gleichmäßig verteilten Nutzlast p Verwendung. Die Belastungszahlen z dieser Tafel sind aus Hilfstafel I zu entnehmen. Die Benutzung dieser Tafel empfiehlt sich zum Beispiel auch für den Fall, daß der durchlaufende Balken ein Hauptunterzug ist, an den eine Reihe von Nebenunterzügen Einzellasten abgeben — ein Fall, den die übrigen Hilfstafeln nicht behandeln (vgl. hierzu Grundaufgabe 5 S. 135).

Zweiter Teil

Grundaufgaben und Zahlenbeispiele.

Einleitung.

Bei der zahlenmäßigen Durchrechnung kontinuierlicher Träger kehren eine Reihe von Teilrechnungen immer wieder; sie sind gewöhnlich für jede Öffnung des Balkens zu wiederholen.

Hierzu gehört bei Ermittlung der Einflußlinien die Berechnung der Einflußordinaten für jeden Teilpunkt innerhalb einer Öffnung, nachdem ganz allgemein die Gleichung der Einflußlinie aufgestellt ist. Für Eigengewicht ist die Darstellung der Momenten- und Querkraftfläche innerhalb jeder Öffnung durchzuführen, nachdem die Stützenmomente ermittelt sind. Ferner sind bei gleichmäßig verteilter Nutzlast p für jede Öffnung die Maximal- und Minimalmomenten- und Querkraftflächen darzustellen.

All diese bei jeder größeren Aufgabe sich oft wiederholenden Teilrechnungen sollen zunächst im Abschnitt I unter der Bezeichnung „Grundaufgaben" ausführlich besprochen werden. Dann können sie im Abschnitt II, in dem zusammenhängende, größere Beispiele behandelt werden, unberücksichtigt bleiben.

Durch das Fortlassen dieser Einzelheiten werden die umfangreichen Beispiele entlastet, und die Darstellung gewinnt an Übersichtlichkeit und Kürze.

I. Grundaufgaben.

Grundaufgabe 1. Darstellung der Momenten- und Querkraftsflächen mit Hilfe der Einheitsparabeln. (Vgl. hierzu: Erster Teil, Abschn. I, 5 sowie den dritten Teil.)

a) Der Verlauf der Momentenfläche infolge Eigengewicht in der zweiten Öffnung eines Balkens über drei Öffnungen soll ermittelt werden. Nach Abb. 116 ist die Öffnung $l_2 = 16{,}0$ m in $n = 8$ Felder geteilt. Die negativen Stützenmomente M_{1g} und M_{2g} haben sich nach Zahlenbeispiel 2 im folgenden Abschnitt II (vgl. S. 156) ergeben zu

$$M_{1g} = -18{,}4\,g,$$
$$M_{2g} = -26{,}4\,g.$$

Die positive M_{0g}-Fläche ist eine Parabel, deren größte Ordinate

$$\max M_{0g} = \frac{16,0^2}{8} \cdot g = + 32,0\, g$$

beträgt (Abb. 116 b).

Von der durch die Stützenmomente bestimmten Schlußlinie AB der Abb. 116 a sind die positiven Ordinaten y_0 der M_{0g}-Parabel nach unten abzutragen. Hätte die Parabel die Scheitelhöhe 1, so könnten die Werte y_M der Hilfstafel VIII, 1 S. 265 unmittelbar entnommen und aufgetragen werden. Da die Scheitelhöhe $32\,g$ beträgt, sind die Ordinaten y_M mit $32\,g$ zu multiplizieren.

Die Rechnung ist in Zahlentafel 1 zusammengestellt.

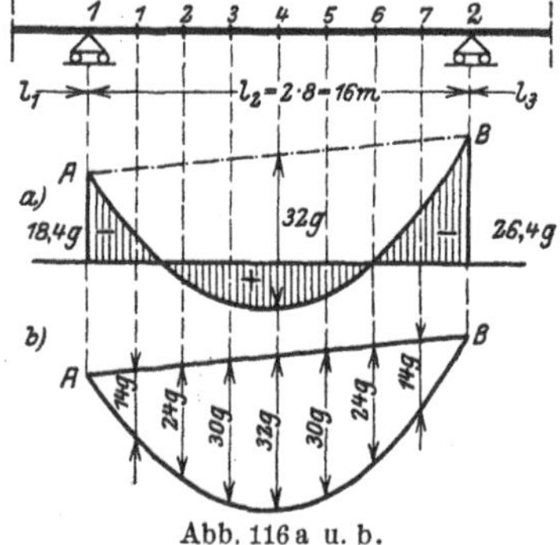

Abb. 116 a u. b.

Zahlentafel 1.

Teilpunkt	y_M	$y_{0g} = y_M \cdot 32\,g$
1 u. 7	0,4375	14,0 g
2 u. 6	0,7500	24,0 g
3 u. 5	0,9375	30,0 g
4	1,0000	32,0 g

b) Für denselben Balken nach Abb. 116 soll in der Öffnung l_2 die Maximalmomentenfläche infolge veränderlicher Nutzlast p dargestellt werden. Die Rechnungen des Zahlenbeispiels 2 haben die positiven Festpunktsmomente (vgl. Seite 158)

$$M_{L_2} = + 7,7\, p \qquad M_{R_2} = + 7,9\, p$$

sowie das größte Feldmoment $\max M_p = + 18,0\, p$ ergeben.

Zwischen den Festpunkten ist die Parabel einzuzeichnen (Abb. 117). Wir teilen die Strecke zwischen den Festpunkten L_2 und R_2 in eine beliebige Anzahl von gleichen Teilen, z. B. in 6 Teile. Die hier vorliegende Strecke von $9,03\,m$ läßt sich einfach dadurch in die gewünschte Felderzahl teilen, daß man den Maßstab durch Probieren so in die schiefe Richtung AB' bringt, daß die Strecke $\overline{AB'}$ bequem durch 6 teilbar ist. In unserem Beispiel nehmen wir $\overline{AB'} = 12\,m$ an, teilen diese Strecke in 6 Teile und loten die Punkte m' auf die Wagerechte $\overline{AB}$ herunter.

Anmerkung: Die Zahlenrechnung der in diesem Teil gebrachten Grundaufgaben und Zahlenbeispiele ist in den meisten Fällen unter Verwendung einer Rechenmaschine mit größerer Genauigkeit durchgeführt worden, als aus den angegebenen Dezimalstellen hervorgeht. Hieraus erklären sich die bei der Abrundung entstandenen scheinbaren Unstimmigkeiten, die gelegentlich in der letzten Stelle auftreten. Für praktische Zwecke genügt die Genauigkeit des Rechenschiebers.

Die Scheitelordinate der Parabel beträgt

$$\max M_p' = \max M_p - \frac{M_{L_2} + M_{R_2}}{2}$$

$$\max M_p' = 18\,p - \frac{7{,}7 + 7{,}9}{2}\,p = 10{,}2\,p.$$

Mit diesem Wert sind also die der Hilfstafel VIII, 1 entnommenen Ordinaten y_M zu multiplizieren. (Siehe Zahlentafel 2 und Abb. 117.)

Zahlentafel 2.

Teilpunkt	y_M	$M_p' = 10{,}2\,p \cdot y_M$
1 u. 5	0,5556	$5{,}667\,p$
2 u. 4	0,8889	$9{,}067\,p$
3	1,0000	$10{,}200\,p$

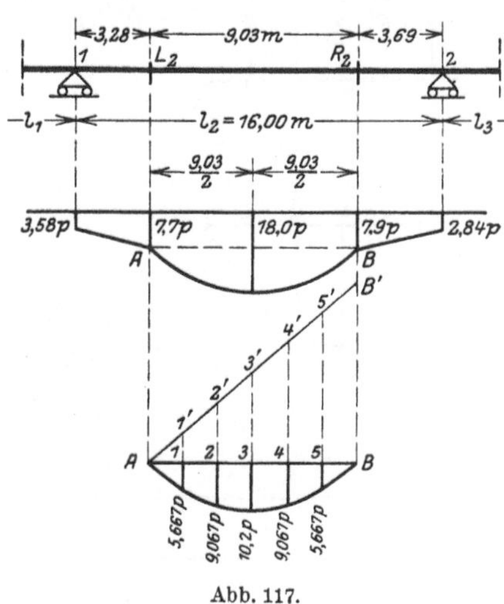

Abb. 117.

c) Der in Abb. 118 dargestellte einfache Balken sei durch Einzelkräfte w belastet. Zu ermitteln ist die zugehörige Momentenfläche. (Vgl. hierzu Zahlenbeispiel 6 Seite 200.)

Nach Formel (45) Seite 30 errechnen sich die Momente am bequemsten [1]) unter Zuhilfenahme der Querkräfte zu:

$$M_m = M_{m-1} + a_m Q_m.$$

Zur Ermittlung der Querkräfte bestimmen wir den Auflagerdruck

$$A = \frac{\sum\limits_{1}^{n} w \cdot x'}{l} = \frac{\sum\limits_{1}^{n} w \cdot m'}{n}$$

wobei n die Anzahl der Felder bedeutet.

Nach Zahlentafel 3a ist $\sum\limits_{1}^{5} w\,m' = 44{,}9538$, dann ist bei einer Felderanzahl von $n = 6$

$$A = \frac{44{,}9538}{6} = 7{,}4923.$$

---

[1]) Das in der Praxis meist übliche Ansetzen des Angriffsmomentes in bezug auf den Querschnitt m erfolgt in der Weise, daß man der Reihe nach die Produkte bildet: Linker Auflagerdruck mal Abstand desselben vom untersuchten Punkt minus Lasten links vom Querschnitt, multipliziert mit den zugehörigen Hebelarmen in bezug auf m. Bei einer größeren Anzahl von Einzellasten ist jedoch diese Art der Momentenbestimmung umständlich.

Die Querkraft im Feld $\overline{A-1}$ ist also

$$Q_1 = A = 7{,}4923.$$

Im Feld $\overline{1-2}$ ist

$$Q_2 = 7{,}4923 - w_1 = 7{,}4923 - 0{,}9770 = 6{,}5153$$

usf.

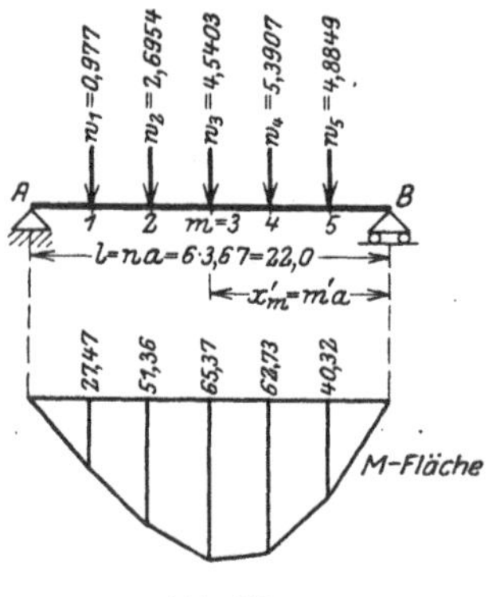

Abb. 118.

Das Moment für den Punkt A ist gleich Null.

Für den Teilpunkt 1 erhalten wir

$$M_1 = 0 + Q_1 \cdot a = +\, 7{,}4923 \cdot 3{,}66 \ldots$$
$$= 27{,}4716.$$

Im Teilpunkt 2 ergibt sich
$$M_2 = 27{,}4716 + Q_2\, a$$
$$= 27{,}4716 + 6{,}5153 \cdot 3{,}66 \ldots$$
$$M_2 = 51{,}36.$$

Die gesamte Rechnung ist in Zahlentafel 3a angegeben. Abb. 118 zeigt die so errechnete Momentenfläche.

Zahlentafel 3a.

m	m'	w	$w \cdot m'$	Q_m	$Q_m \cdot a$	M_m
1	5	0,9770	4,8850	7,4923	27,4716	27,47
2	4	2,6954	10,7816	6,5153	23,8894	51,36
3	3	4,5403	13,6209	3,8199	14,0063	65,37
4	2	5,3907	10,7814	$-\,0{,}7204$	$-\,2{,}6413$	62,73
5	1	4,8849	4,8849	$-\,6{,}1111$	$-\,22{,}4073$	40,32
			$\Sigma = 44{,}9538$			

Bei gleicher Feldweite a kann man die vorstehende Rechnung noch einfacher gestalten, indem man die Werte $\dfrac{M_m}{a}$ bildet. Dann erhält man die Momentenfläche unmittelbar aus den Querkräften.

Es wird

für Teilpunkt 1: $\quad \dfrac{M_1}{a} = A = 7{,}4923,$

„   „   2: $\quad \dfrac{M_2}{a} = \dfrac{M_1}{a} + Q_2 = 7{,}4923 + 6{,}5153 = 14{,}0076$

usf.

Diese Rechnung ist in Zahlentafel 3b zusammengestellt. Braucht man die M-Fläche selbst, so sind bei der zweiten Rechnungsart zum Schluß die erhaltenen Ordinaten mit a zu multiplizieren.

Zahlentafel 3b.

m	m'	w'	$w \cdot m'$	Q_m	$\dfrac{M_m}{a}$
1	5	0,9770	4,8850	7,4923	7,4923
2	4	2,6954	10,7816	6,5153	14,0076
3	3	4,5403	13,6209	3,8199	17,8275
4	2	5,3907	10,7814	$-\,0,7204$	17,1071
5	1	4,8849·	4,8849	$-\,6,1111$	10,9960

Besonders einfach gestaltet sich dieser Rechnungsgang, wenn die Einzellasten symmetrisch zur Mitte angeordnet sind, oder auch wenn alle Einzellasten gleich sind. Dann ist der Auflagerdruck gleich der halben Summe der Lasten und die Querkraft in der Mitte Null. Setzt man in diesem Falle die Querkräfte von Balkenmitte aus an, so erhält man durch einfaches Addieren der Werte w von der Mitte aus die Querkräfte der einzelnen Teilpunkte m und ferner durch Zusammenzählen der Querkräfte vom Auflager aus die Werte $\dfrac{M}{a}$.

Je größer die Anzahl der Einzelkräfte, desto mehr tritt die Überlegenheit dieses Verfahrens gegenüber dem sonst üblichen in Erscheinung.

d) Für die Öffnung l_2 des Balkens nach Abb. 116 sind für $n = 8$ die Ordinaten der Q_{0p}-Fläche aufzutragen. Am Auflager 1 beträgt die Größtordinate

$$\max Q_{0p} = \frac{p}{2} \cdot 16,0 = 8\,p;$$

demnach sind die der Hilfstafel VIII, 2 entnommenen Einheitsordinaten y_Q' mit $8\,p$ zu multiplizieren. (Siehe Zahlentafel 4 und Abb. 119.)

Zahlentafel 4.

Teilpunkt	y_Q'	$Q_0 = 8\,p \cdot y_Q'$
1	1,0000	8,0000 p
1	0,7656	6,1248 p
2	0,5625	4,5000 p
3	0,3906	3,1248 p
4	0,2500	2,0000 p
5	0,1406	1,1248 p
6	0,0625	0,5000 p
7	0,0156	0,1248 p
2	0,0000	0,0000 p

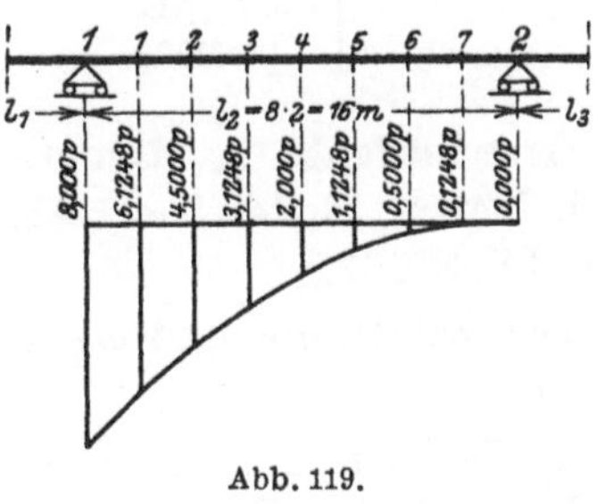

Abb. 119.

e) Für den Balken über 3 Öffnungen nach Abb. 116 ergibt sich nach Zahlenbeispiel 2 die Gleichung der max Q_{mp}-Fläche in der Öffnung l_2 (vgl. Seite 159) zu

$$\max Q_{mp} = p\,[0,0313\,{x_2'}^2 - 0,0114\,x_2' + 0,766].$$

Wir betrachten die drei Anteile der vorstehenden Gleichung gesondert. Der letzte Anteil ist konstant; er liefert zur Q_{mp}-Fläche ein Rechteck $ABCD$, dessen Höhe $0{,}766\,p$ ist (Abb. 120).

Der zweite Anteil stellt eine schräge Gerade dar, die bei Stütze 2 die Ordinate 0, bei Stütze 1 die Ordinate $-\,0{,}0114\cdot16\,p = -\,0{,}1824\,p$ hat. Da dieser Anteil negativ ist, wird das Dreieck DEC vom Rechteck $ABCD$ abgezogen. Der erste Anteil von max Q_{mp} rührt von der Q_{mo}-Parabel her, derselben, die wir bereits unter d) berechnet haben (es ist $0{,}0313\,x_2'^{\,2} = 8\,y_Q'$). Daher sind die unter d) ermittelten positiven Ordinaten von der Schrägen ED aus nach unten aufzutragen. Die Fläche $ABDF$ in Abbildung 120 stellt dann die gesuchte max Q_{mp}-Fläche dar.

Braucht man für die einzelnen Teilpunkte 1, 2, 3 usw. der Öffnung l_2 die Zahlenwerte der Ordinaten der max Q_{mp}-Fläche, dann rechnet man die vorstehende Gleichung für die einzelnen Teilpunkte aus, wie es in Zahlentafel 5 geschehen ist.

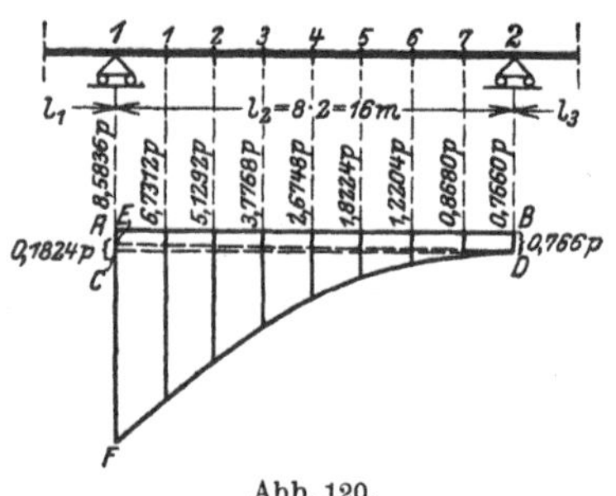

Abb. 120.

Zahlentafel 5.

Teilpunkt	$c_1\,x'^{\,2}$	$c_2\,x'$	c_3	max Q_{mp}
1	$+\,8{,}0000$	$-\,0{,}1824$	$+\,0{,}766$	$+\,8{,}5836\ p$
1	$+\,6{,}1248$	$-\,0{,}1596$	$+\,0{,}766$	$+\,6{,}7312\ p$
2	$+\,4{,}5000$	$-\,0{,}1368$	$+\,0{,}766$	$+\,5{,}1292\ p$
3	$+\,3{,}1248$	$-\,0{,}1140$	$+\,0{,}766$	$+\,3{,}7768\ p$
4	$+\,2{,}0000$	$-\,0{,}0912$	$+\,0{,}766$	$+\,2{,}6748\ p$
5	$+\,1{,}1248$	$-\,0{,}0684$	$+\,0{,}766$	$+\,1{,}8224\ p$
6	$+\,0{,}5000$	$-\,0{,}0456$	$+\,0{,}766$	$+\,1{,}2204\ p$
7	$+\,0{,}1248$	$-\,0{,}0228$	$+\,0{,}766$	$+\,0{,}8680\ p$
2	$\pm\,0{,}0000$	$\pm\,0{,}0000$	$+\,0{,}766$	$+\,0{,}7660\ p$

Grundaufgabe 2. Benutzung der Hilfstafeln für ω_D und ω_D'. (Vgl. hierzu: Erster Teil, Abschnitt I, 4a sowie Dritter Teil, Hilfstafel IX, S. 267.)

Die Zahlen ω_D und ω_D' finden beim Auftragen von Einflußlinien Verwendung.

a) Für den Balken nach Abb. 121 wird die Einflußlinie für den Drehwinkel des Endquerschnittes A gesucht. Nach den Betrachtungen im Ersten Teil, Abschnitt I, 6 (S. 21) ist die Gleichung der gesuchten Einflußlinie

$$EJ_c\,\delta_{Am} = EJ_c\,\delta_{mA} = \frac{ll'}{6}\,\omega_D'\,.$$

Ist nun $J = J_c$, d. h. gleich dem konstanten Trägheitsmoment des Balkens, dann wird mit $l = l' = 12$ m

$$EJ_c \delta_{Am} = \frac{12^2}{6}\, \omega_D' = 24\, \omega_D'.$$

Die Zahlen ω_D' sind der Hilfstafel IX entnommen und in Zahlentafel 6 zusammengestellt. Man erhält also die Ordinaten der gesuchten Einflußlinie $\eta_m = 24\, \omega_D'$ in Zahlentafel 6 und Abb. 121a. Statt dieser Linie kann man bequemer die ω_D'-Linie nach Abb. 121b unmittelbar als Einflußlinie für den Drehwinkel bei A benutzen, indem man den Multiplikator

$$\mu = \frac{24}{EJ}$$

hinzufügt. Man erspart so das Ausmultiplizieren der einzelnen Ordinaten η_m. Nach Auswertung der ω_D'-Linie wird dann nur das Schlußresultat mit μ multipliziert.

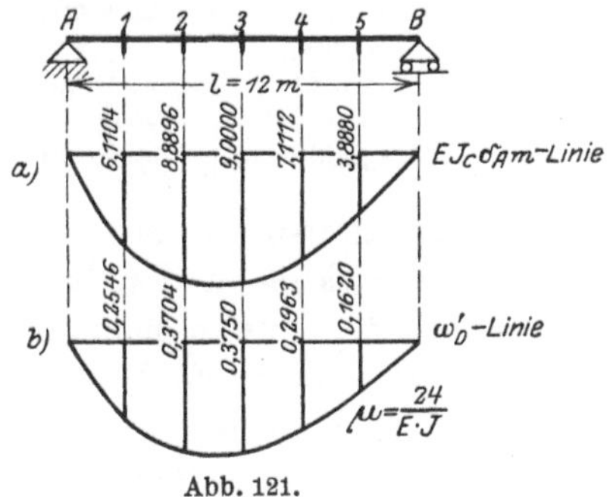

Abb. 121.

Zahlentafel 6.

m	ω_D'	$\eta_m = 24\, \omega_D'$
1	0,2546	6,1104
2	0,3704	8,8896
3	0,3750	9,0000
4	0,2963	7,1112
5	0,1620	3,8880

b) Für den Balken über zwei Öffnungen nach Abb. 122 lautet die Gleichung der Einflußlinie für das Stützenmoment M_1 in der Öffnung l_1 nach Zahlenbeispiel 1 im folgenden Abschnitt II (vgl. Seite 146)

$$\eta_{11} = -3,76\, \omega_D.$$

Wir benutzen die Hilfstafel IX der ω_D-Werte für $n = 8$, da die erste Öffnung in 8 Felder geteilt ist. Diese Zahlenwerte ω_D sind in Zahlentafel 7 eingetragen. Jeder dieser Werte ist nun nach vorstehender Gleichung mit

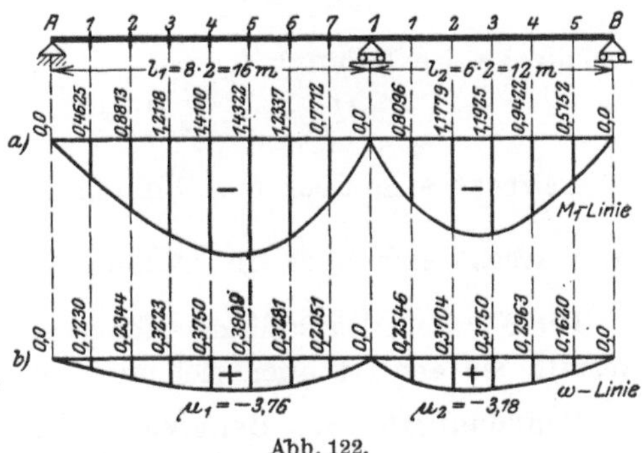

Abb. 122.

$-3,76$ zu multiplizieren; dann erhält man die gesuchte Einflußlinie. Diese Ordinaten sind ebenfalls in Zahlentafel 7 zusammengestellt und in Abb. 122a aufgetragen.

Für die Öffnung l_2 lautet die Gleichung der Einflußlinie für das Stützenmoment

$$\eta_{12} = -3{,}18\,\omega_D'.$$

Die Öffnung l_2 ist in 6 Felder geteilt; die Zahlwerte ω_D' sind daher der Hilfstafel IX für $n = 6$ entnommen und in Zahlentafel 7 eingetragen. Sie werden mit $-3{,}18$ multipliziert und ergeben so die gesuchten Ordinaten η_{12}.

Zahlentafel 7.

	Öffnung l_1			Öffnung l_2	
m	ω_D	$\eta_{11} = -3{,}76\,\omega_D$	m	ω_D'	$\eta_{12} = -3{,}18\,\omega_D'$
A	0,0000	$\pm\,0{,}0000$	1	0,0000	$\pm\,0{,}0000$
1	0,1230	$-\,0{,}4625$	1	0,2546	$-\,0{,}8096$
2	0,2344	$-\,0{,}8813$	2	0,3704	$-\,1{,}1779$
3	0,3223	$-\,1{,}2118$	3	0,3750	$-\,1{,}1925$
4	0,3750	$-\,1{,}4100$	4	0,2963	$-\,0{,}9422$
5	0,3809	$-\,1{,}4322$	5	0,1620	$-\,0{,}5152$
6	0,3281	$-\,1{,}2337$	B	0,0000	$\pm\,0{,}0000$
7	0,2051	$-\,0{,}7712$	—	—	—
1	0,0000	$\pm\,0{,}0000$	—	—	—

Die Multiplikation eines jeden Wertes ω_D bzw. ω_D' mit einem konstanten Faktor in den beiden Öffnungen des Balkens kann nun gespart werden, wenn man die Darstellung der Abb. 122 b benutzt; hier sind die reinen Zahlenwerte ω_D und ω_D' aufgetragen. In diesem Falle wertet man die Einflußlinie für M_1 (Abb. 122 b) zunächst für die gegebene äußere Belastung aus und versieht dann das Resultat jeder Öffnung mit einem Multiplikator, der dem Beiwert des ω-Wertes in der untersuchten Öffnung entspricht. Für die erste Öffnung l_1 ist dann

$$M_{11} = \mu_1 \sum_1 P\eta = -3{,}76 \sum_1 P\eta,$$

für die zweite Öffnung l_2

$$M_{12} = \mu_2 \sum_2 P\eta = -3{,}18 \sum_2 P\eta.$$

$\sum_1$ erstreckt sich über die Öffnung l_1,

$\sum_2$ erstreckt sich über die Öffnung l_2.

Diese zweite Darstellung gibt zwar die Einflußlinien in verzerrter Gestalt, sie erspart aber viel an Rechenarbeit.

Grundaufgabe 3. Benutzung der Hilfstafeln für ω_T und ω_T'. (Vgl. hierzu: Erster Teil, Abschnitt I, 4 b sowie Dritter Teil, Hilfstafel X, S. 270.)

a) Gesucht wird die Einflußlinie für das Stützenmoment M_4 eines Balkens über 7 Öffnungen nach Abb. 123. Im Zahlenbeispiel 5, S. 189, sind für die Ordinaten der Einflußlinie für das Stützenmoment M_4 in den einzelnen Öffnungen folgende Gleichungen aufgestellt:

$$\text{Öffnung } l_1: \quad \eta_{41} = + 0{,}055\, \omega_D,$$
$$\text{„ } l_2: \quad \eta_{42} = - 0{,}300\, (\omega_D - 0{,}258\, \omega_D'),$$
$$\text{„ } l_3: \quad \eta_{43} = + 1{,}033\, (\omega_D - 0{,}278\, \omega_D'),$$
$$\text{„ } l_4: \quad \eta_{44} = - 4{,}192\, (\omega_D - 0{,}258\, \omega_D'),$$
$$\text{„ } l_5: \quad \eta_{45} = - 3{,}930\, (\omega_D - 0{,}340\, \omega_D),$$
$$\text{„ } l_6: \quad \eta_{46} = + 0{,}951\, (\omega_D' - 0{,}239\, \omega_D),$$
$$\text{„ } l_7: \quad \eta_{47} = - 0{,}217\, \omega_D'.$$

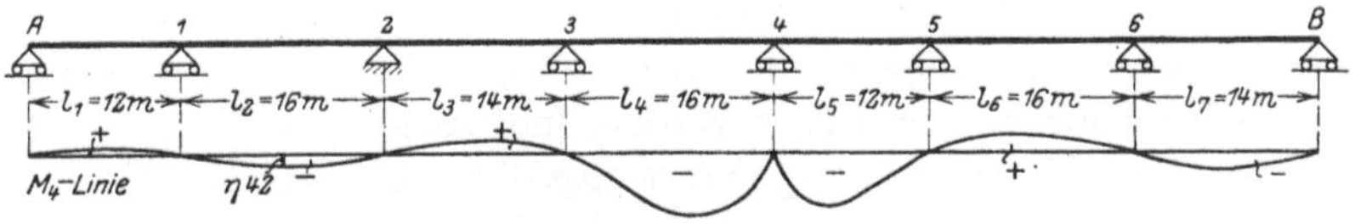

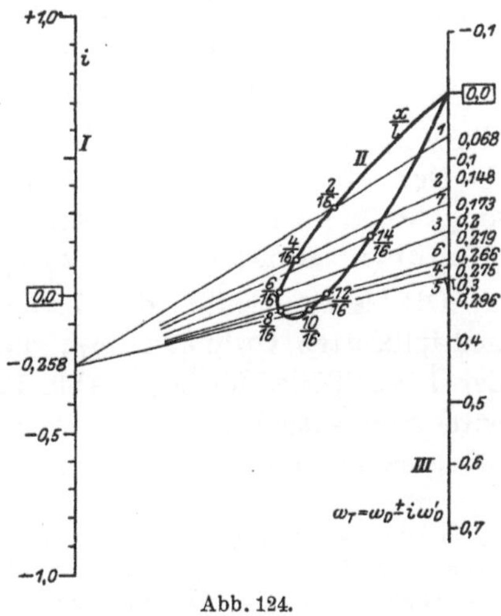

Abb. 123.

Die Gleichungen für die Endöffnungen l_1 und l_7 werden genau so behandelt wie im Beispiel der Grundaufgabe 2 b). Für die Mittelöffnungen l_2 bis l_6 schlägt man zweckmäßig den im folgenden erläuterten Weg ein. Als Beispiel wollen wir dabei die Gleichung für die Öffnung l_2 eingehender betrachten; die Einflußordinaten der übrigen Mittelöffnungen können auf die gleiche Weise ermittelt werden.

Für die Öffnung l_2 lautet die Gleichung der M_4-Linie

$$\eta_{42} = - 0{,}300\, [\omega_D - 0{,}258\, \omega_D'].$$

Den Klammerausdruck bezeichnen wir mit ω_T (vgl. hierzu: Erster Teil, Abschnitt I, 4 b, Seite 14). Man ermittelt nun diesen Wert am schnellsten unter Benutzung der Worch'schen Nomogramme, die als Hilfstafel X (zum bequemen Gebrauch als Ausschlagtafel) am Schlusse des dritten Teiles angefügt sind. Die Öffnung l_2 ist in 8 Felder geteilt, also $n = 8$. Zunächst wird auf der Leiter I

Abb. 124.

(vgl. Abb. 124) der Wert $i = - 0{,}258$ aufgesucht, und zwar auf dem unteren Teil, weil der Wert i negativ ist. Von diesem Punkt legt man ein Strahlenbüschel durch die auf der Leiter II näher bezeichneten Punkte

$$\frac{x}{l} = \frac{2}{16},\ \frac{4}{16},\ \frac{6}{16} \cdots \frac{14}{16}.\ ^{1)}$$

Diese Strahlen treffen die Leiter III in Punkten, die die folgenden
Zahlenwerte aufweisen:

$$\text{Strahl durch}\ \frac{x}{l} = \frac{2}{16}\ \text{liefert}\ \omega_T = +\,0{,}068,$$

$$\text{,,} \qquad \text{,,} \qquad \frac{x}{l} = \frac{4}{16} \qquad \text{,,} \qquad \omega_T = +\,0{,}148$$

$$\text{usf.}$$

Sämtliche Werte ω_T sind in Zahlentafel 8 eingetragen. Die auf
diese Weise graphisch gefundenen ω_T-Werte können selbstverständ-
lich auch rechnerisch ermittelt werden, indem man von dem ω_D-Wert
den mit i multiplizierten ω_D'-Wert abzieht. Eine solche Rechnung
liefert genauere Werte ω_T, da die Möglichkeit ungenauer Ablesung
im Nomogramm ausgeschaltet wird. Ein Unterschied zwischen gerechneten und abgelesenen ω_T-Werten ist jedoch selbst bei flüchtiger
Ablesung erst in der dritten Dezimalstelle zu erwarten. Da es nun
für praktische Fälle vollauf genügt, die ω_T-Werte bis auf die zweite
Stelle hinter dem Komma anzugeben, hat eine eventuelle Ungenauig-
keit der dritten Dezimalen keinen Einfluß auf die Größe der Ordinaten η. Die umständliche Berechnung der ω_T-Werte kann also
immer erspart werden.

In Zahlentafel 8 sind auch die gerechneten ω_T-Werte eingetragen.
Ein Vergleich mit den aus den Hilfstafeln X gefundenen Werten zeigt
die Geringfügigkeit der Abweichung. In diesem Beispiel der Grundaufgabe 3 sowie in den folgenden Grundaufgaben wurde mit den
graphisch ermittelten ω_T- bzw. ω_T'-Werten weitergerechnet.

Die letzte Spalte der Zahlentafel 8 enthält die mit $-0{,}300$
multiplizierten Ordinaten ω_T; das sind die gesuchten Ordinaten η_{42}
der Einflußlinie für M_4, Abb. 125a. Bei praktischen Rechnungen
wird man wieder die ω_T-Linie direkt benutzen, also das Ausmultiplizieren mit 0,300 sparen und dafür den Multiplikator $\mu = -0{,}300$

---

^{1}) Die erste nomographische Hilfstafel (X a) ist der besseren Übersichtlichkeit
wegen nur für die ungeraden Feldteilungen $n = 11$ bis $n = 19$ eingerichtet,
die zweite (X b) nur für die geraden Teilungen $n = 10$ bis $n = 20$. — Für
Teilungen von $n = 2$ bis $n = 9$ sind die ω_T-Werte ohne weiteres im Nomogramm für gerade Teilung abzulesen, indem man das Verhältnis $\frac{x}{l}$ auf einen
Bruch erweitert, dessen Nenner zwischen 10 und 20 liegt. Man setze z. B.:

$$\frac{1}{4} = \frac{3}{12};\ \frac{2}{4} = \frac{6}{12}\ \text{usf.} \qquad \text{oder} \qquad \frac{1}{8} = \frac{2}{16};\ \frac{2}{8} = \frac{4}{16}\ \text{usf.}$$

zur ω_T-Linie hinzufügen. Sie ist in Abb. 125 b aufgetragen, die dann die verzerrte M_4-Linie für die Öffnung l_2 darstellt.

Zahlentafel 8.

m	ω_T (abgelesen)	ω_T (gerechnet)	$-0,300\,\omega_T$
1	$+0,068$	$+0,070$	$-0,020$
2	$+0,148$	$+0,152$	$-0,044$
3	$+0,219$	$+0,222$	$-0,066$
4	$+0,275$	$+0,278$	$-0,083$
5	$+0,296$	$+0,298$	$-0,089$
6	$+0,266$	$+0,268$	$-0,080$
7	$+0,173$	$+0,173$	$-0,052$

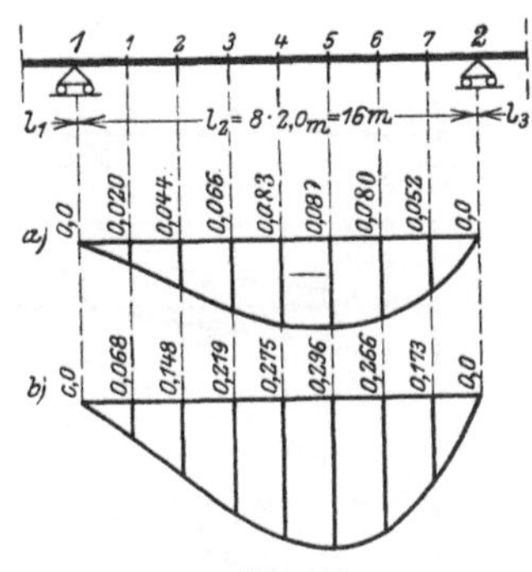

Abb. 125.

b) Es ist die Einflußlinie der Querkraft Q_m in der Öffnung l_3 des Balkens über 7 Öffnungen nach Abb. 123 zu berechnen.

Im Zahlenbeispiel 5, Seite 190, ist folgende Gleichung für die Einflußordinaten der Querkraftslinie in l_3 abgeleitet worden:

$$\eta_{33} = Q_{03} + 0,385\,\omega_D' - 0,384\,\omega_D .$$

Formt man diese Gleichung um in

$$\eta_{33} = Q_{03} + 0,385 \left[\omega_D' - \frac{0,384}{0,385}\,\omega_D \right]$$

d. h.

$$\eta_{33} = Q_{03} + 0,385\,[\omega_D' - 0,997\,\omega_D],$$

dann entspricht der Wert in der Klammer einem ω_T'-Wert. Aus praktischen Gründen schreiben wir die vorstehende Gleichung noch in folgender Form:

$$\eta_{33} = 0,385 \left[\frac{Q_{03}}{0,385} + \omega_T' \right].$$

Diese Umformung macht die Zahlenrechnung deshalb bequemer, weil das Multiplizieren der einzelnen ω_T'-Werte mit dem Beiwert $i = 0,385$ auf diese Weise gespart wird. Statt dessen ist zwar die Q_{03}-Linie durch den entsprechenden Beiwert zu dividieren; dies ist jedoch einfacher, da die Q_{03}-Linie des statisch bestimmten Hauptsystems sich aus Geraden zusammensetzt und man deshalb in der ganzen Öffnung nur eine Ordinate zu dividieren braucht.

Wir behandeln die beiden Anteile der Einflußlinien-Gleichung getrennt. Der erste Anteil stellt die durch 0,385 dividierte Q_{03}-Linie dar. Es ist dies die Querkraftlinie eines einfachen Balkens von der Spannweite l_3, die von zwei Geraden begrenzt wird (Abb. 126 a). Im vorliegenden Fall haben jedoch die Ordinaten an den Stützen 2 und 3 nicht den Wert 1, sondern betragen $\dfrac{1}{0{,}385} = 2{,}597$. (Vgl. Abb. 126 b.) Die Ordinaten für die Teilpunkte des negativen Astes folgen, wenn $n = 7$, der Gleichung

$$-\eta_{0\,m} = \frac{2{,}597}{7}\,m = 0{,}371\,m$$

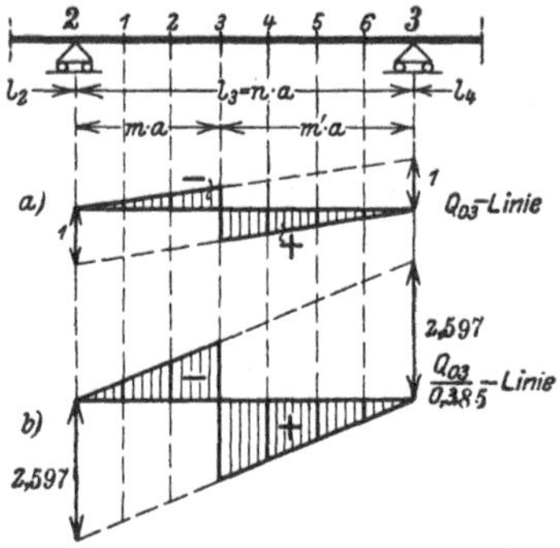

wobei $m = 0, 1, 2, \ldots, 7$ zu setzen ist.

Der positive Ast hat dieselben, jedoch spiegelbildlich zur Mitte gelegenen Ordinaten $+\eta_{0\,m}$. Die Zahlenwerte für $-\eta_m$ und $+\eta_m$ sind in Zahlentafel 9 eingetragen.

Der zweite Teil der Gleichung der Q_m-Linie enthält den Wert ω_T'. Dieser wird — ähnlich wie unter a) der Wert ω_T — mit Hilfe der Worchschen Nomogramme (Hilfstafel X) bestimmt.

Abb. 126.

Statt mit den Werten $\dfrac{x}{l}$ haben wir es bei der Bestimmung von ω_T' mit den Werten $\dfrac{x'}{l}$ zu tun. Die Nomogramme können jedoch ohne weiteres auch für diesen Fall benutzt werden, wenn man das Verhältnis $\dfrac{x'}{l}$ durch $\dfrac{x}{l}$ ausdrückt. Beachten wir, daß $x = l - x'$ ist, so können wir z. B. für $\dfrac{x'}{l} = \dfrac{2}{14}$ den entsprechenden Wert $\dfrac{x}{l} = \dfrac{12}{14}$ setzen. Durch geradlinige Verbindung des Punktes $i = 0{,}997$ auf der Leiter I mit dem Punkt $\dfrac{12}{14}$ auf der Leiter II finden wir dann sofort auf der Leiter III den Wert $\omega_T' = + 0{,}088$ für $\dfrac{x'}{l} = \dfrac{2}{14}$. Ebenso erhält man die übrigen, in Zahlentafel 9 zusammengestellten ω_T'-Werte.

Zahlentafel 9.

m	$-\eta_{0\,m}$	$+\eta_{0\,m}$	ω_T'	$-\eta_m$	$+\eta_m$
2	$\pm 0{,}000$	$+ 2{,}597$	$\pm 0{,}000$	$\pm 0{,}000$	$+ 2{,}597$
1	$- 0{,}371$	$+ 2{,}226$	$+ 0{,}088$	$- 0{,}283$	$+ 2{,}314$
2	$- 0{,}742$	$+ 1{,}855$	$+ 0{,}088$	$- 0{,}654$	$+ 1{,}943$
3	$- 1{,}113$	$+ 1{,}484$	$+ 0{,}036$	$- 1{,}077$	$+ 1{,}520$
4	$- 1{,}484$	$+ 1{,}113$	$- 0{,}034$	$- 1{,}518$	$+ 1{,}079$
5	$- 1{,}855$	$+ 0{,}742$	$- 0{,}087$	$- 1{,}942$	$+ 0{,}655$
6	$- 2{,}226$	$+ 0{,}371$	$- 0{,}087$	$- 2{,}313$	$+ 0{,}284$
3	$- 2{,}597$	$\pm 0{,}000$	$\pm 0{,}000$	$- 2{,}597$	$\pm 0{,}000$

Die Ermittlung geschieht also analog der in Grundaufgabe 3a und Abb. 124, Seite 123, geschilderten Weise, nur daß auf die umgekehrte Reihenfolge der Strahlen zu achten ist.

Zählt man nun die beiden Anteile der Einflußliniengleichung zusammen, so erhält man die Ordinaten der gesuchten Einflußlinie für Q_3. (Vgl. Abb. 127a.) In Abb. 127b ist die Q-Linie für den Teilpunkt 3 schraffiert angegeben. Die Einflußlinie für die Querkraft des Feldes $\overline{3-4}$ der Öffnung l_3 ist in Abb. 127c dargestellt; sie ist, ebenso wie die vorigen Linien, noch mit dem Multiplikator $\mu = 0{,}385$ zu versehen.

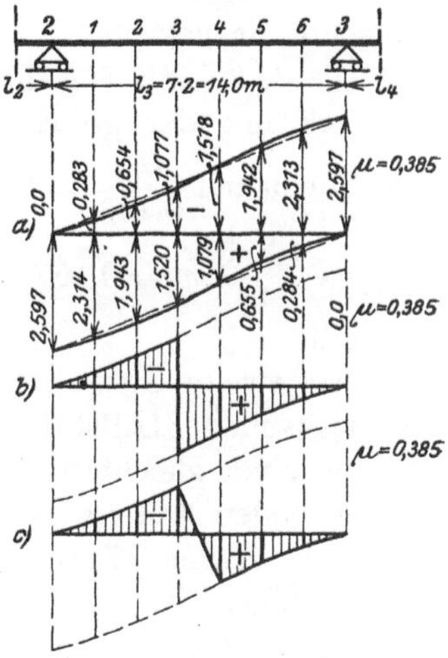

c) Gesucht wird die Einflußlinie für den Stützdruck C_4 des Balkens über 7 Öffnungen nach Abb. 123. Es sollen die Einfluß-Ordinaten in den Öffnungen l_4 und l_5 berechnet werden.

Im Zahlenbeispiel 5, Seite 190, sind folgende Gleichungen der C_4-Linie nach Hilfstafel VII, 9 entwickelt worden:

Für die Öffnung l_4:
$$\eta_{44} = C_{04} + 0{,}798\,\omega_D - 0{,}463\,\omega_D',$$
für die Öffnung l_5:
$$\eta_{45} = C_{04} + 0{,}748\,\omega_D' - 0{,}595\,\omega_D.$$

Abb. 127.

Wir formen die vorstehenden Gleichungen zunächst so um, daß der größere Beiwert von ω_D bzw. ω_D' vor die Klammer gezogen wird. Für die Öffnung l_4 lautet dann die Gleichung

$$\eta_{44} = C_{04} + 0{,}798 \left[\omega_D - \frac{0{,}463}{0{,}798}\,\omega_D' \right],$$

also

$$\eta_{44} = C_{04} + 0{,}798 \left[\omega_D - 0{,}580\,\omega_D' \right].$$

Setzen wir den Klammerwert

$$\omega_D - 0{,}580\,\omega_D' = \omega_T,$$

dann ist

$$\eta_{44} = C_{04} + 0{,}798\,\omega_T.$$

Damit wir die Zahlen ω_T wieder ohne Beiwert benutzen können, schreiben wir

$$\eta_{44} = 0{,}798 \left[\frac{C_{04}}{0{,}798} + \omega_T \right].$$

128   Grundaufgaben und Zahlenbeispiele.

Für die Öffnung l_5 erhalten wir entsprechend

$$\eta_{45} = 0{,}748 \left[\frac{C_{04}}{0{,}748} + \omega'_T \right],$$

wobei

$$\omega'_T = \omega'_D - \frac{0{,}595}{0{,}748}\, \omega_D = \omega'_D - 0{,}795\, \omega_D$$

ist. Die beiden Anteile der vorstehenden Gleichungen werden wieder getrennt dargestellt.

Die C_{04}-Linie für die Öffnungen l_4 und l_5 ist nach Abb. 128 ein Dreieck mit der größten Höhe 1 bei Stütze 4. In der Öffnung l_4 wird demnach $\dfrac{C_{04}}{0{,}798} = 1{,}253\, C_{04}$ und mit $n = 8$ betragen die Ordinaten $\eta_{0m} = \dfrac{1{,}253}{8}\, m = 0{,}157\, m$. Sie sind in Zahlentafel 10 zusammengestellt.

Der zweite Anteil ω_T wird wieder mit Hilfe der Worch'schen Nomogramme (Hilfstafel X) für $n = 8$ ermittelt. Die abgelesenen Werte sind gleichfalls in Zahlentafel 10 eingetragen. Zählt man diese beiden Anteile zusammen, so erhält man die Ordinaten der C_4-Linie in der Öffnung l_4, wobei noch der Multiplikator $\mu_4 = 0{,}798$ hinzuzufügen ist. Die Linie ist in Abb. 129 dargestellt. In der Öffnung l_5 besteht die Einflußlinie in ihrem ersten Anteil aus der C_{04}-Linie für die Öffnung l_5 nach Abb. 129, die mit $\dfrac{1}{0{,}748} = 1{,}337$ zu multiplizieren ist. Der zweite Anteil ω'_T wird wieder nomographisch ermittelt. Die Zahlenwerte sind in Zahlentafel 10 zusammengestellt.

Zahlentafel 10.

m	η_{0m}	ω_T	η'_{44}	m	η_{0m}	ω'_T	η'_{45}
	Öffnung $l_4 = 16{,}0$ m				Öffnung $l_5 = 12{,}0$ m		
0	0,000	0,000	0,000	0	1,337	0,000	1,337
1	0,157	0,003	0,160	1	1,114	0,126	1,240
2	0,313	0,044	0,357	2	0,891	0,135	1,026
3	0,470	0,101	0,571	3	0,668	0,077	0,745
4	0,627	0,158	0,785	4	0,446	0,018	0,464
5	0,783	0,194	0,977	5	0,223	− 0,040	0,183
6	0,940	0,192	1,132	6	0,000	0,000	0,000
7	1,096	0,134	1,230	—	—	—	—
8	1,253	0,000	1,253	—	—	—	—

Wir haben im vorstehenden wieder die Ordinaten η' der verzerrten Einflußlinie berechnet, die in jeder Öffnung einen besonderen Multiplikator erhält. Dadurch haben wir an Rechenarbeit gespart, weil wir unmittelbar mit den Zahlen ω_T und ω'_T arbeiten konnten.

Will man aus irgendwelchen Gründen die wirkliche, also nicht verzerrte C_4-Linie haben, so muß man die vorstehenden Gleichungen der Einflußlinie ausmultiplizieren. Es ist

$$\mu_4 = 0{,}798 \quad \text{und} \quad \mu_5 = 0{,}748\,.$$

(Vgl. die Darstellung in Abb. 130.) Die Ordinaten dieser nicht verzerrten C_4-Linie sind in Zahlentafel 10a angegeben.

Zahlentafel 10a.

m	η_{44}	m	η_{45}
3	0,000	**4**	1,000
1	0,128	1	0,928
2	0,285	2	0,767
3	0,456	3	0,557
4	0,626	4	0,347
5	0,780	5	0,137
6	0,903	**5**	0,000
7	0,982	—	—
4	1,000	—	—

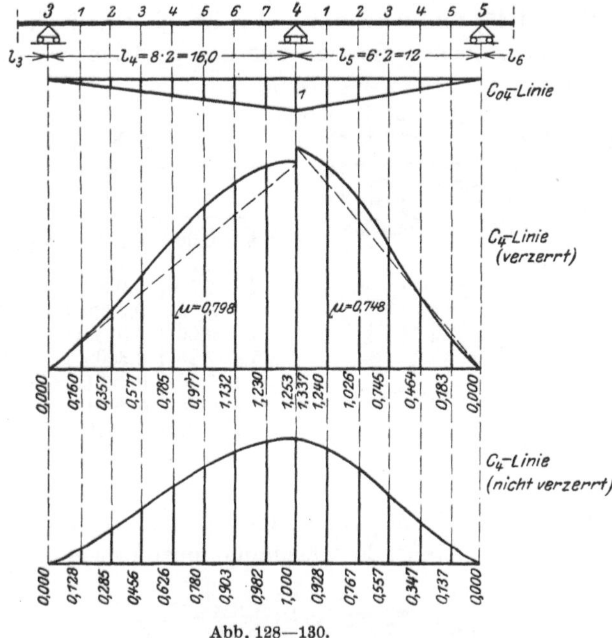

Abb. 128—130.

Grundaufgabe 4. Einflußlinien für die Feldmomente.

a) Gesucht werden die Einflußordinaten für das Angriffsmoment eines Querschnitts m in der ersten Öffnung eines durchlaufenden Balkens über zwei Öffnungen; m liegt im Abstande $x_1 = 6{,}0$ m vom linken Auflager.

Aus dem Zahlenbeispiel 1 (vgl. S. 144) erhält man die Gleichung für M_m:

$$\eta_m = M_{0\,m} - \frac{x_1}{16{,}0}\,3{,}76\,\omega_D = M_{0\,m} - \frac{6{,}0}{16{,}0}\,3{,}76\,\omega_D\,,$$

$$\eta_m = M_{0\,m} - 1{,}41\,\omega_D\,.$$

Der erste Teil der Gleichung stellt die M_0-Fläche eines einfachen Balkens dar; siehe Abb. 131a. Unter Voraussetzung gleicher Feldweiten wird nach dem ersten Teil, Abschnitt I, 6, Seite 19

$$\eta_{01} = \frac{x_1'}{n} = \frac{10}{8} = 1{,}25\,; \qquad \eta_{07} = \frac{x_1}{n} = \frac{6}{8} = 0{,}75\,.$$

Hiermit lassen sich sofort anschreiben

$$\eta_{02} = 2 \cdot \eta_{01} = 2{,}50\,; \qquad \eta_{06} = 2 \cdot \eta_{07} = 1{,}50\,,$$
$$\eta_{03} = 3 \cdot \eta_{01} = 3{,}75\,; \qquad \eta_{05} = 3 \cdot \eta_{07} = 2{,}25\,,$$
$$\eta_{04} = 4 \cdot \eta_{07} = 3{,}00\,.$$

Die Werte η_{0m} sind in Zahlentafel 11 eingetragen. Den zweiten Anteil der Einflußlinien-Gleichung erhalten wir, indem wir jeden Wert ω_D mit $-1{,}41$ multiplizieren. Er ist gleichfalls in Zahlentafel 11 angeschrieben, ebenso die sich aus der Addition ergebenden Schlußordinaten η_m.

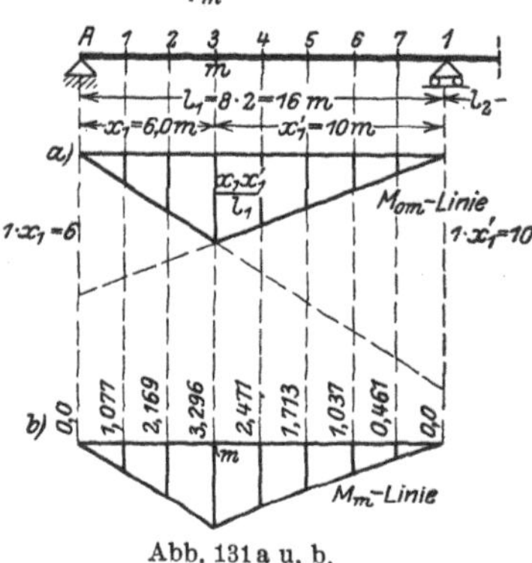

Abb. 131a u. b.

Zahlentafel 11.

m	η_{0m}	ω_D	$-1{,}41\,\omega_D$	η_m
A	0,00	0,0000	$\pm$ 0,000	0,000
1	1,25	0,1230	$-$ 0,173	1,077
2	2,50	0,2344	$-$ 0,331	2,169
3	3,75	0,3223	$-$ 0,454	3,296
4	3,00	0,3750	$-$ 0,529	2,471
5	2,25	0,3809	$-$ 0,537	1,713
6	1,50	0,3281	$-$ 0,463	1,037
7	0,75	0,2051	$-$ 0,289	0,461
1	0,00	0,0000	$\pm$ 0,000	0,000

Diese stellen die M_m-Linie dar. (Abb. 131b.) Zweckmäßiger ist es jedoch, die vorstehende Gleichung umzuformen in

$$\eta_m = 1{,}41 \left[\frac{M_{0m}}{1{,}41} - \omega_D \right],$$

da man jetzt die Zahlen ω_D benutzen kann, ohne daß jede der Ordinaten mit 1,41 multipliziert werden muß. Die neu hinzukommende

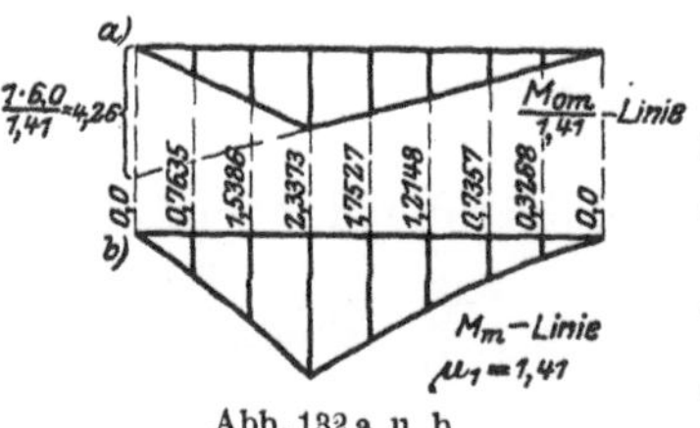

Abb. 132a u. b.

Division der M_0-Fläche durch 1,41 gestaltet sich sehr einfach; entweder zeichnet man die Fläche nach Abb. 132a auf, die durch die Auflagerordinate bei A, nämlich $\dfrac{1 \cdot 6{,}0}{1{,}41} = 4{,}26$ bestimmt ist, oder man ermittelt die Ordinaten rechnerisch nach den Ausführungen im ersten Teil, Abschnitt I, 6, Seite 19. Die Ordinaten des linken Astes der Einflußlinie ergeben sich wie folgt:

Für den Teilpunkt 1 ist

$$\eta'_{01} = \frac{1,25}{1,41} = 0,8865 \,.$$

Dann wird

$$\eta'_{02} = 2 \cdot 0,8865 = 1,7730,$$
$$\eta'_{03} = 3 \cdot 0,8865 = 2,6596 \,.$$

Für die Berechnung des rechten Astes der Einflußlinie benutzt man

$$\eta'_{07} = \frac{0,75}{1,41} = 0,5319 \,.$$

Dann wird

$$\eta'_{06} = 2 \cdot 0,5319 = 1,0638 \,,$$
$$\eta'_{05} = 3 \cdot 0,5319 = 1,5957 \,,$$
$$\eta'_{04} = 4 \cdot 0,5319 = 2,1277 \,.$$

Den zweiten Anteil bilden jetzt die reinen Zahlenwerte ω_D. (Vgl. Zahlentafel 11 a.) Zu dieser Einflußlinie hat man den Multiplikator

$$\mu_1 = 1,41$$

hinzuzufügen. Die Ordinaten sind in Abb. 132 b aufgetragen.

Zahlentafel 11 a.

m	$\eta'_{0\,m} = \dfrac{\eta_{0\,m}}{1,41}$	$-\omega_D$	$\dfrac{\eta_m}{1,41}$	
A	0,0000	$\pm$ 0,0000	0,0000	
1	0,8865	$-$ 0,1230	0,7635	
2	1,7730	$-$ 0,2344	1,5386	
3	2,6596	$-$ 0,3223	2,3373	
4	2,1277	$-$ 0,3750	1,7527	$\mu_1 = 1,41$
5	1,5957	$-$ 0,3809	1,2148	
6	1,0638	$-$ 0,3281	0,7357	
7	0,5319	$-$ 0,2051	0,3268	
1	0,0000	$\pm$ 0,0000	0,0000	

b) Im vorstehenden Beispiel wurde das Moment nur eines Querschnitts in der Öffnung l_1 ermittelt. Bei der vollständigen Durchrechnung sind meist für eine größere Anzahl von Querschnitten m einer Öffnung die Einflußlinien darzustellen. Für diesen Fall ist die folgende Lösung zweckmäßig.

Das Zahlenbeispiel 2, Seite 156, liefert für die erste Öffnung $l_1 = 12,0$ m eines Balkens über drei Öffnungen die Gleichung

$$\eta_m = \eta_{0m} - 0,262 \, x_1 \, \omega_D \,.$$

Diese Gleichung gilt für jeden Querschnitt m der ersten Öffnung, weil in ihr der veränderliche Wert x_1 enthalten ist. Wir formen sie um in

$$\eta_m = 0,262 \, x_1 \left[\frac{\eta_{0m}}{0,262 \, x_1} - \omega_D \right].$$

Die verzerrte $M_{0\,m}$-Fläche ist ein Dreieck mit der Spitze unter dem Querschnitt m. Für irgendeinen Teilpunkt m beträgt die Spitzenordinate

$$\eta'_{0\,m} = \frac{\eta_{0\,m}}{0,262\,x_1} = \frac{1\,x_1\,x_1'}{12\cdot 0,262\,x_1} = \frac{x_1'}{0,262\cdot 12} = 0,318\,x_1'.$$

Nach Abb. 133 ist nun die Ordinate η_A unter der Stütze A

$$\eta_A = \eta'_{0\,m}\cdot\frac{l_1}{x_1'} = \frac{x_1\,x_1'\cdot l_1}{0,262\,x_1\cdot l_1\cdot x'_1} = \frac{1}{0,262} = 3,82.$$

η_A ist ein konstanter Wert, auf ihn ist x_1' ohne Einfluß. Durch die Gerade DE der Abb. 133 sind alle Spitzenordinaten der M_0-Flächen der einzelnen Knotenpunkte der Öffnung l_1 bestimmt (Abb. 134a).

Der Klammerwert der Gleichung für η_m stellt daher für alle Knotenpunkte der untersuchten Öffnung in seinem ersten Teil ein Dreieck dar. Der zweite Teil der Klammer ist die ω_D-Linie.

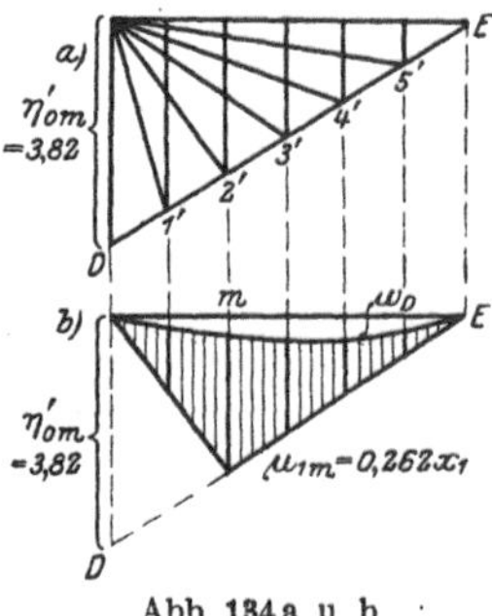

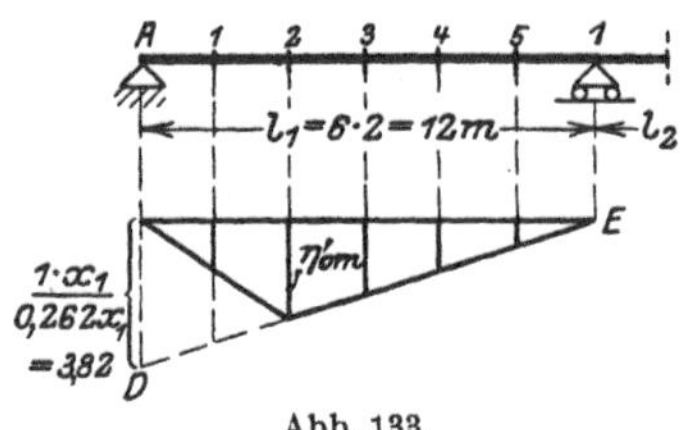

Abb. 133.   Abb. 134a u. b.

Die Einflußlinie für irgendeinen Knotenpunkt, z. B. $m = 2$, ist dann nach Abb. 134b die schraffierte Fläche, die begrenzt wird durch das Dreieck der $M_{0\,m}$-Fläche und die ω_D-Linie. Hinzuzufügen ist der Multiplikator

$$\mu_{1\,m} = 0,262\,x_1.$$

Es ist also für den Knotenpunkt 2:

$$\mu_{12} = 0,262\cdot 4 = 1,048.$$

Um die Einflußlinien sämtlicher fünf Knotenpunkte der Öffnung festzulegen, braucht man also nur zu bestimmen:

1. den Wert $\eta_A = 3,82$,

2. die ω_D-Linie,

3. die Multiplikatoren $\mu_{1\,m}$ der ersten Öffnung, die für die einzelnen Punkte m in Zahlentafel 12 zusammengestellt sind.

Zahlentafel 12.

m	x_1	x_1'	$\mu_{1\,m} = 0,262\,x_1$	$\eta'_{0\,m} = 0,318\,x_1'$
1	2	10	0,524	3,180
2	4	8	1,048	2,544
3	6	6	1,572	1,908
4	8	4	2,096	1,272
5	10	2	2,620	0,636

c) Die Gleichungen der Einflußlinien für die Feldmomente in den Mittelöffnungen durchlaufender Träger haben eine andere Form als die bisher betrachteten Gleichungen für die Feldmomente der Endöffnungen; sie enthalten die veränderlichen Größen ξ und ξ', die durch folgende Gleichungen definiert sind (vgl. S. 78)

$$\xi_r = \frac{x_r}{l_r} - \mu_{r-1}\frac{x_r'}{l_r}; \qquad \xi_r' = \frac{x_r'}{l_r} - \mu_r'\frac{x_r}{l_r}.$$

Für gleiche Feldteilung $x_r = a_r\,m_r$; $x_r' = a_r\,m_r'$; $l_r = a_r\,n_r$ lauten diese Gleichungen

$$\xi_r = \frac{m_r}{n_r} - \mu_{r-1}\frac{m_r'}{n_r} = \frac{1}{n_r}(m_r - \mu_{r-1}\,m_r'),$$

$$\xi_r' = \frac{m_r'}{n_r} - \mu_r'\frac{m_r}{n_r} = \frac{1}{n_r}(m_r' - \mu_r'\,m_r).$$

So ist im Zahlenbeispiel 2 des folgenden Abschnittes II die Gleichung für das Feldmoment in der Mittelöffnung eines Balkens über drei Öffnungen bestimmt worden zu (S. 156)

$$\eta_m = \eta_{0\,m} - 5{,}2\,\xi_2\,\omega_D - 4{,}48\,\xi_2'\,\omega_D'.$$

Da ξ_2 und ξ_2' von x_2 und x_2', also von der Lage des Querschnittes m des Balkens abhängig sind, so gilt diese Gleichung zunächst allgemein für jeden Knotenpunkt der Öffnung l_2. Wenn für die praktische Rechnung eine Rechenmaschine zur Verfügung steht, so kann man durch eine kleine Umformung der vorstehenden Gleichungen für ξ und ξ' den folgenden einfachen Rechnungsgang einschlagen. Setzen wir

$$x_r' = l_r - x_r \quad\text{bzw.}\quad x_r = l_r - x_r'$$

ein, dann wird

$$\xi_r = \frac{x_r}{l_r}[1 + \mu_{r-1}] - \mu_{r-1},$$

$$\xi_r' = \frac{x_r'}{l_r}[1 + \mu_r'] - \mu_r'.$$

Bei gleicher Feldteilung a_r wird

$$\xi_r = m_r\frac{1 + \mu_{r-1}}{n_r} - \mu_{r-1},$$

$$\xi_r' = m_r'\frac{1 + \mu_r'}{n_r} - \mu_r'.$$

Diese Gleichungen sind also von der allgemeinen Form

$$\xi_r = c_1\,m_r + c_2$$

bzw.

$$\xi_r' = c_1'\,m_r' + c_2',$$

wobei c und c' Konstanten sind.

Für das vorliegende Zahlenbeispiel erhält man

$$\xi_2 = \frac{1 + 0{,}258}{8}\, m_2 - 0{,}258 = 0{,}1573\, m_2 - 0{,}258\,,$$

$$\xi_2' = \frac{1 + 0{,}3}{8}\, m_2' - 0{,}3\ \ = 0{,}1625\, m_2' - 0{,}3\,.$$

Man kann daher ξ_2 für die einzelnen Knotenpunkte der Öffnung l_2 bestimmen, indem man zu $-0{,}258$ nur den mit ganzen, fortlaufenden Zahlen 1, 2, 3 … multiplizierten Wert 0,1573 addiert, was sich auf der Rechenmaschine bequem durchführen läßt. Z. B.

$$m_2 = 1\,; \qquad \xi_2 = 1 \cdot 0{,}1573 - 0{,}258\,,$$
$$m_2 = 2\,; \qquad \xi_2 = 2 \cdot 0{,}1573 - 0{,}258\,.$$

Die Zahlenrechnung für die Öffnung l_2 mit $n = 8$ ist aus Zahlentafel 13 ersichtlich.

Zahlentafel 13.

m_2	m_2'	ξ_2	ξ_2'
1	7	$-0{,}1007$	$+0{,}8375$
2	6	$+0{,}0566$	$+0{,}6750$
3	5	$+0{,}2139$	$+0{,}5125$
4	4	$+0{,}3712$	$+0{,}3500$
5	3	$+0{,}5285$	$+0{,}1875$
6	2	$+0{,}6858$	$+0{,}0250$
7	1	$+0{,}8431$	$-0{,}1375$

Will man nun z. B. für den Knotenpunkt $x_2 = 6{,}0$, also an der Stelle $m = 3$, die Einflußlinie darstellen, dann ergibt sich

$$\xi_2 = 0{,}2139\,; \qquad \xi_2' = 0{,}5125\,.$$

Die Ordinate der Einflußlinie wird also

$$\eta_m = \eta_{0\,m} - 5{,}2 \cdot 0{,}2139\, \omega_D - 4{,}48 \cdot 0{,}5125\, \omega_D'\,,$$

d. h. $\qquad \eta_m = \eta_{0\,m} - 1{,}11\, \omega_D - 2{,}3\, \omega_D'\,.$

Man formt diese Gleichung wieder um in

$$\eta_m = \eta_{0\,m} - 2{,}3\,[\omega_D' + 0{,}483\, \omega_D]$$

und berechnet den Wert

$$\omega_T' = \omega_D' + 0{,}483\, \omega_D$$

unter Benutzung der Hilfstafel X, S. 270. Um den Zahlenwert ω_T' ohne Beiwert benutzen zu können, schreiben wir

$$\eta_m = 2{,}3\left[\frac{\eta_{0\,m}}{2{,}3} - \omega_T'\right].$$

Nach Abb. 135 ist die $M_{0\,m}$-Linie ein Dreieck mit der Höhe unter m. Letztere beträgt:

$$\eta_{0\,m} = \frac{m \cdot m'}{n}\, a = \frac{3 \cdot 5}{8}\, 2 = 3{,}75\,.$$

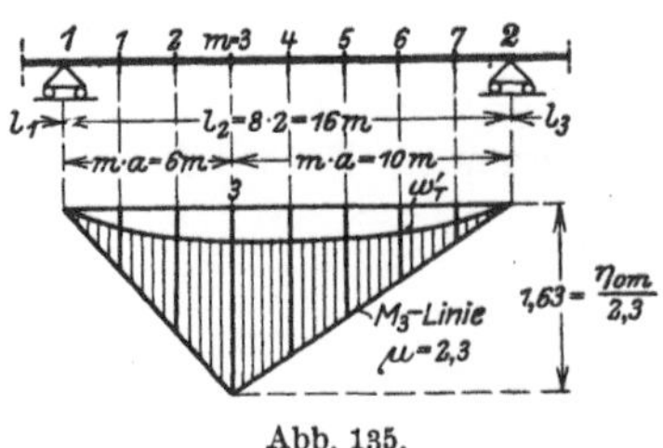

Abb. 135.

Es ist also

$$\frac{\eta_{0\,m}}{2,3} = \frac{3,75}{2,3} = 1,63\,.$$

Die Ordinate der Einflußlinie im Punkte m beträgt dann

$$\eta_m = 2,3\,[1,63 - \omega'_T]\,.$$

Grundaufgabe 5. Symmetrische Belastung. Greift an einem durchlaufenden Träger eine symmetrische Belastung an, so wird die Berechnung der Stützenmomente zweckmäßig mit Hilfe der Formeln (124) und (125) S. 78 durchgeführt; dies geht schneller als die Benutzung von Einflußlinien.

a) **Symmetrische Einzellasten.** Auf den Balken auf vier Stützen, wie er in Zahlenbeispiel 2, S. 153 durchgerechnet ist, wirken in den einzelnen Öffnungen Einzellasten nach Abb. 136. Es sollen die Stützenmomente berechnet werden; außerdem ist die Momentenfläche darzustellen.

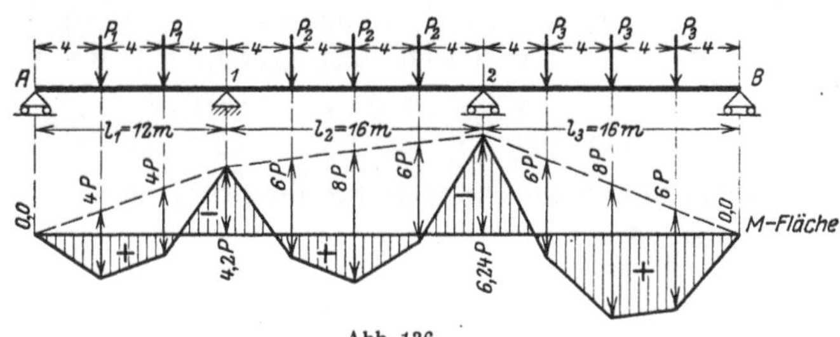

Abb. 136.

Nach Hilfstafel III, 12, S. 219 wird für den vorliegenden Fall

$$M_1 = -\,[z_1\,k_{11} + z_2\,k_{12}\,(1 - \mu_2') + z_3\,k_{13}]\,.$$

Nun liefert Hilfstafel I, S. 208 die Werte

$$z_1 = \tfrac{2}{3}P_1\,;\qquad z_2 = \tfrac{15}{16}P_2\,;\qquad z_3 = \tfrac{15}{16}P_3\,.$$

Die k-Werte sind im Zahlenbeispiel 2, S. 154 berechnet worden zu:

$$k_{11} = 3,15\,;\qquad k_{12} = 4,48\,;\qquad k_{13} = -\,0,896\,;$$

ebenso:

$$\mu_2' = 0,3\,;\qquad 1 - \mu_2' = 0,7\,.$$

Setzt man diese Werte in vorstehende Formel ein, dann wird

$$M_1 = -\,[\tfrac{2}{3}\,3,15\,P_1 + \tfrac{15}{16}(4,48\cdot0,7\,P_2 - 0,896\,P_3)]\,,$$
$$M_1 = -\,2,1\,P_1 - 2,94\,P_2 + 0,84\,P_3\,.$$

Ist $P_1 = P_2 = P_3 = P$, dann wird $M_1 = -\,4,2\,P$. Für das Stützenmoment M_2 erhält man nach Hilfstafel III, 12, S. 219

$$M_2 = -\,[z_1\,k_{21} + z_2\,k_{22}\,(1 - \mu_1) + z_3\,k_{23}]\,.$$

Die Werte k betragen lt. Zahlenbeispiel 2, S. 154:

$$k_{21} = -0,945; \qquad k_{22} = 5,2; \qquad k_{23} = 3,47;$$

und

$$\mu_1 = 0,258; \qquad 1 - \mu_1 = 0,742.$$

Demnach wird

$$M_2 = -\left[-\tfrac{2}{3} P_1\, 0,945 + \tfrac{15}{16}(5,2 \cdot 0,742\, P_2 + 3,47\, P_3)\right],$$

$$M_2 = +0,63\, P_1 - 3,62\, P_2 - 3,25\, P_3.$$

Für den Sonderfall, daß die Lasten P in den Öffnungen gleich sind, wird

$$M_2 = -6,24\, P.$$

Sind die Stützenmomente bekannt, dann läßt sich die Momentenfläche nach Abb. 136 darstellen, wobei die Ordinaten der M_0-Fläche unmittelbar der Hilfstafel I, S. 208 entnommen werden können.

b) **Symmetrische Streckenlasten.** Ein Balken auf vier Stützen mit denselben Abmessungen wie unter a) ist nach Abb. 137 belastet. Die Werte μ, μ' und k sind dieselben wie im vorhergehenden Beispiel. Die Werte z ermitteln sich nach Hilfstafel I, 8 u. 9, S. 209 zu

$$z_1 = 0; \qquad z_2 = z_3 = \frac{16}{4}\, p + \frac{3}{8}\, p'\, 8\left(1 - \frac{1}{3}\frac{8^2}{16^2}\right) = \frac{1}{4}(16\, p + 11\, p').$$

Auch die allgemeinen Gleichungen für die Stützenmomente sind dieselben wie unter a).

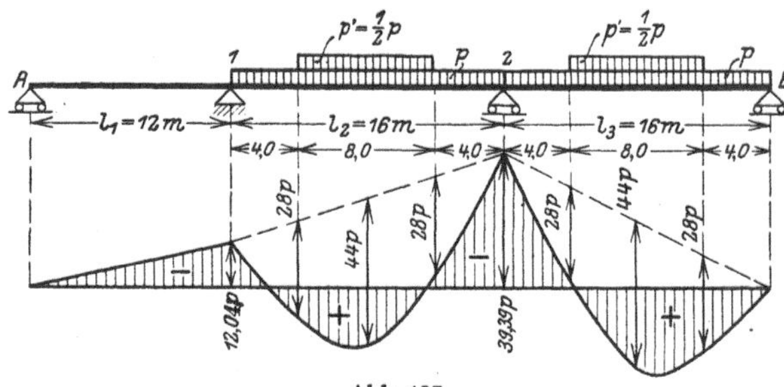

Abb. 137.

Man erhält also

$$M_1 = -(16\, p + 11\, p')(4,48 \cdot 0,7 - 0,896) \cdot \tfrac{1}{4},$$

$$M_2 = -(16\, p + 11\, p')(5,2 \cdot 0,742 + 3,47) \cdot \tfrac{1}{4},$$

$$M_1 = -8,96\, p - 6,16\, p',$$

$$M_2 = -29,31\, p - 20,15\, p'.$$

Wählen wir für unser Beispiel $p' = \tfrac{1}{2} p$, so wird

$$M_1 = -8,96\, p - 3,08\, p = -12,04\, p,$$

$$M_2 = -29,31\, p - 10,08\, p = -39,39\, p.$$

Die Momentenfläche für diese Belastung ist in Abb. 137 dargestellt.

Grundaufgabe 6. Unsymmetrische Belastung.

a) Auf einen Balken mit den Abmessungen der Grundaufgabe 5
wirkt nach Abb. 138 eine unsymmetrische Belastung. In den ersten
beiden Öffnungen ist sie eine gleichmäßig verteilte Streckenbelastung, in der dritten Öffnung besteht sie aus Einzellasten.
Gesucht wird das Stützenmoment M_2 infolge dieser Belastung. Zunächst wird der Einfluß der unsymmetrischen Streckenbelastung
untersucht. Wir gehen von der Einflußlinie für M_2 aus, die im
Zahlenbeispiel 2, S. 155 ermittelt ist.

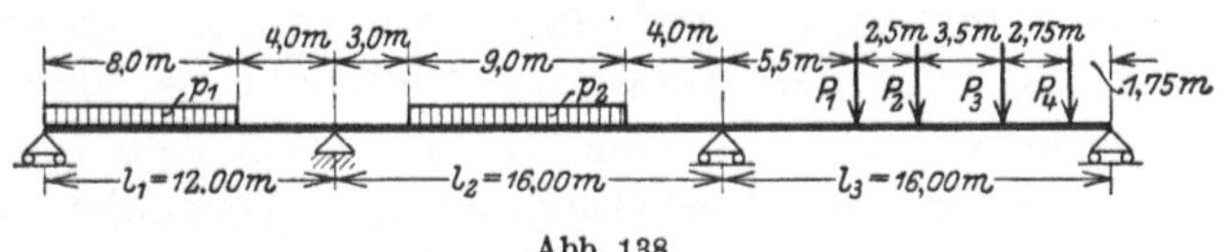

Abb. 138.

Die Gleichungen für die Ordinaten der M_2-Linie in den einzelnen
Öffnungen lauten:

$$\text{Öffnung } l_1: \quad \eta_{21} = + 0{,}945\, \omega_D,$$
$$\text{„} \quad l_2: \quad \eta_{22} = - 5{,}20\, \omega_{T_2}, \quad \text{wobei } \omega_{T_2} = \omega_D - 0{,}258\, \omega_D',$$
$$\text{„} \quad l_3: \quad \eta_{23} = - 3{,}47\, \omega_D'.$$

Die Öffnung l_1 ist durch eine Streckenlast p_1 belastet.

Ist allgemein in einer Öffnung l_r die Streckenbelastung p_r nach
Abb. 139 vorhanden, und folgt die Einflußordinate η_r der Unbekannten X_r
der Gleichung
$$\eta_r = c_r\, \omega_{T_r},$$
dann wird

$$X_r = p_r \int_{x_1}^{x_2} \eta_r\, dx = c_r\, p_r \int_{x_1}^{x_2} \omega_{T_r}\, dx.$$

Da ω_{T_r} vom Verhältnis $\dfrac{x}{l_r}$ abhängig ist, schreibt man die vorstehende
Gleichung zweckmäßig auch mit den
Grenzen $\dfrac{x}{l_r}$

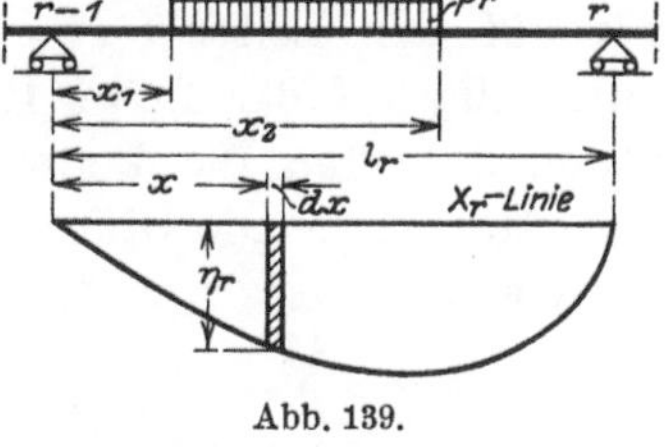

$$X_r = c_r\, p_r\, l_r \int_{\frac{x_1}{l_r}}^{\frac{x_2}{l_r}} \omega_{T_r}\, d\left(\frac{x}{l_r}\right).$$

Abb. 139.

Für die schnelle und einfache Ermittlung der Integralwerte ist
die Anwendung der von Dr.-Ing. Worch aufgestellten, in Hilfstafel XI,
S. 272 angegebenen Nomogramme sehr zweckmäßig. Durch eine bzw.
zwei Gerade wird das Integral ausgewertet, jegliche Rechenarbeit
wird erspart.

In der vorliegenden Grundaufgabe haben wir nach Zahlenbeispiel 2 folgende Zahlenwerte einzuführen:

$$c_r = 0{,}945 \,; \qquad \omega_{T_r} = \omega_D \,; \qquad l_r = 12{,}0 \,; \qquad \frac{x_1}{l_r} = 0 \,; \qquad \frac{x_2}{l_r} = \frac{8}{12} \,.$$

Dann ist das Moment über der Innenstütze 2 infolge Belastung der Öffnung l_1

$$M_{21} = 0{,}945 \cdot 12{,}0 \cdot p_1 \int_0^{\frac{8}{12}} \omega_D \, d\!\left(\frac{x}{l_1}\right).$$

Zur Auswertung des Integrals lassen wir in der nomographischen Hilfstafel XI, S. 273, den Strahl vom Nullpunkt der linken Leiter I ausgehen, da im vorliegenden Falle $i = 0$ ist (vgl. Abb. 140). Auf der Leiter II suchen wir die Verhältniszahl $\frac{8}{12}$. Verbinden wir diesen Punkt mit $i = 0$ und verlängern den Strahl bis zum Schnitt mit der rechten Leiter III, so wird diese im Punkt 0,173 getroffen; dies ist der gesuchte Integralwert, und man erhält infolge der Belastung der Öffnung l_1

$$M_{21} = 0{,}945 \cdot 12{,}0 \cdot 0{,}173 \, p_1 = + 1{,}96 \, p_1 \,.$$

In der Öffnung l_2 liegt die Streckenbelastung p_2. Der Anteil dieser Belastung am Stützenmoment M_2 beträgt

$$M_{22} = - 5{,}2 \cdot 16{,}0 \, p_2 \int_{\frac{3}{16}}^{\frac{12}{16}} \omega_{T_2} \, d\!\left(\frac{x}{l_2}\right).$$

$$M_{22} = - 83{,}2 \, p_2 \left[\int_0^{\frac{12}{16}} \omega_{T_2} \, d\!\left(\frac{x}{l_2}\right) - \int_0^{\frac{3}{16}} \omega_{T_2} \, d\!\left(\frac{x}{l_2}\right) \right].$$

In dieser Gleichung ist $\omega_{T_2} = \omega_D - 0{,}258 \, \omega_D'$. In Hilfstafel XI suchen wir auf der Leiter I $i = - 0{,}258$ auf und legen je einen Strahl durch die auf der Leiter II eingetragenen Punkte $\frac{12}{16}$ und $\frac{3}{16}$; diese Strahlen treffen die Leiter III in den Punkten 0,145 und 0,0098; (vgl. Abb. 141). Die Differenz dieser Zahlen ist der gesuchte Integralwert, also

$$\int_{\frac{3}{16}}^{\frac{12}{16}} \omega_{T_2} \, d\!\left(\frac{x}{l_2}\right) = 0{,}145 - 0{,}0098 = 0{,}135 \,.$$

Demnach wird der Anteil der Belastung p_2 der zweiten Öffnung an M_2

$$M_{22} = - 83{,}2 \cdot 0{,}135 \, p_2 = - 11{,}23 \, p_2 \,.$$

In der Öffnung l_3 sind die vier Einzellasten unsymmetrisch angeordnet (Abb. 138). Der Anteil dieser Belastung am Stützenmoment M_2 ist

$$M_{23} = \sum_{m=1}^{4} P_m\,\eta_m\,.$$

Die Ordinaten η_m sind aus der Gleichung der Einflußlinie für M_2 zu ermitteln. Die Gleichung für M_2 in der Öffnung l_3 lautet

$$\eta_{23} = -\,3{,}47\,\omega_D'\,.$$

Die Werte ω_D' sind für die Angriffspunkte der Einzellasten zu bestimmen; sie können im vorliegenden Fall nicht der Hilfstafel IXa entnommen werden, da diese für gleiche Teilungen a aufgestellt ist. Wir benutzen statt dessen die in Hilfstafel IXb, S. 269, zusammengestellten Werte ω_D und ω_D' für Zwischenteilungen von 1 bis 100.

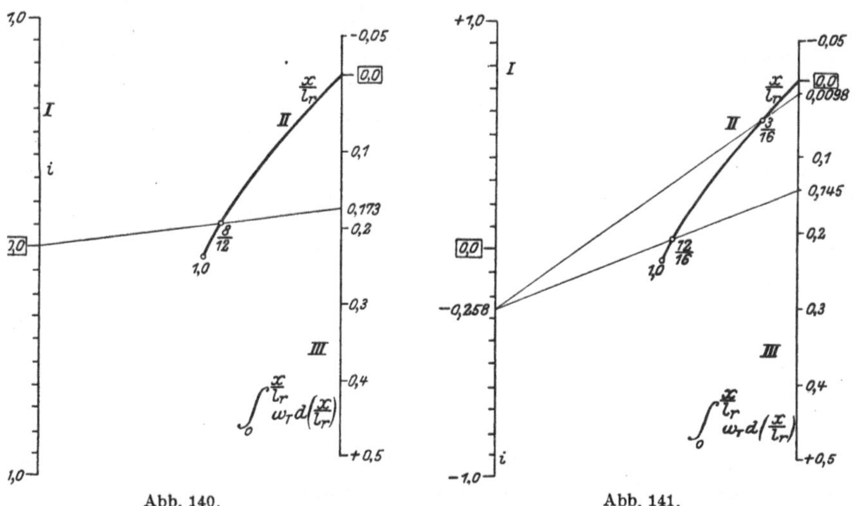

Abb. 140.   Abb. 141.

Man bestimmt zunächst für die einzelnen Lasten die Werte $\dfrac{x}{l}$, liest 'n der Hilfstafel IX die zugehörigen Werte ω_D' ab und ermittelt daraus η und $P\eta$. Die Rechnung geht aus Zahlentafel 14 hervor.

Zahlentafel 14.

m	x_m	$\dfrac{x_m}{l_3}$	ω_D'	$\eta_m = -\,3{,}47\,\omega_D'$	P_m	$P_m\cdot\eta_m$
1	5,5	0,34	0,3725	$-\,1{,}2926$	2 t	$-\,2{,}585$
2	8,0	0,50	0,3750	$-\,1{,}3013$	2,5 t	$-\,3{,}253$
3	11,5	0,72	0,2581	$-\,0{,}8956$	3,2 t	$-\,2{,}866$
4	14,25	0,89	0,1087	$-\,0{,}3772$	0,8 t	$-\,0{,}302$

$$\Sigma\,P_m\cdot\eta_m = -\,9{,}006$$

Man erhält

$$M_{23} = \sum_1^4 P_m \eta_m = -9{,}01 \, \text{tm} \, .$$

Das gesamte Stützenmoment M_2 infolge Belastung aller drei Öffnungen wird dann

$$M_2 = M_{21} + M_{22} + M_{23} \, ,$$
$$M_2 = +\,1{,}96 \, p_1 - 11{,}23 \, p_2 - 9{,}01 \, .$$

b) Derselbe Balken auf vier Stützen wie unter a) ist nach Abb. 142 belastet; gesucht wird die Momentenfläche.

Die Belastung ist unsymmetrisch. Wir benutzen zunächst Hilfstafel III, 3, S. 214, die uns die Gleichungen für die Stützenmomente liefert

$$M_1 = \beta_{11} Z_1 + \beta_{12} Z_2 \, ,$$
$$M_2 = \beta_{12} Z_1 + \beta_{22} Z_2 \, .$$

Die Werte β erhält man aus Hilfstafel III, 4. Sie sind im Zahlenbeispiel 2, S. 154 ermittelt zu

$$\beta_{11} = 0{,}0175 \, ; \qquad \beta_{12} = -\,0{,}00525 \, ; \qquad \beta_{22} = 0{,}0203 \, ,$$

so daß man schreiben kann

$$M_1 = +\,0{,}0175 \ Z_1 - 0{,}00525 \, Z_2 \, ,$$
$$M_2 = -\,0{,}00525 \, Z_1 + 0{,}0203 \ Z_2 \, .$$

Zur Bestimmung der Werte Z zerlegen wir die Belastung in die drei Teilzustände:

1. Öffnung l_1 ist belastet. Allgemein ist nach den Untersuchungen im ersten Teil

$$Z_r = -\,6 \, \mathfrak{C}_{r0} \, ,$$

wobei $\mathfrak{C}_{0r}$ der Auflagerdruck des einfachen Balkens ist, der mit der Momentenfläche belastet ist. Die Momentenfläche zu der Dreiecksbelastung der ersten Öffnung ist eine kubische Parabel nach Abb. 142 a. Es wird also

$$\mathfrak{C}_{10}^l = \mathfrak{F}_{10} \cdot \frac{\xi}{l_1} = \frac{h \, l_1^3}{24} \frac{J_c}{J_1} \cdot \frac{8}{15} \frac{l_1}{l_1} \, .$$

Setzen wir nach Zahlenbeispiel 2: $\dfrac{J_c}{J_1} \cdot l_1 = l_1' = 15$ und $h = 1$, dann wird

$$Z_1 = -\,\frac{6 \cdot 1 \cdot l_1^2 \cdot 8 \, l_1'}{24 \cdot 15} = -\,\frac{2}{15} \, l_1^2 \, l_1' = -\,\frac{2}{15} \, 12^2 \cdot 15 = -\,288 \, ,$$
$$Z_2 = 0 \, .$$

2. Öffnung l_2 ist belastet. Für eine horizontale Kraft K im Abstande e von der Balkenachse ergibt sich die Momentenfläche nach Abb. 142 b. Den Inhalt der Momentenfläche bestimmen wir so, daß

wir von dem Dreieck abc das Parallelogramm $aced$ abziehen. Wir erhalten

$$\mathfrak{C}_{10}^r = \frac{J_c}{J_2}\left[\frac{Kel_2}{2}\cdot\frac{2}{3}\frac{l_2}{l_2} - \frac{Kea_2}{l_2}\left(\frac{a_2}{2}+b_2\right)\right].$$

Mit $b_2 = l_2 - a_2$ wird nach einiger Umformung

$$\mathfrak{C}_{10}^r = \frac{Kel_2'}{6}\left[2 + \frac{3\,a_2^2}{l_2^2} - 6\frac{a_2}{l_2}\right].$$

Entsprechend ist

$$\mathfrak{C}_{20}^l = \frac{Kel_2'}{6}\left[2 + \frac{3\,b_2^2}{l_2^2} - 6\frac{b_2}{l_2}\right].$$

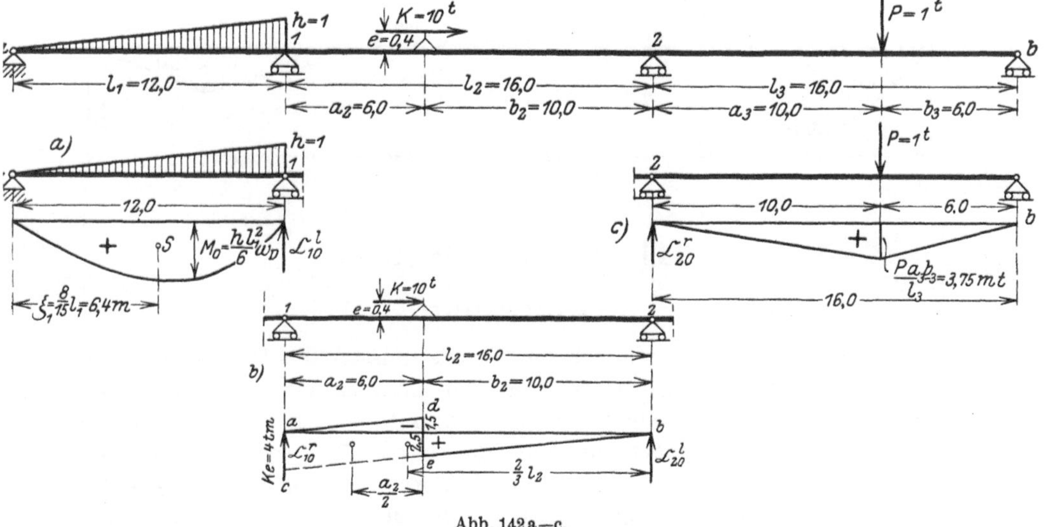

Abb. 142 a—c.

Führt man die Zahlenwerte des Beispiels ein:

$$l_2 = 16,0;\quad l_2' = 16,0;\quad a_2 = 6,0;\quad b_2 = 10,0;\quad K = 10t;\quad e = 0,4,$$

dann wird

$$Z_1 = -10\cdot0,4\cdot16\left[2 + \frac{3\cdot36}{256} - \frac{6\cdot6}{16}\right] = -11,0,$$

$$Z_2 = +10\cdot0,4\cdot16\left[2 + \frac{3\cdot100}{256} - \frac{6\cdot10}{16}\right] = -37,0.$$

3. **Öffnung** l_3 **ist belastet.** Die Momentenfläche für eine Einzellast ist ein Dreieck (Abb. 142c). Wir erhalten

$$\mathfrak{C}_{20}^r = \frac{P\,l_3\,l_3'}{6}\,\omega_D',$$

$$Z_1 = 0;\quad Z_2 = -P\,l_3\,l_3'\,\omega_D = -16\cdot10,67\cdot0,3223\,P = -55,0,$$

wenn $P = 1$ angenommen wird.

Insgesamt erhält man

$$Z_1 = - 288 - 11,0 = - 299,0$$
$$Z_2 = - 37,0 - 55,0 = - 92,0 \,.$$

Setzt man diese Werte in die Gleichungen der Stützenmomente ein, dann wird

$$M_1 = - 0,0175 \cdot 299 + 0,00525 \cdot 92,0 = - 4,75 \,\text{tm} \,,$$
$$M_2 = + 0,00525 \cdot 299 - 0,0203 \cdot 92,0 = - 0,30 \,\text{tm} \,.$$

Die endgültige Momentenfläche zeigt Abb. 143.

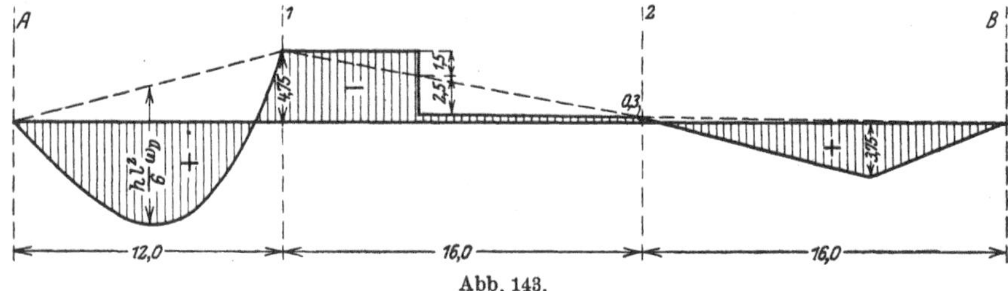

Abb. 143.

II. Zahlenbeispiele.

Einleitung.

Je nach den Bedürfnissen der Praxis müssen die Hilfstafeln verschiedenen Anforderungen genügen. So kann es sich zunächst darum handeln, möglichst schnell einige bestimmte statische Werte zu erhalten, ohne gezwungen zu sein, das ganze Tragwerk von Anfang bis zu Ende durchzurechnen, eine Forderung, die beim Projektieren oder bei der Nachprüfung auftritt. In diesem Falle müssen die Hilfstafeln es gestatten, ohne große Umwege die gewünschten Momente, Querkräfte oder Auflagerdrücke anzuschreiben. Bei der endgültigen Bearbeitung handelt es sich anderseits um eine ausführliche Durchrechnung des ganzen Systems. Für diese Zwecke müssen nun die Hilfstafeln wieder so ausführlich sein, daß alle erforderlichen Werte entnommen werden können; ferner müssen sie so angeordnet sein, daß für die umfangreichen Rechnungen ein übersichtliches, unnütze Zwischenrechnungen ersparendes Schema zur Verfügung steht.

Im folgenden soll nun an Hand zusammenhängender Zahlenbeispiele die vielseitige Verwendungsmöglichkeit der im dritten Teil zusammengestellten Hilfstafeln erläutert werden.

Die Beispiele 1, 2 und 4 behandeln durchlaufende Balken über 2, 3 und 6 ungleichen Öffnungen. Diese Beispiele zeigen die Anwendung der Hilfstafeln zur Ermittlung von Einflußlinien sowie der Maximal- und Minimalquerkraft- und -momentenflächen. Das Zahlen-

beispiel 3 gibt eine andere Anwendungsmöglichkeit der Hilfstafeln.
Die Untersuchung des Eigengewichtes und der gleichmäßig verteilten
Nutzlast p erfolgt hier in der von vielen Statikern vorgezogenen
Weise, daß zunächst jede Öffnung für sich gleichmäßig belastet an-
genommen wird. Aus der Kombination dieser einzelnen Lastzustände
werden dann die Stützen- und Feldmomente ermittelt.

Da die speziellen Hilfstafeln nur bis zu Balken über 6 ungleichen
Öffnungen entwickelt sind, muß für ein Tragwerk mit noch größerer
Zahl der Öffnungen die Durchrechnung nach dem in dem theoreti-
schen ersten Teil entwickelten Verfahren erfolgen, dessen wichtigste
Formeln jedoch ebenfalls in einer Hilfstafel (VII) enthalten sind.
Den Gang der Rechnung zeigt Zahlenbeispiel 5.

In allen bisher genannten Beispielen (1 bis 5) werden Träger berechnet, bei denen der Querschnitt sich zwar von Öffnung zu Öffnung
ändert, innerhalb der Öffnung jedoch konstant bleibt. Um nun auch
die Verwendung der im ersten Teil entwickelten analytischen und
graphischen Verfahren für Träger mit beliebig veränderlichem Querschnitt zu zeigen, ist im Zahlenbeispiel 6 ein Balken über 4 ungleichen
Öffnungen durchgerechnet worden, dessen Trägheitsmomente auch
innerhalb der Öffnungen veränderlich sind.

Zahlenbeispiel 1: Der Balken über zwei ungleichen Öffnungen.
(Vgl. Hilfstafel II, S. 210.)

a) Gesucht wird für den Balken nach Abb. 144 die Einflußlinie
für das Feldmoment M_I in der Öffnung l_1 im Abstande 6,0 m vom
Auflager A.

Nach Hilfstafel II, 7, S. 211 erhält man die Gleichung für die
gesuchte Einflußlinie in der Öff-
nung l_1:

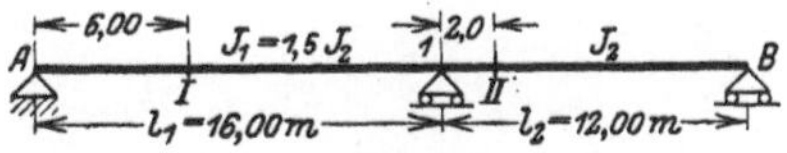

$$\eta_{I1} = M_{0\,I} - \frac{x_1}{l_1} k_{11} \,\omega_D.$$

Abb. 144.

Hierin ist $x_1 = 6,0$; die Bezeichnungen und Abkürzungen werden aus
Hilfstafel II, 1 und II, 5, S. 210 erhalten zu

$$l_1' = l_1 \frac{J_c}{J_1}; \quad l_2' = l_2 \frac{J_c}{J_2}; \quad s_1 = 2\,(l_1' + l_2'); \quad k_{11} = \frac{l_1 l_1'}{s_1}.$$

Wird $J_c = J_1 = 1{,}5\,J_2$ gewählt, dann ist

$$l_1' = l_1 = 16; \quad l_2' = l_2 \frac{J_1}{J_2} = l_2 \frac{1{,}5\,J_2}{J_2} = 12 \cdot 1{,}5 = 18;$$

$$s_1 = 2\,(16 + 18) = 68.$$

Dann ist ferner

$$k_{11} = \frac{16 \cdot 16}{68} = 3{,}76$$

und

$$\eta_{I1} = M_{0I} - \frac{6{,}0}{16{,}0} \cdot 3{,}76 \cdot \omega_D = M_{0I} - 1{,}41\,\omega_D\,.$$

Die weitere Behandlung dieser Gleichung siehe Grundaufgabe 4a, Seite 129, worin die Ermittlung der Einflußordinaten und die Darstellung der Einflußlinien erläutert ist.

In der zweiten Öffnung l_2 wird die Gleichung der Einflußlinie für M_I nach Hilfstafel II, 7, S. 211:

$$\eta_{I2} = - \frac{x_1}{l_1}\,k_{12}\,\omega_D'\,;$$

$$x_1 = 6{,}0\,; \qquad l_1 = 16{,}0\,.$$

Nach Hilfstafel II, 5 ist

$$k_{12} = \frac{l_2\,l_2'}{s_1} = \frac{12 \cdot 18}{68} = 3{,}18\,.$$

Demnach ist

$$\eta_{I2} = - \frac{6{,}0}{16{,}0}\,3{,}18\,\omega_D' = - 1{,}19\,\omega_D'\,.$$

Die Auflösung dieser Gleichung geschieht entsprechend den Ausführungen in Grundaufgabe 2b, S. 121.

b) Gesucht wird die Einflußlinie für die Querkraft des Querschnittes II in Abb. 144 im Abstand 2,0 m vom Auflager 1.

Nach Hilfstafel II, 8, S. 211 erhält man die gesuchte Gleichung der Einflußlinie:

$$\text{In Öffnung } l_1: \quad \eta_{II1} = + \frac{1}{l_2}\,k_{11}\,\omega_D\,.$$

$$\text{\textquotedbl} \qquad \text{\textquotedbl} \qquad l_2: \quad \eta_{II2} = Q_{0II} + \frac{1}{l_2}\,k_{12}\,\omega_D'\,.$$

Mit $l_2 = 12{,}0$ m; $k_{11} = 3{,}76$; $k_{12} = 3{,}18$ (siehe unter a) wird demnach

$$\eta_{II1} = \frac{3{,}76}{12{,}0}\,\omega_D = + 0{,}313\,\omega_D\,;$$

$$\eta_{II2} = Q_{0II} + \frac{3{,}18}{12{,}0}\,\omega_D' = Q_{0II} + 0{,}265\,\omega_D'\,.$$

Die weitere Behandlung von η_{II1} vgl. Grundaufgabe 2b, S. 121; die von η_{II2} vgl. Grundaufgabe 3b, S. 125.

c) Gesucht werden für den Balken nach Abb. 144 das größte negative Stützenmoment, min M_{1p}, sowie die beiden größten positiven

Feldmomente, max M_{Ip} und max M_{IIp}, und deren Lage innerhalb der Öffnungen l_1 und l_2 infolge gleichmäßig verteilter Nutzlast p.

Nach Hilfstafel II, 11, S. 213, wird

$$\min M_{1p} = -\frac{p}{4}\left[k_{11}\,l_1 + k_{12}\,l_2\right].$$

Unter a) wurden ermittelt

$$k_{11} = 3{,}76\,; \qquad k_{12} = 3{,}18\,.$$

Also wird

$$\min M_{1p} = -\frac{p}{4}\left[3{,}76 \cdot 16{,}0 + 3{,}18 \cdot 12{,}0\right] = -24{,}58\,p\,.$$

Nach Hilfstafel II, 11, S. 213 erhält man die Lage und Größe der positiven Momente in Öffnung l_1 zu

$$c_{1p} = x_{01} = \frac{l_1}{2} - \frac{1}{4}\,k_{11} = \frac{16{,}0}{2} - \frac{3{,}76}{4} = 7{,}06\ \mathrm{m}\,.$$

und $\qquad \max M_{Ip} = \frac{1}{2}\,p\,c_{1p}^2 = \frac{7{,}06^2}{2}\,p = 24{,}92\,p\,.$

In Öffnung l_2 wird

$$c_{2p} = x_{02}' = \frac{l}{2} - \frac{1}{4}\,k_{12} = \frac{12{,}0}{2} - \frac{3{,}18}{4} = 5{,}205\ \mathrm{m}$$

und $\qquad \max M_{IIp} = \frac{1}{2}\,p\,c_{2v}^2 = \frac{5{,}205^2}{2}\,p = 13{,}55\,p\,.$ $\qquad$ (Siehe Abb. 145.)

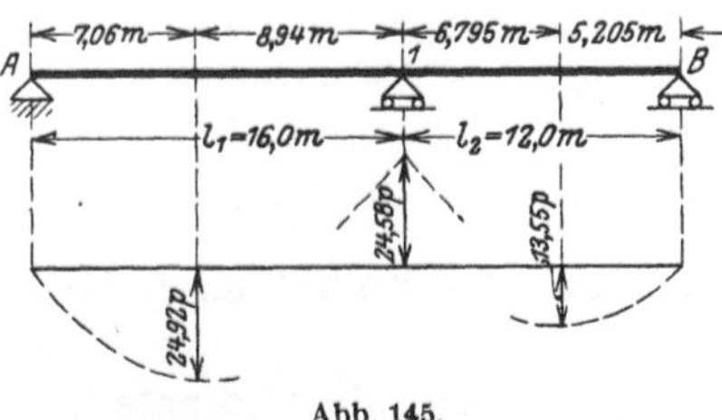

Abb. 145.

d) Für den Balken über zwei ungleichen Öffnungen nach Abbildung 144 sind sämtliche Einflußlinien für Momente, Querkräfte und Auflagerdrücke zu ermitteln.

Es werden die folgenden Werte der Hilfstafeln II, 1 und 5 S. 210 gebraucht:

Mit $J_c = J_1 = 1{,}5\,J_2$ wird (vgl. auch unter a)

$$l_1' = l_1 = 16{,}0\ \mathrm{m}\,; \qquad l_2' = l_2\,\frac{J_c}{J_2} = 18{,}0\,; \qquad s_1 = 2\,(l_1' + l_2') = 68\,;$$

$$k_{11} = \frac{l_1\,l_1'}{s_1} = \frac{16 \cdot 16}{68} = 3{,}76\,; \qquad k_{12} = \frac{l_2\,l_2'}{s_1} = \frac{12 \cdot 18}{68} = 3{,}18\,.$$

Nach Hilfstafel II, 6, S. 210 erhält man die Gleichung der Einflußlinie für das Stützenmoment M_1 zu

$$\eta_{11} = -k_{11}\,\omega_D \quad \text{in Öffnung } l_1\,,$$
$$\eta_{12} = -k_{12}\,\omega_D' \quad \text{"} \qquad \text{"} \qquad l_2\,.$$

Setzt man für k_{11} und k_{12} die vorstehenden Zahlen ein, so erhält man die Gleichung der Einflußlinie in Zahlentafel 15.

Nach Hilfstafel II, 7, S. 211 lauten die Gleichungen für die Feldmomente M_I eines beliebigen Querschnittes der Öffnung l_1

$$\eta_{I1} = M_{0I} - \frac{x_1}{l_1} k_{11}\, \omega_D \quad \text{in Öffnung } l_1,$$

$$\eta_{I2} = -\frac{x_1}{l_1} k_{12}\, \omega_D' \qquad \text{\textquotedbl} \qquad \text{\textquotedbl} \qquad l_2.$$

Für einen Querschnitt II in der Öffnung l_2 wird

$$\eta_{II1} = -\frac{x_2'}{l_2} k_{11}\, \omega_D \qquad \text{in Öffnung } l_1,$$

$$\eta_{II2} = M_{0II} - \frac{x_2'}{l_2} k_{12}\, \omega_D' \quad \text{\textquotedbl} \qquad \text{\textquotedbl} \qquad l_2.$$

Setzt man in diese Gleichungen wieder die Zahlenwerte ein, dann erhält man die Zahlenwerte der Zahlentafel 15.

Zahlentafel 15. Gleichungen der Einflußlinien.

	Öffnung l_1	Öffnung l_2
M_1	$\eta_{11} = -3{,}76\,\omega_D$	$\eta_{12} = -3{,}18\,\omega_D'$
M_I	$\eta_{I1} = M_{0I} - 0{,}235\,x_1\,\omega_D$	$\eta_{I2} = -0{,}199\,x_1\,\omega_D'$
M_{II}	$\eta_{II1} = -0{,}313\,x_2'\,\omega_D$	$\eta_{II2} = M_{0II} - 0{,}265\,x_2'\,\omega_D'$
Q_I	$\eta_{I1} = Q_{0I} - 0{,}235\,\omega_D$	$\eta_{I2} = -0{,}199\,\omega_D'$
Q_{II}	$\eta_{II1} = +0{,}313\,\omega_D$	$\eta_{II2} = Q_{0II} + 0{,}265\,\omega_D'$
A	$\eta_1 = A_0 - 0{,}235\,\omega_D$	$\eta_2 = -0{,}199\,\omega_D'$
C	$\eta_{11} = C_{01} + 0{,}548\,\omega_D$	$\eta_{12} = C_{01} + 0{,}464\,\omega_D'$
B	$\eta_1 = -0{,}313\,\omega_D$	$\eta_2 = B_0 - 0{,}265\,\omega_D'$

Nach Hilfstafel II, 8, S. 211 erhält man die Einflußlinien für die Querkräfte.

Die Querkraft Q_I in der ersten Öffnung hat die Ordinaten:

$$\eta_{I1} = Q_{0I} - \frac{1}{l_1} k_{11}\, \omega_D \quad \text{in Öffnung } l_1,$$

$$\eta_{I2} = -\frac{1}{l_1} k_{12}\, \omega_D' \qquad \text{\textquotedbl} \qquad \text{\textquotedbl} \qquad l_2.$$

Die Ordinaten der Q_{II}-Linie für einen Querschnitt II der Öffnung l_2 ergeben sich zu

$$\eta_{II1} = +\frac{1}{l_2} k_{11}\, \omega_D \qquad \text{Einflußlinie in Öffnung } l_1,$$

$$\eta_{II2} = Q_{0II} + \frac{1}{l_2} k_{12}\, \omega_D' \qquad \text{\textquotedbl} \qquad \text{\textquotedbl} \qquad \text{\textquotedbl} \qquad l_2.$$

Setzt man die Zahlenwerte ein, dann erhält man wieder die Gleichungen der Zahlentafel 15.

Die Einflußlinien für die Auflagerdrücke erhält man aus Hilfstafel II, 9.

Die Einflußlinie für A hat die Ordinaten

$$\eta_{A1} = A_0 - \frac{1}{l_1} k_{11}\, \omega_D \quad \text{in Öffnung } l_1\,,$$

$$\eta_{A2} = - \frac{1}{l_1} k_{12}\, \omega_D' \qquad \text{,,} \qquad \text{,,} \qquad l_2\,.$$

Einflußlinie für C_1:

$$\eta_{11} = C_{01} + k_{11} \left(\frac{1}{l_1} + \frac{1}{l_2} \right) \cdot \omega_D \ \text{in Öffnung } l_1\,,$$

$$\eta_{12} = C_{01} + k_{12} \left(\frac{1}{l_1} + \frac{1}{l_2} \right) \cdot \omega_D' \ \text{,,} \quad \text{,,} \quad l_2\,.$$

Einflußlinie für B:

$$\eta_{B1} = - \frac{1}{l_2} k_{11}\, \omega_D \qquad \text{in Öffnung } l_1\,,$$

$$\eta_{B2} = B_0 - \frac{1}{l_2} k_{12}\, \omega_D' \quad \text{,,} \quad \text{,,} \quad l_2\,.$$

Die Zahlentafel 15, S. 146 enthält die Gleichungen der Auflagerdrücke nach Einsetzen der Zahlenwerte.

Die weitere Behandlung, d. h. das Ermitteln und Auftragen der einzelnen Einflußordinaten innerhalb der Öffnungen, ist ausführlich in den Grundaufgaben besprochen worden. Sämtliche Einflußlinien sind in Abb. 146 aufgetragen.

e) Für den Balken über zwei ungleichen Öffnungen nach Abb. 144 sind Momente, Querkräfte und Auflagerdrücke infolge Eigengewicht zu ermitteln.

Nach Hilfstafel II, 10, S. 212 wird, wenn für beide Öffnungen dasselbe Eigengewicht g angenommen wird, das Stützenmoment:

$$M_{1g} = - \frac{g}{4} [l_1 k_{11} + l_2 k_{12}] = - \frac{g}{4} [16 \cdot 3,76 + 12 \cdot 3,18] = - 24,58\, g\,.$$

Die Abstände der größten positiven Momente in den Öffnungen l_1 und l_2 werden

$$c_{1g} = x_{01} = \frac{l_1}{2} + \frac{M_{1g}}{g\, l_1} = \frac{16,0}{2} - \frac{24,58\, g}{16,0\, g} = 6,46\ \text{m}\,,$$

$$c_{2g} = x_{02}' = \frac{l_2}{2} + \frac{M_{1g}}{g\, l_2} = \frac{12,0}{2} - \frac{24,58\, g}{12,0\, g} = 3,95\ \text{m}\,.$$

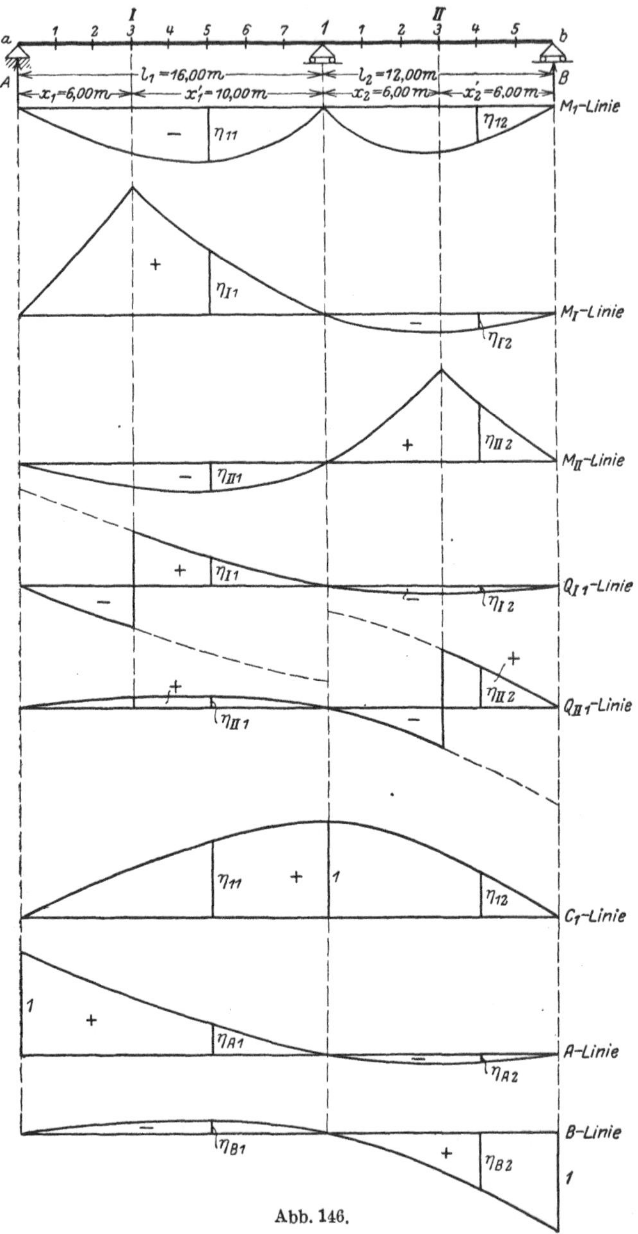

Abb. 146.

Die größten Feldmomente werden

$$\max M_{Ig} = \tfrac{1}{2}\,g\,c_{1g}^2 = \tfrac{1}{2}\,6{,}46^2\,g = 20{,}89\,g,$$

$$\max M_{IIg} = \tfrac{1}{2}\,g\,c_{2g}^2 = \tfrac{1}{2}\,3{,}95^2\,g = 7{,}81\,g.$$

Die Querkraftfläche ist durch die Gleichungen bestimmt

$$Q_{Ig} = g\,x_1''; \qquad Q_{IIg} = g\,x_2''.$$

Die Querkräfte an den Auflagern geben gleichzeitig die Stützdrücke an

$$A_g = g\,x_{01} = 6{,}46\,g,$$
$$\left.\begin{array}{l} C_{1g}^{l} = g\,x_{01}' = 9{,}54\,g \\[2pt] C_{1g}^{r} = g\,x_{02} = 8{,}05\,g \end{array}\right\} \; C_{1\,g} = 17{,}58\,g.$$
$$B_g = g\,x_{02}' = 3{,}95\,g.$$

(Vgl. Abb. 147.) Die Darstellung der Momenten- und Querkraftfläche im einzelnen erfolgt nach Grundaufgabe 1.

f) Für den Balken über zwei ungleichen Öffnungen nach Abb. 144 sind die Maximal- und Minimal-Momenten- und Querkraftflächen sowie die Auflagerdrücke infolge beweglicher Nutzlast p zu ermitteln.

Für die folgenden Rechnungen kommen außer den unter d) ermittelten Hilfswerten $k_{11} = 3{,}76$ und $k_{12} = 3{,}18$ noch zur Festlegung der Festpunkte die folgenden Hilfswerte in Betracht.

Nach Hilfstafel II, 1, S. 210 wird

$$\mu_1 = \frac{l_2'}{s_1} = \frac{18{,}0}{68{,}0} = 0{,}265\,,$$

$$\mu_1' = \frac{l_1'}{s_1} = \frac{16{,}0}{68{,}0} = 0{,}235\,;$$

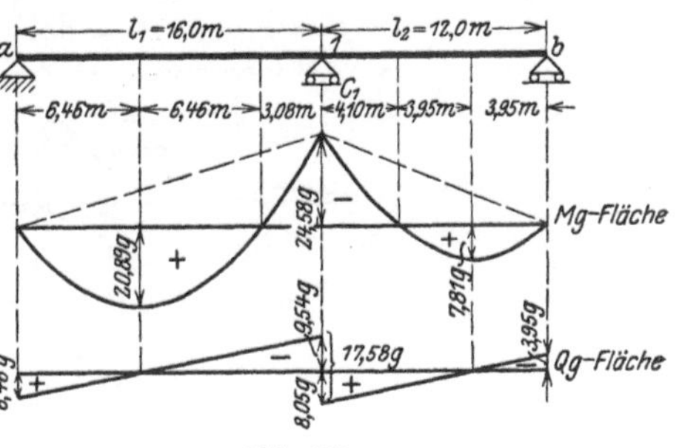

Abb. 147.

$$b_1 = l_1 = 16{,}0\ \text{m}; \qquad b_2 = \frac{l_2}{1 + \mu_1} = 9{,}486\ \text{m};$$

$$b_1' = \frac{l_1}{1 + \mu_1'} = 12{,}955\ \text{m}; \qquad b_2' = l_2 = 12{,}0\ \text{m}.$$

Zur Bestimmung der Maximal- und Minimal-Momentenfläche nach Abb. 148a liefert Hilfstafel II, 11, S. 213, folgende Werte:

$$\min M_{1\,p} = -\frac{p}{4}\,[k_{11}\,l_1 + k_{12}\,l_2] = -24{,}58\,p\,,$$

$$\max M_{1\,p} = 0\,.$$

$$c_{1\,p} = x_{01} = \frac{l_1}{2} - \frac{k_{11}}{4} = 7{,}06\ \text{m}\,,$$

$$x_{01}' = 16{,}0 - 7{,}06 = 8{,}94\ \text{m}\,,$$

$$t_1' = 2\,c_{1\,p} - b_1' = 1{,}165\ \text{m}\,,$$

$$c_{2\,p} = x_{02}' = \frac{l_2}{2} - \frac{k_{12}}{4} = 5{,}205\ \text{m}\,,$$

$$x_{02} = 12{,}0 - 5{,}205 = 6{,}795\ \text{m}\,,$$

$$t_2 = 2\,c_{2\,p} - b_2 = 0{,}924\ \text{m}\,.$$

Die größten Feldmomente in den beiden Öffnungen des Balkens werden

$$\max M_{Ip} = \tfrac{1}{2}\, p\, c_{1p}^{2} = 24{,}92\, p\,,$$

$$\max M_{IIp} = \tfrac{1}{2}\, p\, c_{2p}^{2} = 13{,}55\, p\,.$$

Für die Festpunktsmomente erhält man

$$\max M_{R_1} = \tfrac{1}{2}\, p\, b_1'\, t_1' = \tfrac{1}{2}\, p\, 12{,}955 \cdot 1{,}165 = 7{,}55\, p\,,$$

$$\min M_{R_1} = -\frac{p}{4}\, l_2\, k_{12}\, \frac{b_1'}{l_1} = -\frac{p}{4}\, 12{,}0 \cdot 3{,}18\, \frac{12{,}955}{16{,}0} = -7{,}72\, p\,,$$

$$\max M_{L_2} = \tfrac{1}{2}\, p\, b_2\, t_2 = \tfrac{1}{2}\, p\, 9{,}486 \cdot 0{,}924 = 4{,}38\, p\,,$$

$$\min M_{L_1} = -\frac{p}{4}\, l_1\, k_{11}\, \frac{b_2}{l_2} = -\frac{p}{4}\, 16{,}0 \cdot 3{,}76\, \frac{9{,}486}{12{,}0} = -11{,}89\, p\,.$$

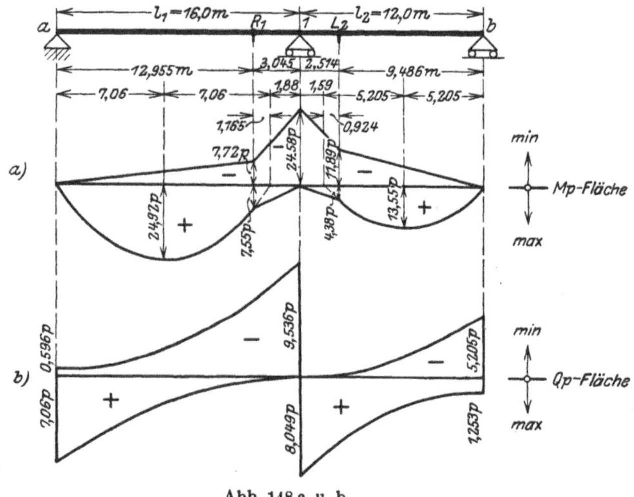

Abb. 148 a u. b.

Über die Darstellung der Maximal- und Minimal-Momentenfläche in den einzelnen Öffnungen vgl. Grundaufgabe 1b, S. 116.

Die Maximal- und Minimal-Querkraftsflächen nach Abb. 148b sind aus folgenden Gleichungen der Hilfstafel II, 11, S. 213 bestimmt:

$$\max Q_{Ip} = \frac{p\, x_1'^{2}}{2\, l_1} - \frac{p}{4}\, \frac{x_1'\, k_{11}}{l_1} = \frac{p\, x_1'^{2}}{2 \cdot 16{,}0} - \frac{p\, x_1' \cdot 3{,}76}{4 \cdot 16{,}0}\,,$$

$$\max Q_{Ip} = 0{,}03125\, p\, x_1'^{2} - 0{,}05875\, p\, x_1'\,,$$

$$\max Q_{IIp} = \frac{p\, x_2'^{2}}{2\, l_2} + \frac{p\, x_2'}{4\, l_2}\, k_{12} + \frac{p}{4\, l_2}\, l_1\, k_{11}$$

$$= \frac{p}{24{,}0}\, x_2'^{2} + \frac{p \cdot 3{,}18}{48{,}0}\, x_2' + \frac{p \cdot 16{,}0 \cdot 3{,}76}{48{,}0}\,,$$

$$\max Q_{IIp} = 0{,}04167\, p\, x_2'^2 + 0{,}06625\, p\, x_2' + 1{,}25333\, p\,,$$

$$\min Q_{Ip} = -\frac{p}{2\,l_1}\, x_1^2 - \frac{p\,k_{11}}{4\,l_1}\, x_1 - \frac{p\,l_2\,k_{12}}{4\,l_1}$$

$$= -\frac{p}{32{,}0}\, x_1^2 - \frac{p\cdot 3{,}76}{64{,}0}\, x_1 - \frac{12{,}0\cdot 3{,}18}{64{,}0}\, p\,,$$

$$\min Q_{Ip} = -0{,}03125\, p\, x_1^2 - 0{,}05875\, p\, x_1 - 0{,}59625\, p\,,$$

$$\min Q_{IIp} = -\frac{p}{2\,l_2}\, x_2^2 + \frac{p\,k_{12}}{4\,l_2}\, x_2 = -\frac{p}{24{,}0}\, x_2^2 + \frac{3{,}18\, p}{48{,}0}\, x_2\,,$$

$$\min Q_{IIp} = -0{,}04167\, p\, x_2^2 + 0{,}06625\, p\, x_2\,.$$

Über das Auftragen der Querkraftsflächen mit Hilfe dieser Gleichungen vgl. Grundaufgabe 1d.

Die Größt- und Kleinstwerte der Auflagerkräfte infolge beweglicher Stützlast werden

$$\max A_p = \frac{p\,l_1}{2} - \frac{p\,k_{11}}{4} = 7{,}060\, p\,,$$

$$\min A_p = -\frac{p\,l_2}{4\,l_1}\, k_{12} = -0{,}596\, p\,,$$

$$\max C_{1p} = p\,\frac{l_1 + l_2}{2} + \frac{p}{4}\left[(k_{11}\,l_1 + k_{12}\,l_2)\frac{l_1 + l_2}{l_1\,l_2}\right]$$

$$= 14{,}0\, p + 3{,}58458\, p = 17{,}585\, p\,,$$

$$\min C_p = 0\,,$$

$$\max B_p = \frac{p\,l_2}{2} - \frac{p\,k_{12}}{4} = 5{,}205\, p\,,$$

$$\min B_p = -\frac{p\,l_1\,k_{11}}{4\,l_2} = -1{,}253\, p\,.$$

g) **Einfluß der Stützensenkung.** Die Mittelstütze 1 des Balkens in Abb. 144 senke sich um $y_1 = 1\,\text{cm} = 0{,}01\,\text{m}$.

Das Stützenmoment wird nach Hilfstafel II, 3, S. 210

$$M_1 = \frac{1}{s_1}\, Z_1 = \frac{1}{68}\, Z_1\,.$$

Das Belastungsglied ergibt sich nach den Ausführungen auf S. 72, wenn $r = 1$ gesetzt wird, zu

$$Z_1 = 6\, E\, J_c \left[\frac{y_1 - y_0}{l_1} + \frac{y_1 - y_2}{l_2}\right].$$

Nun ist $y_0 = y_2 = 0$ und $y_1 = 0{,}01$; der vorstehende Ausdruck vereinfacht sich infolgedessen zu

$$Z_1 = 6\,EJ_c \left[\frac{0{,}01}{l_1} + \frac{0{,}01}{l_2} \right] = 6\,EJ_c\,0{,}01\,\frac{l_1 + l_2}{l_1 \cdot l_2}\,.$$

Also ist

$$M_1 = \frac{1}{68}\,6\,EJ_c\,0{,}01\,\frac{l_1 + l_2}{l_1 \cdot l_2} = \frac{6 \cdot 0{,}01}{68} \cdot \frac{16 + 12}{16 \cdot 12}\,EJ_c = 1{,}29\,\frac{EJ_c}{10\,000}\,.$$

Wird die Stütze gehoben, so wird der Wert negativ, d. h.

$$M_1 = -\,1{,}29\,\frac{EJ_c}{10\,000}\,.$$

Senkt sich die **Endstütze** A um 0,01 m, dann haben wir zu setzen

$$y_0 = 0{,}01; \qquad y_1 = y_2 = 0\,.$$

Es ist dann

$$Z_1 = -\,6\,EJ_c\,\frac{0{,}01}{l_1} = -\,\frac{6 \cdot 0{,}01}{16}\,EJ_c$$

und

$$M_1 = -\,\frac{1 \cdot 6 \cdot 0{,}01}{68 \cdot 16}\,EJ_c = -\,0{,}55\,\frac{EJ_c}{10\,000}\,.$$

Als J_c haben wir das Trägheitsmoment des Balkens in der ersten Öffnung, also J_1, angenommen. Wählen wir z. B. zur konstruktiven Ausbildung einen Flußstahl-Träger mit

$$E = 2\,100\,000 \text{ kg/cm}^2 = 21\,000\,000 \text{ t/m}^2$$

und

$$J = 45\,000 \text{ cm}^4 = 0{,}000\,45 \text{ m}^4,$$

so wird

$$EJ_c = 9450 \text{ tm}^2\,.$$

Bei Senkung der Mittelstütze um 1 cm beträgt dann das Stützenmoment

$$M_1 = +\,1{,}29 \cdot \frac{9450}{10\,000} = 1{,}22 \text{ tm}\,.$$

Die Feldmomente werden

$$M_I = \frac{1{,}22}{16{,}0}\,x_1 \quad \text{in Öffnung } l_1\,,$$

$$M_{II} = \frac{1{,}22}{12{,}0}\,x_2' \quad \text{''} \qquad \text{''} \qquad l_2\,.$$

Die Querkräfte sind konstant

$$Q_I = \frac{1{,}22}{16{,}0} = 0{,}076 \text{ t},$$

$$Q_{II} = \frac{1{,}22}{12{,}0} = -\,0{,}102 \text{ t}$$

$$A = Q_I = 0{,}076 \text{ t}; \qquad C = -\,0{,}076 - 0{,}102 = -\,0{,}178 \text{ t},$$
$$B = -\;Q_{II} = +\,0{,}102 \text{ t}.$$

h) **Einfluß einer ungleichmäßigen Erwärmung von** $\varDelta t = t_u - t_o = 20^0$.
Das Stützenmoment wird wieder

$$M_1 = \frac{1}{s_1} Z_1 = \frac{1}{68} Z_1.$$

Nach Formel (105 a), S. 72 ist mit $r = 1$

$$Z_1 = -\,3\,\varepsilon\,E J_c \frac{t_u - t_o}{h}\,(l_1 + l_2).$$

Hierin bedeutet ε die Wärmeausdehnungszahl für Flußstahl. Wir setzen
$$\varepsilon = 0{,}000\,012\,,$$
ferner die Trägerhöhe $h = 0{,}40$ m und, wie unter g),
$$E J_c = 9450 \text{ tm}^2.$$
Dann wird

$$M_{1t} = -\,\frac{1}{68}\,3\cdot 0{,}000\,012\cdot 9450\,\frac{20}{0{,}40}\,(16 + 12),$$

$$M_{1t} = -\,7{,}0 \text{ tm}.$$

Damit erhält man die Feldmomente

$$M_I = -\,\frac{7{,}0}{16{,}0}\,x_1; \qquad M_{II} = -\,\frac{7{,}0}{12{,}0}\,x_2{}'.$$

Die Querkräfte und Auflagerdrücke werden

$$Q_I = -\,\frac{7{,}0}{16{,}0} = -\,0{,}438 \text{ t}; \qquad Q_{II} = +\,\frac{7{,}0}{12{,}0} = +\,0{,}584 \text{ t};$$

$$A = -\,0{,}438 \text{ t}; \qquad C = +\,0{,}438 + 0{,}584 = 1{,}022 \text{ t}; \qquad B = -\,0{,}584 \text{ t}.$$

Zahlenbeispiel 2: Der Balken über drei ungleichen Öffnungen.
(Vgl. Hilfstafel III, S. 214).

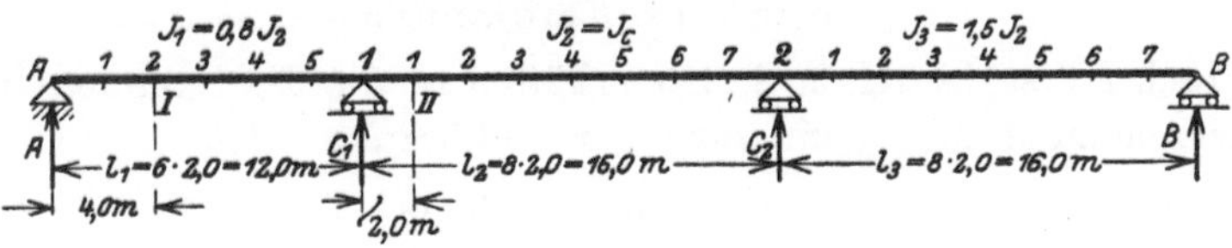

Abb. 149.

Für die ausführliche Berechnung des Balkens auf vier Stützen (Abb. 149) werden eine Reihe von Hilfswerten gebraucht, wie z. B. die Festpunktsabstände, die Werte β, k usw., die in den folgenden Rechnungen immer wieder vorkommen; sie werden deshalb der Übersichtlichkeit halber an den Anfang der Rechnung unter der Bezeichnung Vorarbeiten gestellt.

a) Vorarbeiten.

Wählt man für das beliebige Trägheitsmoment J_c das Trägheitsmoment der zweiten Öffnung J_2, dann erhält man nach Hilfstafel III, 1, S. 214 die folgende Werte:

Zahlentafel 16.

1	$l_1 = 12,0$	$l_2 = 16,0$	$l_3 = 16,0$
2	$l_1' = 15,0$	$l_2' = 16,0$	$l_3' = 10,67$
3	$s_1 = 62,0$	$s_2 = 53,33$	$\varDelta = 3050$
4	$\mu_1 = 0,258$	$\mu_2 = 0,217$	$\mu_3 = 0$
5	$\mu_1' = 0,262$	$\mu_2' = 0,300$	$\mu_3' = 0$
6	$1 - \mu_1 = 0,742$	$1 - \mu_2 = 0,783$	$1 - \mu_3 = 1$
7	$1 - \mu_1' = 0,738$	$1 - \mu_2' = 0,700$	$1 - \mu_3' = 1$
8	$b_1 = l_1 = 12,0$	$b_2 = 12,72$	$b_3 = 13,15$
9	$b_1' = 9,51$	$b_2' = 12,31$	$b_3' = l_3 = 16,0$
10	$a_1 = 0$	$a_2 = 3,28$	$a_3 = 2,85$
11	$a_1' = 2,49$	$a_2 = 3,69$	$a_3' = 0$

Zahlentafel 17.

	1	2
1	$\beta_{11} = \dfrac{53,33}{3050} = 0,0175$	$\beta_{12} = -\dfrac{16}{3050} = -0,00525$
2	$\beta_{21} = \beta_{12} = -0,00525$	$\beta_{22} = \dfrac{62}{3050} = 0,0203$

Zahlentafel 18.

	1	2	3
1	$k_{11} = \beta_{11} l_1 l_1' = 3,15$	$k_{12} = \beta_{11} l_2 l_2' = 4,48$	$k_{13} = \beta_{12} l_3 l_3' = -0,896$
2	$k_{21} = \beta_{12} l_1 l_1' = -0,945$	$k_{22} = \beta_{22} l_2 l_2' = 5,20$	$k_{23} = \beta_{22} l_3 l_3' = 3,47$

b) Einflußlinien der Angriffsmomente, Querkräfte und Stützendrücke.

α) Stützenmomente.

Nach Hilfstafel III, 6, S. 215 erhält man die Einflußlinien für das Stützenmoment M_1, wenn man zur Abkürzung setzt

$$\omega_{T_2}' = \omega_D' - 0,3\,\omega_D$$

$$\eta_{11} = -k_{11}\,\omega_D = -3,15\,\omega_D \quad \text{in Öffnung } l_1,$$

$$\eta_{12} = -k_{12}\,\omega_{T_2}' = -4,48\,\omega_{T_2}' \quad \text{,,} \qquad \text{,,} \qquad l_2,$$

$$\eta_{13} = -k_{13}\,\omega_D' = +0,896\cdot\omega_D' \quad \text{,,} \qquad \text{,,} \qquad l_3.$$

Die Auswertung dieser Gleichungen, d. h. das Ausrechnen der Knotenpunktsordinaten in den einzelnen Öffnungen und das Auftragen der Einflußlinien ist in Grundaufgabe 2 und 3 behandelt worden (s. S. 120 ff.).

Die Gleichung der Einflußlinien für M_2 lautet mit

$$\omega_{T_2} = \omega_D - 0{,}258\,\omega'_D$$

$$\text{in Öffnung } l_1: \quad \eta_{21} = -\,k_{21}\,\omega_D = +\,0{,}945\,\omega_D$$
$$„ \quad „ \quad l_2: \quad \eta_{22} = -\,k_{22}\,\omega_{T_2} = -\,5{,}20\,\omega_{T_2}$$
$$„ \quad „ \quad l_3: \quad \eta_{23} = -\,k_{23}\,\omega'_D = -\,3{,}47\,\omega'_D.$$

In Zahlentafel 19 ist die Berechnung der Ordinaten der M_1- und M_2-Linie durchgeführt. Die Einflußlinien sind in Abb. 150a aufgetragen. Man kann, wie in den Grundaufgaben näher ausgeführt ist, an Rechenarbeit sparen, wenn man als Einflußordinaten direkt die ω-Linien benutzt und zum Schluß die entsprechenden Multiplikatoren hinzufügt. Man arbeitet dann mit verzerrten Einflußlinien und mit von Öffnung zu Öffnung wechselnden Multiplikatoren. Vgl. Abb. 150b.

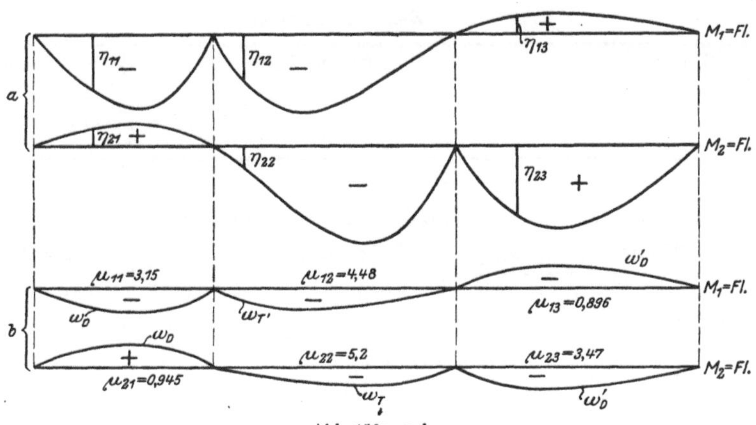

Abb. 150a u. b.

Zahlentafel 19.

m	Öffnung l_1		Öffnung l_2		Öffnung l_3	
	ω_D	$\eta_{11} = -3{,}15\,\omega_D$	ω'_{T_2}	$\eta_{12} = -4{,}48\,\omega'_{T_2}$	ω'_D	$\eta_{13} = 0{,}896\,\omega'_D$
1	0,1620	$-0{,}4950$	0,1682	$-0{,}7535$	0,2051	$+0{,}1838$
2	0,2963	$-0{,}9330$	0,2578	$-1{,}1549$	0,3281	$+0{,}2940$
3	0,3750	$-1{,}1310$	0,2842	$-1{,}2732$	0,3809	$+0{,}3413$
4	0,3704	$-1{,}1660$	0,2625	$-1{,}1760$	0,3750	$+0{,}3360$
5	0,2546	$-0{,}8020$	0,2080	$-0{,}9318$	0,3223	$+0{,}2888$
6	—	—	0,1380	$-0{,}6182$	0,2344	$+0{,}2100$
7	—	—	0,0615	$-0{,}2755$	0,1230	$+0{,}1102$
	ω_D	$\eta_{21} = 0{,}945\,\omega_D$	ω_{T_2}	$\eta_{22} = -5{,}20\,\omega_{T_2}$	ω'_D	$\eta_{23} = -3{,}47\,\omega'_D$
1	0,1620	$+0{,}1531$	0,0701	$-0{,}3645$	0,2051	$-0{,}7117$
2	0,2963	$+0{,}2800$	0,1498	$-0{,}7790$	0,3281	$-1{,}1385$
3	0,3750	$+0{,}3544$	0,2240	$-1{,}1648$	0,3809	$-1{,}3217$
4	0,3704	$+0{,}3500$	0,2782	$-1{,}4466$	0,3750	$-1{,}3012$
5	0,2546	$+0{,}2406$	0,2977	$-1{,}5480$	0,3223	$-1{,}1184$
6	—	—	0,2676	$-1{,}3915$	0,2344	$-0{,}8134$
7	—	—	0,1734	$-0{,}9017$	0,1230	$-0{,}4268$

β) Feldmomente.

Nach Hilfstafel III, 7, S. 215 kann man die Gleichungen der Einflußlinien der Feldmomente in den einzelnen Öffnungen anschreiben. Die Zusammenstellung findet sich in Zahlentafel 20.

γ) Querkräfte.

Mittels Hilfstafel III, 8, S. 216 sind die Gleichungen der Einflußlinien für die Querkräfte bestimmt und ebenfalls in Zahlentafel 20 eingetragen.

δ) Auflagerkräfte.

Aus der Hilfstafel III, 9, S. 216 ergeben sich die in Zahlentafel 20 eingetragenen Gleichungen für die Einflußlinien der Auflagerkräfte.

Zahlentafel 20.

	Öffnung l_1	Öffnung l_2	Öffnung l_3
	$\xi_2 = \dfrac{x_2}{l_2} - \mu_1 \cdot \dfrac{x_2'}{l_2}$	$\xi_2' = \dfrac{x_2'}{l_2} - \mu_2' \dfrac{x_2}{l_2}$	
M_I	$\eta_{I1} = M_{0\,I} - 0{,}262\,x_1\,\omega_D$	$\eta_{I2} = -\,0{,}373\,x_1 \cdot \omega'_{T_2}$	$\eta_{I3} = +\,0{,}075\,x_1 \cdot \omega'_D$
M_{II}	$\eta_{II1} = -\,3{,}15\,\xi_2'\,\omega_D$	$\eta_{II2} = M_{0\,II} - 5{,}2\,\xi_2\,\omega_D - 4{,}48\,\xi_2'\,\omega'_D$	$\eta_{II3} = -\,3{,}47\,\xi_2\,\omega'_D$
M_{III}	$\eta_{III1} = +\,0{,}059\,x_3'\,\omega_D$	$\eta_{III2} = -\,0{,}325\,x_3'\,\omega_{T_2}$	$\eta_{III3} = M_{0\,III} - 0{,}217\,x_3'\,a$
Q_I	$\eta_{I1} = Q_{0\,I} - 0{,}262\,\omega_D$	$\eta_{I2} = -\,0{,}373\,\omega'_{T_2}$	$\eta_{I3} = 0{,}075\,\omega'_D$
Q_{II}	$\eta_{II1} = 0{,}256\,\omega_D$	$\eta_{II2} = Q_{0\,II} - 0{,}409\,(\omega_D - 0{,}89\,\omega'_D)$	$\eta_{II3} = -\,0{,}273\,\omega'_D$
Q_{III}	$\eta_{III1} = -\,0{,}059\,\omega_D$	$\eta_{III2} = 0{,}325\,\omega_{T_2}$	$\eta_{III3} = Q_{0\,III} + 0{,}217\,\omega'$
A	$\eta_{A_1} = A_0 - 0{,}262\,\omega_D$	$\eta_{A_2} = -\,0{,}373\,\omega'_{T_2}$	$\eta_{A_3} = 0{,}075\,\omega'_D$
B	$\eta_{B_1} = 0{,}059\,\omega_D$	$\eta_{B_2} = -\,0{,}325\,\omega_{T_2}$	$\eta_{B_3} = B_0 - 0{,}217\,\omega'_D$
C_1	$\eta_{11} = C_{01} + 0{,}518\,\omega_D$	$\eta_{12} = C_{01} + 0{,}737\,(\omega'_D - 0{,}705\,\omega_D)$	$\eta_{13} = -\,0{,}347\,\omega'_D$
C_2	$\eta_{21} = -\,0{,}315\,\omega_D$	$\eta_{22} = C_{02} + 0{,}733\,(\omega_D - 0{,}65\,\omega'_D)$	$\eta_{23} = C_{02} + 0{,}49\,\omega'_D$

c) Einfluß des Eigengewichtes.

Den Einfluß des Eigengewichtes ermittelt man unter Benutzung der Hilfstafel III, 10, S. 217 wie folgt:

Die Stützenmomente werden

$$M_{1\,g} = -\,\frac{g}{4}\,[12 \cdot 3{,}15 + 16 \cdot 4{,}48 \cdot 0{,}7 - 16 \cdot 0{,}896)] = -\,18{,}4\,g,$$

$$M_{2\,g} = -\,\frac{g}{4}\,[-\,12 \cdot 0{,}945 + 16 \cdot 5{,}2 \cdot 0{,}742 + 16 \cdot 3{,}47] = -\,26{,}4\,g.$$

Zur Bestimmung der Lage und Größe der Maximalmomente in den einzelnen Öffnungen dienen die folgenden Werte:

in Öffnung l_1:

$$c_{1g} = \frac{12}{2} - \frac{18{,}4\,g}{12\,g} = 4{,}47 \text{ m},$$

$$x'_{01} = 12 - 4{,}47 = 7{,}53 \text{ m},$$

$$\max M_{Ig} = \tfrac{1}{2}\,g\cdot 4{,}47^2 = 9{,}99\,g.$$

in Öffnung l_2:

$$x_{02} = \frac{16}{2} + \frac{-26{,}4 + 18{,}4}{16} = 7{,}5 \text{ m},$$

$$x'_{02} = 16 - 7{,}5 = 8{,}5 \text{ m},$$

$$c_{2g} = \sqrt{7{,}5^2 - 2\cdot 18{,}4} = \sqrt{19{,}45} = 4{,}42 \text{ m},$$

$$\max M_{IIg} = \tfrac{1}{2}\,g\cdot 19{,}45 = 9{,}73\,g.$$

in Öffnung l_3:

$$c_{3g} = \frac{16}{2} - \frac{26{,}4}{16} = 6{,}35 \text{ m},$$

$$x_{03} = 16{,}0 - 6{,}35 = 9{,}65 \text{ m},$$

$$\max M_{IIIg} = \tfrac{1}{2}\,g\cdot 6{,}35^2 = 20{,}16\,g.$$

Die Auflagerdrücke infolge Eigengewicht ergeben sich zu

$$A_g = 4{,}47\,g;$$

$$\left.\begin{aligned} C^l_{1g} &= 7{,}53\,g\\ C^r_{1g} &= 7{,}5\,g \end{aligned}\right\} \quad C_{1g} = g\,(7{,}53 + 7{,}5) = 15{,}03\,g;$$

$$\left.\begin{aligned} C^l_{2g} &= 8{,}5\,g\\ C^r_{2g} &= 9{,}65\,g \end{aligned}\right\} \quad C_{2g} = g\,(8{,}5 + 9{,}65) = 18{,}15\,g;$$

$$B_g = 6{,}35\,g.$$

d) Einfluß der beweglichen Nutzlast p.

α) Größt- und Kleinst-Werte der Momente.

Die Stützenmomente infolge p werden (vgl. Hilfstafel III, 11, S. 218)

$$\min M_{1p} = -\frac{p}{4}\,[3{,}15\cdot 12 + 4{,}48\cdot 16\cdot 0{,}7] = -22{,}0\,p,$$

$$\max M_{1p} = +\frac{p}{4}\cdot 16\cdot 0{,}896 = +3{,}58\,p,$$

$$\min M_{2p} = -\frac{p}{4}\,[16\cdot 5{,}2\cdot 0{,}742 + 16\cdot 3{,}47] = -29{,}3\,p,$$

$$\max M_{2p} = +\frac{p}{4}\cdot 12\cdot 0{,}945 = +2{,}84\,p.$$

Die Lage und Größe der Maximalmomente innerhalb der Öffnungen sind durch folgende Werte bestimmt:

$$c_{1p} = \frac{12}{2} - \frac{1}{4 \cdot 12}\,[12 \cdot 3{,}15 - 16 \cdot 0{,}896] = 5{,}51 \text{ m}\,,$$

$$t_1' = 2\,c_1 - b_1' = 2 \cdot 5{,}51 - 9{,}51 = 1{,}51 \text{ m}\,.$$

$$x_{02} = \frac{16}{2} + \frac{1}{4}\,[4{,}48 \cdot 0{,}7 - 5{,}2 \cdot 0{,}742] = 7{,}82 \text{ m}\,,$$

$$x_{02}' = 16 - 7{,}82 = 8{,}18 \text{ m}\,,$$

$$c_{2p} = \sqrt{7{,}82^2 - 8{,}0 \cdot 4{,}48 \cdot 0{,}7} = \sqrt{36{,}03} = 6{,}0 \text{ m}\,,$$

$$t_2 = 6{,}0 + 3{,}28 - 7{,}82 = 1{,}46 \text{ m}\,,$$

$$t_2' = 6{,}0 + 3{,}69 - 8{,}18 = 1{,}51 \text{ m}\,,$$

$$c_{3p} = \frac{16}{2} - \frac{1}{4 \cdot 16}\,[- 12 \cdot 0{,}945 + 16 \cdot 3{,}47] = 7{,}31 \text{ m}\,,$$

$$t_3 = 2 \cdot 7{,}31 - 13{,}15 = 1{,}47 \text{ m}\,,$$

$$\max M_{Ip} = \tfrac{1}{2}\,p \cdot 5{,}51^2 = 15{,}18\,p\,; \quad \max M_{IIp} = \tfrac{1}{2} \cdot 6{,}0^2\,p = 18{,}0\,p$$

$$\max M_{IIIp} = \tfrac{1}{2}\,p \cdot 7{,}31^2 = 26{,}72\,p\,.$$

Die größten positiven und negativen Momente in den Festpunkten sind:

$$\max M_{R_1} = \tfrac{1}{2}\,p \cdot 9{,}51 \cdot 1{,}51 = 7{,}17\,p\,,$$

$$\min M_{R_1} = - \frac{p}{4} \cdot 16 \cdot 4{,}48 \cdot 0{,}7 \cdot \frac{9{,}51}{12} = -9{,}95\,p\,.$$

$$\max M_{L_2} = \tfrac{1}{2}\,p \cdot 1{,}46\,(12 - 1{,}46) = 7{,}7\,p\,,$$

$$\min M_{L_2} = - \frac{p}{4}\,\frac{12}{16}\,(- 0{,}945 \cdot 3{,}28 + 3{,}15 \cdot 12{,}72)$$

$$= - \frac{3 \cdot 36{,}968}{16}\,p = -6{,}93\,p\,.$$

$$\max M_{R_2} = \tfrac{1}{2}\,p \cdot 1{,}51\,(12 - 1{,}51) = 7{,}9\,p\,,$$

$$\min M_{R_2} = - \frac{p}{4}\,\frac{16}{16}\,(- 0{,}896 \cdot 3{,}69 + 3{,}47 \cdot 12{,}31)$$

$$= - \frac{39{,}409}{4}\,p = -9{,}85\,p\,.$$

$$\max M_{L_3} = \tfrac{1}{2}\,p\,b_3\,t_3 = \tfrac{1}{2}\,p \cdot 13{,}15 \cdot 1{,}47 = 9{,}67\,p\,,$$

$$\min M_{L_3} = - \frac{p}{4} \cdot 16 \cdot 5{,}2 \cdot 0{,}742 \cdot \frac{13{,}15}{16} = -12{,}68\,p\,.$$

β) Größt- und Kleinst-Werte der Querkräfte.

Zur Bestimmung der Querkräfte braucht man die folgenden Zwischenwerte, die nach Hilfstafel III, 11, S. 219 berechnet werden:

$$\alpha_1 = -\,p \cdot \frac{3{,}15}{48} = -\,0{,}0656\,p\,,$$

$$\alpha_2 = -\,\frac{p}{4 \cdot 16}\,[5{,}2 \cdot 0{,}742 - 4{,}48 \cdot 0{,}7] = -\,0{,}0114\,p\,,$$

$$\alpha_3 = +\,\frac{p}{4 \cdot 16} \cdot 3{,}47 = +\,0{,}0542\,p\,.$$

$$\max \gamma_1 = -\,\frac{p}{4 \cdot 12}\,(-\,0{,}896) \cdot 16 = +\,0{,}299\,p\,,$$

$$\max \gamma_2 = -\,\frac{p}{4 \cdot 16}\,12\,(-\,0{,}945 - 3{,}15) = +\,0{,}766\,p\,,$$

$$\max \gamma_3 = +\,\frac{p}{4 \cdot 16}\,16 \cdot 5{,}2 \cdot 0{,}742 = +\,0{,}965\,p\,.$$

$$\min \gamma_1 = -\,\frac{p}{4 \cdot 12}\,16 \cdot 4{,}48 \cdot 0{,}7 = -\,1{,}045\,p\,,$$

$$\min \gamma_2 = -\,\frac{p}{4 \cdot 16}\,16 \cdot (3{,}47 + 0{,}896) = -\,1{,}092\,p\,,$$

$$\min \gamma_3 = -\,\frac{p}{4 \cdot 16}\,12 \cdot 0{,}945 = -\,0{,}177\,p\,.$$

Damit ergeben sich die maximalen Querkräfte zu:

$$\max Q_{Ip} = \frac{p}{2 \cdot l_1}\,x_1'^2 + \alpha_1 x_1' + \max \gamma_1 = \frac{p}{2 \cdot 12}\,x_1'^2 - 0{,}0656\,x_1' \cdot p + 0{,}299\,p$$
$$= p\,[0{,}0417\,x_1'^2 - 0{,}0656\,x_1' + 0{,}299]\,,$$
$$\max Q_{IIp} = p\,[0{,}0313\,x_2'^2 - 0{,}0114\,x_2' + 0{,}766]\,,$$
$$\max Q_{IIIp} = p\,[0{,}0313\,x_3'^2 + 0{,}0542\,x_3' + 0{,}965]\,.$$

Entsprechend erhält man die minimalen Querkräfte:

$$\min Q_{Ip} = -\,p\,[0{,}0417\,x_1^2 + 0{,}0656\,x_1 + 1{,}045]\,,$$
$$\min Q_{IIp} = -\,p\,[0{,}0313\,x_2^2 + 0{,}0113\,x_2 + 1{,}092]\,,$$
$$\min Q_{IIIp} = -\,p\,[0{,}0313\,x_3^2 - 0{,}0542\,x_3 + 0{,}177]\,.$$

Die vorstehenden Gleichungen für die Querkräfte sind mit Hilfe der Formeln (137) ermittelt; sie geben also die genäherten Werte für die Querkräfte.

Die genaue Formel z. B. für max Q_{Ip} in der zweiten Öffnung lautet

$$\max Q_{IIp} = \frac{p\,x_2'^2}{2\,l_2} - \frac{p}{4}\left[k_{22}(w_2' - \mu_1 w_2) - k_{12}(w_2 - \mu_2' w_2')\right] + \max \gamma_2.$$

Berechnet man nach dieser genauen Formel die Ordinaten der Maximalquerkraftfläche und vergleicht sie mit den genäherten Resultaten, dann findet man, daß die Abweichungen sehr gering sind. In Abb. 151a sind die genauen Werte ausgezogen, die genäherten Werte gestrichelt angegeben, und die Zahlen der genauen und genäherten Ordinaten einander gegenübergestellt. Die Abweichung läßt sich in der Zeichnung kaum berücksichtigen; das liegt daran, daß der zweite Teil der Gleichung für max Q, für den ein Näherungswert gesetzt wird, im Verhältnis zum ersten Teil sehr geringen Einfluß hat. In Abb. 151b ist der Anteil des zweiten Gliedes der Gleichung in 10facher Verzerrung für die genaue und die genäherte Rechnung besonders herausgezeichnet.

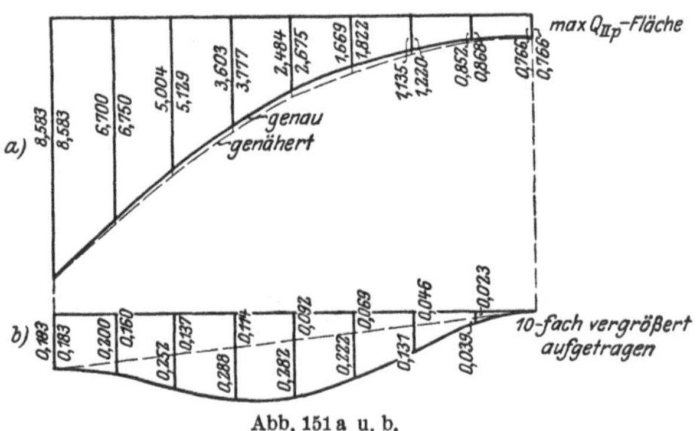

Abb. 151 a u. b.

γ) **Größt- und Kleinst-Werte der Auflagerdrücke.**
Man erhält:

$$\max A_p = p \cdot \frac{l_1}{2} + \alpha_1 l_1 + \max \gamma_1 = 6{,}0\,p - 0{,}0656 \cdot 12\,p + 0{,}299\,p$$
$$= 5{,}512\,p,$$

$$\min A_p = \min \gamma_1 = -1{,}045\,p,$$

$$\max C_{1p} = p\,\frac{12 + 16}{2} + 0{,}0656\,p \cdot 12 - 0{,}0114\,p \cdot 16 + 1{,}045\,p$$
$$+ 0{,}766\,p = 16{,}416\,p,$$

$$\min C_{1p} = -0{,}299\,p - 1{,}092\,p = -1{,}391\,p,$$

$$\max C_{2p} = p\,\frac{16 + 16}{2} + 0{,}0114\,p \cdot 16 + 0{,}0542\,p \cdot 16 + 1{,}092\,p$$
$$+ 0{,}965\,p = 19{,}107\,p,$$

$$\min C_{2p} = -0{,}766\,p - 0{,}177\,p = -0{,}943\,p,$$

$$\max B_p = p\,\frac{16}{2} - 0{,}0542\,p\cdot 16 + 0{,}177\,p = 7{,}310\,p\,,$$

$$\min B_p = -\,0{,}965\,p\,.$$

e) Einfluß der Stützensenkungen.

Wir untersuchen zunächst den Einfluß, den eine Senkung der Stütze A auf die Momente ausübt, wenn die anderen Stützen starr sind; weiterhin wird ein Senken der mittleren Stütze 1 verfolgt, wenn die übrigen Stützen ihre Lage behalten. Die betreffende Stütze senke sich jedesmal um 1 cm $= 0{,}01$ m. Bei ev. Heben der betreffenden Stütze drehen sich die Vorzeichen der Momente um.

α) Stütze A senkt sich um $y_A = 1$ cm $= 0{,}01$ m.

Dann wird nach den Ausführungen auf S. 72.

$$Z_1 = -\,6\,E J_c\frac{y_A}{l_1};\quad Z_2 = 0\,.$$

Die Stützenmomente ergeben sich zu
$$M_1 = \beta_{11}\,Z_1\,,$$
$$M_2 = \beta_{21}\,Z_1\,.$$

Man erhält

$$Z_1 = -\,\frac{6\,E J_c\,0{,}01}{12{,}0} = -\,0{,}005\,E J_c\,,$$

$$M_1 = -\,0{,}0175\cdot 0{,}005\,E J_c = -\,0{,}0000875\,E J_c\,,$$
$$M_2 = +\,0{,}00525\cdot 0{,}005\,E J_c = +\,0{,}0000263\,E J_c\,.$$

Es sei nun

$$E = 2\,100\,000 \text{ kg/qcm} = 21\,000\,000 \text{ t/m}^2\,,$$
$$J_c = 45\,000 \text{ cm}^4 = 0{,}00045 \text{ m}^4\,.$$

Dann wird

$$E J_c = 9450 \text{ tm}^2\,.$$

Die Stützenmomente betragen mit diesem Werte:
$$M_1 = -\,0{,}0000875\cdot 9450 = -\,0{,}825 \text{ tm},$$
$$M_2 = +\,0{,}0000263\cdot 9450 = +\,0{,}248 \quad \text{„}\;.$$

Nachdem die Stützenmomente ermittelt sind, können nunmehr die Feldmomente, Querkräfte und Stützendrücke mit Hilfe der allgemeinen, hierfür entwickelten Formeln berechnet werden.

β) Die Stütze 1 senkt sich um 1 cm $= 0{,}01$ m.

Es ist

$$y_A = y_2 = y_B = 0\,;\quad y_1 = 0{,}01\,,$$

$$= 6\,E J_c\left[\frac{y_1 - y_A}{l_1} + \frac{y_1 - y_2}{l_2}\right] = 6\,E J_c\,y_1\frac{l_1 + l_2}{l_1\cdot l_2} = 6\,E J_c\cdot 0{,}01\,\frac{12 + 16}{12\cdot 16}\,,$$

$$Z_1 = 0{,}00875\, EJ_c,$$

$$Z_2 = 6\, EJ_c \left[\frac{y_2 - y_1}{l_2} + \frac{y_2 - y_B}{l_3} \right] = -\, 6\, EJ_c \frac{y_1}{l_2}$$

$$= -\, 6\, EJ_c \frac{0{,}01}{16},$$

$$Z_2 = -\, 0{,}00375\, EJ_c.$$

$$M_1 = 0{,}0175 \cdot 0{,}008\,75\, EJ_c + 0{,}005\,25 \cdot 0{,}003\,75\, EJ_c$$

$$M_1 = +\, 1{,}728\, \frac{EJ_c}{10\,000},$$

$$M_2 = -\, 0{,}00525 \cdot 0{,}00875 \cdot EJ_c - 0{,}0203 \cdot 0{,}00375\, EJ_c,$$

$$M_2 = -\, 1{,}221\, \frac{EJ_c}{10\,000}.$$

Mit $EJ_c = 9450$ tm² erhält man

$$M_1 = +\, 1{,}633\ \text{tm},$$
$$M_2 = -\, 1{,}1535\ \text{tm}.$$

Die Zahlentafel 21 gibt eine Zusammenstellung, aus der ersichtlich ist, welchen Einfluß die Senkung einer Stütze, um 1 cm, und zwar der Reihe nach Stütze A, Stütze 1, 2 und B auf die Stützenmomente ausübt.

Weiterhin sind in der Zahlentafel 21 die Stützenmomente für den Fall ermittelt, daß bei starren Endauflagern die beiden Mittelstützen 1 und 2 sich um je 1 cm senken, und auch für den Fall, daß die beiden Endstützen A und B sich um 1 cm senken, während die Mittelstützen starr bleiben.

Zahlentafel 21.

Senkung der Auflager	M_1	M_2
A	$-\,0{,}875$	$+\,0{,}263$
1	$+\,1{,}728$	$-\,1{,}221$
2	$-\,1{,}050$	$+\,1{,}719$
B	$+\,0{,}197$	$-\,0{,}761$
$1+2$	$+\,0{,}678$	$+\,0{,}498$
$A+B$	$-\,0{,}678$	$-\,0{,}498$

Sämtliche Zahlenwerte haben den Faktor $\dfrac{EJ_c}{10\,000}$.

Mit Hilfe der vorstehenden theoretischen Betrachtungen kann man sich für praktische Fälle ein Urteil darüber bilden, welche etwaigen Stützenbewegungen einem durchlaufenden Träger zugemutet werden dürfen, ohne daß die Gefahr auftritt, daß die Beanspruchungen über die Proportionalitäts-Grenze hinausgehen.

f) Einfluß einer ungleichmäßigen Erwärmung.

Nach Formel (105a) S. 72 werden die Belastungsglieder, wenn $h_1 = h_2 = h$ ist,

$$Z_1 = - 3\,\varepsilon\,E J_c \frac{\varDelta t}{h} \cdot [l_1 + l_2],$$

$$Z_2 = - 3\,\varepsilon\,E J_c \frac{\varDelta t}{h} \cdot [l_2 + l_3].$$

Mit $\varepsilon = 0{,}0000118$ und $\varDelta t = t_u - t_0 = 20^0$ wird

$$Z_1 = - 3 \cdot 0{,}0000118 \cdot 20 \frac{12{,}0 + 16{,}0}{h} E J_c = - 0{,}0198 \frac{E J_c}{h},$$

$$Z_2 = - 3 \cdot 0{,}0000118 \cdot 20 \frac{16{,}0 + 16{,}0}{h} E J_c = - 0{,}0227 \frac{E J_c}{h},$$

Der Einfluß der ungleichmäßigen Erwärmung auf die Stützenmomente wird

$$M_1 = \beta_{11} Z_1 + \beta_{12} Z_2$$
$$= - 0{,}0175 \cdot 0{,}0198 \frac{E J_c}{h} + 0{,}00525 \cdot 0{,}0227 \frac{E J_c}{h},$$

$$M_1 = - \frac{2{,}28}{h} \cdot \frac{E J_c}{10000},$$

$$M_2 = \beta_{21} Z_1 + \beta_{22} Z_2$$
$$= + 0{,}00525 \cdot 0{,}0198 \frac{E J_c}{h} - 0{,}0203 \cdot 0{,}0227 \frac{E J_c}{h},$$

$$M_2 = - \frac{3{,}56}{h} \cdot \frac{E J_c}{10000}.$$

Wählt man $h = 40$ cm $= 0{,}4$ m und setzt $E J_c = 9450$ tm^2 (vgl. unter d), dann ist

$$M_1 = - \frac{2{,}28}{0{,}4} \cdot \frac{9450}{10000} = - 5{,}387 \text{ tm},$$

$$M_2 = - \frac{3{,}56}{0{,}4} \cdot \frac{9450}{10000} = - 8{,}411 \text{ tm}.$$

Zahlenbeispiel 3. Der Balken über vier Öffnungen. Berechnung mit Hilfe von Einheitsbelastungen.

Die Berechnung des Balkens über vier ungleichen Öffnungen läßt sich unter Benutzung der Hilfstafel IV, S. 220 genau in derselben Weise durchführen, wie es in den Zahlenbeispielen 1 und 2 gezeigt wurde. Sie soll deshalb hier nicht nochmals wiederholt werden. Es sei vielmehr in diesem Beispiel die Verwendung einer andern Gruppe von Formeln gezeigt, die ebenfalls in den Hilfstafeln enthalten sind.

Der Einfluß des Eigengewichts sowie einer gleichmäßig verteilten Nutzlast p auf die Stützenmomente des Balkens über vier Öffnungen nach Abb. 152 soll in der folgenden Weise untersucht werden:

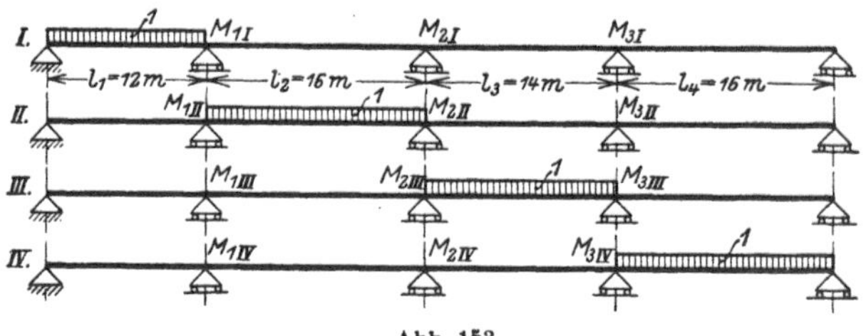

Abb. 152.

Wir belasten nach Abb. 153 der Reihe nach die erste, dann die zweite, dritte und schließlich die vierte Öffnung mit einer gleichmäßig verteilten Belastung 1 für die Längeneinheit und ermitteln für diese einzelnen Lastzustände die Stützenmomente. Durch verschiedene Kombinationen dieser vier Lastzustände kann man dann den Einfluß von g und p auf die Stützenmomente in übersichtlicher Weise bestimmen. Die Berechnung der Stützenmomente für die Einheitsbelastungen nach Abb. 153 erfolgt mit Hilfe der in Hilfstafel IV, 12, S. 228, angegebenen Formeln.

Abb. 153.

a) Vorarbeiten.

Zunächst werden die für die weitere Rechnung erforderlichen Grundwerte nach Hilfstafel IV, 1 bis 5 zusammengestellt.

Zahlentafel 22.

1	$l_1 = 12{,}0$	$l_2 = 16{,}0$	$l_3 = 14{,}0$	$l_4 = 16{,}0$
2	$l_1' = l_1 \dfrac{J_c}{J_1} = 15{,}0$	$l_2' = l_2 \dfrac{J_c}{J_2} = 16{,}0$	$l_3' = l_3 \dfrac{J_c}{J_3} = 17{,}5$	$l_4' = l_4 \dfrac{J_c}{J_4} = 16$
3	$s_1 = 2(l_1' + l_2') = 2(15 + 16) = 62$	$s_2 = 2(l_2' + l_3') = 2(16 + 17{,}5) = 67$	$s_3 = 2(l_3' + l_4') = 2(17{,}5 + 16$	
4	$\Delta_1 = s_1 s_2 - l_2'^2 = 3{,}898 \cdot 10^3$	$\Delta_2 = s_2 s_3 - l_3'^2 = 4{,}183 \cdot 10^3$	$\Delta = s_3 \Delta_1 - s_1 l_3'^2 = 2{,}422 \cdot$	
5	$\mu_1 = \dfrac{l_2'}{s_1} = 0{,}258$	$\mu_2 = \dfrac{s_1 l_3'}{\Delta_1} = 0{,}278$	$\mu_3 = \dfrac{\Delta_1 l_4'}{\Delta} = 0{,}2575$	
6	$\mu_1' = \dfrac{\Delta_2 l_1'}{\Delta} = 0{,}259$	$\mu_2' = \dfrac{s_3 l_2'}{\Delta_2} = 0{,}256$	$\mu_3' = \dfrac{l_3'}{s_3} = 0{,}261$	
7	$1 - \mu_1 = 0{,}742$	$1 - \mu_2 = 0{,}722$	$1 - \mu_3 = 0{,}7425$	
8	$1 - \mu_1' = 0{,}741$	$1 - \mu_2' = 0{,}744$	$1 - \mu_3' = 0{,}739$	

Die β-Werte sind nach der Hilfstafel IV, 4b berechnet und in Zahlentafel 23 zusammengestellt. Wie allgemein üblich wurde auch hier wegen der kleinen Zahlenwerte der hundertfache Betrag angeschrieben. Die Matrix der β-Werte ist zu ihrer Hauptdiagonalen $(\beta_{11}, \beta_{22}, \beta_{33})$ symmetrisch.

Zahlentafel 23. Die 100fachen β-Werte.

	1	2	3
1	$+1{,}7271$	$-0{,}4425$	$+0{,}1154$
2	$-0{,}4425$	$+1{,}7153$	$-0{,}4475$
3	$+0{,}1154$	$-0{,}4475$	$+1{,}6096$

Nach Hilfstafel IV, 5 berechnen wir nunmehr die k-Werte, die in Zahlentafel 24 zusammengestellt sind.

Zahlentafel 24.

1	2	3	4
$k_{11}=\beta_{11}l_1 l_1'=+3{,}110$	$k_{12}=\beta_{11}l_2 l_2'=+4{,}42$	$k_{13}=\beta_{12}l_3 l_3'=-1{,}08$	$k_{14}=\beta_{13}l_4 l_4'=+0{,}296$
$k_{21}=\beta_{12}l_1 l_1'=-0{,}797$	$k_{22}=\beta_{22}l_2 l_2'=+4{,}39$	$k_{23}=\beta_{22}l_3 l_3'=+4{,}20$	$k_{24}=\beta_{23}l_4 l_4'=-1{,}145$
$k_{31}=\beta_{13}l_1 l_1'=+0{,}208$	$k_{32}=\beta_{23}l_2 l_2'=-1{,}145$	$k_{33}=\beta_{33}l_3 l_3'=+3{,}94$	$k_{34}=\beta_{33}l_4 l_4'=+4{,}120$

Nach Hilfstafel I, 8, S. 209, erhalten wir infolge einer Belastung mit $q=1$ folgende z-Werte:

$$\text{in Öffnung } l_1: \quad z_1 = \frac{l_1}{4} = 3{,}0$$
$$\text{,, \quad ,, \quad } l_2: \quad z_2 = 4{,}0$$
$$\text{,, \quad ,, \quad } l_3: \quad z_3 = 3{,}5$$
$$\text{,, \quad ,, \quad } l_4: \quad z_4 = 4{,}0 \quad .$$

b) Stützenmomente infolge der Einheitsbelastungen.

Die Stützenmomente für die vier Lastzustände berechnen wir nach den Formeln der Hilfstafel IV, 12. Sie sind in der folgenden Zahlentafel 25 zusammengestellt.

Zahlentafel 25.

$q=1$ in l_1	$q=1$ in l_2	$q=1$ in l_3	$q=1$ in l_4
$-k_{11}z_1=-3{,}110\cdot 3$ $=-9{,}33$	$-k_{12}(1-\mu_2')z_2=$ $-4{,}42\cdot 0{,}774\cdot 4=-13{,}15$	$-k_{13}(1-\mu_3')z_3=$ $+1{,}08\cdot 0{,}739\cdot 3{,}5=+2{,}80$	$-k_{14}z_4=-0{,}296\cdot 4$ $=-1{,}18$
$-k_{21}z_1=-0{,}797\cdot 3$ $=+2{,}39$	$-k_{22}(1-\mu_1)z_2=$ $-4{,}39\cdot 0{,}742\cdot 4=-13{,}03$	$-k_{23}(1-\mu_3')z_3=$ $-4{,}2\cdot 0{,}739\cdot 3{,}5=-10{,}89$	$-k_{24}\cdot z_4=+1{,}145\cdot 4$ $=+4{,}58$
$-k_{31}z_1=-0{,}208\cdot 3$ $=-0{,}62$	$-k_{32}(1-\mu_1)z_2=$ $+1{,}145\cdot 0{,}742\cdot 4=+3{,}40$	$-k_{33}(1-\mu_2)z_3=$ $-3{,}94\cdot 0{,}722\cdot 3{,}5=-9{,}96$	$-k_{34}\cdot z_4=-4{,}12\cdot 4$ $=-16{,}48$

c) Stützenmomente infolge Eigengewicht.

Beträgt das Eigengewicht für den ganzen Balken g t/m, dann erhält man die Stützenmomente infolge Eigengewicht durch Zusammenzählen der unter b) ermittelten Stützenmomente für die Einheitsbelastungen; also

$$M_{1g} = g\,[M_{1,I} + M_{1,II} + M_{1,III} + M_{1,IV}],$$
$$M_{1g} = g\,[-9{,}33 - 13{,}15 + 2{,}80 - 1{,}18] = -20{,}86\,g,$$
$$M_{2g} = g\,[+2{,}39 - 13{,}03 - 10{,}89 + 4{,}58] = -16{,}95\,g,$$
$$M_{3g} = g\,[-0{,}62 + 3{,}40 - 9{,}96 - 16{,}48] = -23{,}66\,g.$$

d) Maximal- und Minimal-Stützenmomente infolge Nutzlast p.

Aus der Form der Einflußlinien der Stützenmomente (Hilfstafel IV, 6, S. 221) gehen die ungünstigsten Laststellungen für die größten positiven und negativen Stützenmomente, wie sie Abb. 154 zeigt, hervor.

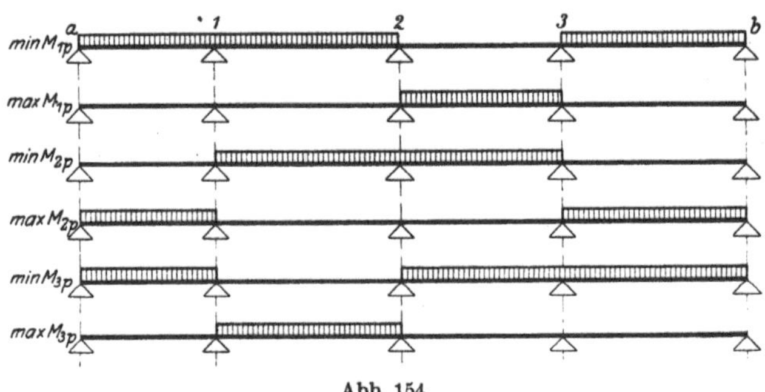

Abb. 154.

Man erhält daher durch Kombination der in b) ermittelten Einheitswerte

$$\min M_{1p} = p\,[M_{1\,I} + M_{1\,II} + M_{1\,IV}],$$
$$\min M_{1p} = -p\,[+9{,}33 + 13{,}15 + 1{,}18] = -23{,}66\,p,$$
$$\max M_{1p} = p\,M_{1\,III} = +2{,}80\,p,$$
$$\min M_{2p} = p\,[M_{2\,II} + M_{2\,III}] = -p\,[13{,}03 + 10{,}89] = -23{,}92\,p,$$
$$\max M_{2p} = p\,[M_{2\,I} + M_{2\,IV}] = +p\,[2{,}39 + 4{,}58] = +6{,}97\,p,$$
$$\min M_{3p} = p\,[M_{3\,I} + M_{3\,III} + M_{3\,IV}] = -p\,[0{,}62 + 9{,}96 + 16{,}48] =$$
$$= -27{,}06\,p,$$
$$\max M_{3p} = p\,M_{3\,II} = +3{,}40\,p.$$

Im vorliegenden Falle, wo das Eigengewicht g in allen Öffnungen gleich ist, genügt es auch, nur den einen Wert, etwa $\max M_{rp}$, zu ermitteln, dann ergibt sich $\min M_{rp}$ aus der Bedingung

$$\min M_{rp} = M_{r,\text{total}} - \max M_{rp}.$$

Die Werte $M_{r\,\text{total}}$ ergeben sich aus den Stützenmomenten für Eigengewicht; es ist

$$M_{r\,\text{total}} = \frac{p}{g}\,M_{rg}\,.$$

e) Auflagerkräfte infolge p.

Aus der Form der Einflußlinien für die Stützkräfte (Hilfstafel IV, 9, S. 224) ergeben sich ohne weiteres die ungünstigsten Laststellungen. Sie sind für die einzelnen Auflagerkräfte in Abb. 155 aufgetragen. Die Stützenmomente für diese Belastungszustände erhält man in einfacher Weise durch eine entsprechende Kombination der Stützenmomente für die Einheitsbelastungen. (Vgl. S. 165 und Abb. 153.)

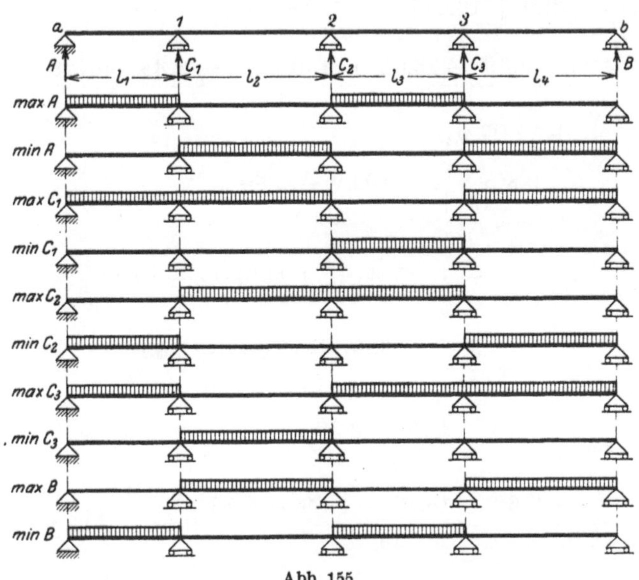

Abb. 155.

Aus der Formel (73) Seite 57:

$$C_r = C_{r0} + \frac{M_{r-1} - M_r}{l_r} + \frac{M_{r+1} - M_r}{l_{r+1}}$$

erhalten wir sofort:

$$A = A_0 + \frac{M_1}{l_1},$$

$$C_1 = C_{10} - \frac{M_1}{l_1} + \frac{M_2 - M_1}{l_2},$$

$$C_2 = C_{20} + \frac{M_1 - M_2}{l_2} + \frac{M_3 - M_2}{l_3},$$

$$C_3 = C_{30} + \frac{M_2 - M_3}{l_3} - \frac{M_3}{l_4},$$

$$B = B_0 + \frac{M_3}{l_4},$$

$$\max A_p = \frac{12{,}0}{2}\,p + \frac{-9{,}33 + 2{,}80}{12{,}0}\,p = [6{,}0 - 0{,}544]\,p = +\,5{,}46\,p\,,$$

$$\min A_p = \frac{-13{,}15 - 1{,}18}{12}\,p = \frac{14{,}33}{12{,}0}\,p = -\,1{,}19\,p\,,$$

$$\max C_{1p} = (12{,}0 + 16{,}0)\frac{p}{2} - \frac{-9{,}33 - 13{,}15 - 1{,}18}{12{,}0}\,p$$

$$+\,\frac{(+\,2{,}39 - 13{,}03 + 4{,}58) - (-\,9{,}33 - 13{,}15 - 1{,}18)}{16{,}0}\,p$$

$$= +\,17{,}07\,p\,,$$

$$\min C_{1p} = -\frac{2{,}80}{12}\,p + \frac{-10{,}89 - 2{,}80}{16}\,p = -\,1{,}09\,p\,,$$

$$\max C_{2p} = 15\,p + \frac{-13{,}15 + 2{,}80 + 13{,}03 + 10{,}89}{16}\,p$$

$$+\,\frac{3{,}40 - 9{,}96 + 13{,}03 + 10{,}89}{14}\,p = +\,17{,}09\,p\,,$$

$$\min C_{2p} = \frac{-9{,}33 - 1{,}18 - 2{,}39 - 4{,}58}{16}\,p$$

$$+\,\frac{-0{,}62 - 16{,}48 - 2{,}39 - 4{,}58}{14}\,p = -\,2{,}81\,p\,,$$

$$\max C_{3p} = 15\,p + \frac{2{,}39 - 10{,}89 + 4{,}58 + 0{,}62 + 9{,}96 + 16{,}48}{14}\,p$$

$$+\,\frac{0{,}62 + 9{,}96 + 16{,}48}{16}\,p = +\,18{,}34\,p\,,$$

$$\min C_{3p} = \frac{-13{,}03 - 3{,}40}{14}\,p - \frac{3{,}40}{16}\,p = -\,1{,}39\,p\,,$$

$$\max B_p = 8\,p + \frac{3{,}40 - 16{,}48}{16}\,p = +\,7{,}18\,p\,,$$

$$\min B_p = \frac{-0{,}62 - 9{,}96}{16}\,p = -\,0{,}66\,p\,.$$

Zahlenbeispiel 4. Der Balken über sechs ungleichen Öffnungen.

Der Balken nach Abb. 156 soll vollständig durchgerechnet werden; es sind alle Einflußlinien zu entwickeln, ferner ist der Einfluß des Eigengewichtes und einer beweglichen Nutzlast p zu untersuchen.

Abb. 156.

Die statische Untersuchung erfolgt unter Benutzung der Hilfstafel VI, S. 243 ff.

a) Vorarbeiten.

Die für die Rechnung notwendigen Hilfswerte erhalten wir mittels der Hilfstafel VI, 1 bis 5, S. 243 u. 244. Sie sind in Zahlentafel 26 bis 28 zusammengestellt.

b) Einflußlinien.

α) Die Stützenmomente.

Die Gleichungen der Einflußlinien der Stützenmomente berechnen wir mit den Formeln der Hilfstafel VI, 6, S. 245. Sie sind in Zahlentafel 29, S. 171 eingetragen. Diese Formeln enthalten außer den Zahlen ω_D und ω_D' noch die zusammengesetzten Werte

$$\omega_{T_r} = \omega_D - \mu_{r-1}\,\omega_D', \qquad \omega_{T_r}' = \omega_D' - \mu_r'\,\omega_D.$$

Sie sind berechnet und in Zahlentafel 30 zusammengestellt.

Entsprechend den Feldteilungen der einzelnen Öffnungen in je 2 m sind in Zahlentafel 31 die Zahlen ω eingetragen (vgl. hierzu die Hilfstafeln IX und X auf S. 267 ff.). Mit Hilfe dieser Werte lassen sich dann die einzelnen Einflußlinien für die Stützenmomente auftragen.

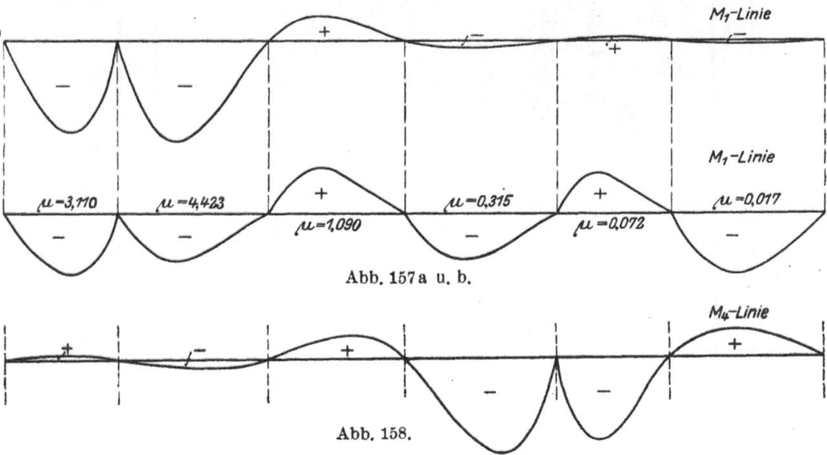

Abb. 157a u. b.

Abb. 158.

· Zahlentafel 26.

	1	2	3	4	5	6
1	$l_1 = 12{,}0$	$l_2 = 16{,}0$	$l_3 = 14{,}3$	$l_4 = 16{,}0$	$l_5 = 12{,}0$	$l_6 = 16{,}0$
2	$l_1' = 15{,}0$	$l_2' = 16{,}0$	$l_3' = 17{,}5$	$l_4' = 16{,}0$	$l_5' = 20{,}0$	$l_6' = 10{,}67$
3	$s_1 = 62{,}0$	$s_2 = 67{,}0$	$s_3 = 67{,}0$	$s_4 = 72{,}0$	$s_5 = 61{,}33$	
4	$\Delta_1 = 3{,}898 \cdot 10^3$	$\Delta_2 = 4{,}016 \cdot 10^3$	$\Delta_3 = 2{,}422 \cdot 10^5$	$\Delta_4 = 2{,}534 \cdot 10^5$	$\Delta_5 = 1{,}644 \cdot 10^7$	$\Delta_6 = 1{,}575 \cdot 10^7$
5	$\frac{1}{\Delta_1} = 2{,}565 \cdot 10^{-4}$	$\frac{1}{\Delta_2} = 2{,}490 \cdot 10^{-4}$	$\frac{1}{\Delta_3} = 4{,}129 \cdot 10^{-6}$	$\frac{1}{\Delta_4} = 3{,}947 \cdot 10^{-6}$	$\frac{1}{\Delta_5} = 6{,}083 \cdot 10^{-8}$	$\frac{1}{\Delta_6} = 6{,}351 \cdot 10^{-8}$
6	$\Delta = 9{,}114 \cdot 10^8$		$\frac{1}{\Delta} = 1{,}097 \cdot 10^{-9}$			
7	$\mu_1 = 0{,}258$	$\mu_2 = 0{,}278$	$\mu_3 = 0{,}258$	$\mu_4 = 0{,}295$	$\mu_5 = 0{,}192$	$\mu_6 = 0$
8	$\mu_1' = 0{,}259$	$\mu_2' = 0{,}257$	$\mu_3' = 0{,}277$	$\mu_4' = 0{,}244$	$\mu_5' = 0{,}326$	$\mu_6' = 0$
9	$b_1 = 12{,}0$	$b_2 = 12{,}72$	$b_3 = 10{,}95$	$b_4 = 12{,}72$	$b_5 = 9{,}27$	$b_6 = 13{,}42$
10	$a_1 = 0$	$a_2 = 3{,}28$	$a_3 = 3{,}05$	$a_4 = 3{,}28$	$a_5 = 2{,}73$	$a_6 = 2{,}58$
11	$b_1' = 9{,}53$	$b_2' = 12{,}73$	$b_3' = 10{,}96$	$b_4' = 12{,}86$	$b_5' = 9{,}05$	$b_6' = 16{,}0$
12	$a_1' = 2{,}47$	$a_2' = 3{,}27$	$a_3' = 3{,}04$	$a_4' = 3{,}14$	$a_5' = 2{,}95$	$a_6' = 0$

Zahlentafel 27. $100 \cdot \beta$-Tafel.

	1	2	3	4	5
1	$\beta_{11} = 1{,}72769$	$\beta_{12} = -0{,}44481$	$\beta_{13} = +0{,}12338$	$\beta_{14} = -0{,}03011$	$\beta_{15} = +0{,}00983$
2		$\beta_{22} = +1{,}72364$	$\beta_{23} = -0{,}47810$	$\beta_{24} = +0{,}11669$	$\beta_{25} = -0{,}03810$
3			$\beta_{33} = +1{,}71764$	$\beta_{34} = -0{,}41922$	$\beta_{35} = +0{,}13687$
4				$\beta_{44} = +1{,}62787$	$\beta_{45} = -0{,}53146$
5					$\beta_{55} = +1{,}80373$

Zahlentafel 28. k-Tafel.

	1	2	3	4	5	6
1	$k_{11} = +3{,}110$	$k_{12} = +4{,}423$	$k_{13} = -1{,}090$	$k_{14} = +0{,}315$	$k_{15} = -0{,}072$	$k_{16} = +0{,}017$
2	$k_{21} = -0{,}801$	$k_{22} = +4{,}413$	$k_{23} = +4{,}223$	$k_{24} = -1{,}224$	$k_{25} = +0{,}280$	$k_{26} = -0{,}065$
3	$k_{31} = +0{,}222$	$k_{32} = -1{,}224$	$k_{33} = +4{,}206$	$k_{34} = +4{,}397$	$k_{35} = -1{,}006$	$k_{36} = +0{,}234$
4	$k_{41} = -0{,}054$	$k_{42} = +0{,}299$	$k_{43} = -1{,}027$	$k_{44} = +4{,}167$	$k_{45} = +3{,}907$	$k_{46} = -0{,}907$
5	$k_{51} = +0{,}018$	$k_{52} = -0{,}098$	$k_{53} = +0{,}335$	$k_{54} = -1{,}361$	$k_{55} = +4{,}329$	$k_{56} = +3{,}078$

Zahlentafel 29.

	Ordinaten der Einflußlinien der Stützenmomente in der Öffnung					
	l_1	l_2	l_3	l_4	l_5	l_6
M_1	$\eta_{11} = -3{,}110\,\omega_D$	$\eta_{12} = -4{,}423\,\omega'_{T_2}$	$\eta_{13} = +1{,}090\,\omega'_{T_3}$	$\eta_{14} = -0{,}315\,\omega'_{T_1}$	$\eta_{15} = +0{,}072\,\omega'_{T_5}$	$\eta_{16} = -0{,}017\,\omega'_D$
M_2	$\eta_{21} = +0{,}801\,\omega_D$	$\eta_{22} = -4{,}413\,\omega_{T_2}$	$\eta_{23} = -4{,}223\,\omega'_{T_3}$	$\eta_{24} = +1{,}224\,\omega'_{T_4}$	$\eta_{25} = -0{,}280\,\omega'_{T_5}$	$\eta_{26} = +0{,}065\,\omega'_D$
M_3	$\eta_{31} = -0{,}222\,\omega_D$	$\eta_{32} = +1{,}224\,\omega_{T_2}$	$\eta_{33} = -4{,}206\,\omega_{T_3}$	$\eta_{34} = -4{,}397\,\omega'_{T_4}$	$\eta_{35} = +1{,}006\,\omega'_{T_5}$	$\eta_{36} = -0{,}234\,\omega'_D$
M_4	$\eta_{41} = +0{,}054\,\omega_D$	$\eta_{42} = -0{,}299\,\omega_{T_2}$	$\eta_{43} = +1{,}027\,\omega_{T_3}$	$\eta_{44} = -4{,}167\,\omega_{T_4}$	$\eta_{45} = -3{,}907\,\omega'_{T_5}$	$\eta_{46} = +0{,}907\,\omega'_D$
M_5	$\eta_{51} = -0{,}018\,\omega_D$	$\eta_{52} = +0{,}098\,\omega_{T_2}$	$\eta_{53} = -0{,}335\,\omega_{T_3}$	$\eta_{54} = +1{,}361\,\omega_{T_4}$	$\eta_{55} = -4{,}329\,\omega_{T_5}$	$\eta_{56} = -3{,}078\,\omega'_D$

Zahlentafel 30.

	ω_T	ω_T'
1	$\omega_{T_2} = \omega_D - 0{,}258\,\omega_D'$	$\omega_{T_2}' = \omega_D' - 0{,}257\,\omega_D$
2	$\omega_{T_3} = \omega_D - 0{,}278\,\omega_D'$	$\omega_{T_3}' = \omega_D' - 0{,}277\,\omega_D$
3	$\omega_{T_4} = \omega_D - 0{,}258\,\omega_D'$	$\omega_{T_4}' = \omega_D' - 0{,}244\,\omega_D$
4	$\omega_{T_5} = \omega_D - 0{,}295\,\omega_D'$	$\omega_{T_5}' = \omega_D' - 0{,}326\,\omega_D$

Zahlentafel 31.

n	ω_D	ω_{T_2}	ω_{T_3}	ω_{T_4}	ω_{T_5}	ω_{T_2}'	ω_{T_3}'	ω_{T_4}'	ω_{T_5}'	ω_D'
1	0,1620	0,0695	0,0744	0,0680	0,0860	0,1740	0,1880	0,1750	0,2010	0,2051
2	0,2963	0,1480	0,1630	0,1480	0,1830	0,2655	0,2760	0,2680	0,2720	0,3281
3	0,3750	0,2216	0,2410	0,2230	0,2380	0,2960	0,2865	0,3050	0,2260	0,3809
4	0,3704	0,2760	0,2865	0,2750	0,2820	0,2760	0,2410	0,2800	0,1730	0,3750
5	0,2546	0,2960	0,2860	0,2980	0,2060	0,2216	0,1630	0,2260	0,0770	0,3223
6	—	0,2655	0,1880	0,2650	—	0,1480	0,0744	0,1510	—	0,2344
7	—	0,1740	—	0,1730	—	0,0695	—	0,0710	—	0,1230

Als Beispiel ist in Abb. 157a (S. 169) die M_1-Linie dargestellt. Arbeitet man, um die Multiplikation der vielen Ordinaten ω mit ihren Beiwerten zu vermeiden, mit verzerrten Einflußlinien, bei denen jede Öffnung ihren besonderen Multiplikator erhält (vgl. hierzu die Grundaufgaben), so ergibt sich die M_1-Linie nach Abb. 157b; hier sind die Einflußordinaten gleich den ω-Werten.

Als weiteres Beispiel ist noch die M_4-Linie in Abb. 158 maßstäblich dargestellt.

β) Die Feldmomente.

Mittels der Hilfstafel VI, 7, S. 246 werden nunmehr die Einflußlinien für die Momente der einzelnen Knotenpunkte in den Öffnungen bestimmt (siehe Zahlentafel 32). Die weitere Entwicklung der Einflußlinien aus diesen Gleichungen erfolgt nach Grundaufgabe 4c.

In Abb. 159 sind die Einflußlinien für die Momente M_I und M_{II} dargestellt.

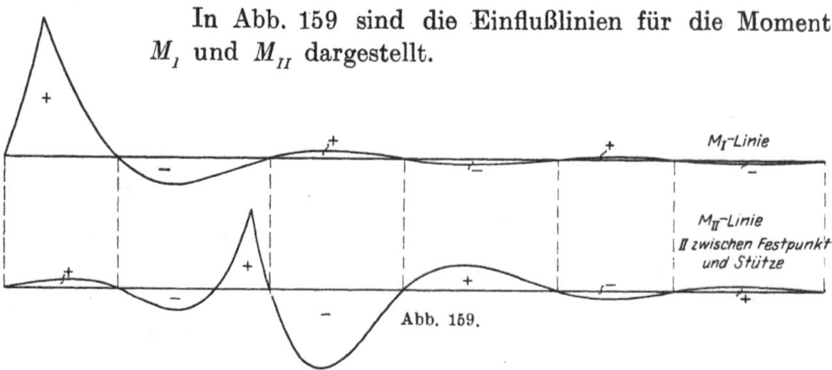

Abb. 159.

γ) Querkräfte.

Nach Hilfstafel VI, 8, S. 248 sind die Gleichungen der Einflußlinien für die Querkräfte ermittelt und in Zahlentafel 33 eingetragen worden. Dargestellt sind in Abb. 160 die Einflußlinien für Q_I und Q_{IV}. Die Ermittlung der einzelnen Ordinaten erfolgt nach Grundaufgabe 3.

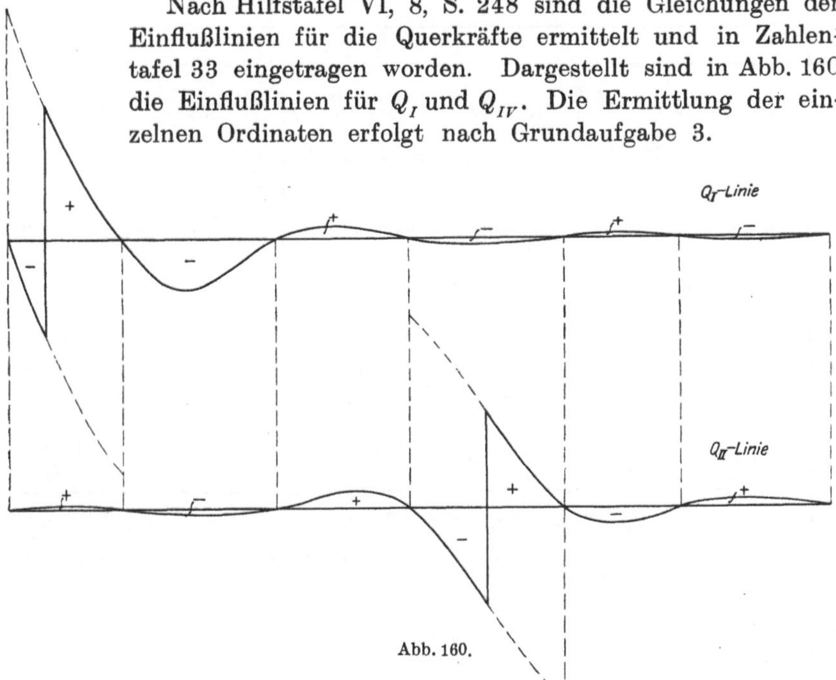

Abb. 160.

δ) Auflagerkräfte.

Die Gleichungen für die Einflußordinaten der Stützkräfte können der Hilfstafel VI, 9, S. 250 entnommen werden. In Zahlentafel 34 findet sich eine Zusammenstellung dieser Gleichungen. In der Abb. 161 sind die Einflußlinien für A und C_1 dargestellt. Die Entwicklung der Linien in den einzelnen Öffnungen geschieht auf dem in Grundaufgabe 3 angegebenen Wege.

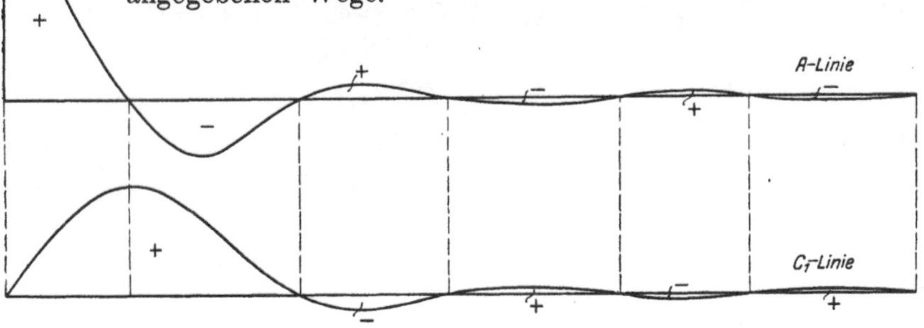

Abb. 161.

Zahlentafel 32—34. Ordinaten der Einflußlinien für die

	l_1	l_2	l_3
M_I	$\eta_{I,1} = M_{0\,I} - 3{,}110\,\dfrac{x_1}{l_1}\,\omega_D$	$\eta_{I,2} = -4{,}423\,\dfrac{x_1}{l_1}\,\omega'_{T_2}$	$\eta_{I,3} = +1{,}090\,\dfrac{x_1}{l_1}\,\omega'_{T_3}$
M_{II}	$\eta_{II,1} = -3{,}110\,\xi_2'\,\omega_D$	$\eta_{II,2} = M_{0\,II} - 4{,}413\,\xi_2\,\omega_D \\ \qquad\quad -4{,}423\,\xi_2'\cdot\omega'_D$	$\eta_{II,3} = -4{,}223\,\xi_2\,\omega'_{T_3}$
M_{III}	$\eta_{III,1} = +0{,}801\,\xi_3'\,\omega_D$	$\eta_{III,2} = -4{,}413\,\xi_3'\,\omega_{T_2}$	$\eta_{III,3} = M_{0\,III} - 4{,}206\,\xi_3\,\omega_D \\ \qquad\quad -4{,}223\,\xi_3'\cdot\omega'_D$
M_{IV}	$\eta_{IV,1} = -0{,}222\,\xi_4'\,\omega_D$	$\eta_{IV,2} = +1{,}224\,\xi_4'\,\omega_{T_2}$	$\eta_{IV,3} = -4{,}206\,\xi_4'\,\omega_{T_3}$
M_V	$\eta_{V,1} = +0{,}054\,\xi_5'\,\omega_D$	$\eta_{V,2} = -0{,}299\,\xi_5'\,\omega_{T_2}$	$\eta_{V,3} = 1{,}027\,\xi_5'\,\omega_{T_3}$
M_{VI}	$\eta_{VI,1} = -0{,}018\,\dfrac{x_6'}{l_6}\,\omega_D$	$\eta_{VI,2} = +0{,}098\,\dfrac{x_6'}{l_6}\,\omega_{T_2}$	$\eta_{VI,3} = -0{,}335\,\dfrac{x_6'}{l_6}\,\omega_{T_3}$
Q_I	$\eta_{I,1} = Q_{0\,I} - 0{,}259\,\omega_D$	$\eta_{I,2} = -0{,}368\,\omega'_{T_2}$	$\eta_{I,3} = +0{,}091\,\omega'_{T_3}$
Q_{II}	$\eta_{II,1} = +0{,}244\,\omega_D$	$\eta_{II,2} = Q_{0\,II} + 0{,}347\,\omega'_D \\ \qquad\quad -0{,}347\,\omega_D$	$\eta_{II,3} = -0{,}332\,\omega'_{T_3}$
Q_{III}	$\eta_{III,1} = -0{,}073\,\omega_D$	$\eta_{III,2} = +0{,}403\,\omega_{T_2}$	$\eta_{III,3} = Q_{0\,III} + 0{,}385\,\omega'_D \\ \qquad\quad -0{,}384\,\omega_D$
Q_{IV}	$\eta_{IV,1} = +0{,}017\,\omega_D$	$\eta_{IV,2} = -0{,}095\,\omega_{T_2}$	$\eta_{IV,3} = +0{,}327\,\omega_{T_3}$
Q_V	$\eta_{V,1} = -0{,}006\,\omega_D$	$\eta_{V,2} = +0{,}033\,\omega_{T_2}$	$\eta_{V,3} = -0{,}113\,\omega_{T_3}$
Q_{VI}	$\eta_{VI,1} = +0{,}001\,\omega_D$	$\eta_{VI,2} = -0{,}006\,\omega_{T_2}$	$\eta_{VI,3} = +0{,}021\,\omega_{T_3}$
A	$\eta_{A,1} = A_0 - 0{,}259\,\omega_D$	$\eta_{A,2} = -0{,}368\,\omega'_{T_2}$	$\eta_{A,3} = +0{,}091\,\omega'_{T_3}$
C_1	$\eta_{11} = C_{01} + 0{,}503\,\omega_D$	$\eta_{12} = C_{01} + 0{,}716\,\omega'_D \\ \qquad\quad -0{,}441\,\omega_D$	$\eta_{13} = -0{,}422\,\omega'_{T_3}$
C_2	$\eta_{21} = -0{,}317\,\omega_D$	$\eta_{22} = C_{02} + 0{,}749\,\omega_D \\ \qquad\quad -0{,}451\,\omega'_D$	$\eta_{23} = C_{02} + 0{,}717\,\omega'_D \\ \qquad\quad -0{,}476\,\omega_D$
C_3	$\eta_{31} = +0{,}090\,\omega_D$	$\eta_{32} = -0{,}497\,\omega_{T_2}$	$\eta_{33} = C_{03} + 0{,}712\,\omega_D \\ \qquad\quad -0{,}476\,\omega'_D$
C_4	$\eta_{41} = -0{,}023\,\omega_D$	$\eta_{42} = +0{,}128\,\omega_{T_2}$	$\eta_{43} = -0{,}441\,\omega_{T_3}$
C_5	$\eta_{51} = +0{,}007\,\omega_D$	$\eta_{52} = -0{,}039\,\omega_{T_2}$	$\eta_{53} = +0{,}135\,\omega_{T_3}$
B	$\eta_{B_1} = -0{,}001\,\omega_D$	$\eta_{B_2} = +0{,}006\,\omega_{T_2}$	$\eta_{B_3} = -0{,}021\,\omega_{T_3}$

Feldmomente, Querkräfte und Auflagerkräfte in Öffnung

l_4	l_5	l_6
$\eta_{I,4} = -0{,}315\,\dfrac{x_1}{l_1}\,\omega'_{T_4}$	$\eta_{I,5} = +0{,}072\,\dfrac{x_1}{l_1}\,\omega'_{T_5}$	$\eta_{I,6} = -0{,}017\,\dfrac{x_1}{l_1}\,\omega'_{D}$
$\eta_{II,4} = +1{,}224\,\xi_2\,\omega'_{T_4}$	$\eta_{II,5} = -0{,}280\,\xi_2\,\omega'_{T_5}$	$\eta_{II,6} = +0{,}065\,\xi_2\,\omega'_{D}$
$\eta_{III,4} = -4{,}397\,\xi_3\,\omega'_{T_4}$	$\eta_{III,5} = +1{,}006\,\xi_3\,\omega'_{T_5}$	$\eta_{III,6} = -0{,}234\,\xi_3\,\omega'_{D}$
$\eta_{IV,4} = M_{0\,IV} - 4{,}167\,\xi_4\,\omega_D - 4{,}397\,\xi_4'\cdot\omega'_D$	$\eta_{IV,5} = -3{,}907\,\xi_4\,\omega'_{T_5}$	$\eta_{IV,6} = +0{,}907\,\xi_4\,\omega'_{D}$
$\eta_{V,4} = -4{,}167\,\xi_5'\,\omega_{T_4}$	$\eta_{V,5} = M_{0\,V} - 4{,}329\,\xi_5\,\omega_D - 3{,}907\,\xi_5'\cdot\omega'_D$	$\eta_{V,6} = -3{,}078\,\xi_5\,\omega'_{D}$
$\eta_{VI,4} = 1{,}361\,\dfrac{x_6'}{l_6}\,\omega_{T_4}$	$\eta_{VI,5} = -4{,}329\,\dfrac{x_6'}{l_6}\,\omega_{T_5}$	$\eta_{VI,6} = M_{0\,VI} - 3{,}078\,\dfrac{x_6'}{l_6}\,\omega'_{D}$
$\eta_{I,4} = -0{,}026\,\omega'_{T_4}$	$\eta_{I,5} = +0{,}006\,\omega'_{T_5}$	$\eta_{I,6} = -0{,}001\,\omega'_{D}$
$\eta_{II,4} = +0{,}096\,\omega'_{T_4}$	$\eta_{II,5} = -0{,}022\,\omega'_{T_5}$	$\eta_{II,6} = +0{,}005\,\omega'_{D}$
$\eta_{III,4} = -0{,}402\,\omega'_{T_4}$	$\eta_{III,5} = +0{,}092\,\omega'_{T_5}$	$\eta_{III,6} = -0{,}021\,\omega'_{D}$
$\eta_{IV,4} = Q_{0\,IV} + 0{,}342\,\omega'_D - 0{,}328\,\omega_D$	$\eta_{IV,5} = -0{,}307\,\omega'_{T_5}$	$\eta_{IV,6} = +0{,}071\,\omega'_{D}$
$\eta_{V,4} = +0{,}460\,\omega_{T_4}$	$\eta_{V,5} = Q_{0\,V} + 0{,}432\,\omega'_D - 0{,}467\,\omega_D$	$\eta_{V,6} = -0{,}332\,\omega'_{D}$
$\eta_{VI,4} = -0{,}085\,\omega_{T_4}$	$\eta_{VI,5} = +0{,}271\,\omega_{T_5}$	$\eta_{VI,6} = Q_{0\,VI} + 0{,}192\,\omega'_{D}$
$\eta_{A,4} = -0{,}026\,\omega'_{T_4}$	$\eta_{A,5} = +0{,}006\,\omega'_{T_5}$	$\eta_{A,6} = -0{,}001\,\omega'_{D}$
$\eta_{14} = +0{,}122\,\omega'_{T_4}$	$\eta_{15} = -0{,}028\,\omega'_{T_5}$	$\eta_{16} = 0{,}007\,\omega'_{D}$
$\eta_{24} = -0{,}498\,\omega'_{T_4}$	$\eta_{25} = +0{,}114\,\omega'_{T_5}$	$\eta_{26} = -0{,}027\,\omega'_{D}$
$\eta_{34} = C_{03} + 0{,}744\,\omega'_D - 0{,}426\,\omega_D$	$\eta_{35} = -0{,}399\,\omega'_{T_5}$	$\eta_{36} = +0{,}093\,\omega'_{D}$
$\eta_{44} = C_{04} + 0{,}789\,\omega_D - 0{,}461\,\omega'_D$	$\eta_{45} = C_{04} + 0{,}739\,\omega'_D - 0{,}567\,\omega_D$	$\eta_{46} = -0{,}404\,\omega'_{D}$
$\eta_{54} = -0{,}546\,\omega_{T_4}$	$\eta_{55} = C_{05} + 0{,}738\,\omega_D - 0{,}529\,\omega'_D$	$\eta_{56} = C_{05} + 0{,}525\,\omega'_{D}$
$\eta_{B_4} = +0{,}085\,\omega_{T_4}$	$\eta_{B_5} = -0{,}271\,\omega_{T_5}$	$\eta_{B_6} = B_0 - 0{,}192\,\omega'_{D}$

c) Einfluß des Eigengewichtes.

Das Eigengewicht g wird in den einzelnen Öffnungen gleich groß angenommen. Zur Ermittlung der Stützenmomente dienen die Formeln der Hilfstafel VI, 10, S. 252. Für das Stützenmoment M_{1g} erhält man

$$M_{1g} = -\frac{g}{4}\left[l_1\,k_{11} + \sum_{i=2}^{6} l_i\,k_{1i}(1 - \mu_i')\right].$$

Hierin wird die Summe, wenn man die Werte $1 - \mu'$ nach der Zusammenstellung unter d, S. 178 einsetzt,

$$\sum_{i=2}^{6} l_i\,k_{1i}(1-\mu_i') = 16\cdot 4{,}423\cdot 0{,}743 - 14\cdot 1{,}090\cdot 0{,}723 + 16\cdot 0{,}315\cdot 0{,}756$$
$$- 12\cdot 0{,}072\cdot 0{,}674 + 16\cdot 0{,}017\cdot 1 = + 45{,}048.$$

Demnach wird

$$M_{1g} = -\frac{g}{4}\left[12\cdot 3{,}110 + 45{,}048\right] = -20{,}58\,g.$$

Das Stützenmoment M_{2g} erhält man zu

$$M_{2g} = -\frac{g}{4}\left[\sum_{i=1}^{2} l_i\,k_{2i}(1 - \mu_{i-1}) + \sum_{i=3}^{6} l_i\,k_{2i}(1 - \mu_i')\right] = -17{,}99\,g.$$

In derselben Weise werden die übrigen Stützenmomente ermittelt. Man erhält

$$M_{3g} = -19{,}88\,g,$$
$$M_{4g} = -14{,}77\,g,$$
$$M_{5g} = -18{,}05\,g.$$

Sind die Stützenmomente bekannt, dann läßt sich die Momentenfläche infolge Eigengewicht nach Grundaufgabe 1a darstellen. Vgl. Abb. 162.

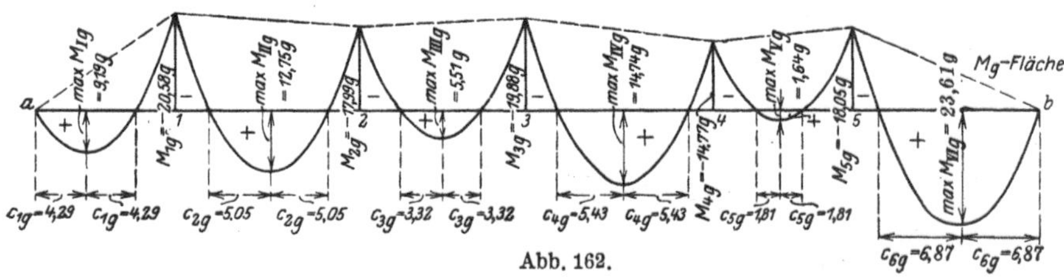

Abb. 162.

Die Lage der größten positiven Momente innerhalb jeder Öffnung ergibt sich nach Hilfstafel VI, 10 zu

$$x_{01} = 4{,}29, \qquad\qquad x_{05} = 8{,}32,$$
$$x_{02} = 8{,}16, \qquad\qquad x_{04} = 5{,}73,$$
$$x_{03} = 6{,}87, \qquad\qquad x_{06} = 9{,}13.$$

Um den Zahlenwert der maximalen Feldmomente zu bestimmen, sind zunächst nach Hilfstafel VI, 10 die Werte c_g zu berechnen. Es ergibt sich:

$$c_{1g} = 4{,}29 \qquad c_{4g} = 5{,}43$$
$$c_{2g} = 5{,}05 \qquad c_{5g} = 1{,}81$$
$$c_{3g} = 3{,}32 \qquad c_{6g} = 6{,}87 \, .$$

Mit diesen Größen erhält man das größte positive Moment aus der einfachen Beziehung

$$\max M_g = \frac{g\,(2\,c_g)^2}{8} = \frac{g \cdot c_g^2}{2}\,.$$

Es wird:

$$\max M_{Ig} = 9{,}19\,g\,; \qquad \max M_{IVg} = 14{,}74\,g\,;$$
$$\max M_{IIg} = 12{,}75\,g\,; \qquad \max M_{Vg} = 1{,}64\,g\,;$$
$$\max M_{IIIg} = 5{,}51\,g\,; \qquad \max M_{VIg} = 23{,}61\,g\,.$$

Die Querkraftfläche in den einzelnen Öffnungen folgt den Gleichungen (vgl. Hilfstafel VI, 10, S. 253)

$$Q_{Ig} = g\,x_1'', \quad \text{wobei} \quad x_1'' = x_{01} - x_1 = 4{,}29 - x_1 \ \text{ist,}$$
$$Q_{IIg} = g\,x_2'', \quad \text{''} \quad x_2'' = x_{02} - x_2 = 8{,}16 - x_2 \ \text{''}$$
$$Q_{IIIg} = g\,x_3'', \quad \text{''} \quad x_3'' = x_{03} - x_3 = 6{,}87 - x_3 \ \text{''}$$
$$Q_{IVg} = g\,x_4'', \quad \text{''} \quad x_4'' = x_{04} - x_4 = 8{,}32 - x_4 \ \text{''}$$
$$Q_{Vg} = g\,x_5'', \quad \text{''} \quad x_5'' = x_{05} - x_5 = 5{,}73 - x_5 \ \text{''}$$
$$Q_{VIg} = g\,x_6'', \quad \text{''} \quad x_6'' = x_{06} - x_6 = 9{,}13 - x_6 \ \text{''}$$

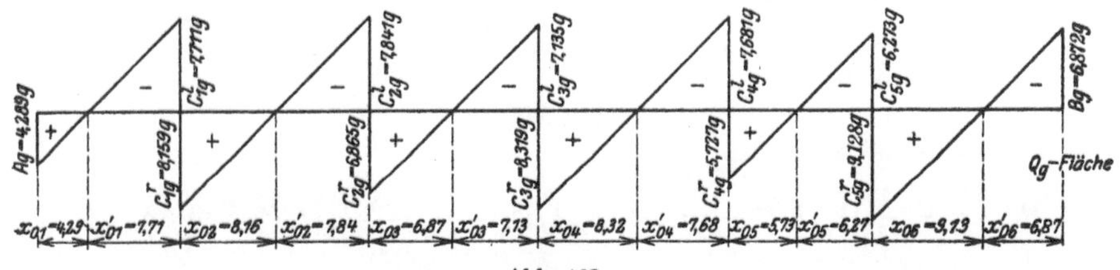

Abb. 163.

Die Q_g-Fläche ist in Abb. 163 dargestellt. Die Querkräfte über den Stützen ergeben gleichzeitig die Auflagerdrücke infolge Eigengewicht. Man erhält

$$A_g = g\,x_{01} = 4{,}289\,g\,;$$

$$C_{1g}^l = g\,x_{01}' = 7{,}711\,g\,; \qquad C_{1g}^r = g\,x_{02} = 8{,}159\,g\,;$$
$$C_{2g}^l = g\,x_{02}' = 7{,}841\,g\,; \qquad C_{2g}^r = g\,x_{03} = 6{,}865\,g\,;$$
$$C_{3g}^l = g\,x_{03}' = 7{,}135\,g\,; \qquad C_{3g}^r = g\,x_{04} = 8{,}319\,g\,;$$
$$C_{4g}^l = g\,x_{04}' = 7{,}681\,g\,; \qquad C_{4g}^r = g\,x_{05} = 5{,}727\,g\,;$$
$$C_{5g}^l = g\,x_{05}' = 6{,}273\,g\,; \qquad C_{5g}^r = g\,x_{06} = 9{,}128\,g\,;$$
$$B_g = g\,x_{06}' = 6{,}872\,g\,;$$

Die Gesamtauflagerdrücke der Innenstützen betragen demnach:

$$C_{1\,g} = C_{1\,g}^{l} + C_{1\,g}^{r} = 15{,}870\,g\,;$$
$$C_{2\,g} = C_{2\,g}^{l} + C_{2\,g}^{r} = 14{,}706\,g\,;$$
$$C_{3\,g} = C_{3\,g}^{l} + C_{3\,g}^{r} = 15{,}454\,g\,;$$
$$C_{4\,g} = C_{4\,g}^{l} + C_{4\,g}^{r} = 13{,}408\,g\,;$$
$$C_{5\,g} = C_{5\,g}^{l} + C_{5\,g}^{r} = 15{,}401\,g\,.$$

d) Einfluß der Nutzlast p. Größt- und Kleinstwerte der Momente, Querkräfte und Stützendrücke.

Die Werte μ_r und μ_r' sind bereits unter a) bestimmt; es ist zweckmäßig, auch die in der Folge häufig vorkommenden Werte $1 - \mu_r$ bzw. $1 - \mu_r'$ zusammenzustellen. Es ist:

$$1 - \mu_1 = 0{,}742\,; \qquad 1 - \mu_1' = 0{,}741\,;$$
$$1 - \mu_2 = 0{,}722\,; \qquad 1 - \mu_2' = 0{,}743\,;$$
$$1 - \mu_3 = 0{,}742\,; \qquad 1 - \mu_3' = 0{,}723\,;$$
$$1 - \mu_4 = 0{,}705\,; \qquad 1 - \mu_4' = 0{,}756\,;$$
$$1 - \mu_5 = 0{,}808\,; \qquad 1 - \mu_5' = 0{,}674\,.$$

Dei Größt- und Kleinstwerte der Stützenmomente erhält man dann nach Hilfstafel VI, 11, Seite 254 zu

$$\min M_{1p} = -\frac{p}{4}\left(k_{11}l_1 + k_{12}l_2(1-\mu_2') + k_{14}l_4(1-\mu_4') + k_{16}l_6\right),$$
$$= -\frac{p}{4}\left(3{,}110\cdot 12{,}0 + 4{,}423\cdot 16{,}0\cdot 0{,}743 + 0{,}315\cdot 16{,}0\cdot 0{,}756\right.$$
$$\left. + 0{,}017\cdot 16{,}0\right),$$
$$= -23{,}56\,p\,,$$

$$\min M_{2p} = -\frac{p}{4}\left(k_{22}l_2(1-\mu_1) + k_{23}l_3(1-\mu_3') + k_{25}l_5(1-\mu_5')\right)$$
$$= -\frac{p}{4}\left(4{,}413\cdot 16\cdot 0{,}742 + 4{,}223\cdot 14\cdot 0{,}723 + 0{,}280\cdot 12\cdot 0{,}674\right)$$
$$= -24{,}35\,p\,,$$

$$\min M_{3p} = -\frac{p}{4}\left(12\cdot 0{,}222 + 14\cdot 4{,}206\cdot 0{,}722 + 16\cdot 4{,}397\cdot 0{,}756 + 16\cdot 0{,}234\right)$$
$$= -25{,}53\,p\,,$$

$$\min M_{4p} = -\frac{p}{4}\left(16\cdot 0{,}299\cdot 0{,}742 + 16\cdot 4{,}167\cdot 0{,}742 + 12\cdot 3{,}907\cdot 0{,}674\right)$$
$$= -21{,}16\,p\,,$$

$$\min M_{5p} = -\frac{p}{4}\left(12\cdot 0{,}018 + 14\cdot 0{,}335\cdot 0{,}722 + 12\cdot 4{,}329\cdot 0{,}705 + 16\cdot 3{,}078\right)$$
$$= -22{,}37\,p\,.$$

$$\max M_{1p} = -\frac{p}{4}\left[14\cdot(-1{,}090)\cdot0{,}723 + 12\,(-0{,}072)\cdot0{,}674\right] = +2{,}88\,p,$$

$$\max M_{2p} = -\frac{p}{4}\left[12\cdot(-0{,}801) + 16\,(-1{,}224)\cdot0{,}756 + 16\,(-0{,}065)\right] = +6{,}36\,p,$$

$$\max M_{3p} = -\frac{p}{4}\left[16\cdot(-1{,}224)\cdot0{,}742 + 12\cdot(-1{,}006)\cdot0{,}674\right] = +5{,}67\,p,$$

$$\max M_{4p} = -\frac{p}{4}\left[12\cdot(-0{,}054) + 14\,(-1{,}027)\cdot0{,}722 + 16\cdot(-0{,}907)\right] = +6{,}39\,p,$$

$$\max M_{5p} = -\frac{p}{4}\left[16\cdot(-0{,}098)\cdot0{,}742 + 16\,(-1{,}361)\cdot0{,}742\right] = +4{,}33\,p.$$

Zur Darstellung der Maximal- und Minimal-Momentenfläche werden außerdem nach Hilfstafel VI, 11 Seite 254 noch die folgenden Werte gebraucht:

$$^{U}\!M_{1p} = -\frac{p}{4}\left[l_1 k_{11} + l_3 k_{13}\,(1 - \mu_3') + l_5 k_{15}\,(1 - \mu_5')\right]$$

usf. bis $^{U}\!M_{5p}$,

sowie die Werte:

$$^{G}\!M_{1p} = -\frac{p}{4}\left[l_2 k_{12}\,(1 - \mu_2') + l_4 k_{14}\,(1 - \mu_4') + l_6 k_{16}\right]$$

usf. bis $^{G}\!M_{5p}$.

Zu beachten ist, daß die in der Klammer dieser Gleichungen stehenden Produkte bereits bei der Ermittlung der Maximal- und Minimal-Stützenmomente berechnet sind und daher übernommen werden können.

Bei der Zahlenrechnung ergeben sich die nachstehend zusammengestellten Werte:

$$^{U}\!M_{1p} = -\frac{p}{4}\left[12\cdot3{,}110 + 14\cdot(-1{,}090)\cdot0{,}723 + 12\,(-0{,}072)\cdot0{,}674\right],$$
$$= -6{,}43\,p,$$

$$^{U}\!M_{2p} = -\frac{p}{4}\left[12\cdot(-0{,}801) + 14\cdot4{,}223\cdot0{,}723 + 12\cdot0{,}280\cdot0{,}674\right] = -8{,}85\,p,$$

$$^{U}\!M_{3p} = -\frac{p}{4}\left[12\cdot0{,}222 + 14\cdot4{,}206\cdot0{,}722 + 12\cdot(-1{,}006)\cdot0{,}674\right] = -9{,}26\,p,$$

$$^{U}\!M_{4p} = -\frac{p}{4}\left[12\,(-0{,}054) + 14\,(-1{,}027)\cdot0{,}722 + 12\cdot3{,}907\cdot0{,}674\right] = -5{,}14\,p,$$

$$^{U}\!M_{5p} = -\frac{p}{4}\left[12\cdot0{,}018 + 14\cdot0{,}335\cdot0{,}722 + 12\cdot4{,}329\cdot0{,}705\right] = -10{,}06\,p.$$

$${}^{G}M_{1p} = -\frac{p}{4}\left[16\cdot 4{,}423\cdot 0{,}743 + 16\cdot 0{,}315\cdot 0{,}756 + 16\cdot 0{,}017\right] = -14{,}23\,p\,,$$

$${}^{G}M_{2p} = -\frac{p}{4}\left[16\cdot 4{,}413\cdot 0{,}742 + 16\,(-1{,}224)\cdot 0{,}756 + 16\,(-0{,}065)\right] = -9{,}14\,p$$

$${}^{G}M_{3p} = -\frac{p}{4}\left[16\cdot(-1{,}224)\cdot 0{,}742 + 16\cdot 4{,}397\cdot 0{,}756 + 16\cdot 0{,}234\right] = -10{,}59\,p\,,$$

$${}^{G}M_{4p} = -\frac{p}{4}\left[16\cdot 0{,}299\cdot 0{,}742 + 16\cdot 4{,}167\cdot 0{,}742 + 16\,(-0{,}907)\right] = -9{,}64\,p\,,$$

$${}^{G}M_{5p} = -\frac{p}{4}\left[16\cdot(-0{,}098)\cdot 0{,}742 + 16\cdot(-1{,}361)\cdot 0{,}742 + 16\cdot 3{,}078\right] = -7{,}98\,p$$

Die Lage und Größe der größten positiven Feldmomente $\max M_p$ ermitteln wir nach Hilfstafel VI, 11, Seite 256.

Es ist in Öffnung l_1:

$$x_{01} = c_{1p} = \frac{l_1}{2} + \frac{{}^{U}M_{1p}}{p\,l_1} = 6{,}0 - \frac{6{,}43\,p}{12\,p} = 5{,}46\text{ m}\,,$$

$$x_{01}' = l_1 - c_{1p} = 12 - 5{,}46 = 6{,}54\text{ m}\,,$$

$$t_1' = 2\,c_{1p} - b_1' = 2\cdot 5{,}46 - 9{,}53 = 1{,}39\text{ m}\,;$$

in Öffnung l_2:

$$x_{02} = \frac{l_2}{2} + \frac{{}^{G}M_{2p} - {}^{G}M_{1p}}{p\,l_2} = 8{,}0 + \frac{-9{,}14\,p + 14{,}23\,p}{16\,p} = 8{,}32\text{ m}\,,$$

$$x_{02}' = l_2 - x_{02} = 16 - 8{,}32 = 7{,}68\text{ m}\,,$$

$$c_{2p} = \sqrt{x_{02}^2 + \frac{2\,{}^{G}M_{1p}}{p}} = \sqrt{8{,}32^2 - \frac{2\cdot 14{,}23\,p}{p}} = 6{,}38\text{ m}\,,$$

$$t_2 = c_{2p} + a_2 - x_{02} = 6{,}38 + 3{,}28 - 8{,}32 = 1{,}34\text{ m}\,,$$

$$t_2' = c_{2p} + a_2' - x_{02}' = 6{,}38 + 3{,}27 - 7{,}68 = 1{,}97\text{ m}$$
usf.

In derselben Weise werden die erforderlichen Größen der übrigen Öffnungen ermittelt. Sie sind in Zahlentafel 35 zusammengestellt.

Zahlentafel 35.

Öffnung	x_0	x_0'	c_p	t	t'
l_1	5,46	6,54	5,46	—	1,39
l_2	8,32	7,68	6,38	1,34	1,97
l_3	6,97	7,03	5,56	1,64	1,57
l_4	8,06	7,94	6,62	1,84	1,82
l_5	5,59	6,41	4,58	1,72	1,12
l_6	8,50	7,50	7,50	1,58	—

Die größten Feldmomente berechnen sich dann mit Hilfe der
c-Werte zu:

$$\max M_{Ip} \;=\; \tfrac{1}{2}\,p\,c_{1p}^{2} \;=\; \tfrac{1}{2}\,p\cdot 5{,}46^{2} \;=\; 14{,}91\,p\,,$$

$$\max M_{IIp} \;=\; \tfrac{1}{2}\,p\,c_{2p}^{2} \;=\; \tfrac{1}{2}\,p\cdot 6{,}38^{2} \;=\; 20{,}35\,p\,,$$

$$\max M_{IIIp} \;=\; \tfrac{1}{2}\,p\,c_{3p}^{2} \;=\; \tfrac{1}{2}\,p\cdot 5{,}56^{2} \;=\; 15{,}46\,p\,,$$

$$\max M_{IVp} \;=\; \tfrac{1}{2}\,p\,c_{4p}^{2} \;=\; \tfrac{1}{2}\,p\cdot 6{,}62^{2} \;=\; 21{,}91\,p\,,$$

$$\max M_{Vp} \;=\; \tfrac{1}{2}\,p\,c_{5p}^{2} \;=\; \tfrac{1}{2}\,p\cdot 4{,}58^{2} \;=\; 10{,}49\,p\,,$$

$$\max M_{VIp} \;=\; \tfrac{1}{2}\,p\,c_{6p}^{2} \;=\; \tfrac{1}{2}\,p\cdot 7{,}50^{2} \;=\; 28{,}13\,p\,.$$

Die zur Bestimmung der Maximal- und Minimalmomentenfläche
ferner erforderlichen Festpunktmomente sind im nachstehenden
ebenfalls nach Hilfstafel VI, 11 ermittelt und zusammengestellt. Die
minimalen Festpunktsmomente betragen:

$$\min M_{R_1} \;=\; {}^G M_{1p}\,\frac{b_1{}'}{l_1} \;=\; -\,14{,}23\,p\cdot\frac{9{,}53}{12} \;=\; -\,11{,}30\,p\,,$$

$$\min M_{L_2} \;=\; {}^U M_{2p}\cdot\frac{a_2}{l_2} + {}^U M_{1p}\cdot\frac{b_2}{l_2} \;=\; -\,8{,}85\,p\cdot\frac{3{,}28}{16} - 6{,}43\,p\cdot\frac{12{,}72}{16}$$
$$=\; -\,6{,}93\,p\,,$$

$$\min M_{R_2} \;=\; -\,8{,}85\,p\cdot\frac{12{,}73}{16} - 6{,}43\,p\cdot\frac{3{,}27}{16} \;=\; -\,8{,}36\,p\,,$$

$$\min M_{L_3} \;=\; -\,10{,}59\,p\cdot\frac{3{,}05}{14} - 9{,}14\,p\cdot\frac{10{,}95}{14} \;=\; -\,9{,}46\,p\,,$$

$$\min M_{R_3} \;=\; -\,10{,}59\,p\cdot\frac{10{,}96}{14} - 9{,}14\,p\cdot\frac{3{,}04}{14} \;=\; -\,10{,}28\,p\,,$$

$$\min M_{L_4} \;=\; -\,5{,}14\,p\cdot\frac{3{,}28}{16} - 9{,}26\,p\cdot\frac{12{,}72}{16} \;=\; -\,8{,}42\,p\,,$$

$$\min M_{R_4} \;=\; -\,5{,}14\,p\cdot\frac{12{,}86}{16} - 9{,}26\,p\cdot\frac{3{,}14}{16} \;=\; -\,5{,}95\,p\,,$$

$$\min M_{L_5} \;=\; -\,7{,}98\,p\cdot\frac{2{,}73}{12} - 9{,}64\,p\cdot\frac{9{,}27}{12} \;=\; -\,9{,}26\,p\,,$$

$$\min M_{R_5} \;=\; -\,7{,}98\,p\cdot\frac{9{,}05}{12} - 9{,}64\,p\cdot\frac{2{,}95}{12} \;=\; -\,8{,}39\,p\,,$$

$$\min M_{L_6} \;=\; -\,10{,}06\,p\cdot\frac{13{,}42}{16} \;=\; -\,8{,}44\,p\,.$$

Die maximalen der Festpunktsmomente ergeben sich zu:

$$\max M_{R_1} = \tfrac{1}{2}\,p\,b_1{}'t_1{}' \qquad\qquad = \tfrac{1}{2}\,p\cdot 9{,}53\cdot 1{,}39 \qquad\qquad = +\,6{,}62\,p\,,$$

$$\max M_{L_2} = \tfrac{1}{2}\,p\,t_2(2\,c_{2p} - t_2) = \tfrac{1}{2}\,p\cdot 1{,}34\cdot(2\cdot 6{,}38 - 1{,}34) = +\,7{,}65\,p\,,$$

$$\max M_{R_2} = \tfrac{1}{2}\,p\,t_2{}'(2\,c_{2p} - t_2{}') = \tfrac{1}{2}\,p\cdot 1{,}97\cdot(2\cdot 6{,}38 - 1{,}97) = +\,10{,}63\,p\,,$$

$$\max M_{L_3} = \tfrac{1}{2} p\, t_3\, (2\, c_{3\,p} - t_3) = \tfrac{1}{2} p \cdot 1{,}64 \cdot (2 \cdot 5{,}56 - 1{,}64) = +\ \ 7{,}77\, p\,,$$

$$\max M_{R_3} = \tfrac{1}{2} p\, t_3'\, (2\, c_{3\,p} - t_3') = \tfrac{1}{2} p \cdot 1{,}57 \cdot (2 \cdot 5{,}56 - 1{,}57) = +\ \ 7{,}50\, p\,,$$

$$\max M_{L_4} = \tfrac{1}{2} p\, t_4\, (2\, c_{4\,p} - t_4) = \tfrac{1}{2} p \cdot 1{,}84 \cdot (2 \cdot 6{,}62 - 1{,}84) = + 10{,}49\, p\,,$$

$$\max M_{R_4} = \tfrac{1}{2} p\, t_4'\, (2\, c_{4\,p} - t_4') = \tfrac{1}{2} p \cdot 1{,}82 \cdot (2 \cdot 6{,}62 - 1{,}82) = + 10{,}39\, p\,,$$

$$\max M_{L_5} = \tfrac{1}{2} p\, t_5\, (2\, c_{5\,p} - t_5) = \tfrac{1}{2} p \cdot 1{,}72 \cdot (2 \cdot 4{,}58 - 1{,}72) = +\ \ 6{,}40\, p\,,$$

$$\max M_{R_5} = \tfrac{1}{2} p\, t_5'\, (2\, c_{5\,p} - t_5') = \tfrac{1}{2} p \cdot 1{,}12 \cdot (2 \cdot 4{,}58 - 1{,}12) = +\ \ 4{,}50\, p\,,$$

$$\max M_{L_6} = \tfrac{1}{2} p\, b_6\, t_6 \qquad\qquad = \tfrac{1}{2} p \cdot 13{,}42 \cdot 1{,}58 \qquad\qquad = + 10{,}60\, p\,.$$

In Abb. 164 ist nunmehr die Maximal- und Minimal-Momentenfläche infolge der Nutzlast p für den Balken über 6 Öffnungen dargestellt worden.

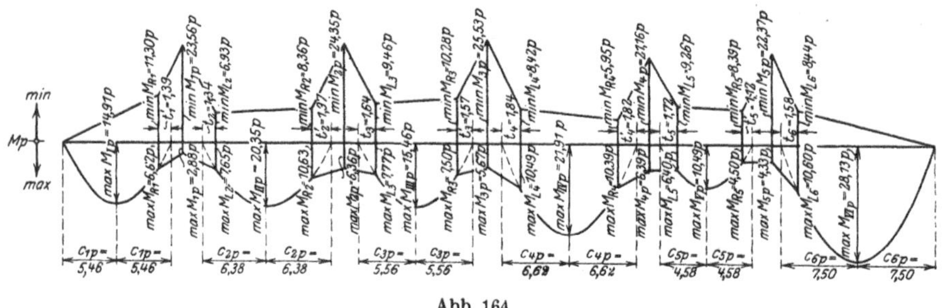

Abb. 164.

Zum Auftragen der Maximal- und Minimal-Querkraftflächen dienen die folgenden, der Hilfstafel VI, 11, Seite 258 entnommenen Gleichungen.

Zunächst ermitteln wir die Konstanten α, $\max \gamma$ und $\min \gamma$. Es wird

$$\alpha_1 = -\,\frac{p}{4 \cdot 12} \cdot 3{,}110 = -\ 0{,}064\,792\, p\,,$$

$$\alpha_2 = -\,\frac{p}{4 \cdot 16}\, [4{,}413 \cdot 0{,}742 - 4{,}423 \cdot 0{,}743] = +\ 0{,}000\,185\, p\,,$$

$$\alpha_3 = -\,\frac{p}{4 \cdot 14}\, [4{,}206 \cdot 0{,}722 - 4{,}223 \cdot 0{,}723] = +\ 0{,}000\,295\, p\,,$$

$$\alpha_4 = -\,\frac{p}{4 \cdot 16}\, [4{,}167 \cdot 0{,}742 - 4{,}397 \cdot 0{,}756] = +\ 0{,}003\,628\, p\,,$$

$$\alpha_5 = -\,\frac{p}{4 \cdot 12}\, [4{,}329 \cdot 0{,}705 - 3{,}907 \cdot 0{,}674] = -\ 0{,}008\,721\, p\,,$$

$$\alpha_6 = +\,\frac{p}{4 \cdot 16} \cdot 3{,}078 = +\ 0{,}048\,093\, p\,.$$

$$\max \gamma_1 = - \frac{p}{4 \cdot 12} \left[14\,(-\,1{,}090) \cdot 0{,}723 + 12 \cdot (-\,0{,}072) \cdot 0{,}674\right]$$
$$= +\,0{,}242\,p,$$

$$\max \gamma_2 = - \frac{p}{4 \cdot 16} \left[12\,(-\,0{,}801 - 3{,}110) + 16\,(-\,1{,}224 - 0{,}315) \cdot 0{,}756\right.$$
$$\left. + 16\,(-\,0{,}065 - 0{,}017)\right] = +\,1{,}024\,p,$$

$$\max \gamma_3 = - \frac{p}{4 \cdot 14} \left[16\,(-\,1{,}224 - 4{,}413) \cdot 0{,}742\right.$$
$$\left. + 12\,(-\,1{,}006 - 0{,}280) \cdot 0{,}674)\right] = +\,1{,}381\,p,$$

$$\max \gamma_4 = - \frac{p}{4 \cdot 16} \left[12\,(-\,0{,}054 - 0{,}222) + 14\,(-\,1{,}027 - 4{,}206) \cdot 0{,}722\right.$$
$$\left. + 16\,(-\,0{,}907 - 0{,}234)\right] = +\,1{,}163\,p,$$

$$\max \gamma_5 = - \frac{p}{4 \cdot 12} \left[16\,(-\,0{,}098 - 0{,}299) \cdot 0{,}742\right.$$
$$\left. + 16\,(-\,1{,}361 - 4{,}167) \cdot 0{,}742\right] = +\,1{,}465\,p,$$

$$\max \gamma_6 = + \frac{p}{4 \cdot 16} \left[12 \cdot 0{,}018 + 14 \cdot 0{,}335 \cdot 0{,}722 + 12 \cdot 4{,}329 \cdot 0{,}705\right]$$
$$= +\,0{,}629\,p.$$

$$\min \gamma_1 = - \frac{p}{4 \cdot 12} \left[16 \cdot 4{,}423 \cdot 0{,}743 + 16 \cdot 0{,}315 \cdot 0{,}756 + 16 \cdot 0{,}017\right]$$
$$= -\,1{,}180\,p,$$

$$\min \gamma_2 = - \frac{p}{4 \cdot 16} \left[14\,(4{,}223 + 1{,}090) \cdot 0{,}723 + 12\,(0{,}280 + 0{,}072) \cdot 0{,}674\right]$$
$$= -\,0{,}885\,p,$$

$$\min \gamma_3 = - \frac{p}{4 \cdot 14} \left[12\,(0{,}222 + 0{,}801) + 16\,(4{,}397 + 1{,}224) \cdot 0{,}756\right.$$
$$\left. + 16\,(0{,}234 + 0{,}065)\right] = -\,1{,}519\,p,$$

$$\min \gamma_4 = - \frac{p}{4 \cdot 16} \left[16\,(0{,}299 + 1{,}224) \cdot 0{,}742 + 12\,(3{,}907 + 1{,}006) \cdot 0{,}674\right]$$
$$= -\,0{,}903\,p,$$

$$\min \gamma_5 = - \frac{p}{4 \cdot 12} \left[12\,(0{,}018 + 0{,}054) + 14\,(0{,}335 + 1{,}027) \cdot 0{,}722\right.$$
$$\left. + 16\,(3{,}078 + 0{,}907)\right] = -\,1{,}633\,p,$$

$$\min \gamma_6 = + \frac{p}{4 \cdot 16} \left[16\,(-\,0{,}098) \cdot 0{,}742 + 16\,(-\,1{,}361) \cdot 0{,}742\right]$$
$$= -\,0{,}271\,p.$$

Mit diesen Werten ergeben sich dann die folgenden Gleichungen für $\max Q_p$ bzw. $\min Q_p$:

$$\max Q_{Ip} = \frac{p\,x_1'^2}{2\,l_1} + \alpha_1 x_1' + \max \gamma_1 = p\left[0{,}04167\,x_1'^2 - 0{,}064\,792\,x_1' + 0{,}242\right],$$

$$\max Q_{IIp} = \frac{p\,x_2'^2}{2\,l_2} + \alpha_2 x_2' + \max \gamma_2 = p\left[0{,}03125\,x_2'^2 + 0{,}000\,185\,x_2' + 1{,}024\right],$$

$$\max Q_{IIIp} = \frac{p\,x_3'^2}{2\,l_3} + \alpha_3 x_3' + \max \gamma_3 = p\left[0{,}035\,71\,x_3'^2 + 0{,}000\,295\,x_3' + 1{,}381\right],$$

$$\max Q_{IVp} = \frac{p\,x_4'^2}{2\,l_4} + \alpha_4 x_4' + \max \gamma_4 = p\left[0{,}031\,25\,x_4'^2 + 0{,}003\,628\,x_4' + 1{,}163\right],$$

$$\max Q_{Vp} = \frac{p\,x_5'^2}{2\,l_5} + \alpha_5 x_5' + \max \gamma_5 = p\left[0{,}041\,67\,x_5'^2 - 0{,}008\,721\,x_5' + 1{,}465\right],$$

$$\max Q_{VIp} = \frac{p\,x_6'^2}{2\,l_6} + \alpha_6 x_6' + \max \gamma_6 = p\left[0{,}031\,25\,x_6'^2 + 0{,}048\,093\,x_6' + 0{,}629\right].$$

$$\min Q_{Ip} = -\frac{p\,x_1^2}{2\,l_1} + \alpha_1 x_1 + \min \gamma_1 = -p\left[0{,}04167\,x_1^2 + 0{,}064\,792\,x_1 + 1{,}180\right],$$

$$\min Q_{IIp} = -\frac{p\,x_2^2}{2\,l_2} + \alpha_2 x_2 + \min \gamma_2 = -p\left[0{,}03125\,x_2^2 - 0{,}000\,185\,x_2 + 0{,}885\right],$$

$$\min Q_{IIIp} = -\frac{p\,x_3^2}{2\,l_3} + \alpha_3 x_3 + \min \gamma_3 = -p\left[0{,}035\,71\,x_3^2 - 0{,}000\,295\,x_3 + 1{,}519\right],$$

$$\min Q_{IVp} = -\frac{p\,x_4^2}{2\,l_4} + \alpha_4 x_4 + \min \gamma_4 = -p\left[0{,}03125\,x_4^2 - 0{,}003\,628\,x_4 + 0{,}903\right],$$

$$\min Q_{Vp} = -\frac{p\,x_5^2}{2\,l_5} + \alpha_5 x_5 + \min \gamma_5 = -p\left[0{,}04167\,x_5^2 + 0{,}008\,721\,x_5 + 1{,}633\right],$$

$$\min Q_{VIp} = -\frac{p\,x_6^2}{2\,l_6} + \alpha_6 x_6 + \min \gamma_6 = -p\left[0{,}03125\,x_6^3 - 0{,}048\,093\,x_6 + 0{,}271\right].$$

In Abb. 165 ist nunmehr die Maximal- und Minimal-Querkraftsfläche infolge p dargestellt.

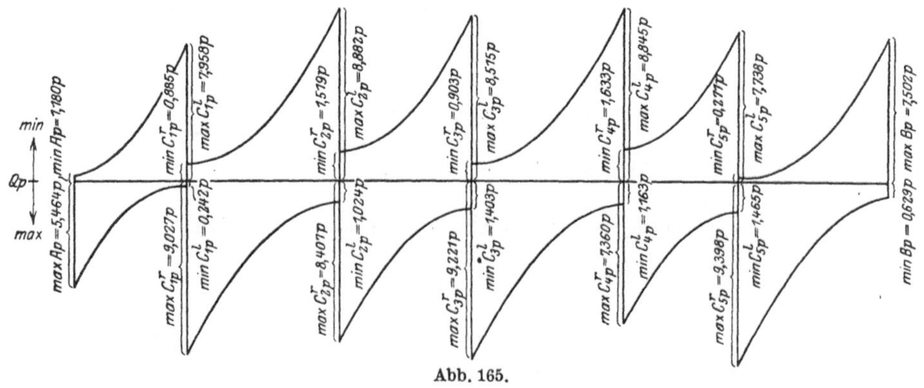

Abb. 165.

Die größten und kleinsten Auflagerdrücke infolge Nutzlast p erhält man nach Hilfstafel VI, 11, Seite 258 zu:

$$\max A_p = \frac{p \cdot l_1}{2} + \alpha_1 l_1 + \max \gamma_1 = p[6,0 - 0,7775 + 0,242] = 5,46\,p,$$

$$\max C_{1p} = p\frac{l_1 + l_2}{2} - \alpha_1 l_1 + \alpha_2 l_2 - \min \gamma_1 + \max \gamma_2$$

$$= p[14,0 + 0,77750 + 0,00296 + 1,180 + 1,024] = 16,99\,p,$$

$$\max C_{2p} = p[15,0 - 0,00296 + 0,00413 + 0,885 + 1,381] = 17,27\,p,$$

$$\max C_{3p} = p[15,0 - 0,00413 + 0,05805 + 1,519 + 1,163] = 17,74\,p,$$

$$\max C_{4p} = p[14,0 - 0,05805 - 0,10465 + 0,903 + 1,465] = 16,21\,p,$$

$$\max C_{5p} = p[14,0 + 0,10465 + 0,76949 + 1,633 + 0,629] = 17,14\,p,$$

$$\max B_p = p[\,8,0 - 0,76949 + 0,271] \qquad\qquad = 7,50\,p,$$

$$\min A_p = \qquad\qquad + \min \gamma_1 = -1,18\,p,$$

$$\min C_{1p} = -\max \gamma_1 + \min \gamma_2 = -p[0,242 + 0,885] = -1,13\,p,$$

$$\min C_{2p} = -\max \gamma_2 + \min \gamma_3 = -p[1,024 + 1,519] = -2,54\,p,$$

$$\min C_{3p} = -\max \gamma_3 + \min \gamma_4 = -p[1,381 + 0,903] = -2,28\,p,$$

$$\min C_{4p} = -\max \gamma_4 + \min \gamma_5 = -p[1,163 + 1,633] = -2,80\,p,$$

$$\min C_{5p} = -\max \gamma_5 + \min \gamma_6 = -p[1,465 + 0,271] = -1,74\,p,$$

$$\min B_p = -\max \gamma_6 \qquad\qquad = -0,63\,p.$$

Hiermit sind sämtliche zur Dimensionierung des Balkens erforderlichen statischen Größen ermittelt.

Zahlenbeispiel 5. Der durchlaufende Balken über sieben ungleichen Öffnungen.

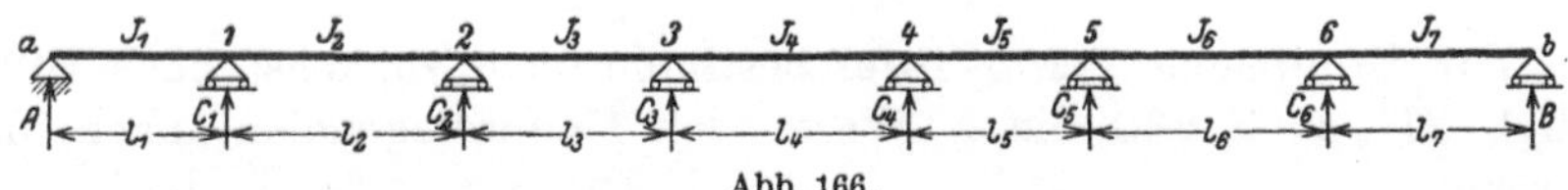

Abb. 166.

Die Hilfstafeln im dritten Teil dieses Buches geben eine Zusammenstellung von Formeln zur unmittelbaren Darstellung der Einflußlinien, sowie zur Ermittlung des Einflusses von g und p nur für durchlaufende Balken bis zu sechs Öffnungen, weil das für praktische Bedürfnisse als ausreichend angesehen wird. Um nun zu zeigen, daß auch für Balken über mehr als sechs Öffnungen die Berechnung nach den Richtlinien, die in dem ersten, theoretischen Teile gegeben wurden, leicht und übersichtlich durchzuführen ist, wird das folgende Tragwerk, dessen Abmessungen Abb. 166 zeigt, untersucht. Die Formeln, die in der Berechnung benutzt werden, sind in der Hilfstafel VII, S. 260 ff. zusammengestellt.

a) Vorarbeiten.

Zunächst werden die Werte l' und s ermittelt. Man erhält nach Hilfstafel VII, 1, S. 260

Zahlentafel 36.

$l_1 = 12{,}0$	$l_2 = 16{,}0$	$l_3 = 14{,}0$	$l_4 = 16{,}0$	$l_5 = 12{,}0$	$l_6 = 16{,}0$	$l_7 = 14{,}0$
$l_1' = 15{,}0$	$l_2' = 16{,}0$	$l_3' = 17{,}5$	$l_4' = 16{,}0$	$l_5' = 20{,}0$	$l_6' = 10{,}67$	$l_7' = 11{,}67$
$s_1 = 62{,}0$	$s_2 = 67{,}0$	$s_3 = 67{,}0$	$s_4 = 72{,}0$	$s_5 = 61{,}33$	$s_6 = 44{,}67$	

Zur Bestimmung der Festpunkte L_r und R_r ermittelt man nach Hilfstafel VII, 1, S. 260 die Werte

$$\mu_r = \frac{l'_{r+1}}{-\mu_{r-1} l_r' + s_r}; \qquad \mu_r' = \frac{l_r'}{-\mu_{r+1}' l_{r+1}' + s_r};$$

$$b_r = \frac{l_r}{1 + \mu_{r-1}}; \qquad b_r' = \frac{l_r}{1 + \mu_r'};$$

$$a_r = l_r - b_r; \qquad a_r' = l_r - b_r'.$$

Zahlentafel 37.

$\mu_1 = 0{,}258$	$\mu_2 = 0{,}278$	$\mu_3 = 0{,}258$	$\mu_4 = 0{,}295$	$\mu_5 = 0{,}192$	$\mu_6 = 0{,}274$
$\mu_1' = 0{,}259$	$\mu_2' = 0{,}257$	$\mu_3' = 0{,}277$	$\mu_4' = 0{,}245$	$\mu_5' = 0{,}340$	$\mu_6' = 0{,}239$

$b_1 = l_1$	$b_2 = 12{,}72$	$b_3 = 10{,}95$	$b_4 = 12{,}72$	$b_5 = 9{,}27$	$b_6 = 13{,}42$	$b_7 = 10{,}99$
$a_1 = 0$	$a_2 = 3{,}28$	$a_3 = 3{,}05$	$a_4 = 3{,}28$	$a_5 = 2{,}73$	$a_6 = 2{,}58$	$a_7 = 3{,}01$
$b_1' = 9{,}53$	$b_2' = 12{,}72$	$b_3' = 10{,}96$	$b_4' = 12{,}85$	$b_5' = 8{,}95$	$b_6' = 12{,}92$	$b_7' = l_7$
$a_1' = 2{,}47$	$a_2' = 3{,}28$	$a_3' = 3{,}04$	$a_4' = 3{,}15$	$a_5' = 3{,}05$	$a_6' = 3{,}08$	$a_7' = 0$

Zur Ermittlung der β-Tafel bestimmt man zunächst nach Hilfstafel VII, 4, S. 260 die β-Werte der Hauptdiagonalen nach der Formel

$$\beta_{rr} = \frac{1}{l_r'\left(\dfrac{1}{\mu_r'} - \mu_{r-1}\right)}.$$

Es wird

$$\beta_{11} = \frac{1}{l_1'\left(\dfrac{1}{\mu_1'} - 0\right)} = \frac{\mu_1'}{l_1'} = \frac{0{,}259}{15} = 0{,}017\,28,$$

$$\beta_{22} = \frac{1}{l_2'\left(\dfrac{1}{\mu_2'} - \mu_1\right)} = \frac{1}{16\left(\dfrac{1}{0{,}257} - 0{,}258\right)} = 0{,}017\,24;$$

$$\beta_{33} = \frac{1}{17,5\left(\dfrac{1}{0,277} - 0,278\right)} = 0,01718,$$

$$\beta_{44} = \frac{1}{16\left(\dfrac{1}{0,245} - 0,258\right)} = 0,01637,$$

$$\beta_{55} = \frac{1}{20\left(\dfrac{1}{0,340} - 0,295\right)} = 0,01891,$$

$$\beta_{66} = \frac{1}{10,67\left(\dfrac{1}{0,239} - 0,192\right)} = 0,02347.$$

Aus diesen β-Werten der Hauptdiagonalen ermitteln sich die übrigen β-Werte nach der Hilfstafel VII, 4, S. 260 zu

$$\beta_{r-1,\,r} = -\,\mu_{r-1}\beta_{rr};$$

Da die β-Tafel symmetrisch zur Hauptdiagonalen aufgebaut ist, braucht in der folgenden Zahlentafel 38 nur die eine Hälfte berechnet zu werden.

Zahlentafel 38.

$+0,01728$	$-0,00445$	$+0,00123$	$-0,00030$	$+0,00010$	$-0,00002$
	$+0,01724$	$-0,00478$	$+0,00117$	$-0,00040$	$+0,00010$
		$+0,01718$	$-0,00422$	$+0,00143$	$-0,00034$
			$+0,01637$	$-0,00557$	$+0,00133$
				$+0,01891$	$-0,00451$
					$+0,02347$

Aus den β-Werten ermittelt man mit Hilfe der Formeln (Hilfstafel VII, 5, S. 260)

$$k_{ri} = \beta_{r,\,i-1}\, l_i\, l_i' \qquad \text{für } i > r,$$
$$k_{ri} = \beta_{r,\,i}\, l_i\, l_i' \qquad \text{„ } i \leqq r$$

die Werte k. Zum Beispiel wird für $r = 4$:

$$\left.\begin{aligned}
k_{41} &= \beta_{41}\, l_1\, l_1' \\
k_{42} &= \beta_{42}\, l_2\, l_2' \\
k_{43} &= \beta_{43}\, l_3\, l_3'
\end{aligned}\right\}\; i < r,$$

$$k_{44} = \beta_{44}\, l_4\, l_4' \quad i = r,$$

$$\left.\begin{aligned}
k_{45} &= \beta_{44}\, l_5\, l_5' \\
k_{46} &= \beta_{45}\, l_6\, l_6' \\
k_{47} &= \beta_{46}\, l_7\, l_7'
\end{aligned}\right\}\; i > r.$$

In den folgenden Zahlentafeln 39 und 40 sind sämtliche Werte k zusammengestellt.

Zahlentafel 39.

$k_{11}=\beta_{11}\,l_1\,l_1{}'$	$k_{12}=\beta_{11}\,l_2\,l_2{}'$	$k_{13}=\beta_{12}\,l_3\,l_3{}'$	$k_{14}=\beta_{13}\,l_4\,l_4{}'$	$k_{15}=\beta_{14}\,l_5\,l_5{}'$	$k_{16}=\beta_{15}\,l_6\,l_6{}'$	$k_{17}=\beta_{16}\,l_7\,l_7{}'$
$k_{21}=\beta_{21}\,l_1\,l_1{}'$	$k_{22}=\beta_{22}\,l_2\,l_2{}'$	$k_{23}=\beta_{22}\,l_3\,l_3{}'$	$k_{24}=\beta_{23}\,l_4\,l_4{}'$	$k_{25}=\beta_{24}\,l_5\,l_5{}'$	$k_{26}=\beta_{25}\,l_6\,l_6{}'$	$k_{27}=\beta_{26}\,l_7\,l_7{}'$
$k_{31}=\beta_{31}\,l_1\,l_1{}'$	$k_{32}=\beta_{32}\,l_2\,l_2{}'$	$k_{33}=\beta_{33}\,l_3\,l_3{}'$	$k_{34}=\beta_{33}\,l_4\,l_4{}'$	$k_{35}=\beta_{34}\,l_5\,l_5{}'$	$k_{36}=\beta_{35}\,l_6\,l_6{}'$	$k_{37}=\beta_{36}\,l_7\,l_7{}'$
$k_{41}=\beta_{41}\,l_1\,l_1{}'$	$k_{42}=\beta_{42}\,l_2\,l_2{}'$	$k_{43}=\beta_{43}\,l_3\,l_3{}'$	$k_{44}=\beta_{44}\,l_4\,l_4{}'$	$k_{45}=\beta_{44}\,l_5\,l_5{}'$	$k_{46}=\beta_{45}\,l_6\,l_6{}'$	$k_{47}=\beta_{46}\,l_7\,l_7{}'$
$k_{51}=\beta_{51}\,l_1\,l_1{}'$	$k_{52}=\beta_{52}\,l_2\,l_2{}'$	$k_{53}=\beta_{53}\,l_3\,l_3{}'$	$k_{54}=\beta_{54}\,l_4\,l_4{}'$	$k_{55}=\beta_{55}\,l_5\,l_5{}'$	$k_{56}=\beta_{55}\,l_6\,l_6{}'$	$k_{57}=\beta_{56}\,l_7\,l_7{}'$
$k_{61}=\beta_{61}\,l_1\,l_1{}'$	$k_{62}=\beta_{62}\,l_2\,l_2{}'$	$k_{63}=\beta_{63}\,l_3\,l_3{}'$	$k_{64}=\beta_{64}\,l_4\,l_4{}'$	$k_{65}=\beta_{65}\,l_5\,l_5{}'$	$k_{66}=\beta_{66}\,l_6\,l_6{}'$	$k_{67}=\beta_{66}\,l_7\,l_7{}'$

Zahlentafel 40.

$k_{11}=+3{,}110$	$k_{12}=+4{,}423$	$k_{13}=-1{,}090$	$k_{14}=+0{,}316$	$k_{15}=-0{,}073$	$k_{16}=+0{,}018$	$k_{17}=-0{,}004$
$k_{21}=-0{,}801$	$k_{22}=+4{,}413$	$k_{23}=+4{,}223$	$k_{24}=-1{,}224$	$k_{25}=+0{,}282$	$k_{26}=-0{,}068$	$k_{27}=+0{,}016$
$k_{31}=+0{,}222$	$k_{32}=-1{,}224$	$k_{33}=+4{,}209$	$k_{34}=+4{,}398$	$k_{35}=-1{,}012$	$k_{36}=+0{,}245$	$k_{37}=-0{,}056$
$k_{41}=-0{,}055$	$k_{42}=+0{,}300$	$k_{43}=-1{,}033$	$k_{44}=+4{,}192$	$k_{45}=+3{,}930$	$k_{46}=-0{,}951$	$k_{47}=+0{,}217$
$k_{51}=+0{,}019$	$k_{52}=-0{,}102$	$k_{53}=+0{,}351$	$k_{54}=-1{,}426$	$k_{55}=+4{,}537$	$k_{56}=+3{,}227$	$k_{57}=-0{,}737$
$k_{61}=-0{,}004$	$k_{62}=+0{,}024$	$k_{63}=-0{,}084$	$k_{64}=+0{,}341$	$k_{65}=-1{,}084$	$k_{66}=+4{,}005$	$k_{67}=+3{,}833$

Nach Erledigung dieser Vorarbeiten ist man imstande, sämtliche Einflußlinien, ferner die Momente, Querkräfte und Stützdrücke infolge Eigengewicht, sowie die Maximal- und Minimal-Momenten- und Querkräfte-Flächen infolge beweglicher Nutzlast p schnell anzugeben. Um nun den Umfang der Rechnungen in diesem Buche einzuschränken, sollen aus allen diesen Gebieten nur einige charakteristische Beispiele angeführt werden, die die Art des einzuschlagenden Rechnungsganges zeigen und den Leser in den Stand setzen sollen, alle übrigen auftretenden statischen Größen in entsprechender Weise zu ermitteln.

b) Einflußlinien.

α) Einflußlinien für Stützenmomente.

Nach Hilfstafel VII, 6, S. 260 sind die Ordinaten der Einflußlinien für das beliebige Stützenmoment M_r in der Öffnung l_i

$$\eta_{ri} = -\,k_{ri}\,\omega_{Ti} \qquad \text{für } i \leqq r,$$
$$\eta_{ri} = -\,k_{ri}\,\omega'_{Ti} \qquad \text{''} \ \ i > r.$$

In den Formeln bezeichnet r die Stütze, i die Öffnung; also z. B. erhält man für M_4 die Einflußordinaten

$$\eta_{41} = -\,k_{41}\,\omega_{T_1}, \qquad\qquad \eta_{45} = -\,k_{45}\,\omega'_{T_5},$$
$$\eta_{42} = -\,k_{42}\,\omega_{T_2}, \qquad\qquad \eta_{46} = -\,k_{46}\,\omega'_{T_6},$$
$$\eta_{43} = -\,k_{43}\,\omega_{T_3}, \qquad\qquad \eta_{47} = -\,k_{47}\,\omega'_{T_7}.$$
$$\eta_{44} = -\,k_{44}\,\omega_{T_4},$$

Hierin bedeuten

$$\omega_{Ti} = \omega_D - \mu_{i-1}\,\omega'_D,$$
$$\omega'_{Ti} = \omega_D - \mu'_i\,\omega_D.$$

Für das vorstehende Beispiel wird also

$$\omega_{T_1} = \omega_D - \mu_0\,\omega_D' = \omega_D\,, \quad \text{weil } \mu_0 = 0\,,$$
$$\omega_{T_2} = \omega_D - \mu_1\,\omega_D'\,, \qquad\qquad \omega_{T_5}' = \omega_D' - \mu_5'\,\omega_D\,,$$
$$\omega_{T_3} = \omega_D - \mu_2\,\omega_D'\,, \qquad\qquad \omega_{T_6}' = \omega_D' - \mu_6'\,\omega_D\,,$$
$$\omega_{T_4} = \omega_D - \mu_3\,\omega_D'\,, \qquad\qquad \omega_{T_7}' = \omega_D' - \mu_7'\,\omega_D = \omega_D'\,,$$
$$\text{weil } \mu_7' = 0\,.$$

Setzt man für μ, μ' und k die Zahlenwerte ein, dann kann man die Einflußlinie für das Stützenmoment M_4 auftragen.

$$\eta_{41} = + 0{,}055\,\omega_D\,,$$
$$\eta_{42} = - 0{,}300\,(\omega_D - 0{,}258\,\omega_D')\,,$$
$$\eta_{43} = + 1{,}033\,(\omega_D - 0{,}278\,\omega_D')\,,$$
$$\eta_{44} = - 4{,}192\,(\omega_D - 0{,}258\,\omega_D')\,,$$
$$\eta_{45} = - 3{,}930\,(\omega_D' - 0{,}340\,\omega_D)\,,$$
$$\eta_{46} = + 0{,}951\,(\omega_D' - 0{,}239\,\omega_D)\,,$$
$$\eta_{47} = - 0{,}217\,\omega_D'\,.$$

β) **Einflußlininen für die Feldmomente.**

Gesucht wird in der Öffnung l_5 das Moment des Querschnitts m im Abstande x_5 und x_5' von den anliegenden Stützen 4 und 5.

Nach Hilfstafel VII, 7, S. 260 erhält man die Gleichung der Einflußordinaten z. B. in der Öffnung l_5 $(i = r = 5)$

$$\eta_{55} = M_{05} - k_{55}\,\xi_5\,\omega_D - k_{45}\,\xi_5'\,\omega_D'\,.$$

Setzt man in diese Gleichung die unter a) ermittelten Zahlenwerte ein, dann wird

$$\eta_{55} = M_{05} - 4{,}537\,\xi_5\,\omega_D - 3{,}930\,\xi_5'\,\omega_D'\,.$$

Die weitere Behandlung dieser Gleichung erfolgt entsprechend Grundaufgabe 4, c S. 133. Die Ordinaten der Momenten-Einflußlinie in den Öffnungen l_1 bis l_4 ermitteln sich nach Hilfstafel VII, 7, S. 260 zu

$$\eta_{51} = - \xi_5'\,k_{41}\,\omega_{T_1} = + 0{,}055\,\xi_5'\,\omega_D\,, \quad \text{da } \omega_{T_1} = \omega_D\,,$$
$$\eta_{52} = - \xi_5'\,k_{42}\,\omega_{T_2} = - 0{,}300\,\xi_5'\,\omega_{T_2}\,,$$
$$\eta_{53} = - \xi_5'\,k_{43}\,\omega_{T_3} = + 1{,}033\,\xi_5'\,\omega_{T_3}\,,$$
$$\eta_{54} = - \xi_5'\,k_{44}\,\omega_{T_4} = - 4{,}192\,\xi_5'\,\omega_{T_4}\,.$$

Für die Öffnungen 6 und 7 erhält man

$$\eta_{56} = - \xi_5\,k_{56}\,\omega_{T_6}' = - 3{,}227\,\xi_6\,\omega_{T_6}'\,,$$
$$\eta_{57} = - \xi_5\,k_{57}\,\omega_{T_7}' = + 0{,}737\,\xi_5\,\omega_D'\,, \quad \text{da } \omega_{T_7}' = \omega_D'\,.$$

γ) **Einflußlinien für die Querkräfte.**

Gesucht wird die Einflußlinie für die Querkraft in der Öffnung l_3.

Die gesuchten Einflußordinaten haben mit $i = r = 3$ nach Hilfstafel VII, 8, S. 261 in der Öffnung l_3 die Gleichung

$$\eta_{33} = Q_{03} + \frac{k_{23}}{b_3'}\,\omega_D' - \frac{k_{33}}{b_3}\,\omega_D\,.$$

Nach Einsetzen der Zahlenwerte erhält man

$$\eta_{33} = Q_{03} + \frac{4{,}223}{10{,}96}\, \omega_D' - \frac{4{,}209}{10{,}95}\, \omega_D,$$

$$\eta_{33} = Q_{03} + 0{,}385\, \omega_D' - 0{,}384\, \omega_D.$$

Die weitere Bestimmung der Einflußlinie siehe Grundaufgabe 3b, S. 125.

Für die Öffnungen l_1 und l_2 lauten die Gleichungen nach Hilfstafel VII, 8, S. 261:

$$\eta_{31} = + \frac{k_{21}}{b_3{}'}\, \omega_{T_1} = - \frac{0{,}801}{10{,}96}\, \omega_D = -\, 0{,}073\, \omega_D,$$

$$\eta_{32} = + \frac{k_{22}}{b_3{}'}\, \omega_{T_2} = + \frac{4{,}413}{10{,}96}\, \omega_{T_2} = +\, 0{,}403\, \omega_{T_2}.$$

In den Öffnungen l_4 bis l_7 erhält man:

$$\eta_{34} = - \frac{k_{34}}{b_3}\, \omega_{T_4}' = - \frac{4{,}398}{10{,}95}\, \omega_{T_4}' = -\, 0{,}402\, \omega_{T_4}',$$

$$\eta_{35} = - \frac{k_{35}}{b_3}\, \omega_{T_5}' = + \frac{1{,}012}{10{,}95}\, \omega_{T_5}' = +\, 0{,}092\, \omega_{T_5}',$$

$$\eta_{36} = - \frac{k_{36}}{b_3}\, \omega_{T_6}' = - \frac{0{,}245}{10{,}95}\, \omega_{T_6}' = -\, 0{,}022\, \omega_{T_6}',$$

$$\eta_{37} = - \frac{k_{37}}{b_3}\, \omega_{T_7}' = + \frac{0{,}056}{10{,}95}\, \omega_D' = +\, 0{,}005\, \omega_D'.$$

δ) Einflußlinien für die Auflagerdrücke.

Es soll die Einflußlinie für den Auflagerdruck C_4 bestimmt werden.

Zunächst ermitteln wir die Einflußordinaten der anliegenden Öffnungen l_4 und l_5.

Nach Hilfstafel VII, 9, S. 261 wird

$$\eta_{44} = C_{04} + k_{44}\left[\frac{1}{b_5{}'} + \frac{1}{b_4}\right]\omega_D - k_{34}\left[\frac{1}{b_4{}'} + \frac{\mu_4{}'}{b_5{}'}\right]\omega_D',$$

$$\eta_{44} = C_{04} + 4{,}192\,[0{,}112 + 0{,}079]\,\omega_D$$
$$- 4{,}398\,[0{,}078 + 0{,}112 \cdot 0{,}245]\,\omega_D',$$

$$\eta_{44} = C_{04} + 0{,}798\, \omega_D - 0{,}463\, \omega_D',$$

$$\eta_{45} = C_{04} + k_{45}\left[\frac{1}{b_5{}'} + \frac{1}{b_4}\right]\omega_D' - k_{55}\left[\frac{1}{b_5} + \frac{\mu_4}{b_4}\right]\omega_D,$$

$$\eta_{45} = C_{04} + 3{,}930 \cdot [0{,}112 + 0{,}079]\,\omega_D' - 4{,}537\,[0{,}108 + 0{,}079 \cdot 0{,}295]\,\omega_D,$$

$$\eta_{45} = C_{04} + 0{,}748\, \omega_D' - 0{,}595\, \omega_D.$$

Die weitere Entwicklung der Linie siehe Grundaufgabe 3c, S. 127.

Die Ordinaten der Öffnungen l_1 bis l_3 werden nach Hilfstafel VII, 9, S. 261:

$$\eta_{41} = -\left[\frac{k_{31}}{b_4{}'} - \frac{k_{41}}{b_5{}'}\right]\omega_{T_1} = \left[\frac{0{,}222}{12{,}85} - \frac{-0{,}055}{8{,}95}\right]\omega_D = -0{,}023\,\omega_D,$$

$$\eta_{42} = -\left[\frac{-1{,}224}{12{,}85} - \frac{0{,}300}{8{,}95}\right]\omega_{T_2} = +0{,}129\,\omega_{T_2},$$

$$\eta_{43} = -\left[\frac{4{,}209}{12{,}85} - \frac{-1{,}033}{8{,}95}\right]\omega_{T_3} = -0{,}443\,\omega_{T_3}.$$

Für die Öffnungen l_6 und l_7 erhält man:

$$\eta_{46} = +\left[\frac{k_{46}}{b_4} - \frac{k_{56}}{b_5}\right]\omega'_{T_6} = \left[\frac{-0{,}951}{12{,}72} - \frac{3{,}227}{9{,}27}\right]\omega'_{T_6} = -0{,}423\,\omega'_{T_6},$$

$$\eta_{47} = +\left[\frac{k_{47}}{b_4} - \frac{k_{57}}{b_5}\right]\omega'_{T_7} = \left[\frac{0{,}217}{12{,}72} - \frac{-0{,}737}{9{,}27}\right]\omega'_D = +0{,}097\,\omega'_D.$$

c) Einfluß des Eigengewichtes g und der Nutzlast p.

α) Für die Stütze 4 des durchlaufenden Balkens über 7 Öffnungen soll das Stützenmoment infolge Eigengewicht g und Nutzlast p bestimmt werden.

Zur Ermittlung des Eigengewichtes benutzen wir Hilfstafel VII, 10, S. 261.

Für den vorliegenden Fall, wo g für den ganzen Balken konstant angenommen ist, wird allgemein

$$M_{rg} = -\frac{g}{4}\sum_1^r l_i\,k_{ri}\,(1-\mu_{i-1}) - \frac{g}{4}\sum_{r+1}^{n+1} l_i\,k_{ri}\,(1-\mu_i').$$

Im vorliegenden Fall ist $r = 4$ und $n = 6$, also

$$M_{4g} = -\frac{g}{4}\sum_1^4 l_i\,k_{4i}\,(1-\mu_{i-1}) - \frac{g}{4}\sum_5^7 l_i\,k_{4i}\,(1-\mu_i').$$

Schreibt man diese Summe aus, dann wird

$$\begin{aligned}
M_{4g} = -\frac{g}{4}\big[&l_1\,k_{41}\,(1-\mu_0) + l_2\,k_{42}\,(1-\mu_1) + l_3\,k_{43}\,(1-\mu_2)\\
&+ l_4\,k_{44}\,(1-\mu_3) + l_5\,k_{45}\,(1-\mu_5') + l_6\,k_{46}\,(1-\mu_6')\\
&+ l_7\,k_{47}\,(1-\mu_7')\big].
\end{aligned}$$

Setzt man die Zahlenwerte ein und beachtet, daß $\mu_0 = \mu_7' = 0$ ist, so findet man

$$\begin{aligned}
M_{4g} = -\frac{g}{4}\big[&12\,(-0{,}055) + 16\cdot0{,}300\cdot0{,}742 + 14\,(-1{,}033)\cdot0{,}722\\
&+ 16\cdot4{,}192\cdot0{,}742 + 12\cdot3{,}930\cdot0{,}660 + 16\,(-0{,}951)\cdot0{,}761\\
&+ 14\cdot0{,}217\big],
\end{aligned}$$

$$M_{4g} = -16{,}21\,g.$$

Für Nutzlast p errechnen sich die gesuchten Werte nach Hilfstafel VII, 11, S. 262. Da $r = 4$ und $n = 6$, also beides gerade Zahlen sind, liegt der Fall 1 vor. Man erhält also

$$\min M_{rp} = -\frac{p}{4} \, {}^{G}\!\sum_{2}^{r} l_i k_{ri}(1 - \mu_{i-1}) - \frac{p}{4} \, {}^{U}\!\sum_{r+1}^{n+1} l_i k_{ri}(1 - \mu_i').$$

${}^{G}\!\sum$ bedeutet: für i sind die geraden Zahlen in den angegebenen Grenzen zu setzen und entsprechend bei ${}^{U}\!\sum$ für i die ungeraden Zahlen. Es wird demnach, wenn $r = 4$ gesetzt wird,

$$\min M_{4p} = -\frac{p}{4} \, {}^{G}\!\sum_{2}^{4} l_i k_{4i}(1 - \mu_{i-1}) - \frac{p}{4} \, {}^{U}\!\sum_{5}^{7} l_i k_{4i}(1 - \mu_i'),$$

$$\min M_{4p} = -\frac{p}{4}\left[l_2 k_{42}(1 - \mu_1) + l_4 k_{44}(1 - \mu_3)\right]$$
$$-\frac{p}{4}\left[l_5 k_{45}(1 - \mu_5') + l_7 k_{47}\right],$$

$$\min M_{4p} = -\frac{p}{4}\left[16 \cdot 0{,}300 \cdot 0{,}742 + 16 \cdot 4{,}192 \cdot 0{,}742\right.$$
$$\left. + 12 \cdot 3{,}930 \cdot 0{,}660 + 14 \cdot 0{,}217\right],$$

$$\min M_{4p} = -21{,}88\,p.$$

Das größte negative Stützenmoment infolge $g + p$ wird demnach
$$\min M_4 = -16{,}21\,g - 21{,}88\,p.$$

β) Für die Öffnung l_4 soll die Lage und Größe des größten positiven Feldmomentes bestimmt werden.

Da $r = 4$ und $n = 6$ ist, kommt hier Fall 1 der in Hilfstafel VII, S. 263 angegebenen Formeln in Frage.

Für $r = 4$ ist

$${}^{G}M_{4p} = -\frac{p}{4} \, {}^{G}\!\sum_{2}^{4} l_i k_{4i}(1 - \mu_{i-1}) - \frac{p}{4} \, {}^{G}\!\sum_{6}^{6} l_i k_{4i}(1 - \mu_i'),$$

$${}^{G}M_{4p} = -\frac{p}{4}\left[l_2 k_{42}(1 - \mu_1) + l_4 k_{44}(1 - \mu_3) + l_6 k_{46}(1 - \mu_6')\right],$$

$${}^{G}M_{4p} = -\frac{p}{4}\left[16 \cdot 0{,}300 \cdot 0{,}742 + 16 \cdot 4{,}192 \cdot 0{,}742\right.$$
$$\left. + 16 \cdot (-0{,}951) \cdot 0{,}761\right],$$

$${}^{G}M_{4p} = -10{,}45\,p,$$

$${}^{G}M_{3p} = -\frac{p}{4} \, {}^{G}\!\sum_{2}^{2} l_i k_{3i}(1 - \mu_{i-1}) - \frac{p}{4} \, {}^{G}\!\sum_{4}^{6} l_i k_{3i}(1 - \mu_i'),$$

$${}^{G}M_{3p} = -\frac{p}{4}\left[l_2 k_{32}(1 - \mu_1) + l_4 k_{34}(1 - \mu_4') + l_6 k_{36}(1 - \mu_6')\right],$$

$$^G M_{3p} = -\frac{p}{4}\,[16\,(-1{,}224)\,0{,}742 + 16 \cdot 4{,}398 \cdot 0{,}755$$
$$+\ 16 \cdot 0{,}245 \cdot 0{,}761]\,,$$
$$^G M_{3p} = -10{,}39\,p\,.$$

Die Lage des größten Feldmomentes ist gegeben durch den Wert (vgl. Hilfstafel VII, 11, S. 263)

$$x_{04} = \frac{l_4}{2} - \frac{^G M_{4p} - {}^G M_{3p}}{p\,l_4} = 8{,}0 + \frac{-10{,}45 + 10{,}39}{p \cdot 16}\,p\,,$$
$$x_{04} = 8{,}0 - 0{,}004 = 7{,}996\ \text{m}\,,$$
$$c_{4p} = \sqrt{7{,}996^2 + \frac{2\,(-10{,}39\,p)}{p}} = \sqrt{43{,}166} = 6{,}570\ \text{m}.$$

Das maximale Feldmoment infolge p wird dann

$$\max M_{IVp} = \tfrac{1}{2}\,p\,c_{4p}^2\,,$$
$$\max M_{IVp} = \tfrac{1}{2}\,p \cdot 43{,}166 = 21{,}58\,p\,.$$

$\gamma)$ In den Öffnungen l_4 und l_5 ist die Maximal- und Minimal-Querkraftfläche darzustellen. Außerdem ist der Auflagerdruck C_4 infolge p anzugeben.

Nach Hilfstafel VII, 11, S. 264 wird

$$\max Q_{IVp} = \frac{p\,x_4'^{\,2}}{2\,l_4} + \alpha_4\,x_4' + \max \gamma_4\,,$$
$$\max Q_{Vp} = \frac{p\,x_5'^{\,2}}{2\,l_5} + \alpha_5\,x_5' + \max \gamma_5\,,$$
$$\min Q_{IVp} = -\frac{p\,x_4^{\,2}}{2\,l_4} + \alpha_4\,x_4 + \min \gamma_4\,,$$
$$\min Q_{Vp} = -\frac{p\,x_5^{\,2}}{2\,l_5} + \alpha_5\,x_5 + \min \gamma_5\,.$$

Wir erhalten

$$\alpha_4 = -\frac{p}{4\,l_4}\,[k_{44}\,(1-\mu_3) - k_{34}\,(1-\mu_4')]$$
$$= -\frac{p}{4 \cdot 16}\,[4{,}192 \cdot 0{,}742 - 4{,}398 \cdot 0{,}755] = +\,0{,}0032\,p\,,$$
$$\alpha_5 = -\frac{p}{4\,l_5}\,[k_{55}\,(1-\mu_4) - k_{45}\,(1-\mu_5')]$$
$$= -\frac{p}{4 \cdot 12}\,[4{,}537 \cdot 0{,}705 - 3{,}930 \cdot 0{,}660] = -\,0{,}0127\,p\,.$$

Für die Werte γ kommt der Fall 1 in Frage (siehe Hilfstafel VII, 11, S. 264), weil $r = 4$ und $n = 6$, also beide gerade Zahlen sind.

$$\max \gamma_4 = -\frac{p}{4\,l_4}\left[{}^U\sum_1^3 l_i(k_{4i}-k_{3i})(1-\mu_{i-1}) + {}^G\sum_6^6 l_i(k_{4i}-k_{3i})(1-\mu_i')\right]$$

$$= -\frac{p}{4\,l_4}[l_1(k_{41}-k_{31}) + l_3(k_{43}-k_{33})(1-\mu_2)$$

$$+ l_6(k_{46}-k_{36})(1-\mu_6')]$$

$$= -\frac{p}{4\cdot16}[12(-0,055-0,222) + 14(-1,033-4,209)\cdot0,722$$

$$+ 16(-0,951-0,245)\cdot0,761] = +1,107\,p\,,$$

$$\min \gamma_4 = -\frac{p}{4\,l_4}\left[{}^G\sum_2^2 l_i(k_{4i}-k_{3i})(1-\mu_{i-1}) + {}^U\sum_5^7 l_i(k_{4i}-k_{3i})(1-\mu_i')\right]$$

$$= -\frac{p}{4\,l_4}[l_2(k_{42}-k_{32})(1-\mu_1) + l_5(k_{45}-k_{35})(1-\mu_5')$$

$$+ l_7(k_{47}-k_{37})]$$

$$= -\frac{p}{4\cdot16}[16(0,300+1,224)\cdot0,742 + 12(3,930+1,012)\cdot0,660$$

$$+ 14(0,217+0,056)] = -0,954\,p\,.$$

Die Werte γ_5 erhält man aus Fall 4, S. 264, weil $r = 5$, also ungerade, und $n = 6$, also gerade ist.

$$\max \gamma_5 = -\frac{p}{4\,l_5}\left[{}^G\sum_2^4 l_i(k_{5i}-k_{4i})(1-\mu_{i-1}) + {}^U\sum_7^7 l_i(k_{5i}-k_{4i})(1-\mu_i')\right]$$

$$= -\frac{p}{4\cdot12}[16(-0,102-0,300)\cdot0,742 + 16(-1,426-4,192)0,742$$

$$+ 14(-0,737-0,217)] = +1,768\,p\,,$$

$$\min \gamma_5 = -\frac{p}{4\,l_5}\left[{}^U\sum_1^3 l_i(k_{5i}-k_{4i})(1-\mu_{i-1}) + {}^G\sum_6^6 l_i(k_{5i}-k_{4i})(1-\mu_i')\right]$$

$$= -\frac{p}{4\cdot12}[12(0,019+0,055) + 14(0,351+1,033)\cdot0,722$$

$$+ 16(3,227+0,951)\cdot0,761] = -1,370\,p\,.$$

Setzt man die Zahlenwerte in die Gleichungen für Q_p ein, so wird:

$$\max Q_{IVp} = \frac{p}{2\cdot16}x_4'^2 + 0,0032\,p\,x_4' + 1,107\,p$$

$$= p[0,0313\,x_4'^2 + 0,0032\,x_4' + 1,107]\,,$$

$$\max Q_{Vp} = \frac{p}{2\cdot12}x_5'^2 - 0,0127\,p\,x_5' + 1,768\,p$$

$$= p[0,0417\,x_5'^2 - 0,0127\,x_5' + 1,768]\,,$$

$$\min Q_{IVp} = -\frac{p\,x_4{}^2}{2\cdot 16} + 0{,}0032\,p\,x_4 - 0{,}954\,p$$

$$= -p\,[0{,}0313\,x_4{}^2 - 0{,}0032\,x_4 + 0{,}954],$$

$$\min Q_{Vp} = -\frac{p\,x_5{}^2}{2\cdot 12} - 0{,}0127\,p\,x_5 - 1{,}370\,p$$

$$= -p\,[0{,}0417\,x_5{}^2 + 0{,}0127\,x_5 + 1{,}370].$$

Für den Auflagerdruck C_{4p} erhält man:

$$\max C_{4p} = p\,\frac{l_4 + l_5}{2} - \alpha_4\,l_4 + \alpha_5\,l_5 - \min \gamma_4 + \max \gamma_5$$

$$= p\,\frac{16 + 12}{2} - 0{,}0032\,p\cdot 16 - 0{,}0127\,p\cdot 12 + 0{,}954\,p$$

$$+ 1{,}768\,p = 16{,}52\,p\,,$$

$$\min C_{4p} = -\max \gamma_4 + \min \gamma_5 = -1{,}107\,p - 1{,}370\,p = -2{,}48\,p.$$

Zahlenbeispiel 6. Der Balken über vier ungleichen Öffnungen mit veränderlichem Trägheitsmoment innerhalb der Öffnungen.

In dem allgemein theoretischen ersten Teil sind für den durchlaufenden Balken, dessen Querschnitte auch innerhalb der Öffnungen beliebig veränderlich sind, Formeln zur Berechnung entwickelt worden, deren praktische Anwendung an diesem Beispiel erläutert werden soll.

Eine Benutzung der Hilfstafeln des dritten Teils, wie in den bisherigen Beispielen, ist hier nicht möglich, da diese Tafeln für Balken aufgestellt sind, deren Querschnitte innerhalb der einzelnen Öffnungen konstant sind und nur von Öffnung zu Öffnung sich ändern. In praktischen Fällen wird man zwar für die Vorberechnungen — mit Rücksicht darauf, daß zunächst über die genauen Querschnittsverhältnisse im allgemeinen nichts bekannt ist, diese vielmehr erst durch die Rechnung festgelegt werden sollen — einen Balken wählen, dessen Querschnitte entweder für den ganzen Träger oder doch mindestens innerhalb der einzelnen Öffnungen gleichgroß angenommen werden. Erst nach der auf Grund einer Vorberechnung erfolgten Querschnittsbestimmung kann die im folgenden beschriebene genaue Durchrechnung erfolgen. In gleicher Weise eignet sie sich zur Nachprüfung eines bestehenden Systems.

Wir untersuchen einen Balken über vier ungleichen Öffnungen nach Abb. 167a, dessen untere Gurtung nach einer flachen Parabel gekrümmt sein möge. Wählt man als konstantes Trägheitsmoment J_c

das Trägheitsmoment über den Stützen, so erhält man für die einzelnen Querschnitte m die Verteilung der $\dfrac{J_c}{J_m}$-Werte — die $\dfrac{J_c}{J_m}$-Kurve — nach Abb. 167b.

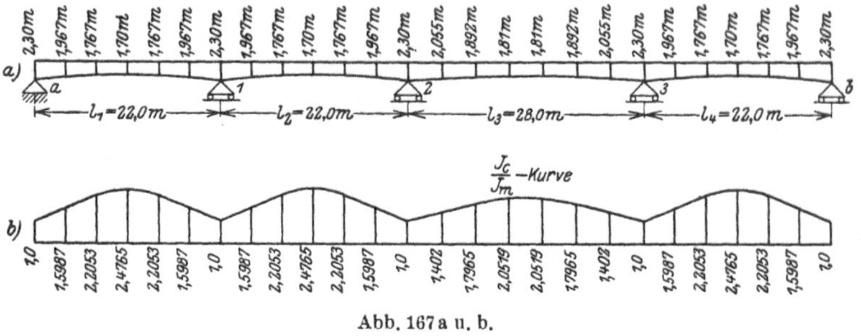

Abb. 167a u. b.

1. Die rechnerische Untersuchung des Balkens.

a) Die Dreimomentengleichungen und ihre Auflösung.

Das System ist dreifach statisch unbestimmt; führt man wieder die Momente der drei Innenstützen als statisch unbestimmte Größen X ein, so erhält man die drei Elastizitätsgleichungen, die in der Matrixform wie folgt angeschrieben werden.

X_1	X_2	X_3	
δ_{11}	δ_{12}	—	$= Z_1$
δ_{21}	δ_{22}	δ_{23}	$= Z_2$
—	δ_{32}	δ_{33}	$= Z_3$

Zur Bestimmung der in diesen Gleichungen auf der linken Seite auftretenden δ-Werte werden die Formeln (35b), (36b) und (37b) auf Seite 27 benutzt[1]:

$$\delta_{r-1,\,r} = \frac{a_r}{n_r^{\,2}} \sum_{r=1}^{n_r-1} \frac{J_c}{J_m} m_r\, m_r'$$

$$\delta_{rr} = \frac{a_r}{n_r^{\,2}} \sum_{r=1}^{n_r-1} \frac{J_c}{J_m} m_r^{\,2} + \frac{a_{r+1}}{n_{r+1}^{\,2}} \sum_{r=1}^{n_{r+1}-1} \frac{J_c}{J_m} m_{r+1}'^{\,2}$$

$$\delta_{r+1,\,r} = \frac{a_{r+1}}{n_{r+1}^{\,2}} \sum_{r=1}^{n_{r+1}-1} \frac{J_c}{J_m} m_{r+1} \cdot m_{r+1}'\,.$$

---

[1] Statt $E \cdot J_c \cdot \delta$ schreiben wir hier der Einfachheit halber nur δ. Da im Verlauf der gesamten Rechnung immer mit den $E \cdot J_c$-fachen Werten gerechnet wird, ist ein Irrtum infolge der abgekürzten Schreibweise ausgeschlossen.

Die Öffnungen l_1, l_2 und l_4 sind in je 6 gleiche Felder geteilt, die Öffnung l_3 in 7 gleiche Felder. Man erhält demnach

$$\delta_{11} = \frac{a_1}{n_1{}^2} \sum_1^5 \frac{J_c}{J_m} m^2{}_1 + \frac{a_2}{n_2{}^2} \sum_1^5 \frac{J_c}{J_m} m_2'{}^2 .$$

Da die beiden ersten Öffnungen gleiche Spannweiten haben, also $a_1 = a_2$; $n_1 = n_2$ und auch $\dfrac{J_c}{J_m}$ in beiden Öffnungen gleich verläuft, so wird

$$\delta_{11} = 2 \frac{a_1}{n_1{}^2} \sum_1^5 \frac{J_c}{J_m} m_1{}^2 = 2 \cdot \frac{3,67}{36} \sum_1^5 \frac{J_c}{J_m} m_1{}^2 ,$$

$$\delta_{11} = 0,2037 \sum_1^5 \frac{J_c}{J_m} m_1{}^2 .$$

Die Berechnung der Summe ist aus Zahlentafel 41 ersichtlich. Es ergibt sich

$$\delta_{11} = 0,2037 \cdot 107,96 = 21,992 .$$

Zahlentafel 41.

x/l	$m_1 = m_2$	$m_1' = m_2'$	$\dfrac{J_c}{J_m}$	$m_1{}^2$	$\dfrac{J_c}{J_m} m_1{}^2$	$m_2 m_2'$	$\dfrac{J_c}{J_m} m_2 m_2'$
$^1/_6$	1	5	1,5987	1	1,60	5	7,99
$^2/_6$	2	4	2,2053	4	8,82	8	17,64
$^3/_6$	3	3	2,4765	9	22,29	9	22,29
$^4/_6$	4	2	2,2053	16	35,28	8	17,64
$^5/_6$	5	1	1,5987	25	39,97	5	7,99
					$\Sigma = 107,96$		$\Sigma = 73,55$

Weiter wird

$$\delta_{12} = \frac{a_2}{n_2{}^2} \sum_1^5 \frac{J_c}{J_m} m_2 m_2 = \frac{3,67}{36} \sum_1^5 \frac{J_c}{J_m} m_2 m_2' ,$$

$$\delta_{12} = 0,102 \sum_1^5 \frac{J_c}{J_m} m_2 m_2' .$$

Die Ausrechnung dieser Summe ist ebenfalls in Zahlentafel 41 durchgeführt.

$$\delta_{12} = 0,102 \cdot 73,55 = 7,492 .$$

Anmerkung: Es sei darauf hingewiesen, daß man wegen der Symmetrie die Summen nur bis zur Hälfte der Öffnung hätte zu bilden brauchen. Den Wert für $\dfrac{x}{l} = \dfrac{3}{6}$ würde man dann nur zur Hälfte einsetzen und diese so gewonnenen Summen mit 2 multiplizieren.

Weiter wird

$$\delta_{22} = \frac{a_2}{n_2{}^2} \sum_1^5 \frac{J_c}{J_m} m_2{}^2 + \frac{a_3}{n_3{}^2} \sum_1^6 \frac{J_c}{J_m} m_3{}'^2 \,.$$

Hierin ist $\dfrac{a_2}{n_2{}^2} = 0{,}102$ und $\dfrac{a_3}{n_3{}^2} = 0{,}082\,.$

Da Öffnung $l_2 = l_1$ ist, erhält man

$$\sum_1^5 \frac{J_c}{J_m} m_2{}^2 = 107{,}96\,.$$

Die zweite Summe ist in Zahlentafel 42 gebildet.

Zahlentafel 42.

x/l	m_3	$m_3{}^2$	$\dfrac{J_c}{J_m}$	$\dfrac{J_c}{J_m} m_3{}^2$	$m_3{}'$	$m_3\, m_3{}'$	$\dfrac{J_c}{J_m} m_3\, m_3{}'$
$^1/_7$	1	1	1,4020	1,4020	6	6	8,412
$^2/_7$	2	4	1,7965	7,1860	5	10	17,965
$^3/_7$	3	9	2,0519	18,4671	4	12	24,623
$^4/_7$	4	16	2,0519	32,8304	3	12	24,623
$^5/_7$	5	25	1,7965	44,9125	2	10	17,965
$^6/_7$	6	36	1,4020	50,4720	1	6	8,412
				$\Sigma = 155{,}270$			$\Sigma = 102{,}000$

Demnach erhält man

$$\delta_{22} = 0{,}102 \cdot 107{,}96 + 0{,}082 \cdot 155{,}27 = 10{,}996 + 12{,}675$$
$$\delta_{22} = 23{,}671\,.$$

Ferner ist

$$\delta_{23} = \frac{a_3}{n_3{}^2} \sum_1^6 \frac{J_c}{J_m} m_3\, m_3{}' = 0{,}082 \sum_1^6 \frac{J_c}{J_m} m_3 \cdot m_3{}'\,.$$

Diese Summe ist ebenfalls in Zahlentafel 42 berechnet. Es wird

$$\delta_{23} = 0{,}082 \cdot 102 = 8{,}327\,.$$

Schließlich ist

$$\delta_{33} = \frac{a_3}{n_3{}^2} \sum_1^6 \frac{J_c}{J_m} m_3{}^2 + \frac{a_4}{n_4{}^2} \sum_1^5 \frac{J_c}{J_m} m_4{}'^2 \,.$$

Da nun

$$\frac{a_3}{n_3{}^2} \sum_1^6 \frac{J_c}{J_m} m_3{}^2 = \frac{a_3}{n_3{}^2} \sum_1^6 \frac{J_c}{J_m} m_3{}'^2 = 12{,}675\,,$$

so erhält man mit der bereits in Zahlentafel 41 berechneten Summe

$$\left(\text{es ist } \sum \frac{J_c}{J_m} m_3{}'^2 = \sum \frac{J_c}{J_m} m_1{}^2 \right)$$

$$\delta_{33} = 12{,}675 + 0{,}102 \cdot 107{,}96 = 23{,}671\,.$$

Die Elastizitätsgleichungen lauten demnach

Zahlentafel 43.

	X_1	X_2	X_3	
1	21,992	7,492	—	$= Z_1$
2	7,492	23,671	8,327	$= Z_2$
3	—	8,327	23,671	$= Z_3$

Löst man diese Gleichungen auf, dann erhält man

Zahlentafel 44.

	Z_1	Z_2	Z_3
$X_1 =$	0,0519	$-0,0187$	0,0066
$X_2 =$	$-0,0187$	0,0550	$-0,0193$
$X_3 =$	0,0066	$-0,0193$	0,0491

In diesen Formeln für die Unbekannten X sind die Belastungsglieder Z noch nicht näher bestimmt. Da sie vom jeweils gegebenen Belastungszustand abhängen, werden sie in der Folge am besten von Fall zu Fall aufgestellt.

b) Einflußlinien.

α) Einflußlinien für die Stützenmomente.

In diesem Falle werden die Belastungsglieder

$$Z_1 = -EJ_c\,\delta_{m_1}; \quad Z_2 = -EJ_c\,\delta_{m_2}; \quad Z_3 = -EJ_c\,\delta_{m_3}.$$

Allgemein benutzen wir zur Bestimmung der $EJ_c\,\delta_{mr}$-Linie die elastischen Gewichte (vgl. S. 26 u. 27)

$$w_r = a_r \frac{J_c}{J_m}\frac{x_r}{l_r} = \frac{a_r}{n_r}\frac{J_c}{J_m}\,m_r$$

$$w_{r+1} = a_{r+1} \frac{J_c}{J_{m+1}}\frac{x'_{r+1}}{l_{r+1}} = \frac{a_{r+1}}{n_{r+1}}\frac{J_c}{J_{m+1}}\,m'_{r+1}$$

und ermitteln zu diesen die Momentenlinie.

Zur Berechnung der $EJ_c\,\delta_{m1}$-Linie erhält man die Gewichte w zu

$$w_1 = \frac{a_1}{n_1}\frac{J_c}{J_m}\,m_1 = \frac{3{,}67}{6}\frac{J_c}{J_m}\,m_1 = 0{,}611\,\frac{J_c}{J_m}\,m_1 \quad \text{in Öffnung } l_1,$$

$$w_2 = \frac{a_2}{n_2}\frac{J_c}{J_m}\,m_2' = \frac{3{,}67}{6}\frac{J_c}{J_m}\,m_2' = 0{,}611\,\frac{J_c}{J_m}\,m_2' \quad \text{,,} \quad \text{,,} \quad l_2.$$

Die Berechnung dieser Gewichte ist in Zahlentafel 45 durchgeführt.

Zahlentafel 45.

m_1	$\dfrac{J_c}{J_m}$	$m_1\dfrac{J_c}{J_m}$	$w_1 = 0{,}611\,\dfrac{J_c}{J_m}\,m_1$	m_1'	$w_1\cdot m_1'$	$\mathfrak{Q}_m$	$\mathfrak{Q}_m\cdot a_1$	$\delta_{m1}=\mathfrak{M}_m$
1	1,5987	1,5987	0,9770	5	4,8849	7,4923	27,4716	27,47
2	2,2053	4,4106	2,6954	4	10,7815	6,5153	23,8894	51,36
3	2,4765	7,4295	4,5403	3	13,6208	3,8199	14,0063	65,37
4	2,2053	8,8212	5,3907	2	10,7815	$-\,0{,}7203$	$-\;2{,}6413$	62,73
5	1,5987	7,9935	4,8849	1	4,8849	$-\,6{,}1111$	$-\,22{,}4073$	40,32

$$\Sigma = 44{,}9536$$

Da $\Sigma = 44{,}9536 = 6\,\mathfrak{A}_1$, ergibt sich $\mathfrak{A}_1 = 7{,}4923$.

Man ersieht aus den Formeln für w_1 und w_2, daß die $EJ_c\delta_{m1}$-Linie im vorliegenden Falle in der zweiten Öffnung spiegelsymmetrisch zur ersten Öffnung ist. Aus den Gewichten w erhält man die Momente mit Hilfe der Formel

$$\mathfrak{M}_m = \mathfrak{M}_{m-1} + a\,\mathfrak{Q}_m.$$

Diese Rechnung ist ebenfalls in Zahlentafel 45 enthalten. (Vgl. Grundaufgabe 1 c).

In Abb. 168 a ist die $EJ_c\delta_{m1}$-Linie dargestellt. Die $EJ_c\delta_{m2}$-Linie hat für das vorliegende Beispiel in der Öffnung l_2 dieselben Ordinaten, wie die $EJ_c\delta_{m1}$-Linie in der Öffnung l_1; man braucht deshalb nur den Ast der Einflußlinien für Öffnung l_3 zu ermitteln. Es wird

$$w_3 = \frac{a_3}{n_3}\frac{J_c}{J_m}\,m_3' = \frac{4}{7}\frac{J_c}{J_m}\,m_3' = 0{,}5714\,\frac{J_c}{J_m}\,m_3'.$$

Die weitere Rechnung erfolgt wieder tabellarisch in derselben Weise wie bei der $EJ_c\delta_{m1}$-Linie. In Abb. 168 b ist die $EJ_c\delta_{m2}$-Linie dargestellt.

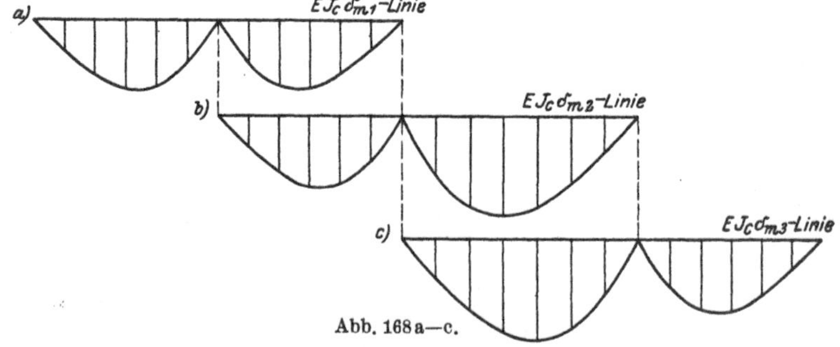

Die $EJ_c\delta_{m3}$-Linie ist im vorliegenden Falle in der Öffnung l_3 das Spiegelbild der $EJ_c\delta_{m2}$-Linie. In der Öffnung l_4 ist die $EJ_c\delta_{m3}$-Linie identisch mit der $EJ_c\delta_{m1}$-Linie in der Öffnung l_2. (Vgl. Abbildung 168 c.)

Die Gleichungen für die Einflußlinien der Stützenmomente
$$X_1 = M_1; \quad X_2 = M_2; \quad X_3 = M_3$$
lauten demnach
$$X_1 = -\ 0,0519\,\delta_{m1} + 0,0187\,\delta_{m2} - 0,0066\,\delta_{m3},$$
$$X_2 = +\ 0,0187\,\delta_{m1} - 0,0550\,\delta_{m2} + 0,0193\,\delta_{m3},$$
$$X_3 = -\ 0,0066\,\delta_{m1} + 0,0193\,\delta_{m2} - 0,0491\,\delta_{m3}.$$

Auf Grund dieser Gleichungen sind die Einflußlinien in Abb. 169 dargestellt.

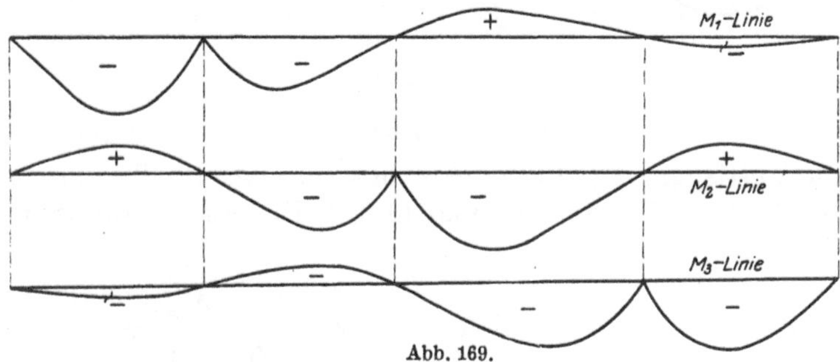

Abb. 169.

β) Einflußlinien für die Feldmomente.

Sind die Einflußlinien für die Stützenmomente bekannt, so lassen sich die der anderen statischen Größen schnell ermitteln. Die Feldmomente in der Öffnung l_r erhält man aus der Gleichung (69) auf Seite 53

$$M_m = M_{m0} + \frac{x_r{}'}{l_r}\,M_{r-1} + \frac{x_r}{l_r}\,M_r.$$

In der ersten Öffnung wird, weil das Biegungsmoment an der Endstütze Null ist,

$$M_I = M_{I0} + \frac{x_1}{l_1}\,M_1.$$

Für Balkenmitte, d. h. für $\dfrac{x_1}{l_1} = 0,5$, wird

$$M_I = M_{I0} + 0,5\,M_1 = 0,5\,[2\,M_{I0} + M_1].$$

In den Öffnungen l_2 bis l_4 fällt M_{I0} fort, es wird also in diesen Öffnungen

$$M_I = 0,5\,M_1.$$

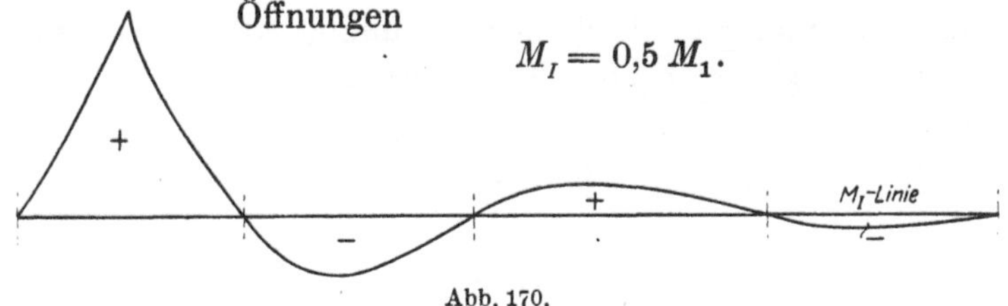

Abb. 170.

Für die Öffnung l_2 sind mit Hilfe der Spitzenkurve und der Einflußlinien für $M_1 = X_1$ und $M_2 = X_2$ nach dem im ersten Teil, Abschn. II, 5, Seite 52 ff. dargestellten Verfahren die Einflußordinaten der Knotenpunktsmomente innerhalb dieser Öffnung bestimmt. (Vgl. Abb. 171.)

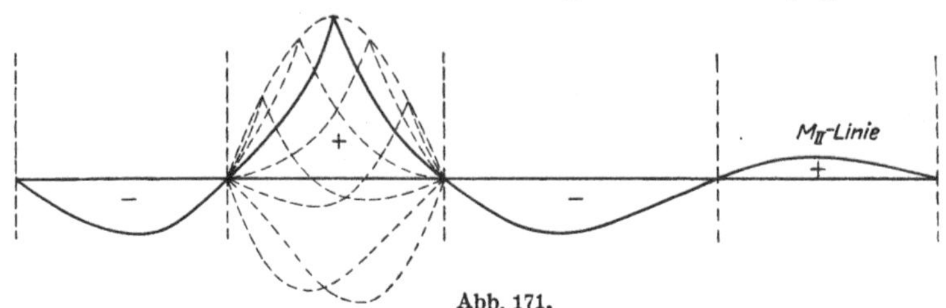

Abb. 171.

c) Die rechnerische Ermittlung der Festpunkte.

Zur Festlegung der Festpunkte braucht man die Werte μ_r und $\mu_r{}'$, die nach den Formeln (51) und (53), Seite 38 ff. ermittelt werden. Es ist

$$\mu_0 = 0;$$
$$\cdots \cdots \cdots \cdots \cdots$$
$$\mu_r = \frac{\delta_{r,\,r+1}}{\delta_{rr} - \mu_{r-1}\,\delta_{r,\,r-1}};$$
$$\cdots \cdots \cdots \cdots \cdots$$
$$\mu_n = \frac{\delta_{nB}}{\delta_{nn} - \mu_{n-1}\,\delta_{n,\,n-1}};$$

$$\mu_1{}' = \frac{\delta_{1A}}{\delta_{11} - \mu_2{}'\,\delta_{12}};$$
$$\cdots \cdots \cdots \cdots \cdots$$
$$\mu_r{}' = \frac{\delta_{r,\,r-1}}{\delta_{rr} - \mu_{r+1}{}'\,\delta_{r,\,r+1}};$$
$$\cdots \cdots \cdots \cdots \cdots$$
$$\mu_{n+1}{}' = 0$$

oder mit vorstehenden Zahlenwerten:

$$\mu_1 = \frac{\delta_{12}}{\delta_{11} - 0} = \frac{7{,}492}{21{,}992} = 0{,}341;$$

$$\mu_2 = \frac{\delta_{23}}{\delta_{22} - \mu_1 \cdot \delta_{21}} = \frac{8{,}327}{23{,}671 - 0{,}341 \cdot 7{,}492} = 0{,}394;$$

$$\mu_3 = \frac{\delta_{3B}}{\delta_{33} - \mu_2 \cdot \delta_{32}}.$$

Für δ_{3B} erhält man

$$\delta_{3B} = \frac{a_4}{n_4{}^2} \sum_1^5 m_4\, m_4{}' \frac{J_c}{J_4};$$

da aber die Öffnung l_4 gleich der Öffnung l_1 und l_2 ist, also auch $a_4, m_4, m_4{}', n_4$ gleich $a_1, m_1, m_1{}', n_1$ ist oder gleich $a_2, m_2, m_2{}', n_2$, so wird

$$\delta_{3B} = \delta_{12} = 7{,}492$$

und

$$\mu_3 = \frac{7{,}492}{23{,}671 - 0{,}394 \cdot 8{,}327} = 0{,}367.$$

Entsprechend ergeben sich für μ' die Werte

$$\mu_3' = \frac{\delta_{32}}{\delta_{33} - 0} = \frac{8{,}327}{23{,}671} = 0{,}352;$$

$$\mu_2' = \frac{\delta_{21}}{\delta_{22} - \mu_3' \cdot \delta_{23}} = \frac{7{,}492}{23{,}671 - 0{,}352 \cdot 8{,}327} = 0{,}361;$$

$$\mu_1' = \frac{\delta_{14}}{\delta_{11} - \mu_2' \cdot \delta_{12}} = \frac{7{,}492}{21{,}992 - 0{,}361 \cdot 7{,}492} = 0{,}388.$$

Man erhält $\quad \delta_{14} = \delta_{12} = 7{,}492.$

Mit diesen Werten μ und μ' ergeben sich die Festpunktsabstände zu

$$b_2 = \frac{l_2}{1 + \mu_1} = \frac{22}{1{,}341} = 16{,}41 \text{ m}; \qquad b_1' = \frac{l_1}{1 + \mu_1'} = \frac{22}{1{,}388} = 15{,}84 \text{ m};$$

$$b_3 = \frac{l_3}{1 + \mu_2} = \frac{28}{1{,}394} = 20{,}08 \text{ m}; \qquad b_2' = \frac{l_2}{1 + \mu_2'} = \frac{22}{1{,}361} = 16{,}16 \text{ m};$$

$$b_4 = \frac{l_4}{1 + \mu_3} = \frac{22}{1{,}367} = 16{,}09 \text{ m}; \qquad b_3' = \frac{l_3}{1 + \mu_3'} = \frac{28}{1{,}352} = 20{,}71 \text{ m}.$$

2. Die graphische Untersuchung des Balkens.

a) Die graphische Ermittlung der Festpunkte.

(Vgl. hierzu: Erster Teil, Abschn. IV, 1, a, Seite 91 ff.).

Bildet man nach den Formeln (149), (150) und (151) für jede Öffnung die Summen

$$c_r = \sum \frac{J_c}{J_m} m_r; \qquad c_r' = \sum \frac{J_c}{J_m} m_r';$$

$$f_r = \sum \frac{J_c}{J_m} m_r m_r',$$

dann erhält man in den einzelnen Öffnungen die Schwerpunktsabstände

$$\xi_r = a_r \frac{f_r}{c_r'}, \quad \text{und} \quad \xi_r' = a_r \frac{f_r}{c_r}.$$

Aus Symmetriegründen ergibt sich

$$\xi_1' = \xi_2 = \xi_2' = \xi_4 = \frac{a_1 f_1}{c_1};$$

$$\xi_3 = \xi_3' = \frac{a_3 f_3}{c_3};$$

hierin ist

$$c_1 = \sum \frac{J_c}{J_m} m_1; \quad c_3 = \sum \frac{J_c}{J_m} m_3; \quad f_1 = \sum \frac{J_c}{J_m} m_1 m_1'; \quad f_3 = \sum \frac{J_c}{J_m} m_3 m_3'.$$

Die Ausrechnung ist in Zahlentafel 46 durchgeführt.

Zahlentafel 46.

$\dfrac{x}{l}$	m_1	$m_1{}'$	$\dfrac{J_c}{J_m}$	$\dfrac{J_c}{J_m}\cdot m_1$	$\dfrac{J_c}{J_m}m_1 m_1{}'$	$\dfrac{x}{l}$	m_3	$m_3{}'$	$\dfrac{J_c}{J_m}$	$\dfrac{J_c}{J_m}m_3$	$\dfrac{J_c}{J_m}m_3 m_3{}'$
$^1/_6$	1	5	1,5987	1,5987	7,9935	$^1/_7$	1	6	1,4020	1,4020	8,412
$^2/_6$	2	4	2,2053	4,4106	17,6424	$^2/_7$	2	5	1,7965	3,5930	17,965
$^3/_6$	3	3	2,4765	7,4295	22,2925	$^3/_7$	3	4	2,0519	6,1557	24,623
$^4/_6$	4	2	2,2053	8,8212	17,6424	$^4/_7$	4	3	2,0519	8,2076	24,623
$^5/_6$	5	1	1,5987	7,9935	7,9935	$^5/_7$	5	2	1,7965	8,9825	17,965
				$\Sigma = 30,25$	$\Sigma = 73,55$	$^6/_7$	6	1	1,4020	8,4120	8,412
										$\Sigma = 36,75$	$\Sigma = 102,00$

Es ist also

$$c_1 = \sum \frac{J_c}{J_m} m_1 \quad .= 30{,}25 ; \qquad c_3 = \sum \frac{J_c}{J_m} m_3 \quad = 36{,}75 ;$$

$$f_1 = \sum \frac{J_c}{J_m} m_1 m_1{}' = 73{,}55 ; \qquad f_3 = \sum \frac{J_c}{J_m} m_3 m_3{}' = 102{,}00 .$$

Mit vorstehenden Werten erhält man die Abstände

$$\xi_1{}' = \xi_2 = \xi_2{}' = \xi_4 = \frac{3{,}67 \cdot 73{,}55}{30{,}25} = 8{,}92 \text{ m};$$

$$\xi_3 = \xi_3{}' = \frac{4{.}0 \cdot 102{,}00}{36{,}75} = 11{,}10 \text{ m}.$$

Die Lage der verschränkten Stützensenkrechten v wird graphisch ermittelt. Zunächst sieht man, daß aus Symmetriegründen v_1 in die Auflagersenkrechte der Stütze 1 fällt. Zur Bestimmung der Lage von v_2 trägt man auf der Linie s_2^r den Wert

$$\frac{a_3}{n_3} c_3{}' = \frac{4{,}0}{7} 36{,}75 = 21{,}0 \quad \text{und auf } s_3^l \text{ den Wert} \quad \frac{a_2}{n_2} c_2 = \frac{3{,}67}{6} \cdot 30{,}25 = 18{,}5$$

ab (s. Abb. 172). Durch kreuzweises Verbinden der Endpunkte erhält man im Schnittpunkte die Lage von v_2. Entsprechend findet man v_3 (vgl. die gekreuzten Linien der Abb. 172). Zur Konstruktion der Festpunkte zieht man vom Auflager a' den beliebigen Strahl (1), dann vom Schnittpunkt dieses Strahles mit s_1 den Strahl (2) durch das Auflager $1'$ bis zum Schnittpunkt mit s_2^l. Verbindet man diesen Schnittpunkt mit dem Schnittpunkt von (1) und v_1, dann trifft dieser Strahl (3) die Nullinie im Punkte $L_2{}'$, der senkrecht unter dem Festpunkt L_2 liegt.

Nun geht man von L_2 aus, zieht einen beliebigen Strahl (4) und vom Schnittpunkt (4) mit s_2^r einen Strahl (5) durch das Auflager $2'$ bis zum Schnitt mit s_3^l und von hier aus eine Verbindungslinie zu dem Schnittpunkt von (4) mit v_2. Diese Linie (6) trifft die Nullinie in $L_3{}'$, welcher Punkt senkrecht unter dem Festpunkt L_3 liegt. Entsprechend findet man den Festpunkt L_4. Wiederholt man die

Konstruktion vom Lager b' beginnend, dann erhält man der Reihe nach die Festpunkte R_3, R_2 und R_1. Hierbei legt man zweckmäßig den ersten Strahl zur Bestimmung der Festpunkte R so, daß er durch den Schnittpunkt der den Festpunkt L_4' bestimmenden Geraden mit s_4 hindurchgeht.

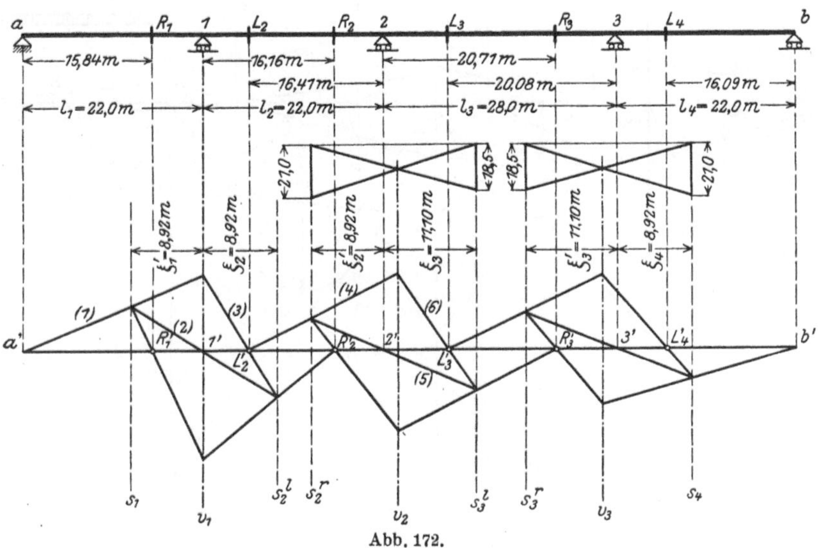

Abb. 172.

b) Bestimmung der Stützenmomente mit Hilfe der Kreuzlinienabschnitte.

Nach Formel (169) Seite 103 erhält man die Kreuzlinienabschnitte für gleichmäßig verteilte Belastung p zu

$$k_{r-1} = k_r = \frac{p\,l_r^2}{4}.$$

Die Kreuzlinien müssen also durch den Scheitel der M_{0p}-Parabel hindurchgehen, weil $\max M_{0p} = \dfrac{p\,l_r^2}{8}$ ist.

Man zeichnet nun in Abb. 173 die M_0-Parabeln für die einzelnen Öffnungen (vgl. Grundaufgabe 1a), verbindet die Scheitelpunkte dieser Parabeln mit den anliegenden Stützpunkten und erhält so die Kreuzlinien. Lotet man nun die Festpunkte herunter bis zum Schnitt mit den Kreuzlinien, so schneidet die Verbindungslinie dieser Schnittpunkte auf den anliegenden Stützen die gesuchten Stützenmomente ab. Werden der Reihe nach die Öffnungen l_1 bis l_4 mit gleichmäßig verteilter Nutzlast $p = 1$ belastet, dann zeigt Abb. 173 die zugehörigen Momentenflächen infolge dieser 4 Lastzustände; die Ordnungsziffern (1) beziehen sich auf die belasteten Öffnungen l_1 bis l_4.

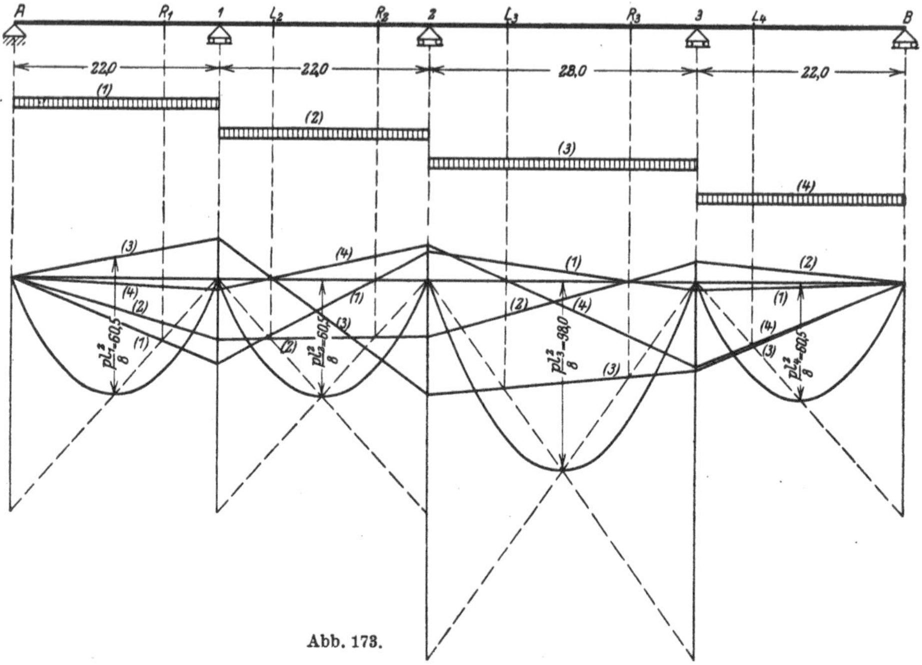

Abb. 173.

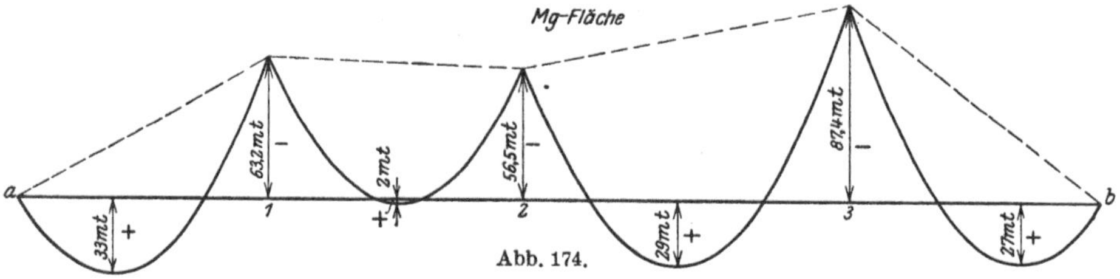

Mg-Fläche

Abb. 174.

In Abb. 174 ist durch Addition der vorstehend erhaltenen Momente die M_g-Fläche infolge Eigengewicht ermittelt, während Abb. 175 die maximale und minimale Momentenfläche infolge Nutzlast p darstellt, die durch entsprechende Kombination der Belastungsfälle, die aus den betreffenden Einflußlinien hervorgehen, ermittelt worden ist.

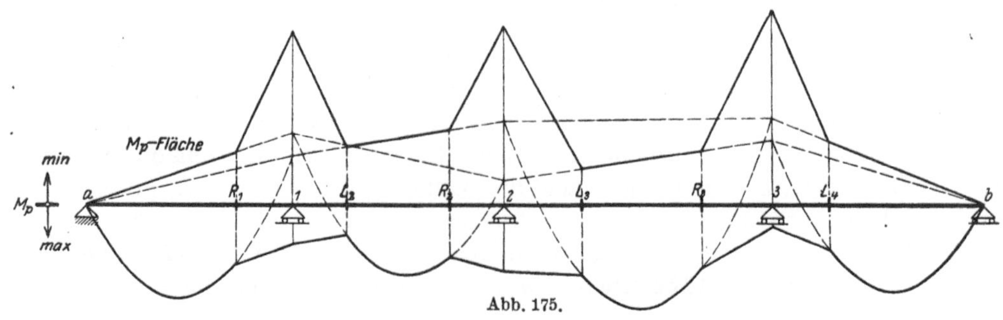

Abb. 175.

Dritter Teil

Hilfstafeln zur Berechnung durchlaufender Balken über ungleichen Öffnungen.

Hilfstafel I.

Hilfswerte z und Momente M_o für symmetrische Belastung.

	Belastung der Öffnung l_r	z_r	M_0-Fläche
1	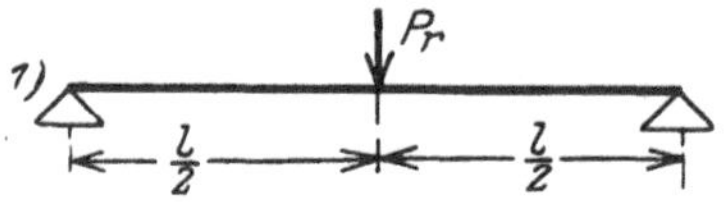 1)	$\dfrac{3}{8}\,P_r$	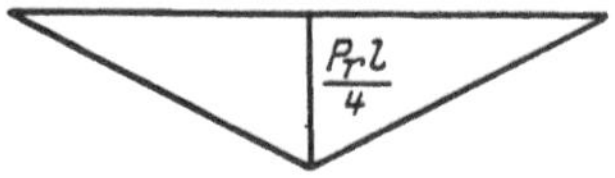
2	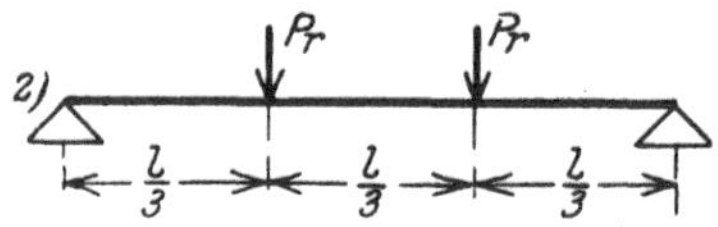 2)	$\dfrac{2}{3}\,P_r$	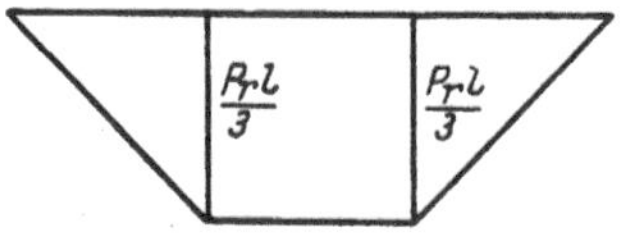
3	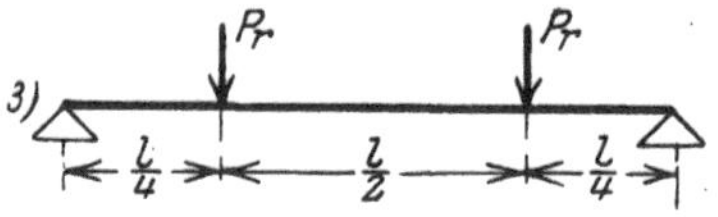 3)	$\dfrac{9}{16}\,P_r$	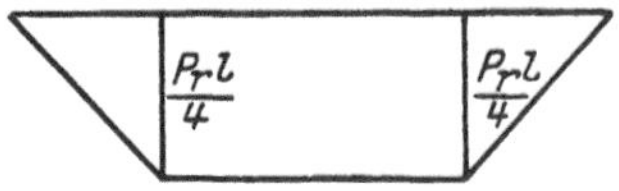
4	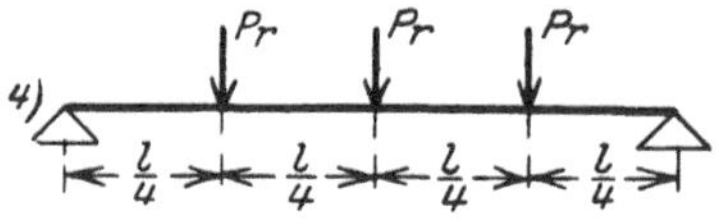 4)	$\dfrac{15}{16}\,P_r$	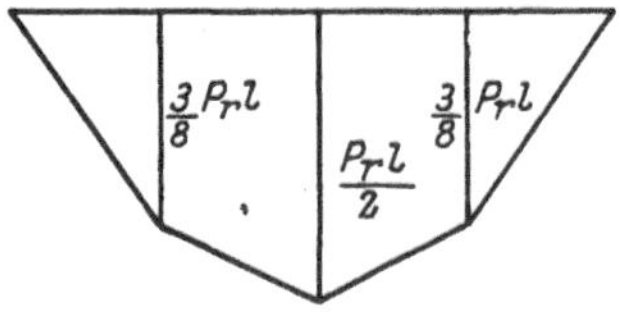
5	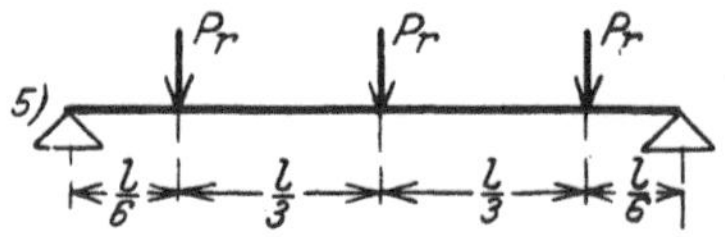 5)	$\dfrac{19}{24}\,P_r$	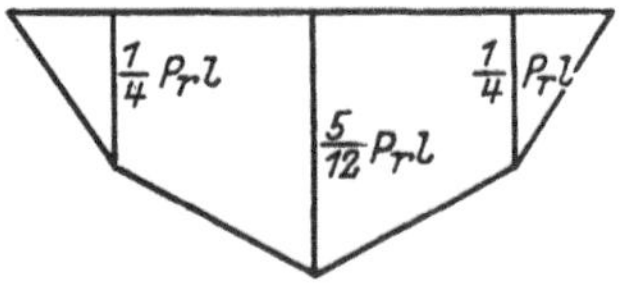
6	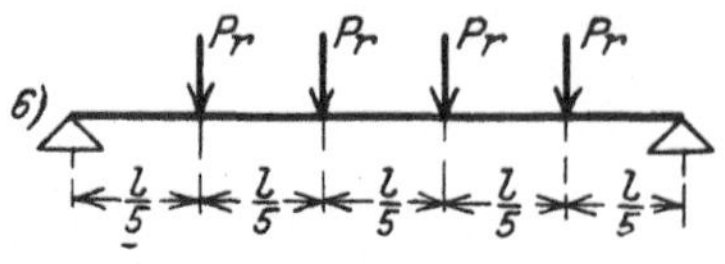 6)	$\dfrac{6}{5}\,P_r$	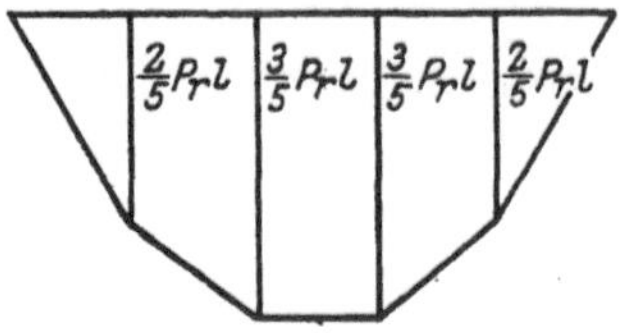

Belastung der Öffnung l_r	z_r	M_0-Fläche
7) $P_r \quad P_r \quad P_r \quad P_r$ $\frac{l}{8} \; \frac{l}{4} \; \frac{l}{4} \; \frac{l}{4} \; \frac{l}{8}$	$\frac{33}{32} P_r$	$\frac{1}{4} P_r l \qquad \frac{1}{4} P_r l$ $\frac{1}{2} P_r l \quad \frac{1}{2} P_r l$
8) q_r m $\; x \; | \; x' \;$ l	$\frac{q_r l_r}{4}$	$\frac{q_r x x'}{2} \qquad \frac{q_r l^2}{8}$
9) q_r $\; a \; | \; b \; | \; a \;$	$\frac{3}{8} q_r b_r \left[1 - \frac{1}{3}\frac{b_r{}^2}{l_r{}^2}\right]$	$\frac{q_r ab}{2} \qquad \frac{q_r ab}{2}$ $\frac{q_r b}{2}\left(a+\frac{b}{2}\right) \qquad \frac{q_r b^2}{8}$
10) $q_r \qquad q_r$ $\; a \; | \; b \; | \; a \;$	$\frac{3}{2} q_r \cdot \frac{a_r{}^2}{l_r}\left[1 - \frac{2}{3}\cdot\frac{a_r}{l_r}\right]$	$\frac{q_r a^2}{2} \quad \frac{q_r a^2}{2}$ $\frac{q_r a^2}{8} \qquad \frac{q_r a^2}{8}$
11) $q_x \quad q_r$ $\; x \; | \; x' \;$ l	$\frac{5}{32} q_r l_r$	$M_{max} = \frac{1}{12} q_r l^2$ $M_x = \frac{q_r l^2}{12}\left(3\frac{x}{l} - 4\frac{x^3}{l^3}\right)$
12) *Parabel* $q_x \quad q_r$ $\; x \;$ l	$\frac{1}{5} q_r l_r$	$M_{max} = \frac{5}{48} q_r l^2$ $M_x = \frac{q_r l^2}{3}\omega_p''$ $\omega_p'' = \frac{x}{l} - \frac{2x^3}{l^3} + \frac{x^4}{l^4}$

Hilfstafel II.

Der Balken über zwei ungleichen Öffnungen.

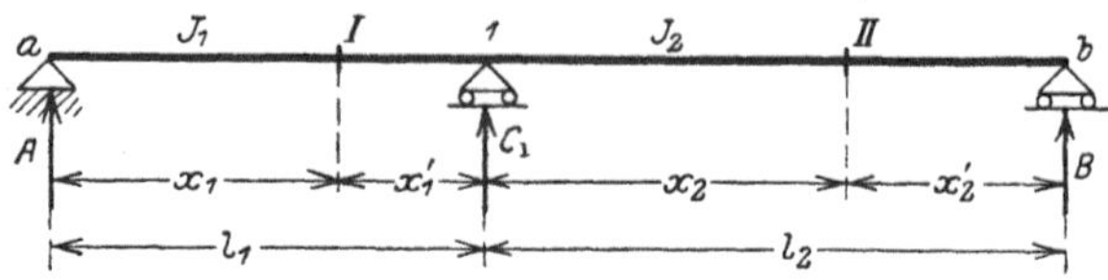

Tafel II, 1. Bezeichnungen und Abkürzungen

1	$l_1' = l_1 \dfrac{J_c}{J_1}$	$l_2' = l_2 \dfrac{J_c}{J_2}$
2	$s_1 = 2\,(l_1' + l_2')$	
3	$\mu_1 = \dfrac{l_2'}{s_1}$	$\mu_1' = \dfrac{l_1'}{s_1}$
4	$b_1 = l_1$	$b_2 = \dfrac{l_2}{1 + \mu_1}$
5	$a_1 = 0$	$a_2 = l_2 - b_2$
6	$b_1' = \dfrac{l_1}{1 + \mu_1'}$	$b_2' = l_2$
7	$a_1' = l_1 - b_1'$	$a_2' = 0$

Tafel II, 2	Tafel II, 3
$M_1 s_1 = Z_1$	$M_1 = \dfrac{1}{s_1} Z_1$

Tafel II, 4 erübrigt sich.

Tafel II, 5

$k_{11} = \dfrac{l_1\, l_1'}{s_1}$	$k_{12} = \dfrac{l_2\, l_2'}{s_1}$

Tafel II, 6. Einflußlinie für das Stützenmoment

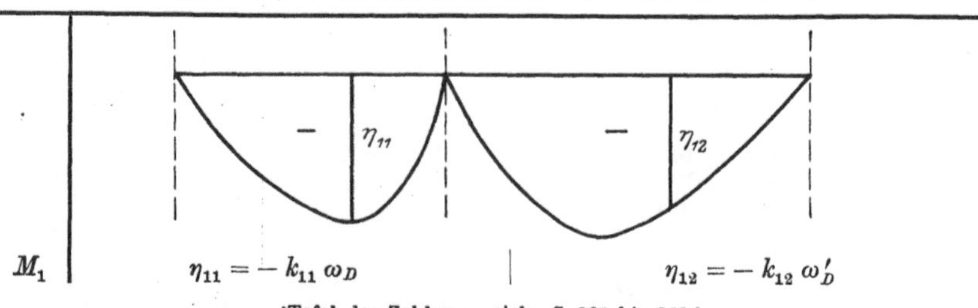

[Tafel der Zahlen ω siehe S. 267 bis 269.]

Tafel II, 7. Einflußlinien für die Feldmomente.

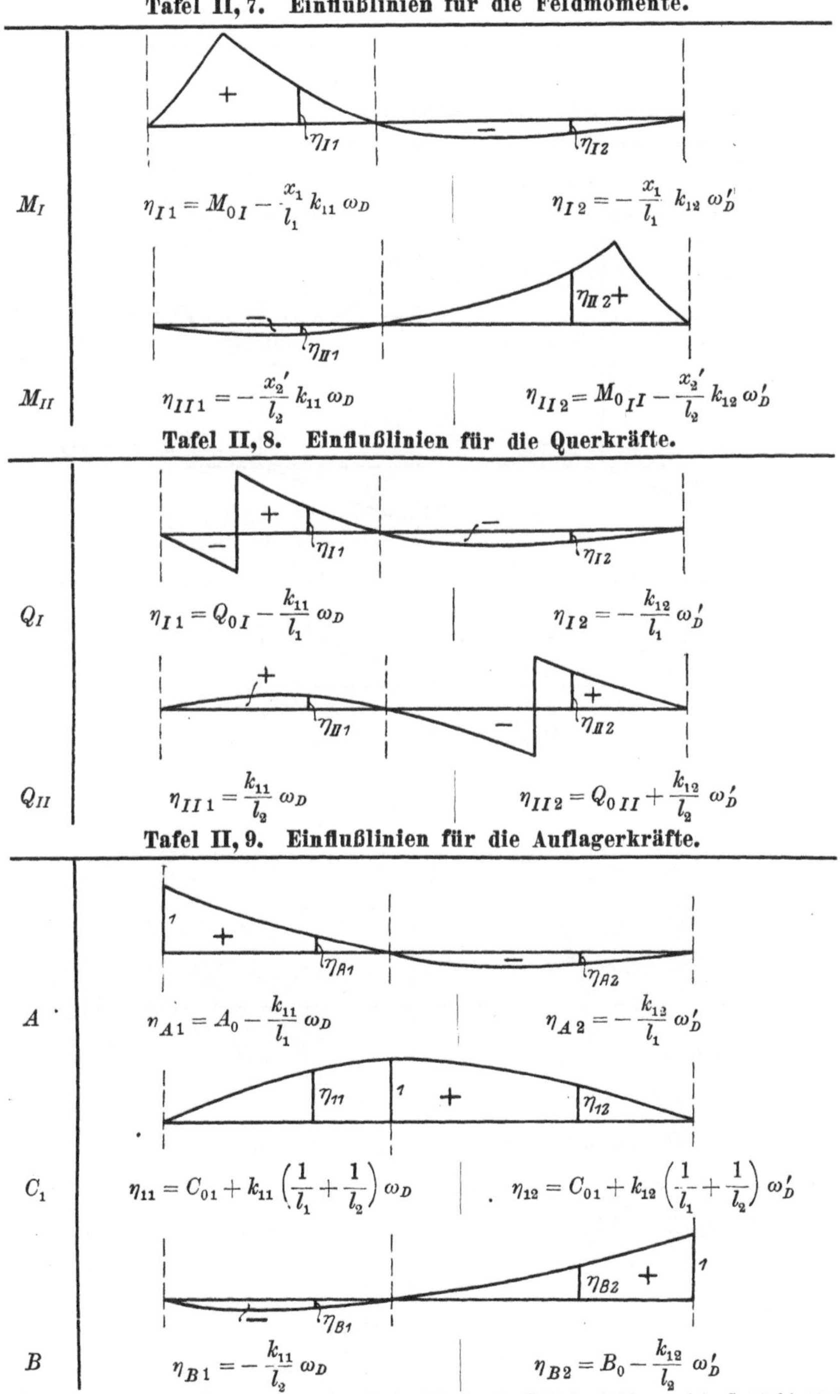

M_I

$$\eta_{I1} = M_{0\,I} - \frac{x_1}{l_1}\, k_{11}\, \omega_D \qquad\qquad \eta_{I2} = -\frac{x_1}{l_1}\, k_{12}\, \omega_D'$$

M_{II}

$$\eta_{II1} = -\frac{x_2'}{l_2}\, k_{11}\, \omega_D \qquad\qquad \eta_{II2} = M_{0\,II} - \frac{x_2'}{l_2}\, k_{12}\, \omega_D'$$

Tafel II, 8. Einflußlinien für die Querkräfte.

Q_I

$$\eta_{I1} = Q_{0\,I} - \frac{k_{11}}{l_1}\, \omega_D \qquad\qquad \eta_{I2} = -\frac{k_{12}}{l_1}\, \omega_D'$$

Q_{II}

$$\eta_{II1} = \frac{k_{11}}{l_2}\, \omega_D \qquad\qquad \eta_{II2} = Q_{0\,II} + \frac{k_{12}}{l_2}\, \omega_D'$$

Tafel II, 9. Einflußlinien für die Auflagerkräfte.

A

$$\eta_{A1} = A_0 - \frac{k_{11}}{l_1}\, \omega_D \qquad\qquad \eta_{A2} = -\frac{k_{12}}{l_1}\, \omega_D'$$

C_1

$$\eta_{11} = C_{01} + k_{11}\left(\frac{1}{l_1} + \frac{1}{l_2}\right)\omega_D \qquad\qquad \eta_{12} = C_{01} + k_{12}\left(\frac{1}{l_1} + \frac{1}{l_2}\right)\omega_D'$$

B

$$\eta_{B1} = -\frac{k_{11}}{l_2}\, \omega_D \qquad\qquad \eta_{B2} = B_0 - \frac{k_{12}}{l_2}\, \omega_D'$$

[Bezeichnungen und Abkürzungen sowie k-Werte siehe S. 210. Tafel der Zahlen ω siehe S. 267 bis 269.]

Tafel II, 10.   Einfluß des Eigengewichtes g.

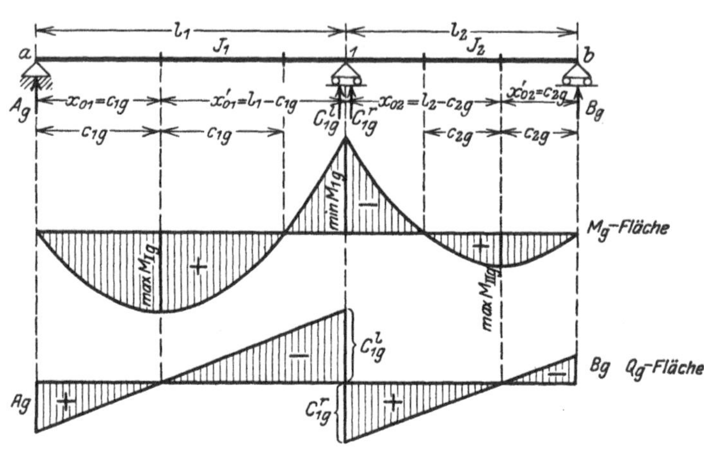

$$M_{1g} = -\frac{1}{4}\,[g_1\,l_1\,k_{11} + g_2\,l_2\,k_{12}]$$

$$M_{1g} = -\frac{g}{4}\,[l_1\,k_{11} + l_2\,k_{12}]$$

$c_{1g} = \dfrac{l_1}{2} + \dfrac{M_{1g}}{g_1\,l_1} = x_{01}$	$c_{2g} = \dfrac{l_2}{2} + \dfrac{M_{1g}}{g_2\,l_2} = x'_{02}$
$x'_{01} = l_1 - c_{1g}$	$x_{02} = l_2 - x'_{02}$
$x_1'' = c_{1g} - x_1$	$x_2'' = x_{02} - x_2$
$\max M_{Ig} = \dfrac{1}{2}\,g_1\,c_{1g}^2$	$\max M_{IIg} = \dfrac{1}{2}\,g_2\,c_{2g}^2$
$Q_{Ig} = g_1\,x_1''$	$Q_{IIg} = g_2\,x_2''$
$A_g = g_1\,x_{01}$ $C_{1g}^l = g_1\,x'_{01}$	$C_{1g}^r = g_2\,x_{02}$ $B_g = g_2\,x'_{02}$

$$C_{1g} = C_{1g}^l + C_{1g}^r$$

[Bezeichnungen und Abkürzungen sowie k-Werte siehe S. 210.]

Tafel II, 11. Einfluß der veränderlichen Nutzlast p.

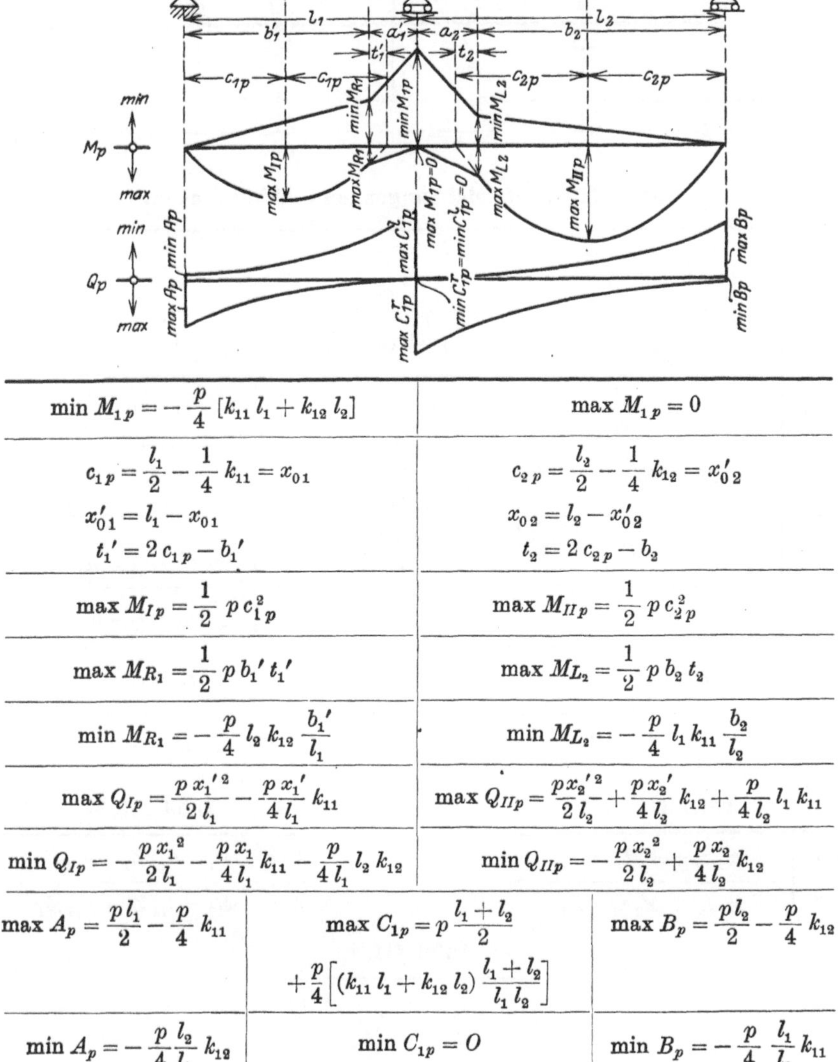

$\min M_{1p} = -\dfrac{p}{4}\,[k_{11}\,l_1 + k_{12}\,l_2]$	$\max M_{1p} = 0$
$c_{1p} = \dfrac{l_1}{2} - \dfrac{1}{4}\,k_{11} = x_{01}$ $x_{01}' = l_1 - x_{01}$ $t_1' = 2\,c_{1p} - b_1'$	$c_{2p} = \dfrac{l_2}{2} - \dfrac{1}{4}\,k_{12} = x_{02}'$ $x_{02} = l_2 - x_{02}'$ $t_2 = 2\,c_{2p} - b_2$
$\max M_{Ip} = \dfrac{1}{2}\,p\,c_{1p}^2$	$\max M_{IIp} = \dfrac{1}{2}\,p\,c_{2p}^2$
$\max M_{R_1} = \dfrac{1}{2}\,p\,b_1'\,t_1'$	$\max M_{L_2} = \dfrac{1}{2}\,p\,b_2\,t_2$
$\min M_{R_1} = -\dfrac{p}{4}\,l_2\,k_{12}\,\dfrac{b_1'}{l_1}$	$\min M_{L_2} = -\dfrac{p}{4}\,l_1\,k_{11}\,\dfrac{b_2}{l_2}$
$\max Q_{Ip} = \dfrac{p\,x_1'^2}{2\,l_1} - \dfrac{p\,x_1'}{4\,l_1}\,k_{11}$	$\max Q_{IIp} = \dfrac{p\,x_2'^2}{2\,l_2} + \dfrac{p\,x_2'}{4\,l_2}\,k_{12} + \dfrac{p}{4\,l_2}\,l_1\,k_{11}$
$\min Q_{Ip} = -\dfrac{p\,x_1^2}{2\,l_1} - \dfrac{p\,x_1}{4\,l_1}\,k_{11} - \dfrac{p}{4\,l_1}\,l_2\,k_{12}$	$\min Q_{IIp} = -\dfrac{p\,x_2^2}{2\,l_2} + \dfrac{p\,x_2}{4\,l_2}\,k_{12}$

$\max A_p = \dfrac{p\,l_1}{2} - \dfrac{p}{4}\,k_{11}$	$\max C_{1p} = p\,\dfrac{l_1+l_2}{2}$ $+ \dfrac{p}{4}\left[(k_{11}\,l_1 + k_{12}\,l_2)\,\dfrac{l_1+l_2}{l_1\,l_2}\right]$	$\max B_p = \dfrac{p\,l_2}{2} - \dfrac{p}{4}\,k_{12}$
$\min A_p = -\dfrac{p}{4}\,\dfrac{l_2}{l_1}\,k_{12}$	$\min C_{1p} = 0$	$\min B_p = -\dfrac{p}{4}\,\dfrac{l_1}{l_2}\,k_{11}$

Tafel II, 12. Einfluß der symmetrischen Belastung je einer Öffnung.

	Belastung in Öffnung	
	l_1	l_2
$M_1 =$	$-\,k_{11}\,z_1$	$-\,k_{12}\,z_2$

[Bezeichnungen und Abkürzungen sowie k-Werte siehe S. 210. Hilfswerte z siehe S. 208 und 209.]

Hilfstafel III.

Der Balken über drei ungleichen Öffnungen.

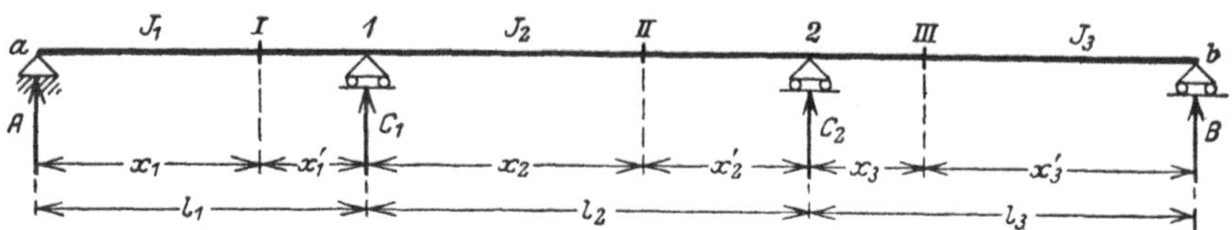

Tafel III, 1. Bezeichnungen und Abkürzungen.

1	$l_1' = l_1 \cdot \dfrac{J_c}{J_1}$	$l_2' = l_2 \dfrac{J_c}{J_2}$	$l_3' = l_3 \dfrac{J_c}{J_3}$
2	$s_1 = 2\,(l_1' + l_2')$	$s_2 = 2\,(l_2' + l_3')$	$\Delta = s_1 s_2 - l_2'^{\,2}$
3	$\mu_1 = \dfrac{l_2'}{s_1}$	$\mu_2 = \dfrac{s_1 l_3'}{\Delta}$	$\mu_3 = 0$
4	$\mu_1' = \dfrac{s_2 l_1'}{\Delta}$	$\mu_2' = \dfrac{l_2'}{s_2}$	$\mu_3' = 0$
5	$b_1 = l_1$	$b_2 = \dfrac{l_2}{1 + \mu_1}$	$b_3 = \dfrac{l_3}{1 + \mu_2}$
6	$a_1 = 0$	$a_2 = l_2 - b_2$	$a_3 = l_3 - b_3$
7	$b_1' = \dfrac{l_1}{1 + \mu_1'}$	$b_2' = \dfrac{l_2}{1 + \mu_2'}$	$b_3' = l_3$
8	$a_1' = l_1 - b_1'$	$a_2' = l_2 - b_2'$	$a_3' = 0$

Tafel III, 2.

1	$M_1 s_1 + M_2 l_2' = Z_1$
2	$M_1 l_2' + M_2 s_2 = Z_2$

Tafel III, 3.

1	$M_1 = \beta_{11} Z_1 + \beta_{12} Z_2$
2	$M_2 = \beta_{12} Z_1 + \beta_{22} Z_2$

Tafel III, 4.

$\beta_{11} = \dfrac{s_2}{\Delta}$	$\beta_{12} = -\dfrac{l_2'}{\Delta}$
	$\beta_{22} = \dfrac{s_1}{\Delta}$

Tafel III, 5.

$k_{11} = \beta_{11} l_1 l_1'$	$k_{12} = \beta_{11} l_2 l_2'$	$k_{13} = \beta_{12} l_3 l_3'$
$k_{21} = \beta_{12} l_1 l_1'$	$k_{22} = \beta_{22} l_2 l_2'$	$k_{23} = \beta_{22} l_3 l_3'$

Tafel III, 6. Einflußlinien für die Stützenmomente.

$$\omega_D = \frac{x}{l} - \frac{x^3}{l^3}; \qquad\qquad \omega_{T_2} = \omega_D - \mu_1\,\omega'_D;$$

$$\omega'_D = \frac{x'}{l} - \frac{x'^{\,3}}{l^3}; \qquad\qquad \omega'_{T_2} = \omega'_D - \mu_2'\,\omega_D;$$

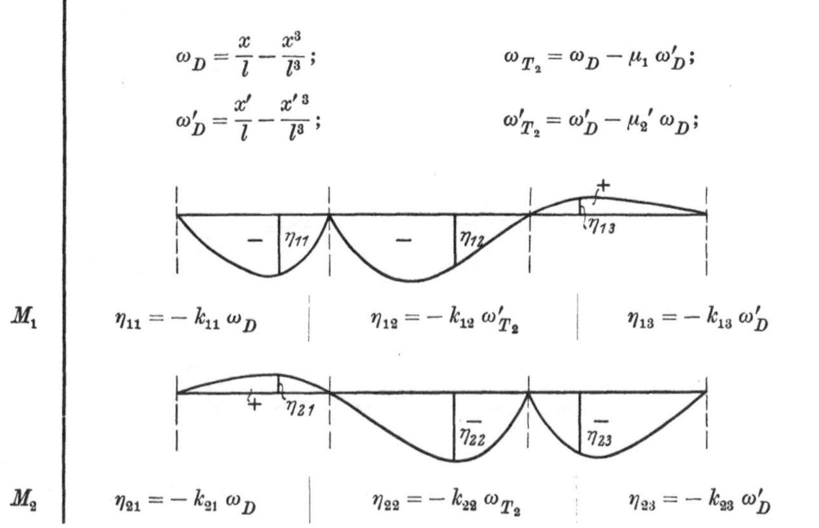

M_1
$$\eta_{11} = -\,k_{11}\,\omega_D \qquad \eta_{12} = -\,k_{12}\,\omega'_{T_2} \qquad \eta_{13} = -\,k_{13}\,\omega'_D$$

M_2
$$\eta_{21} = -\,k_{21}\,\omega_D \qquad \eta_{22} = -\,k_{22}\,\omega_{T_2} \qquad \eta_{23} = -\,k_{23}\,\omega'_D$$

Tafel III, 7. Einflußlinien für die Feldmomente.

$$\xi_2 = \frac{x_2}{l_2} - \mu_1\,\frac{x_2'}{l_2}; \qquad\qquad \xi_2' = \frac{x_2'}{l_2} - \mu_2'\,\frac{x_2}{l_2}$$

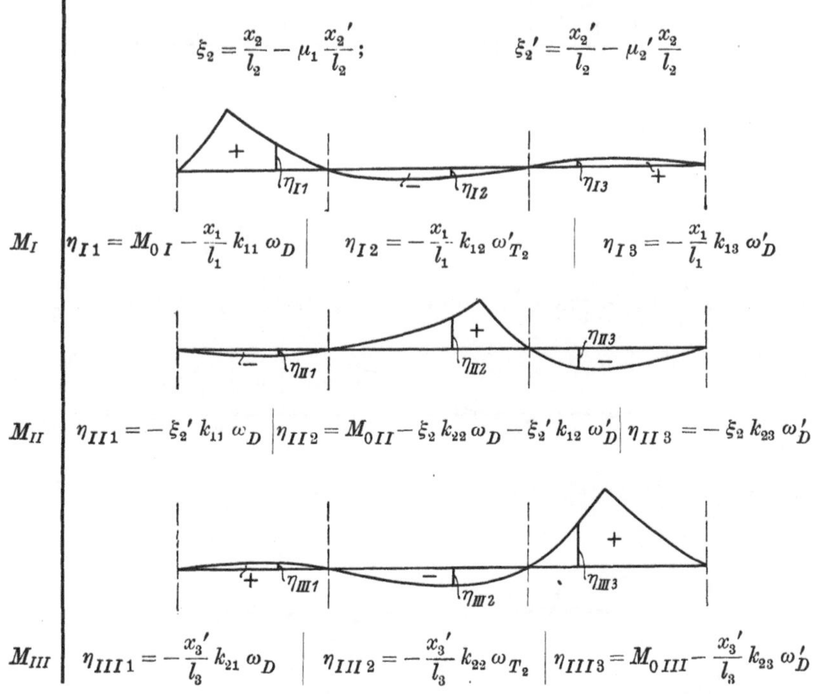

M_I
$$\eta_{I1} = M_{0\,I} - \frac{x_1}{l_1}\,k_{11}\,\omega_D \quad\Big|\quad \eta_{I2} = -\,\frac{x_1}{l_1}\,k_{12}\,\omega'_{T_2} \quad\Big|\quad \eta_{I3} = -\,\frac{x_1}{l_1}\,k_{13}\,\omega'_D$$

M_{II}
$$\eta_{II1} = -\,\xi_2'\,k_{11}\,\omega_D \;\Big|\; \eta_{II2} = M_{0\,II} - \xi_2\,k_{22}\,\omega_D - \xi_2'\,k_{12}\,\omega'_D \;\Big|\; \eta_{II3} = -\,\xi_2\,k_{23}\,\omega'_D$$

M_{III}
$$\eta_{III1} = -\,\frac{x_3'}{l_3}\,k_{21}\,\omega_D \quad\Big|\quad \eta_{III2} = -\,\frac{x_3'}{l_3}\,k_{22}\,\omega_{T_2} \quad\Big|\quad \eta_{III3} = M_{0\,III} - \frac{x_3'}{l_3}\,k_{23}\,\omega'_D$$

[Bezeichnungen und Abkürzungen sowie k-Werte siehe S. 214. Tafel der Zahlen ω siehe S. 267 bis 271.]

Tafel III, 8. Einflußlinien für die Querkräfte.

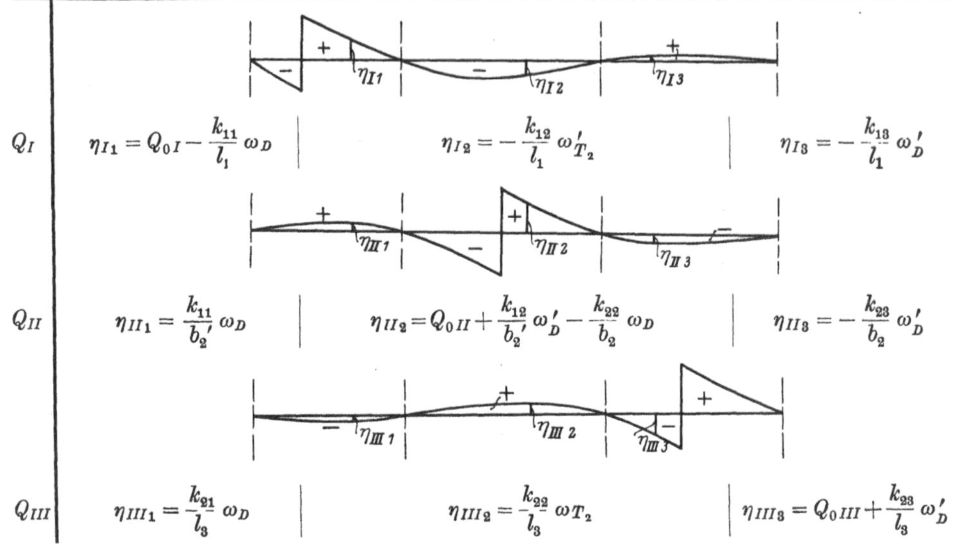

Q_I

$$\eta_{I1} = Q_{0\,I} - \frac{k_{11}}{l_1}\,\omega_D \qquad \eta_{I2} = -\frac{k_{12}}{l_1}\,\omega'_{T_2} \qquad \eta_{I3} = -\frac{k_{13}}{l_1}\,\omega'_D$$

Q_{II}

$$\eta_{II1} = \frac{k_{11}}{b_2'}\,\omega_D \qquad \eta_{II2} = Q_{0\,II} + \frac{k_{12}}{b_2'}\,\omega'_D - \frac{k_{22}}{b_2}\,\omega_D \qquad \eta_{II3} = -\frac{k_{23}}{b_2}\,\omega'_D$$

Q_{III}

$$\eta_{III1} = -\frac{k_{21}}{l_3}\,\omega_D \qquad \eta_{III2} = -\frac{k_{22}}{l_3}\,\omega_{T_2} \qquad \eta_{III3} = Q_{0\,III} + \frac{k_{23}}{l_3}\,\omega'_D$$

Tafel III, 9. Einflußlinien für die Auflagerkräfte.

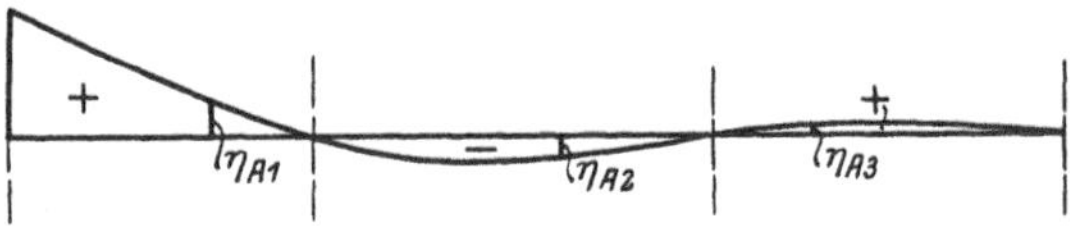

A

$$\eta_{A_1} = A_0 - \frac{k_{11}}{l_1}\,\omega_D \qquad \eta_{A_2} = -\frac{k_{12}}{l_1}\,\omega'_{T_2} \qquad \eta_{A_3} = -\frac{k_{13}}{l_1}\,\omega'_D$$

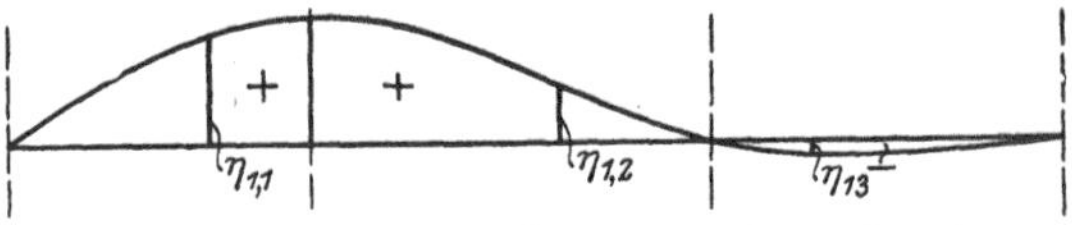

C_1

$$\eta_{11} = C_{01} + k_{11}\left[\frac{1}{l_1} + \frac{1}{b_2'}\right]\omega_D \quad \eta_{12} = C_{01} + k_{12}\left[\frac{1}{l_1} + \frac{1}{b_2'}\right]\omega'_D - k_{22}\left[\frac{1}{b_2} + \frac{\mu_1}{l_1}\right]\omega_D \quad \eta_{13} = \left[\frac{k_{13}}{l_1} - \frac{k_{23}}{b_2}\right]\omega'_D$$

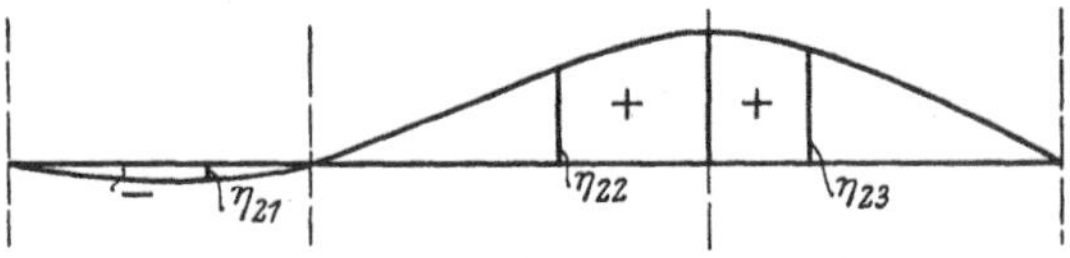

C_2

$$\eta_{21} = -\left[\frac{k_{11}}{b_2'} - \frac{k_{21}}{l_3}\right]\omega_D \quad \eta_{22} = C_{02} + k_{22}\left[\frac{1}{b_2'} + \frac{1}{l_3}\right]\omega_D - k_{12}\left[\frac{1}{b_2'} + \frac{\mu'_2}{l_3}\right]\omega'_D \quad \eta_{23} = C_{02} + k_{23}\left[\frac{1}{b_2'} + \frac{1}{l_3}\right]\alpha$$

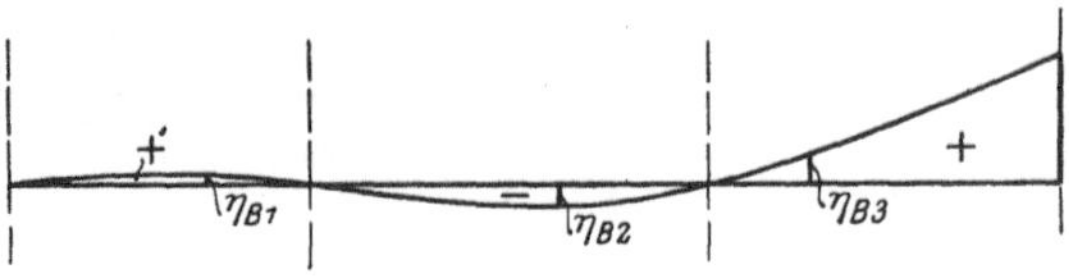

B

$$\eta_{B_1} = -\frac{k_{21}}{l_3}\,\omega_D \qquad \eta_{B_2} = -\frac{k_{22}}{l_3}\,\omega_{T_2} \qquad \eta_{B_3} = B_0 - \frac{k_{23}}{l_3}\,\omega'_D$$

[Bezeichnungen und Abkürzungen sowie k-Werte siehe S. 214. Tafel der Zahlen ω siehe S. 267 bis 271.]

Tafel III, 10. Einfluß des Eigengewichtes g.

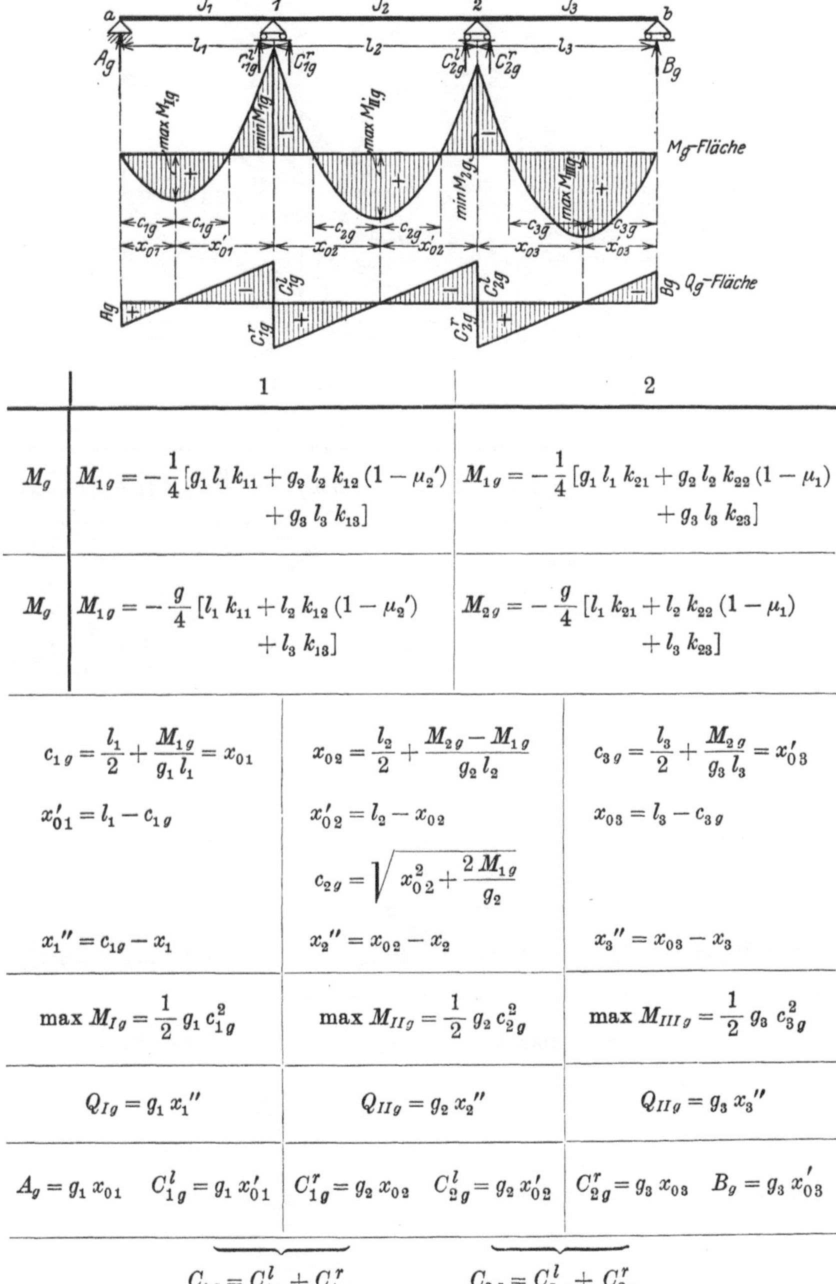

	1	2
M_g	$M_{1g} = -\dfrac{1}{4}\,[g_1\,l_1\,k_{11} + g_2\,l_2\,k_{12}\,(1-\mu_2') \\ \qquad\qquad + g_3\,l_3\,k_{13}]$	$M_{1g} = -\dfrac{1}{4}\,[g_1\,l_1\,k_{21} + g_2\,l_2\,k_{22}\,(1-\mu_1) \\ \qquad\qquad + g_3\,l_3\,k_{23}]$
M_g	$M_{1g} = -\dfrac{g}{4}\,[l_1\,k_{11} + l_2\,k_{12}\,(1-\mu_2') \\ \qquad\qquad + l_3\,k_{13}]$	$M_{2g} = -\dfrac{g}{4}\,[l_1\,k_{21} + l_2\,k_{22}\,(1-\mu_1) \\ \qquad\qquad + l_3\,k_{23}]$

$c_{1g} = \dfrac{l_1}{2} + \dfrac{M_{1g}}{g_1\,l_1} = x_{01}$	$x_{02} = \dfrac{l_2}{2} + \dfrac{M_{2g} - M_{1g}}{g_2\,l_2}$	$c_{3g} = \dfrac{l_3}{2} + \dfrac{M_{2g}}{g_3\,l_3} = x_{03}'$
$x_{01}' = l_1 - c_{1g}$	$x_{02}' = l_2 - x_{02}$	$x_{03} = l_3 - c_{3g}$
	$c_{2g} = \sqrt{\,x_{02}^2 + \dfrac{2\,M_{1g}}{g_2}\,}$	
$x_1'' = c_{1g} - x_1$	$x_2'' = x_{02} - x_2$	$x_3'' = x_{03} - x_3$
$\max M_{Ig} = \dfrac{1}{2}\,g_1\,c_{1g}^2$	$\max M_{IIg} = \dfrac{1}{2}\,g_2\,c_{2g}^2$	$\max M_{IIIg} = \dfrac{1}{2}\,g_3\,c_{3g}^2$
$Q_{Ig} = g_1\,x_1''$	$Q_{IIg} = g_2\,x_2''$	$Q_{IIg} = g_3\,x_3''$
$A_g = g_1\,x_{01} \qquad C_{1g}^l = g_1\,x_{01}'$	$C_{1g}^r = g_2\,x_{02} \qquad C_{2g}^l = g_2\,x_{02}'$	$C_{2g}^r = g_3\,x_{03} \qquad B_g = g_3\,x_{03}'$

$$C_{1g} = C_{1g}^l + C_{1g}^r \qquad\qquad C_{2g} = C_{2g}^l + C_{2g}^r$$

[Bezeichnungen und Abkürzungen sowie k-Werte siehe S. 214.]

Tafel III, 11. Einfluß der veränderlichen Nutzlast p.

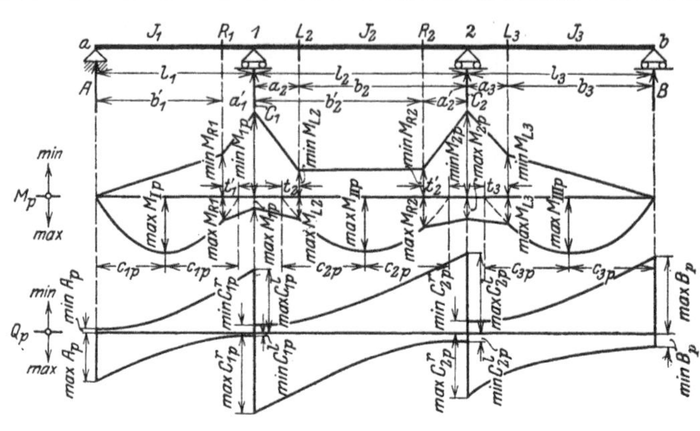

$\begin{matrix}\min\\ M_p\end{matrix}$	$\min M_{1p} = -\dfrac{p}{4}[k_{11} l_1 + k_{12} l_2 (1-\mu_2')]$	$\min M_{2p} = -\dfrac{p}{4}[k_{22} l_2 (1-\mu_1) + k_{23} l_3]$
$\begin{matrix}\max\\ M_p\end{matrix}$	$\max M_{1p} = -\dfrac{p}{4} k_{13} l_3$	$\max M_{2p} = -\dfrac{p}{4} k_{21} l_1$

$c_{1p} = \dfrac{l_1}{2} - \dfrac{1}{4 l_1}[k_{11} l_1 + k_{13} l_3] = x_{01}$ $x_{01}' = l_1 - x_{01}$ $t_1' = 2 c_{1p} - b_1'$	$x_{02} = \dfrac{l_2}{2} + \dfrac{1}{4}[k_{12}(1-\mu_2') - k_{22}(1-\mu_1)]$ $x_{02}' = l_2 - x_{02}$ $c_{2p} = \sqrt{x_{02}^2 - \dfrac{l_2}{2} k_{12}(1-\mu_2')}$ $t_2 = c_{2p} + a_2 - x_{02}$ $t_2' = c_{2p} + a_2' - x_{02}'$	$c_{3p} = \dfrac{l_3}{2} - \dfrac{1}{4 l_2}[k_{21} l_1 + k_{23} l_3] = x_{03}'$ $x_{03} = l_3 - c_{3p}$ $t_3 = 2 c_{3p} - b_3$
$\max M_{Ip} = \dfrac{1}{2} p c_{1p}^2$	$\max M_{IIp} = \dfrac{1}{2} p c_{2p}^2$	$\max M_{IIIp} = \dfrac{1}{2} p c_{3p}^2$
$\max M_{R_1} = \dfrac{1}{2} p b_1' t_1'$	$\max M_{L_2} = \dfrac{1}{2} p t_2 (2 c_{2p} - t_2)$ $\max M_{R_2} = \dfrac{1}{2} p t_2' (2 c_{2p} - t_2')$	$\max M_{L_3} = \dfrac{1}{2} p b_3 t_3$
$\min M_{R_1} = -\dfrac{p}{4} k_{12} l_2 (1-\mu_2') \dfrac{b_1'}{l_1}$	$\min M_{L_2} = -\dfrac{p}{4} \dfrac{l_1}{l_2} (k_{21} a_2 + k_{11} b_2)$ $\min M_{R_2} = -\dfrac{p}{4} \dfrac{l_3}{l_2} (k_{13} a_2' + k_{23} b_2')$	$\min M_{L_3} = -\dfrac{p}{4} k_{22} l_2 (1-\mu_1) \dfrac{b_3}{l_3}$

[Bezeichnungen und Abkürzungen sowie k-Werte siehe S. 214.]

	1	2	3
α	$\alpha_1 = -\dfrac{p}{4\,l_1}\cdot k_{11}$	$\alpha_2 = -\dfrac{p}{4\,l_2}\,[k_{22}\,(1-\mu_1)\;-\,k_{12}\,(1-\mu_2')]$	$\alpha_3 = +\dfrac{p}{4\,l_3}\,k_{23}$
max γ	$\max \gamma_1 = -\dfrac{p}{4\,l_1}\cdot k_{13}\,l_3$	$\max \gamma_2 = -\dfrac{p}{4\,l_2}\,l_1\,(k_{21}\;-\,k_{11})$	$\max \gamma_3 = +\dfrac{p}{4\,l_3}\,k_{22}\cdot l_2\;(1-\mu_1)$
min γ	$\min \gamma_1 = -\dfrac{p}{4\,l_1}\,l_2\,k_{12}\;(1-\mu_2')$	$\min \gamma_2 = -\dfrac{p}{4\,l_2}\,l_3\,(k_{23}\;-\,k_{13})$	$\min \gamma_3 = +\dfrac{p}{4\,l_3}\,l_1\,k_{21}$
max Q	$\dfrac{p\,x_1'^2}{2\,l_1} + \alpha_1\,x_1' + \max\gamma_1$	$\dfrac{p\,x_2'^2}{2\,l_2} + \alpha_2\,x_2' + \max\gamma_2$	$\dfrac{p\,x_3'^2}{2\,l_3} + \alpha_3\,x_3' + \max\gamma_3$
min Q	$-\dfrac{p\,x_1^2}{2\,l_1} + \alpha_1\,x_1 + \min\gamma_1$	$-\dfrac{p\,x_2^2}{2\,l_2} + \alpha_2\,x_2 + \min\gamma_2$	$-\dfrac{p\,x_3^2}{2\,l_3} + \alpha_3\,x_3 + \min\gamma_3$

		A	C_1	C_2	B
Auflagerkräfte	max	$\dfrac{p\,l_1}{2} + \alpha_1\,l_1 + \max\gamma_1$	$p\,\dfrac{l_1+l_2}{2} - \alpha_1\,l_1 + \alpha_2\,l_2 - \min\gamma_1 + \max\gamma_2$	$p\,\dfrac{l_2+l_3}{2} - \alpha_2\,l_2 + \alpha_3\,l_3 - \min\gamma_2 + \max\gamma_3$	$\dfrac{p\,l_3}{2} - \alpha_3\,l_3 - \min\gamma_3$
	min	$+\min\gamma_1$	$-\max\gamma_1 + \min\gamma_2$	$-\max\gamma_2 + \min\gamma_3$	$-\max\gamma_3$

Tafel III, 12. Einfluß der symmetrischen Belastung je einer Öffnung.

	Belastung in Öffnung		
	l_1	l_2	l_3
$M_1 =$	$-k_{11}\,z_1$	$-k_{12}\,(1-\mu_2')\,z_2$	$-k_{13}\,z_3$
$M_2 =$	$-k_{21}\,z_1$	$-k_{22}\,(1-\mu_1)\,z_2$	$-k_{23}\,z_3$

[Bezeichnungen und Abkürzungen sowie k-Werte siehe S. 214. Hilfswerte z siehe S. 208 u. 209.]

Hilfstafel IV.

Der Balken über vier ungleichen Öffnungen.

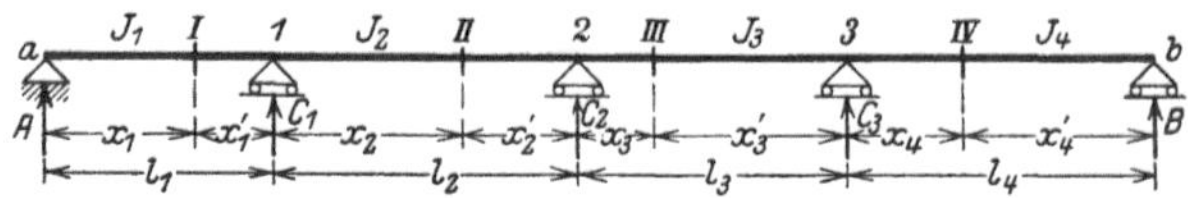

Tafel IV, 1. Bezeichnungen und Abkürzungen.

1	$l_1' = l_1 \dfrac{J_c}{J_1}$	$l_2' = l_2 \dfrac{J_e}{J_2}$	$l_3' = l_3 \dfrac{J_c}{J_3}$	$l_4' = l_4 \dfrac{J_c}{J_4}$
2	$s_1 = 2\,(l_1' + l_2')$	$s_2 = 2\,(l_2' + l_3')$	$s_3 = 2\,(l_3' + l_4')$	
3	$\Delta_1 = s_1 s_2 - l_2'^2$	$\Delta_2 = s_2 s_3 - l_3'^2$	$\Delta = s_3 \Delta_1 - s_1 l_3'^2 = s_1 \Delta_2 - s_3 l_2'^2$	
4	$\mu_1 = \dfrac{l_2'}{s_1}$	$\mu_2 = \dfrac{s_1 l_3'}{\Delta_1}$	$\mu_3 = \dfrac{\Delta_1 l_4'}{\Delta}$	$\mu_4 = 0$
5	$\mu_1' = \dfrac{\Delta_2 l_1'}{\Delta}$	$\mu_2' = \dfrac{s_3 l_2'}{\Delta_2}$	$\mu_3' = \dfrac{l_3'}{s_3}$	$\mu_4' = 0$
6	$b_1 = l_1$	$b_2 = \dfrac{l_2}{1 + \mu_1}$	$b_3 = \dfrac{l_3}{1 + \mu_2}$	$b_4 = \dfrac{l_4}{1 + \mu_3}$
7	$a_1 = 0$	$a_2 = l_2 - b_2$	$a_3 = l_3 - b_3$	$a_4 = l_4 - b_4$
8	$b_1' = \dfrac{l_1}{1 + \mu_1'}$	$b_2' = \dfrac{l_2}{1 + \mu_2'}$	$b_3' = \dfrac{l_3}{1 + \mu_3'}$	$b_4' = l_4$
9	$a_1' = l_1 - b_1'$	$a_2' = l_2 - b_2'$	$a_3' = l_3' - b_3'$	$a_4' = 0$

Tafel IV, 2.

1	$M_1 s_1 + M_2 l_2' = Z_1$
2	$M_1 l_2' + M_2 s_2 + M_3 l_3' = Z_2$
3	$M_2 l_3' + M_3 s_3 \qquad = Z_3$

Tafel IV, 3.

1	$M_1 = \beta_{11} Z_1 + \beta_{12} Z_2 + \beta_{13} Z_3$
2	$M_2 = \beta_{12} Z_1 + \beta_{22} Z_2 + \beta_{23} Z_3$
3	$M_3 = \beta_{13} Z_1 + \beta_{23} Z_2 + \beta_{33} Z_3$

Tafel IV, 4a.

$\beta_{11} = \dfrac{\Delta_2}{\Delta}$	$\beta_{12} = -\dfrac{l_2' s_3}{\Delta}$	$\beta_{13} = \dfrac{l_2' l_3'}{\Delta}$
	$\beta_{22} = \dfrac{s_1 s_3}{\Delta}$	$\beta_{23} = -\dfrac{l_3' s_1}{\Delta}$
		$\beta_{33} = \dfrac{\Delta_1}{\Delta}$

Tafel IV, 4b.

$\beta_{11} = \dfrac{\Delta_2}{\Delta}$	$\beta_{12} = -\mu_1 \beta_{22}$	$\beta_{13} = -\mu_1 \beta_{23}$
	$\beta_{22} = \dfrac{s_1 s_3}{\Delta}$	$\beta_{23} = -\mu_2 \beta_{33}$
		$\beta_{33} = \dfrac{\Delta_1}{\Delta}$

Tafel IV, 5.

$k_{11} = \beta_{11}\, l_1\, l_1{'}$	$k_{12} = \beta_{11}\, l_2\, l_2{'}$	$k_{13} = \beta_{12}\, l_3\, l_3{'}$	$k_{14} = \beta_{13}\, l_4\, l_4{'}$
$k_{21} = \beta_{12}\, l_1\, l_1{'}$	$k_{22} = \beta_{22}\, l_2\, l_2{'}$	$k_{23} = \beta_{22}\, l_3\, l_3{'}$	$k_{24} = \beta_{23}\, l_4\, l_4{'}$
$k_{31} = \beta_{13}\, l_1\, l_1{'}$	$k_{32} = \beta_{23}\, l_2\, l_2{'}$	$k_{33} = \beta_{33}\, l_3\, l_3{'}$	$k_{34} = \beta_{33}\, l_4\, l_4{'}$

Tafel IV, 6. Einflußlinien für die Stützenmomente.

$$\omega_D = \frac{x}{l} - \frac{x^3}{l^3}; \qquad \omega_{T_2} = \omega_D - \mu_1\, \omega_D'; \qquad \omega_{T_3} = \omega_D - \mu_2\, \omega_D';$$

$$\omega_D' = \frac{x'}{l} - \frac{x'^3}{l^3}; \qquad \omega_{T_2}' = \omega_D' - \mu_2'\, \omega_D; \qquad \omega_{T_3}' = \omega_D' - \mu_3'\, \omega_D;$$

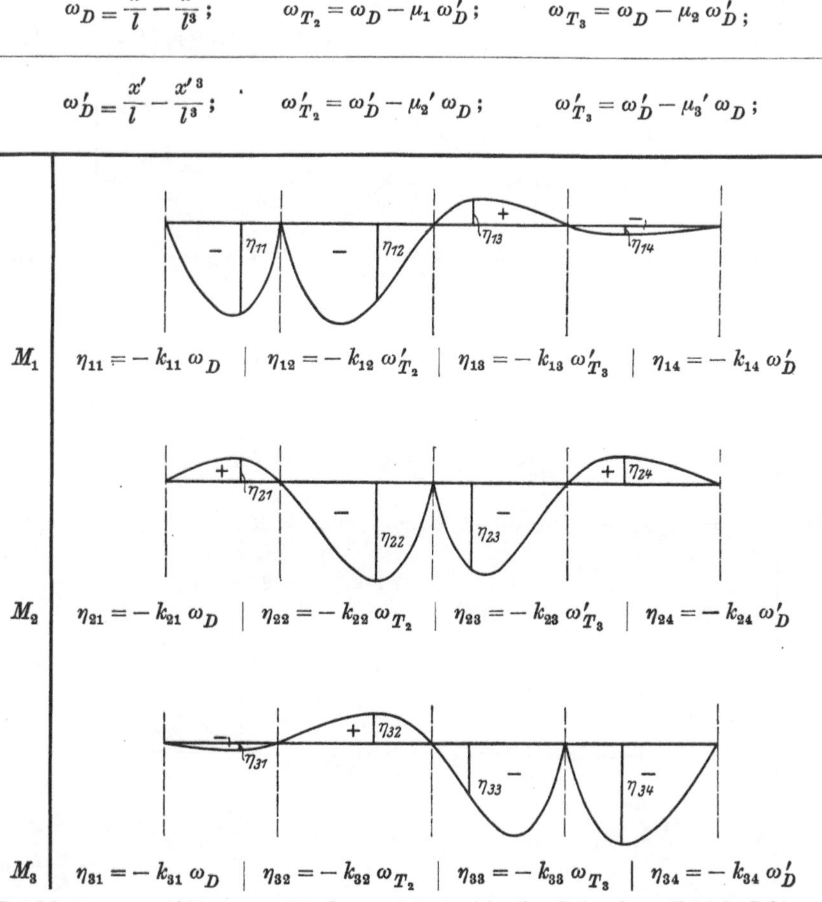

M_1 | $\eta_{11} = -\,k_{11}\,\omega_D$ | $\eta_{12} = -\,k_{12}\,\omega_{T_2}'$ | $\eta_{13} = -\,k_{13}\,\omega_{T_3}'$ | $\eta_{14} = -\,k_{14}\,\omega_D'$

M_2 | $\eta_{21} = -\,k_{21}\,\omega_D$ | $\eta_{22} = -\,k_{22}\,\omega_{T_2}$ | $\eta_{23} = -\,k_{23}\,\omega_{T_3}'$ | $\eta_{24} = -\,k_{24}\,\omega_D'$

M_3 | $\eta_{31} = -\,k_{31}\,\omega_D$ | $\eta_{32} = -\,k_{32}\,\omega_{T_2}$ | $\eta_{33} = -\,k_{33}\,\omega_{T_3}$ | $\eta_{34} = -\,k_{34}\,\omega_D'$

[Bezeichnungen und Abkürzungen siehe S. 220. *k*-Werte siehe diese Seite, oben. Tafel der Zahlen ω siehe S. 267 bis 271.]

Tafel IV, 7. Einflußlinien für die Feldmomente.

$$\xi_2 = \frac{x_2}{l_2} - \mu_1 \frac{x_2'}{l_2}; \qquad \xi_3 = \frac{x_3}{l_3} - \mu_2 \frac{x_3'}{l_3}$$

$$\xi_2' = \frac{x_2'}{l_2} - \mu_2' \frac{x_2}{l_2}; \qquad \xi_3' = \frac{x_3'}{l_3} - \mu_3' \frac{x_3}{l_3}$$

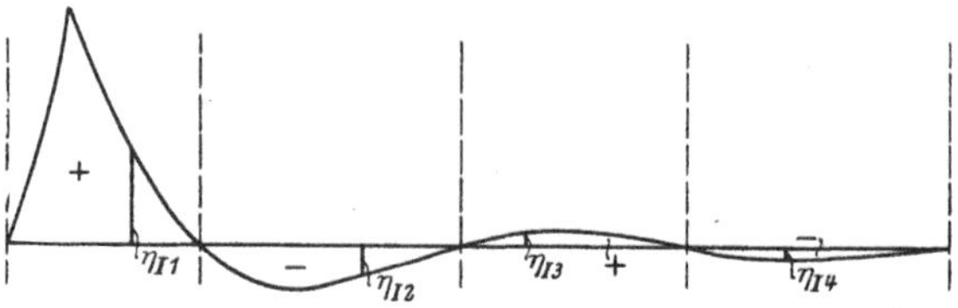

M_I

$$\eta_{I1} = M_{0\,I} - \frac{x_1}{l_1} k_{11}\, \omega_D \qquad \eta_{I2} = -\frac{x_1}{l_1} k_{12}\, \omega_{T_2}' \qquad \eta_{I3} = -\frac{x_1}{l_1} k_{13}\, \omega_{T_3}' \qquad \eta_{I4} = -\frac{x_1}{l_1} k_{14}\, \omega_D'$$

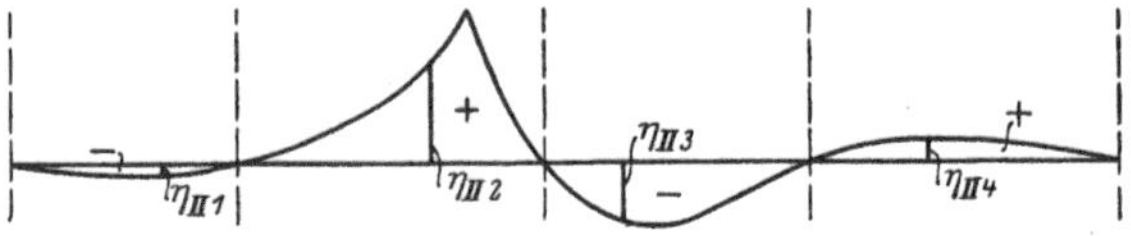

M_{II}

$$\eta_{II1} = -\xi_2'\, k_{11}\, \omega_D \qquad \eta_{II2} = M_{0\,II} - \xi_2\, k_{22}\, \omega_D \qquad \eta_{II3} = -\xi_2\, k_{23}\, \omega_{T_3}' \qquad \eta_{II4} = -\xi_2\, k_{24}\, \omega_D'$$
$$- \xi_2'\, k_{12}\, \omega_D'$$

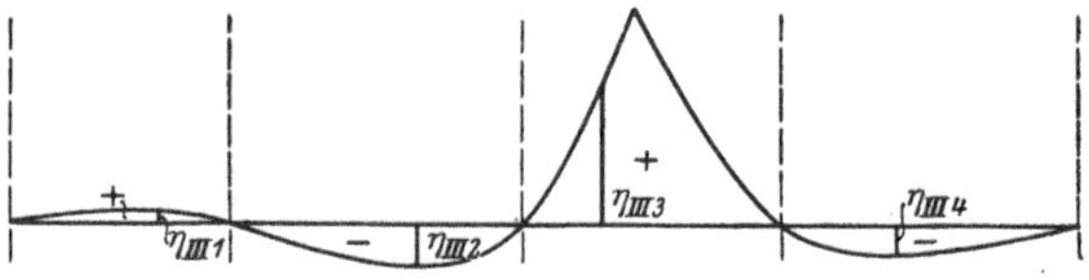

M_{III}

$$\eta_{III1} = -\xi_3'\, k_{21}\, \omega_D \qquad \eta_{III2} = -\xi_3'\, k_{22}\, \omega_{T_2} \qquad \eta_{III3} = M_{0\,III} \qquad \eta_{III4} = -\xi_3\, k_{34}\, \omega_D'$$
$$- \xi_3\, k_{33}\, \omega_D$$
$$- \xi_3'\, k_{23}\, \omega_D'$$

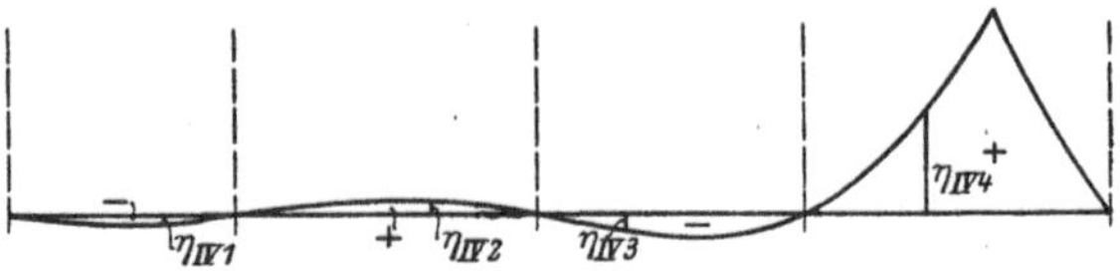

M_{IV}

$$\eta_{IV1} = -\frac{x_4'}{l_4} k_{31}\, \omega_D \qquad \eta_{IV2} = -\frac{x_4'}{l_4} k_{32}\, \omega_{T_2} \qquad \eta_{IV3} = -\frac{x_4'}{l_4} k_{33}\, \omega_{T_3} \qquad \eta_{IV4} = M_{0\,IV}$$
$$- \frac{x_4'}{l_4} k_{34}\, \omega_D'$$

[Bezeichnungen und Abkürzungen sowie k-Werte siehe S. 220 u. 221. Tafel der Zahlen ω
siehe S. 267 bis 271.]

Tafel IV, 8. Einflußlinien für die Querkräfte.

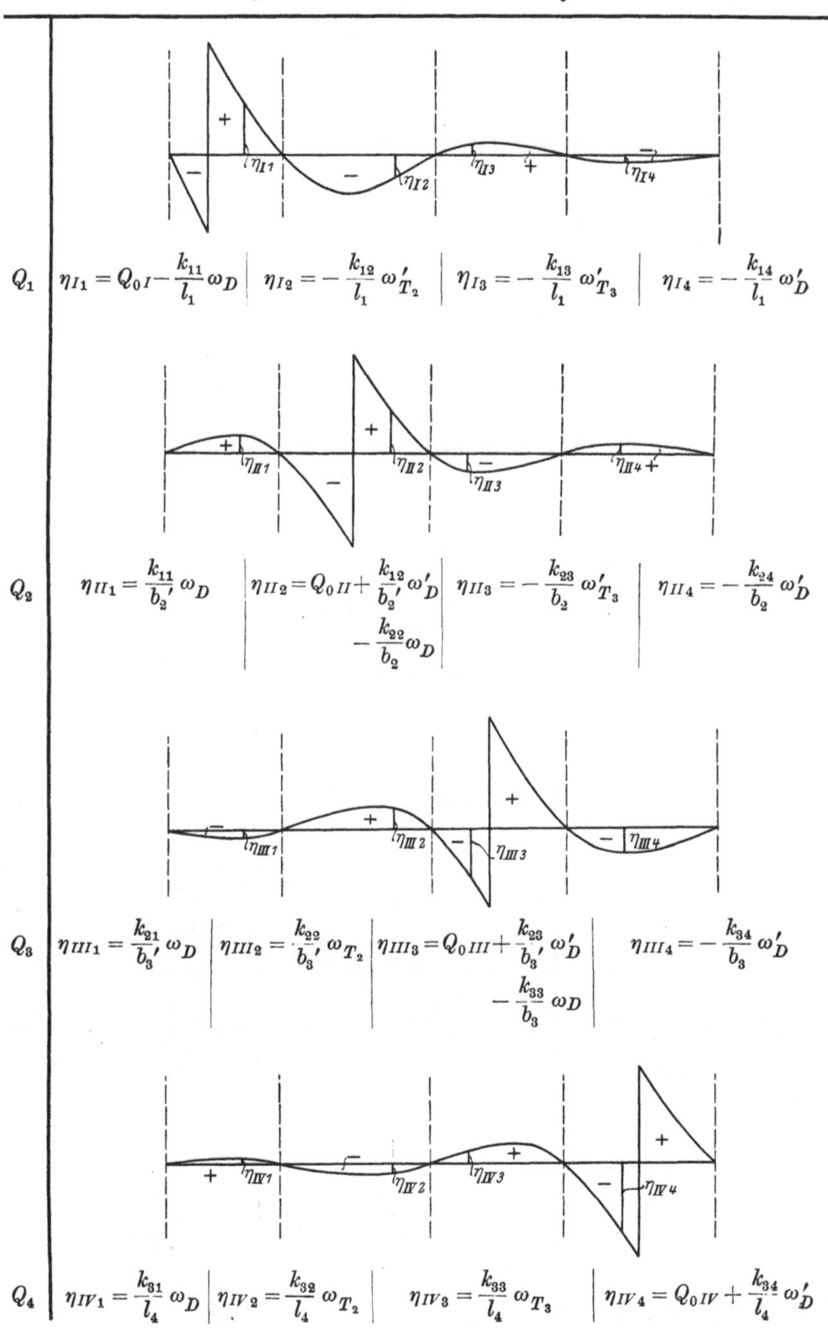

Q_1

$$\eta_{I1} = Q_{0\,I} - \frac{k_{11}}{l_1}\,\omega_D \quad\Big|\quad \eta_{I2} = -\frac{k_{12}}{l_1}\,\omega'_{T_2} \quad\Big|\quad \eta_{I3} = -\frac{k_{13}}{l_1}\,\omega'_{T_3} \quad\Big|\quad \eta_{I4} = -\frac{k_{14}}{l_1}\,\omega'_D$$

Q_2

$$\eta_{II1} = \frac{k_{11}}{b_2'}\,\omega_D \quad\Big|\quad \eta_{II2} = Q_{0\,II} + \frac{k_{12}}{b_2'}\,\omega'_D - \frac{k_{22}}{b_2}\,\omega_D \quad\Big|\quad \eta_{II3} = -\frac{k_{23}}{b_2}\,\omega'_{T_3} \quad\Big|\quad \eta_{II4} = -\frac{k_{24}}{b_2}\,\omega'_D$$

Q_3

$$\eta_{III1} = \frac{k_{21}}{b_3'}\,\omega_D \quad\Big|\quad \eta_{III2} = \frac{k_{22}}{b_3'}\,\omega_{T_2} \quad\Big|\quad \eta_{III3} = Q_{0\,III} + \frac{k_{23}}{b_3'}\,\omega'_D - \frac{k_{33}}{b_3}\,\omega_D \quad\Big|\quad \eta_{III4} = -\frac{k_{34}}{b_3}\,\omega'_D$$

Q_4

$$\eta_{IV1} = \frac{k_{31}}{l_4}\,\omega_D \quad\Big|\quad \eta_{IV2} = \frac{k_{32}}{l_4}\,\omega_{T_2} \quad\Big|\quad \eta_{IV3} = \frac{k_{33}}{l_4}\,\omega_{T_3} \quad\Big|\quad \eta_{IV4} = Q_{0\,IV} + \frac{k_{34}}{l_4}\,\omega'_D$$

[Bezeichnungen und Abkürzungen sowie k-Werte s. S. 220 u. 221. Tafel der Zahlen ω siehe S. 267 bis 271.]

Tafel IV, 9. Einflußlinien für die Auflagerkräfte.

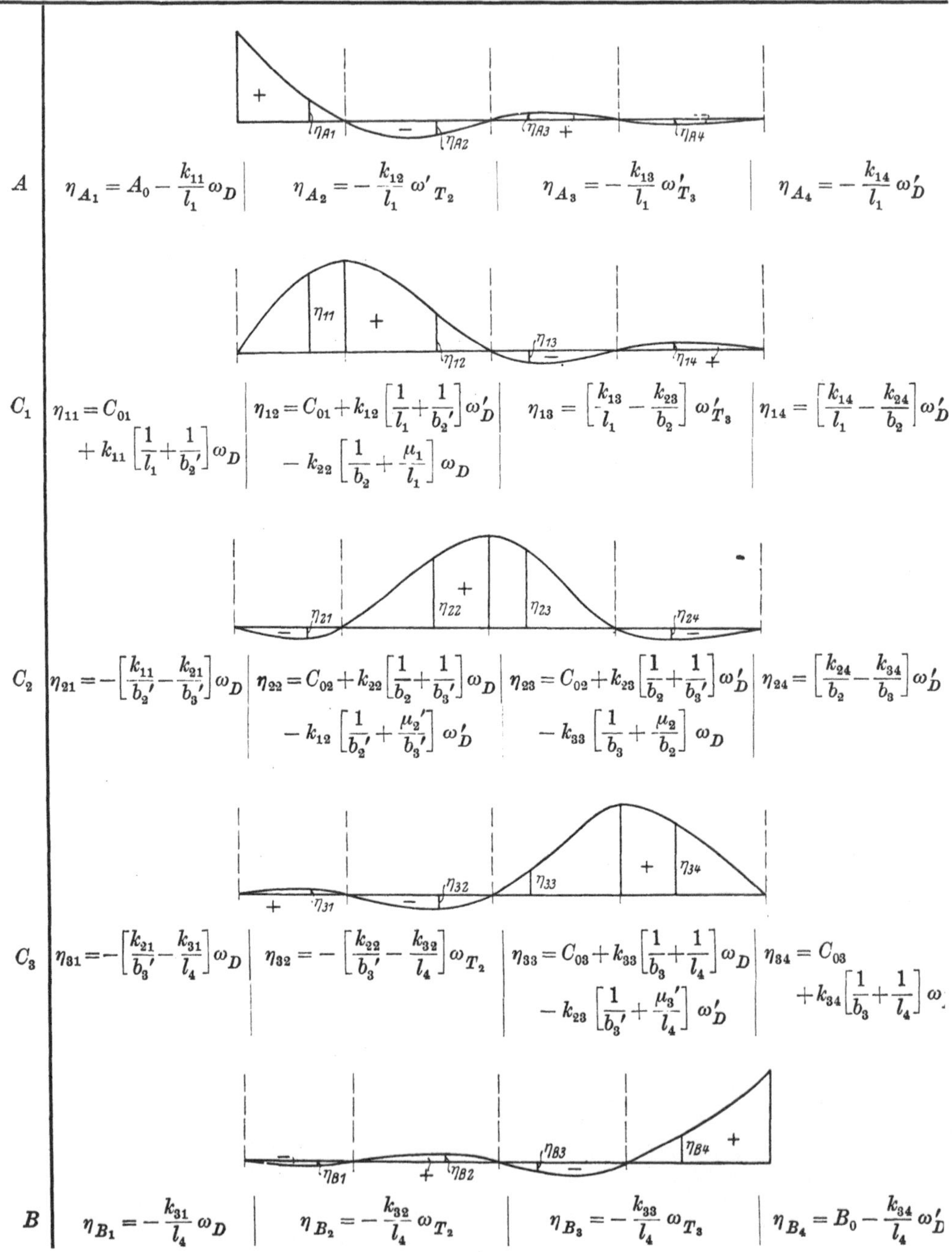

A $\eta_{A_1} = A_0 - \dfrac{k_{11}}{l_1}\,\omega_D$ | $\eta_{A_2} = -\dfrac{k_{12}}{l_1}\,\omega'\,T_2$ | $\eta_{A_3} = -\dfrac{k_{13}}{l_1}\,\omega'\,T_3$ | $\eta_{A_4} = -\dfrac{k_{14}}{l_1}\,\omega'_D$

C_1 $\eta_{11} = C_{01} + k_{11}\left[\dfrac{1}{l_1}+\dfrac{1}{b_2'}\right]\omega_D$ | $\eta_{12} = C_{01} + k_{12}\left[\dfrac{1}{l_1}+\dfrac{1}{b_2'}\right]\omega'_D - k_{22}\left[\dfrac{1}{b_2}+\dfrac{\mu_1}{l_1}\right]\omega_D$ | $\eta_{13} = \left[\dfrac{k_{13}}{l_1}-\dfrac{k_{23}}{b_2}\right]\omega'\,T_3$ | $\eta_{14} = \left[\dfrac{k_{14}}{l_1}-\dfrac{k_{24}}{b_2}\right]\omega'_D$

C_2 $\eta_{21} = -\left[\dfrac{k_{11}}{b_2'}-\dfrac{k_{21}}{b_3'}\right]\omega_D$ | $\eta_{22} = C_{02} + k_{22}\left[\dfrac{1}{b_2}+\dfrac{1}{b_3'}\right]\omega_D - k_{12}\left[\dfrac{1}{b_2'}+\dfrac{\mu_2'}{b_3'}\right]\omega'_D$ | $\eta_{23} = C_{02} + k_{23}\left[\dfrac{1}{b_2}+\dfrac{1}{b_3'}\right]\omega'_D - k_{33}\left[\dfrac{1}{b_3}+\dfrac{\mu_2}{b_2}\right]\omega_D$ | $\eta_{24} = \left[\dfrac{k_{24}}{b_2}-\dfrac{k_{34}}{b_3}\right]\omega'_D$

C_3 $\eta_{31} = -\left[\dfrac{k_{21}}{b_3'}-\dfrac{k_{31}}{l_4}\right]\omega_D$ | $\eta_{32} = -\left[\dfrac{k_{22}}{b_3'}-\dfrac{k_{32}}{l_4}\right]\omega\,T_2$ | $\eta_{33} = C_{03} + k_{33}\left[\dfrac{1}{b_3}+\dfrac{1}{l_4}\right]\omega_D - k_{23}\left[\dfrac{1}{b_3'}+\dfrac{\mu_3'}{l_4}\right]\omega'_D$ | $\eta_{34} = C_{03} + k_{34}\left[\dfrac{1}{b_3}+\dfrac{1}{l_4}\right]\omega$

B $\eta_{B_1} = -\dfrac{k_{31}}{l_4}\,\omega_D$ | $\eta_{B_2} = -\dfrac{k_{32}}{l_4}\,\omega\,T_2$ | $\eta_{B_3} = -\dfrac{k_{33}}{l_4}\,\omega\,T_3$ | $\eta_{B_4} = B_0 - \dfrac{k_{34}}{l_4}\,\omega'_D$

[Bezeichnungen und Abkürzungen sowie *k*-Werte siehe S. 220 u. 221. Tafel der Zahlen ω siehe S. 267 bis 271.]

Tafel IV, 10. Einfluß des Eigengewichtes g.

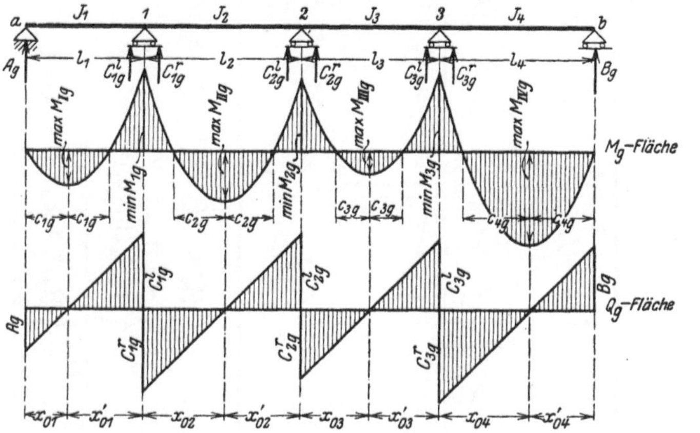

	1	2	3

$$M_{1g} = -\frac{1}{4}\Big[g_1 l_1 k_{11} + \sum_{i=2}^{4} g_i l_i k_{1i}(1-\mu_i') \Big]$$

$$M_{2g} = -\frac{1}{4}\Big[\sum_{i=1}^{2} g_i l_i k_{2i}(1-\mu_{i-1}) + \sum_{i=3}^{4} g_i l_i k_{2i}(1-\mu_i') \Big]$$

$$M_{3g} = -\frac{1}{4}\Big[\sum_{i=1}^{3} g_i l_i k_{3i}(1-\mu_{i-1}) + g_4 l_4 k_{34} \Big]$$

$$M_{1g} = -\frac{g}{4}\Big[l_1 k_{11} + \sum_{i=2}^{4} l_i k_{1i}(1-\mu_i') \Big]$$

$$M_{2g} = -\frac{g}{4}\Big[\sum_{i=1}^{2} l_i k_{2i}(1-\mu_{i-1}) + \sum_{i=3}^{4} l_i k_{2i}(1-\mu_i') \Big]$$

$$M_{3g} = -\frac{g}{4}\Big[\sum_{i=1}^{3} l_i k_{3i}(1-\mu_{i-1}) + l_4 k_{34} \Big]$$

$$c_{1g} = \frac{l_1}{2} + \frac{M_{1g}}{g_1 l_1} = x_{01}$$

$$x_{02} = \frac{l_2}{2} + \frac{M_{2g} - M_{1g}}{g_2 l_2}$$

$$x_{03} = \frac{l_3}{2} + \frac{M_{3g} - M_{2g}}{g_3 l_3}$$

$$c_{4g} = \frac{l_4}{2} + \frac{M_{3g}}{g_4 l_4} = x_{04}'$$

$$x_{01}' = l_1 - c_{1g}$$

$$x_{02}' = l_2 - x_{02}$$

$$x_{03}' = l_3 - x_{03}$$

$$x_{04} = l_4 - c_{4g}$$

$$c_{2g} = \sqrt{x_{02}^2 + \frac{2 M_{1g}}{g_2}}$$

$$c_{3g} = \sqrt{x_{03}^2 + \frac{2 M_{2g}}{g_3}}$$

$$x_1'' = c_{1g} - x_1$$

$$x_2'' = x_{02} - x_2$$

$$x_3'' = x_{03} - x_3$$

$$x_4'' = x_{04} - x_4$$

$$\max M_{Ig} = \frac{1}{2} g_1 c_{1g}^2 \qquad \max M_{IIg} = \frac{1}{2} g_2 c_{2g}^2 \qquad \max M_{IIIg} = \frac{1}{2} g_3 c_{3g}^2 \qquad \max M_{IVg} = \frac{1}{2} g_4 c_{4g}^2$$

$$Q_{Ig} = g_1 x_1'' \qquad Q_{IIg} = g_2 x_2'' \qquad Q_{IIIg} = g_3 x_3'' \qquad Q_{IVg} = g_4 x_4''$$

$$A_g = g_1 x_{01} \qquad C_{1g}^r = g_2 x_{02} \qquad C_{2g}^r = g_3 x_{03} \qquad C_{3g}^r = g_4 x_{04}$$

$$C_{1g}^l = g_1 x_{01}' \qquad C_{2g}^l = g_2 x_{02}' \qquad C_{3g}^l = g_3 x_{03}' \qquad B_g = g_4 x_{04}'$$

$$C_{1g} = C_{1g}^l + C_{1g}^r \quad \Big| \quad C_{2g} = C_{2g}^l + C_{2g}^r \quad \Big| \quad C_{3g} = C_{3g}^l + C_{3g}^r$$

[Bezeichnungen und Abkürzungen sowie k-Werte siehe S. 220 u. 221.]

Tafel IV, 11. Einfluß der veränderlichen Nutzlast p.

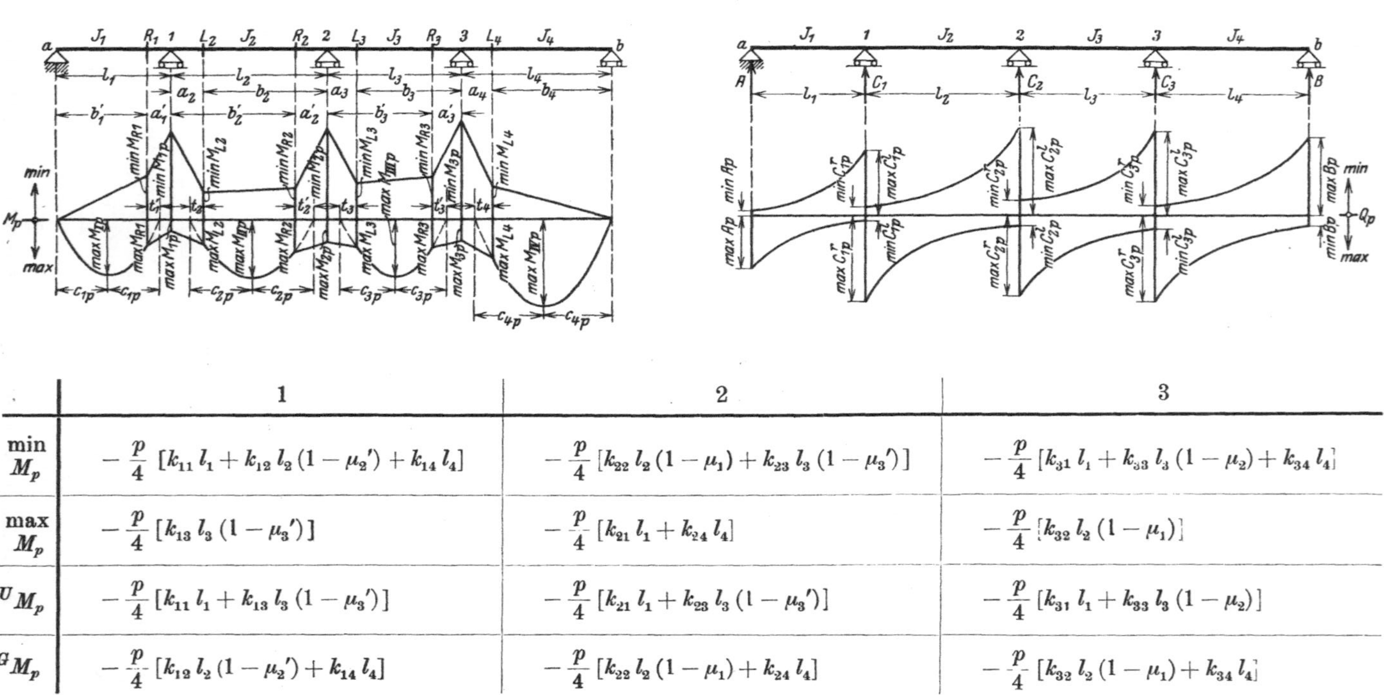

	1	2	3
$\min M_p$	$-\dfrac{p}{4}\left[k_{11}\,l_1 + k_{12}\,l_2\,(1-\mu_2') + k_{14}\,l_4\right]$	$-\dfrac{p}{4}\left[k_{22}\,l_2\,(1-\mu_1) + k_{23}\,l_3\,(1-\mu_3')\right]$	$-\dfrac{p}{4}\left[k_{31}\,l_1 + k_{33}\,l_3\,(1-\mu_2) + k_{34}\,l_4\right]$
$\max M_p$	$-\dfrac{p}{4}\left[k_{13}\,l_3\,(1-\mu_3')\right]$	$-\dfrac{p}{4}\left[k_{21}\,l_1 + k_{24}\,l_4\right]$	$-\dfrac{p}{4}\left[k_{32}\,l_2\,(1-\mu_1)\right]$
$U M_p$	$-\dfrac{p}{4}\left[k_{11}\,l_1 + k_{13}\,l_3\,(1-\mu_3')\right]$	$-\dfrac{p}{4}\left[k_{21}\,l_1 + k_{23}\,l_3\,(1-\mu_3')\right]$	$-\dfrac{p}{4}\left[k_{31}\,l_1 + k_{33}\,l_3\,(1-\mu_2)\right]$
$G M_p$	$-\dfrac{p}{4}\left[k_{12}\,l_2\,(1-\mu_2') + k_{14}\,l_4\right]$	$-\dfrac{p}{4}\left[k_{22}\,l_2\,(1-\mu_1) + k_{24}\,l_4\right]$	$-\dfrac{p}{4}\left[k_{32}\,l_2\,(1-\mu_1) + k_{34}\,l_4\right]$

	1	2	3	4
	$c_{1p} = \dfrac{l_1}{2} + \dfrac{{}^U M_{1p}}{p\,l_1} = x_{01}$	$x_{02} = \dfrac{l_2}{2} + \dfrac{{}^G M_{2p} - {}^G M_{1p}}{p\,l_2}$	$x_{03} = \dfrac{l_3}{2} + \dfrac{{}^U M_{3p} - {}^U M_{2p}}{p\,l_3}$	$c_{4p} = \dfrac{l_4}{2} + \dfrac{{}^G M_{3p}}{p\,l_4} = x'_{04}$
	$x'_{01} = l_1 - c_{1p}$	$x'_{02} = l_2 - x_{02}$	$x'_{03} = l_3 - x_{03}$	$x_{04} = l_4 - c_{4p}$
		$c_{2p} = \sqrt{x_{02}^2 + \dfrac{2\,{}^G M_{1p}}{p}}$	$c_{3p} = \sqrt{x_{03}^2 + \dfrac{2\,{}^U M_{2p}}{p}}$	
		$t_2 = c_{2p} + a_2 - x_{02}$	$t_3 = c_{3p} + a_3 - x_{03}$	$t_4 = 2\,c_{4p} - b_4$
	$t'_1 = 2\,c_{1p} - b'_1$	$t'_2 = c_{2p} + a'_2 - x'_{02}$	$t'_3 = c_{3p} + a'_3 - x'_{03}$	
	$\max M_{Ip} = \dfrac{1}{2}\,p\,c_{1p}^2$	$\max M_{IIp} = \dfrac{1}{2}\,p\,c_{2p}^2$	$\max M_{IIIp} = \dfrac{1}{2}\,p\,c_{3p}^2$	$\max M_{IVp} = \dfrac{1}{2}\,p\,c_{4p}^2$
max M_L		$M_{L_2} = \dfrac{1}{2}\,p\,t_2\,(2\,c_{2p} - t_2)$	$M_{L_3} = \dfrac{1}{2}\,p\,t_3\,(2\,c_{3p} - t_3)$	$M_{L_4} = \dfrac{1}{2}\,p\,b_4\,t_4$
max M_R	$M_{R_1} = \dfrac{1}{2}\,p\,b'_1\,t'_1$	$M_{R_2} = \dfrac{1}{2}\,p\,t'_2\,(2\,c_{2p} - t'_2)$	$M_{R_3} = \dfrac{1}{2}\,p\,t'_3\,(2\,c_{3p} - t'_3)$	
min M_L		$M_{L_2} = \dfrac{{}^U M_{2p}\,a_2 + {}^U M_{1p}\,b_2}{l_2}$	$M_{L_3} = \dfrac{{}^G M_{3p}\,a_3 + {}^G M_{2p}\,b_3}{l_3}$	$M_{L_4} = {}^U M_{3p}\,\dfrac{b_4}{l_4}$
min M_R	$M_{R_1} = {}^G M_{1p}\,\dfrac{b'_1}{l_1}$	$M_{R_2} = \dfrac{{}^U M_{2p}\,b'_2 + {}^U M_{1p}\,a'_2}{l_2}$	$M_{R_3} = \dfrac{{}^G M_{3p}\,b'_3 + {}^G M_{2p}\,a'_3}{l_3}$	

[Bezeichnungen und Abkürzungen sowie k-Werte siehe S. 220 u. 221.]   [Forts. v. Tafel IV, 11 s. nächste Seite.]

15*

[Bezeichnungen und Abkürzungen sowie k-Werte siehe S. 220 u. 221.]

	1	2	3	4
α	$\alpha_1 = -\dfrac{p}{4\,l_1}\,k_{11}$	$\alpha_2 = -\dfrac{p}{4\,l_2}\,[k_{22}\,(1-\mu_1) - k_{12}\,(1-\mu_2')]$	$\alpha_3 = -\dfrac{p}{4\,l_3}\,[k_{33}\,(1-\mu_2) - k_{23}\,(1-\mu_3')]$	$\alpha_4 = +\dfrac{p}{4\,l_4}\,k_{34}$
max γ	$-\dfrac{p}{4\,l_1}\,[k_{13}\,l_3\,(1-\mu_3')]$	$-\dfrac{p}{4\,l_2}\,[l_1\,(k_{21}-k_{11}) + l_4\,(k_{24}-k_{14})]$	$-\dfrac{p}{4\,l_3}\,[l_2\,(k_{32}-k_{22})\,(1-\mu_1)]$	$+\dfrac{p}{4\,l_4}\,[l_1\,k_{31} + l_3\,k_{33}\,(1-\mu_2)]$
min γ	$-\dfrac{p}{4\,l_1}\,[l_2\,k_{12}\,(1-\mu_2') + l_4\,k_{14}]$	$-\dfrac{p}{4\,l_2}\,[l_3\,(k_{23}-k_{13})\,(1-\mu_3')]$	$-\dfrac{p}{4\,l_3}\,[l_1\,(k_{31}-k_{21}) + l_4\,(k_{34}-k_{24})]$	$+\dfrac{p}{4\,l_4}\,[l_2\,k_{32}\,(1-\mu_1)]$
max Q	$\dfrac{p\,x_1'^2}{2\,l_1} + \alpha_1\,x_1' + \max\gamma_1$	$\dfrac{p\,x_2'^2}{2\,l_2} + \alpha_2\,x_2' + \max\gamma_2$	$\dfrac{p\,x_3'^2}{2\,l_3} + \alpha_3\,x_3' + \max\gamma_3$	$\dfrac{p\,x_4'^2}{2\,l_4} + \alpha_4\,x_4' + \max\gamma_4$
min Q	$-\dfrac{p\,x_1^2}{2\,l_1} + \alpha_1\,x_1 + \min\gamma_1$	$-\dfrac{p\,x_2^2}{2\,l_2} + \alpha_2\,x_2 + \min\gamma_2$	$-\dfrac{p\,x_3^2}{2\,l_3} + \alpha_3\,x_3 + \min\gamma_3$	$-\dfrac{p\,x_4^2}{2\,l_4} + \alpha_4\,x_4 + \min\gamma_4$

	A	C_1	C_2	C_3	B
Auflagerkr. max	$p\,\dfrac{l_1}{2} + \alpha_1\,l_1 + \max\gamma_1$	$p\,\dfrac{l_1+l_2}{2} - \alpha_1\,l_1 + \alpha_2\,l_2 - \min\gamma_1 + \max\gamma_2$	$p\,\dfrac{l_2+l_3}{2} - \alpha_2\,l_2 + \alpha_3\,l_3 - \min\gamma_2 + \max\gamma_3$	$p\,\dfrac{l_3+l_4}{2} - \alpha_3\,l_3 + \alpha_4\,l_4 - \min\gamma_3 + \max\gamma_4$	$p\,\dfrac{l_4}{2} - \alpha_4\,l_4 - \min\gamma$
Auflagerkr. min	$+\min\gamma_1$	$-\max\gamma_1 + \min\gamma_2$	$-\max\gamma_2 + \min\gamma_3$	$-\max\gamma_3 + \min\gamma_4$	$-\max\gamma_4$

Tafel IV, 12. Einfluß der symmetrischen Belastung je einer Öffnung.

	Belastung in Öffnung			
	l_1	l_2	l_3	l_4
$M_1 =$	$-k_{11}\,z_1$	$-k_{12}\,(1-\mu_2')\,z_2$	$-k_{13}\,(1-\mu_3')\,z_3$	$-k_{14}\,z_4$
$M_2 =$	$-k_{21}\,z_1$	$-k_{22}\,(1-\mu_1)\,z_2$	$-k_{23}\,(1-\mu_3')\,z_3$	$-k_{24}\,z_4$
$M_3 =$	$-k_{31}\,z_1$	$-k_{32}\,(1-\mu_1)\,z_2$	$-k_{33}\,(1-\mu_2)\,z_3$	$-k_{34}\,z_4$

[Hilfswerte z siehe S. 208 u. 209.]

Hilfstafel V.

Der Balken über fünf ungleichen Öffnungen.

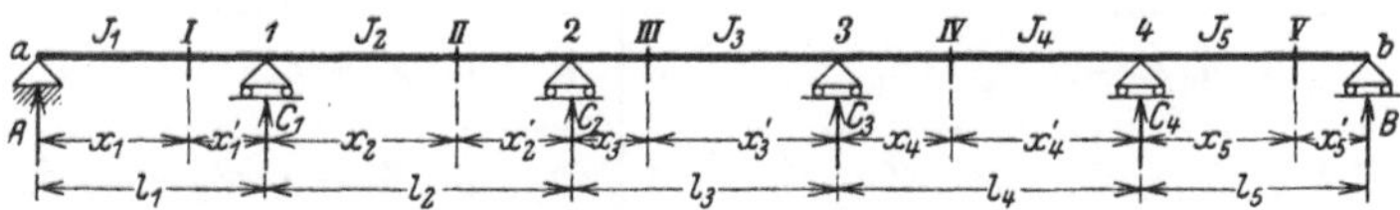

Tafel V, 1. Bezeichnungen und Abkürzungen.

1	$l_1' = l_1 \dfrac{J_c}{J_1}$	$l_2' = l_2 \dfrac{J_c}{J_2}$	$l_3' = l_3 \dfrac{J_c}{J_3}$	$l_4' = l_4 \dfrac{J_c}{J_4}$	$l_5' = l_5 \dfrac{J_c}{J_5}$
2	$s_1 = 2\,(l_1' + l_2')$	$s_2 = 2\,(l_2' + l_3')$	$s_3 = 2\,(l_3' + l_4')$	$s_4 = 2\,(l_4' + l_5')$	
3	$\varDelta_1 = s_1 s_2 - l_2'^2$	$\varDelta_2 = s_3 s_4 - l_4'^2$	$\varDelta_3 = s_3 \varDelta_1 - s_1 l_3'^2$	$\varDelta_4 = s_2 \varDelta_2 - s_4 l_3'^2$	
4	$\varDelta = s_4 \varDelta_3 - \varDelta_1 l_4'^2 = s_1 \varDelta_4 - \varDelta_2 l_2'^2$				
5	$\mu_1 = \dfrac{l_2'}{s_1}$	$\mu_2 = \dfrac{s_1 l_3'}{\varDelta_1}$	$\mu_3 = \dfrac{\varDelta_1 l_4'}{\varDelta_3}$	$\mu_4 = \dfrac{\varDelta_3 l_5'}{\varDelta}$	$\mu_5 = 0$
6	$\mu_1' = \dfrac{\varDelta_4 l_1'}{\varDelta}$	$\mu_2' = \dfrac{\varDelta_2 l_2'}{\varDelta_4}$	$\mu_3' = \dfrac{s_4 l_3'}{\varDelta_2}$	$\mu_4' = \dfrac{l_4'}{s_4}$	$\mu_5' = 0$
7	$b_1 = l_1$	$b_2 = \dfrac{l_2}{1 + \mu_1}$	$b_3 = \dfrac{l_3}{1 + \mu_2}$	$b_4 = \dfrac{l_4}{1 + \mu_3}$	$b_5 = \dfrac{l_5}{1 + \mu_4}$
8	$a_1 = 0$	$a_2 = l_2 - b_2$	$a_3 = l_3 - b_3$	$a_4 = l_4 - b_4$	$a_5 = l_5 - b_5$
9	$b_1' = \dfrac{l_1}{1 + \mu_1'}$	$b_2' = \dfrac{l_2}{1 + \mu_2'}$	$b_3' = \dfrac{l_3}{1 + \mu_3'}$	$b_4' = \dfrac{l_4}{1 + \mu_4'}$	$b_5' = l_5$
10	$a_1' = l_1 - b_1'$	$a_2' = l_2 - b_2'$	$a_3' = l_3 - b_3'$	$a_4' = l_4 - b_4'$	$a_5' = 0$

Tafel V, 2.

1	$M_1\, s_1 + M_2\, l_2' = Z_1$
2	$M_1\, l_2' + M_2\, s_2 + M_3\, l_3' = Z_2$
3	$M_2\, l_3' + M_3\, s_3 + M_4\, l_4' = Z_3$
4	$M_3\, l_4' + M_4\, s_4 \qquad = Z_4$

Tafel V, 3.

1	$M_1 = \beta_{11}\, Z_1 + \beta_{12}\, Z_2 + \beta_{13}\, Z_3 + \beta_{14}\, Z_4$
2	$M_2 = \beta_{12}\, Z_1 + \beta_{22}\, Z_2 + \beta_{23}\, Z_3 + \beta_{24}\, Z_4$
3	$M_3 = \beta_{13}\, Z_1 + \beta_{23}\, Z_2 + \beta_{33}\, Z_3 + \beta_{34}\, Z_4$
4	$M_4 = \beta_{14}\, Z_1 + \beta_{24}\, Z_2 + \beta_{34}\, Z_3 + \beta_{44}\, Z_4$

Tafel V, 4a.

$\beta_{11} = \dfrac{\varDelta_4}{\varDelta}$	$\beta_{12} = -\dfrac{l_2'\,\varDelta_2}{\varDelta}$	$\beta_{13} = \dfrac{l_2'\,l_3'\,s_4}{\varDelta}$	$\beta_{14} = -\dfrac{l_2'\,l_3'\,l_4'}{\varDelta}$
	$\beta_{22} = \dfrac{s_1\,\varDelta_2}{\varDelta}$	$\beta_{23} = -\dfrac{s_1\,s_4\,l_3'}{\varDelta}$	$\beta_{24} = \dfrac{s_1\,l_3'\,l_4'}{\varDelta}$
		$\beta_{33} = \dfrac{s_4\,\varDelta_1}{\varDelta}$	$\beta_{34} = -\dfrac{l_4'\,\varDelta_1}{\varDelta}$
			$\beta_{44} = \dfrac{\varDelta_3}{\varDelta}$

Tafel V, 4b.

$\beta_{11} = \dfrac{\varDelta_4}{\varDelta}$	$\beta_{12} = -\mu_1\cdot\beta_{22}$	$\beta_{13} = -\mu_1\cdot\beta_{23}$	$\beta_{14} = -\mu_1\cdot\beta_{24}$
	$\beta_{22} = \dfrac{s_1\,\varDelta_2}{\varDelta}$	$\beta_{23} = -\mu_2\cdot\beta_{33}$	$\beta_{24} = -\mu_2\cdot\beta_{34}$
		$\beta_{33} = \dfrac{s_4\,\varDelta_1}{\varDelta}$	$\beta_{34} = -\mu_3\cdot\beta_{44}$
			$\beta_{44} = \dfrac{\varDelta_3}{\varDelta}$

Tafel V, 5.

$k_{11} = \beta_{11}\, l_1\, l_1'$	$k_{12} = \beta_{11}\, l_2\, l_2'$	$k_{13} = \beta_{12}\, l_3\, l_3'$	$k_{14} = \beta_{13}\, l_4\, l_4'$	$k_{15} = \beta_{14}\, l_5\, l_5'$
$k_{21} = \beta_{12}\, l_1\, l_1'$	$k_{22} = \beta_{22}\, l_2\, l_2'$	$k_{23} = \beta_{22}\, l_3\, l_3'$	$k_{24} = \beta_{23}\, l_4\, l_4'$	$k_{25} = \beta_{24}\, l_5\, l_5'$
$k_{31} = \beta_{13}\, l_1\, l_1'$	$k_{32} = \beta_{23}\, l_2\, l_2'$	$k_{33} = \beta_{33}\, l_3\, l_3'$	$k_{34} = \beta_{33}\, l_4\, l_4'$	$k_{35} = \beta_{34}\, l_5\, l_5'$
$k_{41} = \beta_{14}\, l_1\, l_1'$	$k_{42} = \beta_{24}\, l_2\, l_2'$	$k_{43} = \beta_{34}\, l_3\, l_3'$	$k_{44} = \beta_{44}\, l_4\, l_4'$	$k_{45} = \beta_{44}\, l_5\, l_5'$

Tafel V, 6. Einflußlinien für die Stützenmomente.

$$\omega_D = \frac{x}{l} - \frac{x^3}{l^3}; \qquad \omega_{T_2} = \omega_D - \mu_1\,\omega_D'; \qquad \omega_{T_3} = \omega_D - \mu_2\,\omega_D'; \qquad \omega_{T_4} = \omega_D - \mu_3\,\omega_D';$$

$$\omega_D' = \frac{x'}{l} - \frac{x'^3}{l^3}; \qquad \omega_{T_2}' = \omega_D' - \mu_2'\,\omega_D; \qquad \omega_{T_3}' = \omega_D' - \mu_3'\,\omega_D; \qquad \omega_{T_4}' = \omega_D' - \mu_4'\,\omega_D;$$

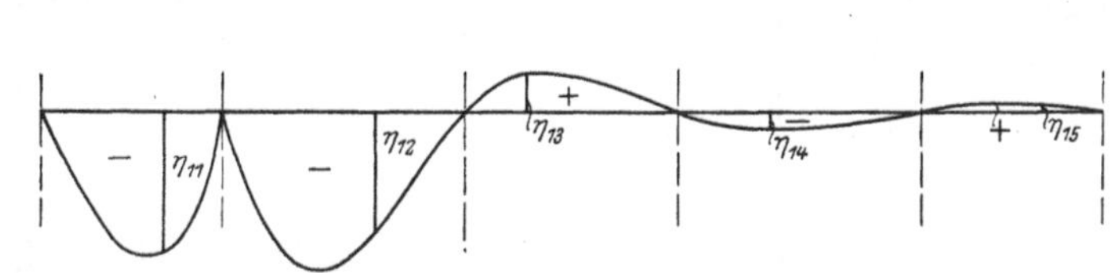

M_1 | $\eta_{11} = -k_{11}\,\omega_D$ | $\eta_{12} = -k_{12}\,\omega_{T_2}'$ | $\eta_{13} = -k_{13}\,\omega_{T_3}'$ | $\eta_{14} = -k_{14}\,\omega_{T_4}'$ | $\eta_{15} = -k_{15}\,\omega_D'$

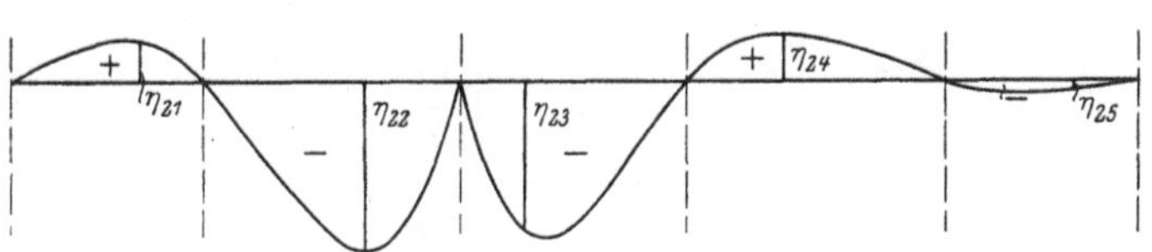

M_2 | $\eta_{21} = -k_{21}\,\omega_D$ | $\eta_{22} = -k_{22}\,\omega_{T_2}$ | $\eta_{23} = -k_{23}\,\omega_{T_3}'$ | $\eta_{24} = -k_{24}\,\omega_{T_4}'$ | $\eta_{25} = -k_{25}\,\omega_D'$

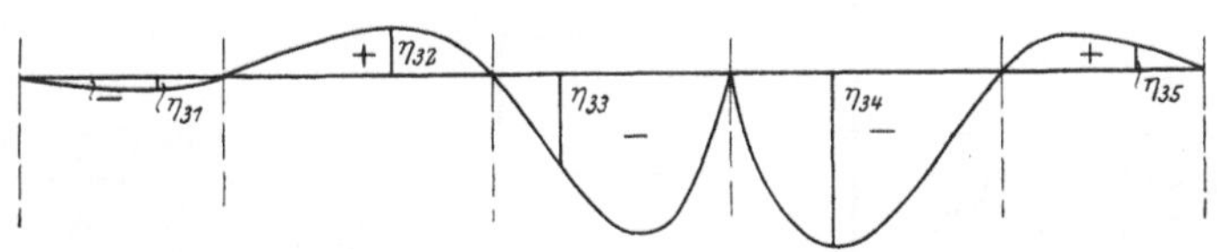

M_3 | $\eta_{31} = -k_{31}\,\omega_D$ | $\eta_{32} = -k_{32}\,\omega_{T_2}$ | $\eta_{33} = -k_{33}\,\omega_{T_3}$ | $\eta_{34} = -k_{34}\,\omega_{T_4}'$ | $\eta_{35} = -k_{35}\,\omega_D'$

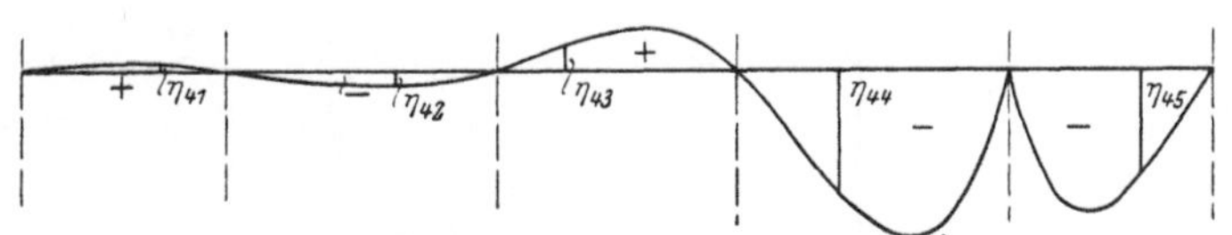

M_4 | $\eta_{41} = -k_{41}\,\omega_D$ | $\eta_{42} = -k_{42}\,\omega_{T_2}$ | $\eta_{43} = -k_{43}\,\omega_{T_3}$ | $\eta_{44} = -k_{44}\,\omega_{T_4}$ | $\eta_{45} = -k_{45}\,\omega_D'$

[Bezeichnungen und Abkürzungen sowie k-Werte siehe S. 229 u. 230. Tafel der Zahlen ω siehe S. 267 bis 271.]

Tafel V, 7. Einflußlinien für die Feldmomente.

$$\xi_2 = \frac{x_2}{l_2} - \mu_1 \frac{x_2'}{l_2}; \qquad \xi_3 = \frac{x_3}{l_3} - \mu_2 \frac{x_3'}{l_3}; \qquad \xi_4 = \frac{x_4}{l_4} - \mu_3 \frac{x_4'}{l_4};$$

$$\xi_2' = \frac{x_2'}{l_2} - \mu_2' \frac{x_2}{l_2}; \qquad \xi_3' = \frac{x_3'}{l_3} - \mu_3' \frac{x_3}{l_3}; \qquad \xi_4' = \frac{x_4'}{l_4} - \mu_4' \frac{x_4}{l_4};$$

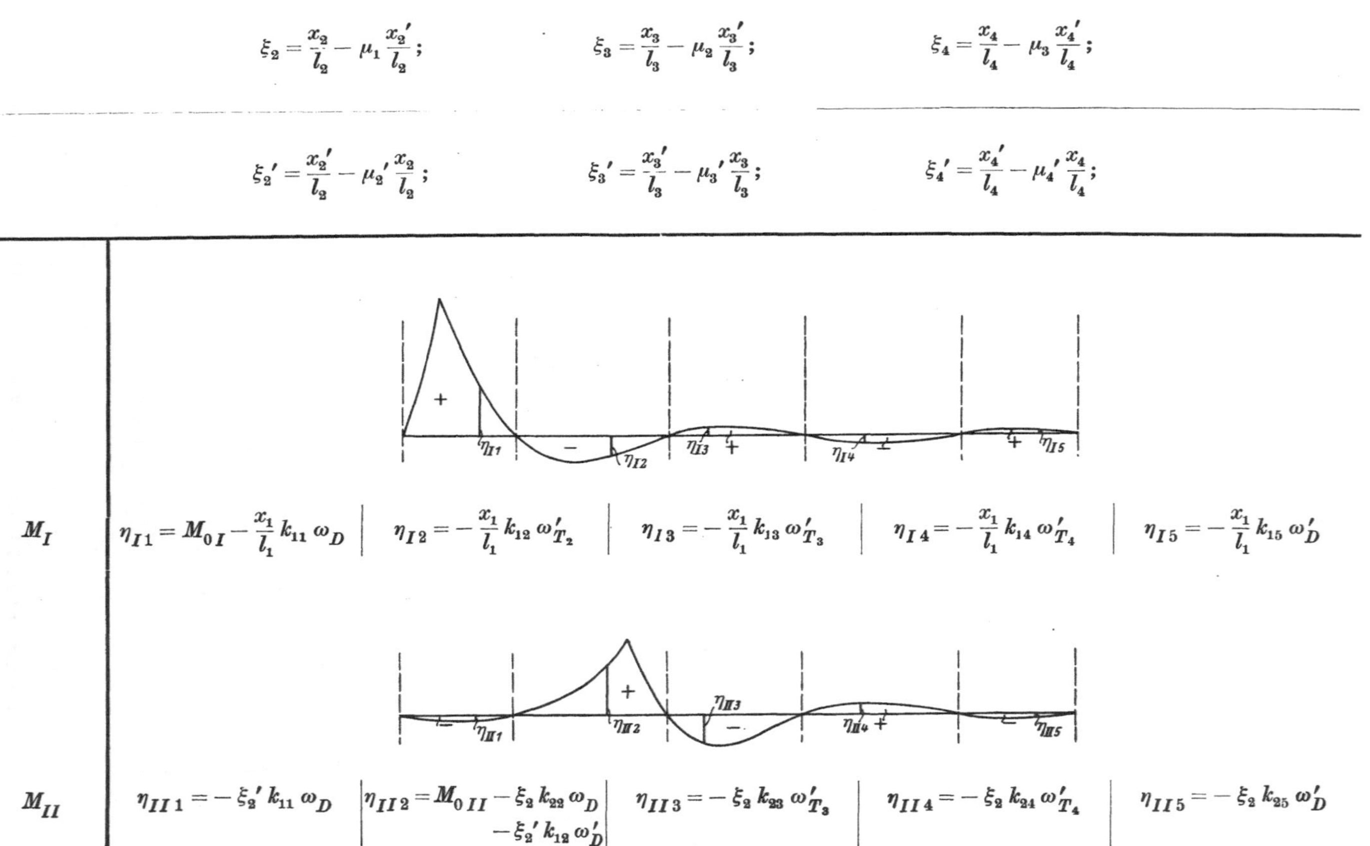

M_I	$\eta_{I1} = M_{0\,I} - \dfrac{x_1}{l_1} k_{11}\, \omega_D$	$\eta_{I2} = -\dfrac{x_1}{l_1} k_{12}\, \omega_{T_2}'$	$\eta_{I3} = -\dfrac{x_1}{l_1} k_{13}\, \omega_{T_3}'$	$\eta_{I4} = -\dfrac{x_1}{l_1} k_{14}\, \omega_{T_4}'$	$\eta_{I5} = -\dfrac{x_1}{l_1} k_{15}\, \omega_D'$
M_{II}	$\eta_{II1} = -\xi_2' k_{11}\, \omega_D$	$\eta_{II2} = M_{0\,II} - \xi_2 k_{22}\, \omega_D - \xi_2' k_{12}\, \omega_D'$	$\eta_{II3} = -\xi_2 k_{23}\, \omega_{T_3}'$	$\eta_{II4} = -\xi_2 k_{24}\, \omega_{T_4}'$	$\eta_{II5} = -\xi_2 k_{25}\, \omega_D'$

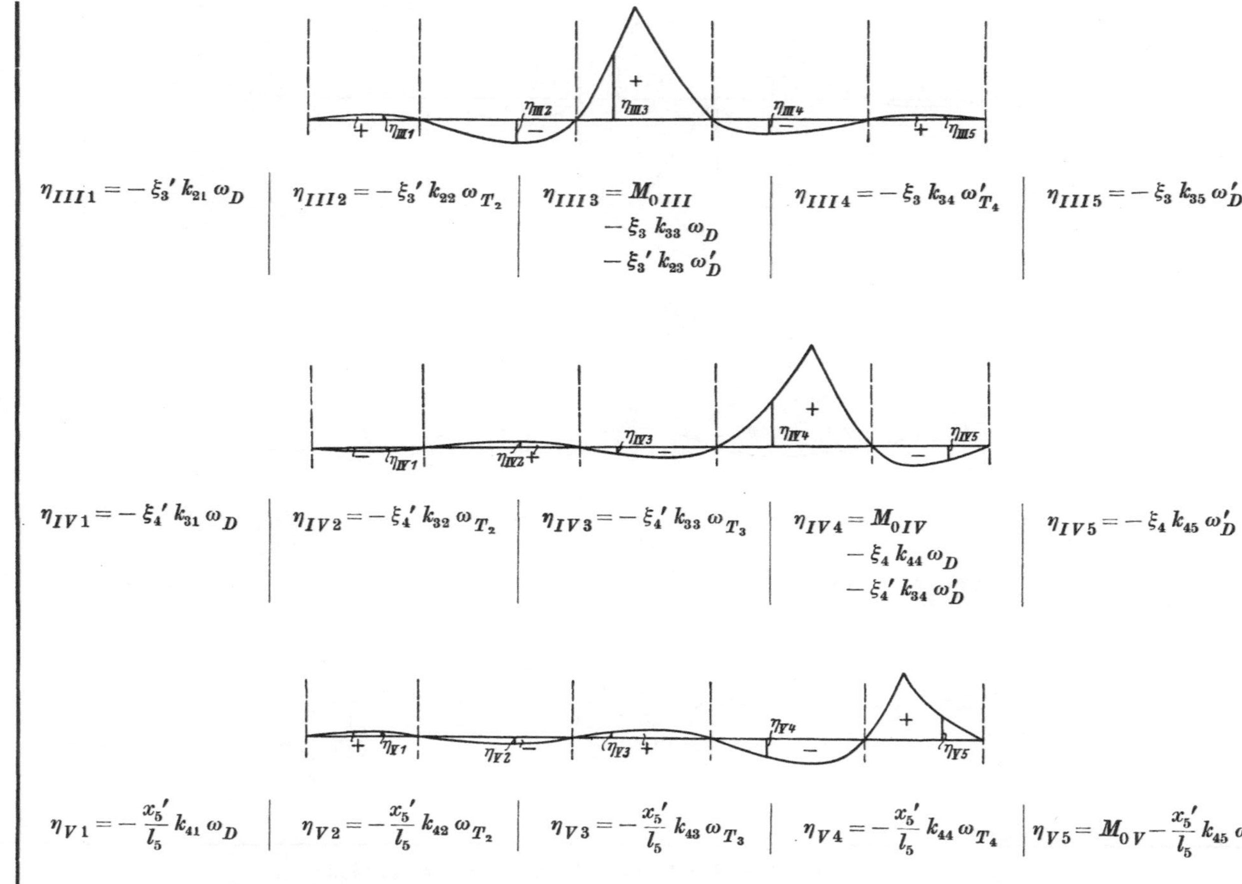

M_{III}

$\eta_{III1} = -\,\xi_3{}' \, k_{21} \, \omega_D$ | $\eta_{III2} = -\,\xi_3{}' \, k_{22} \, \omega_{T_2}$ | $\eta_{III3} = M_{0\,III}$ $-\,\xi_3 \, k_{33} \, \omega_D$ $-\,\xi_3{}' \, k_{23} \, \omega_D'$ | $\eta_{III4} = -\,\xi_3 \, k_{34} \, \omega_{T_4}'$ | $\eta_{III5} = -\,\xi_3 \, k_{35} \, \omega_D'$

M_{IV}

$\eta_{IV1} = -\,\xi_4{}' \, k_{31} \, \omega_D$ | $\eta_{IV2} = -\,\xi_4{}' \, k_{32} \, \omega_{T_2}$ | $\eta_{IV3} = -\,\xi_4{}' \, k_{33} \, \omega_{T_3}$ | $\eta_{IV4} = M_{0\,IV}$ $-\,\xi_4 \, k_{44} \, \omega_D$ $-\,\xi_4{}' \, k_{34} \, \omega_D'$ | $\eta_{IV5} = -\,\xi_4 \, k_{45} \, \omega_D'$

M_V

$\eta_{V1} = -\,\dfrac{x_5{}'}{l_5} \, k_{41} \, \omega_D$ | $\eta_{V2} = -\,\dfrac{x_5{}'}{l_5} \, k_{42} \, \omega_{T_2}$ | $\eta_{V3} = -\,\dfrac{x_5{}'}{l_5} \, k_{43} \, \omega_{T_3}$ | $\eta_{V4} = -\,\dfrac{x_5{}'}{l_5} \, k_{44} \, \omega_{T_4}$ | $\eta_{V5} = M_{0\,V} - \dfrac{x_5{}'}{l_5} \, k_{45} \, \omega_D'$

[Bezeichnungen und Abkürzungen sowie k-Werte siehe S. 229 u. 230. Tafel der Zahlen ω siehe S. 267 bis 271.]

Tafel V, 8. Einflußlinien für die Querkräfte.

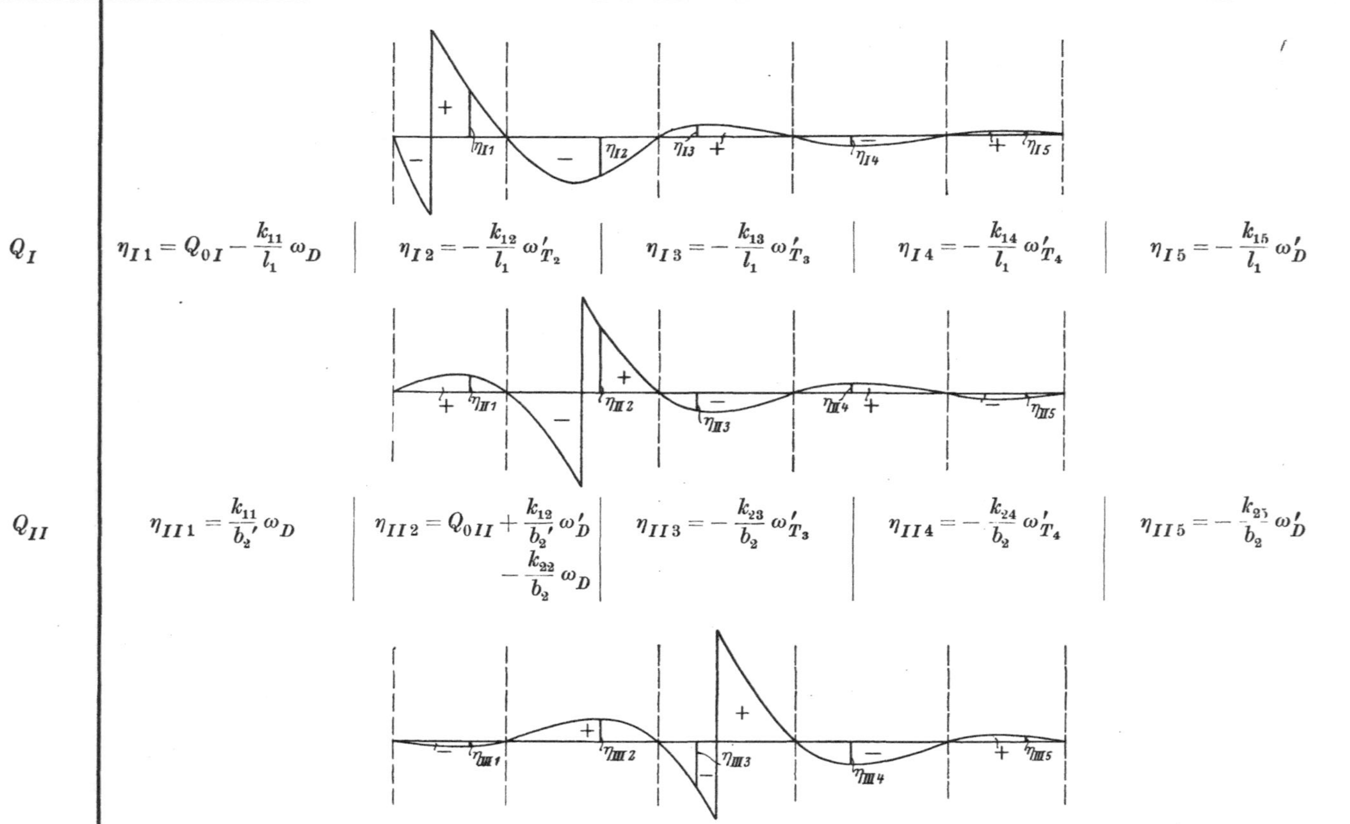

Q_I

$$\eta_{I1} = Q_{0I} - \frac{k_{11}}{l_1}\,\omega_D \quad\bigg|\quad \eta_{I2} = -\frac{k_{12}}{l_1}\,\omega'_{T_2} \quad\bigg|\quad \eta_{I3} = -\frac{k_{13}}{l_1}\,\omega'_{T_3} \quad\bigg|\quad \eta_{I4} = -\frac{k_{14}}{l_1}\,\omega'_{T_4} \quad\bigg|\quad \eta_{I5} = -\frac{k_{15}}{l_1}\,\omega'_D$$

Q_{II}

$$\eta_{II1} = \frac{k_{11}}{b'_2}\,\omega_D \quad\bigg|\quad \eta_{II2} = Q_{0II} + \frac{k_{12}}{b'_2}\,\omega'_D - \frac{k_{22}}{b_2}\,\omega_D \quad\bigg|\quad \eta_{II3} = -\frac{k_{23}}{b_2}\,\omega'_{T_3} \quad\bigg|\quad \eta_{II4} = -\frac{k_{24}}{b_2}\,\omega'_{T_4} \quad\bigg|\quad \eta_{II5} = -\frac{k_{25}}{b_2}\,\omega'_D$$

| Q_{III} | $\eta_{III\,1} = \dfrac{k_{21}}{b_3'}\,\omega_D$ | $\eta_{III\,2} = \dfrac{k_{22}}{b_3'}\,\omega_{T_2}$ | $\eta_{III\,3} = Q_{0\,III} + \dfrac{k_{23}}{b_3'}\,\omega_D' - \dfrac{k_{33}}{b_3}\,\omega_D$ | $\eta_{III\,4} = -\dfrac{k_{34}}{b_3}\,\omega_{T_4}'$ | $\eta_{III\,5} = -\dfrac{k_{35}}{b_3}\,\omega_D'$ |

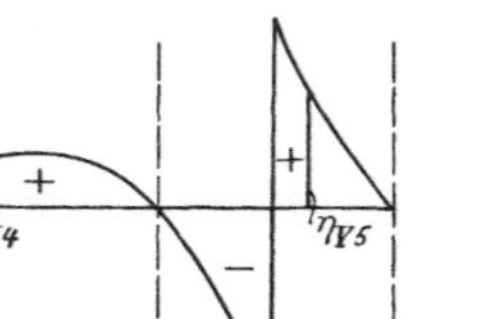

| Q_{IV} | $\eta_{IV\,1} = \dfrac{k_{31}}{b_4'}\,\omega_D$ | $\eta_{IV\,2} = \dfrac{k_{32}}{b_4'}\,\omega_{T_2}$ | $\eta_{IV\,3} = \dfrac{k_{33}}{b_4'}\,\omega_{T_3}$ | $\eta_{IV\,4} = Q_{0\,IV} + \dfrac{k_{34}}{b_4'}\,\omega_D' - \dfrac{k_{44}}{b_4}\,\omega_D$ | $\eta_{IV\,5} = -\dfrac{k_{45}}{b_4}\,\omega_D'$ |

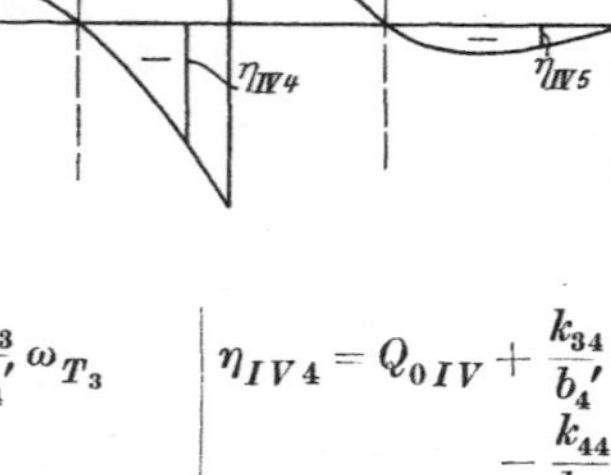
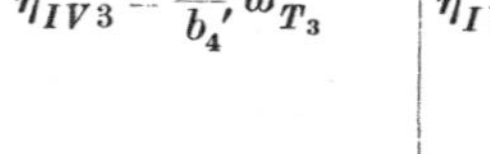
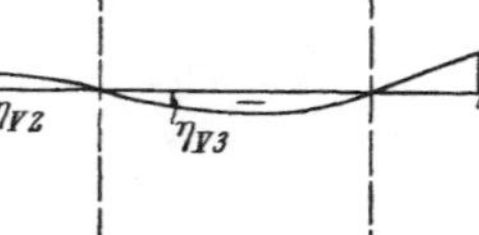

| Q_V | $\eta_{V\,1} = \dfrac{k_{41}}{l_5}\,\omega_D$ | $\eta_{V\,2} = \dfrac{k_{42}}{l_5}\,\omega_{T_2}$ | $\eta_{V\,3} = \dfrac{k_{43}}{l_5}\,\omega_{T_3}$ | $\eta_{V\,4} = \dfrac{k_{44}}{l_5}\,\omega_{T_4}$ | $\eta_{V\,5} = Q_{0\,V} + \dfrac{k_{45}}{l_5}\,\omega_D'$ |

[Bezeichnungen und Abkürzungen sowie k-Werte siehe S. 229 u. 230. Tafel der Zahlen ω siehe S. 267 bis 271.]

Tafel V,9. Einflußlinien für die Auflagerkräfte.

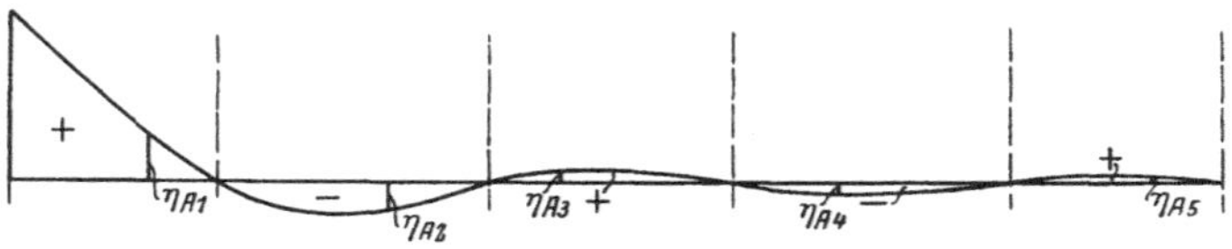

A	$\eta_{A_1} = A_0 - \dfrac{k_{11}}{l_1}\,\omega_D$	$\eta_{A_2} = -\dfrac{k_{12}}{l_1}\,\omega'_{T_2}$	$\eta_{A_3} = -\dfrac{k_{13}}{l_1}\,\omega'_{T_3}$	$\eta_{A_4} = -\dfrac{k_{14}}{l_1}\,\omega'_{T_4}$	$\eta_{A_5} = -\dfrac{k_{15}}{l_1}\,\omega'_D$
C_1	$\eta_{11} = C_{01} + k_{11}\left[\dfrac{1}{l_1}+\dfrac{1}{b_2{}'}\right]\omega_D$	$\eta_{12} = C_{01} + k_{12}\left[\dfrac{1}{l_1}+\dfrac{1}{b_2{}'}\right]\omega'_D$ $-\,k_{22}\left[\dfrac{1}{b_2}+\dfrac{\mu_1}{l_1}\right]\omega_D$	$\eta_{13} = \left[\dfrac{k_{13}}{l_1}-\dfrac{k_{23}}{b_2}\right]\omega'_{T_3}$	$\eta_{14} = \left[\dfrac{k_{14}}{l_1}-\dfrac{k_{24}}{b_2}\right]\omega'_{T_4}$	$\eta_{15} = \left[\dfrac{k_{15}}{l_1}-\dfrac{k_{25}}{b_2}\right]\omega'_D$
C_2	$\eta_{21} = -\left[\dfrac{k_{11}}{b_2{}'}-\dfrac{k_{21}}{b_3{}'}\right]\omega_D$	$\eta_{22} = C_{02} + k_{22}\left[\dfrac{1}{b_2}+\dfrac{1}{b_3{}'}\right]\omega_D$ $-\,k_{12}\left[\dfrac{1}{b_2{}'}+\dfrac{\mu_2{}'}{b_3{}'}\right]\omega'_D$	$\eta_{23} = C_{02} + k_{23}\left[\dfrac{1}{b_2}+\dfrac{1}{b_3{}'}\right]\omega'_D$ $-\,k_{33}\left[\dfrac{1}{b_3}+\dfrac{\mu_2}{b_2}\right]\omega_D$	$\eta_{24} = \left[\dfrac{k_{24}}{b_2}-\dfrac{k_{34}}{b_3}\right]\omega'_{T_4}$	$\eta_{25} = \left[\dfrac{k_{25}}{b_2}-\dfrac{k_{35}}{b_3}\right]\omega'_D$

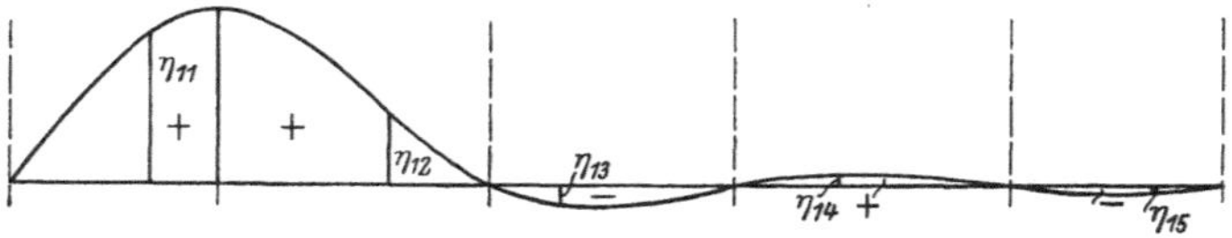

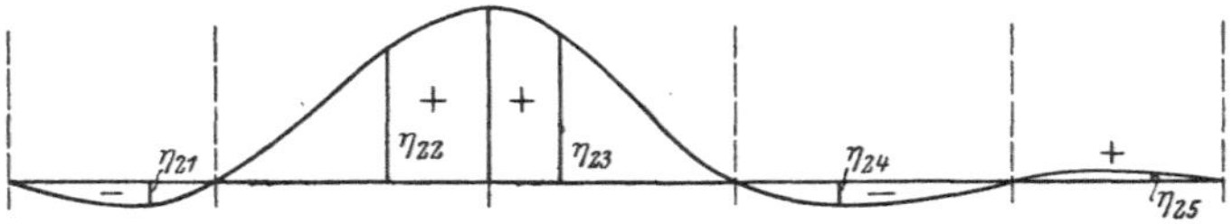

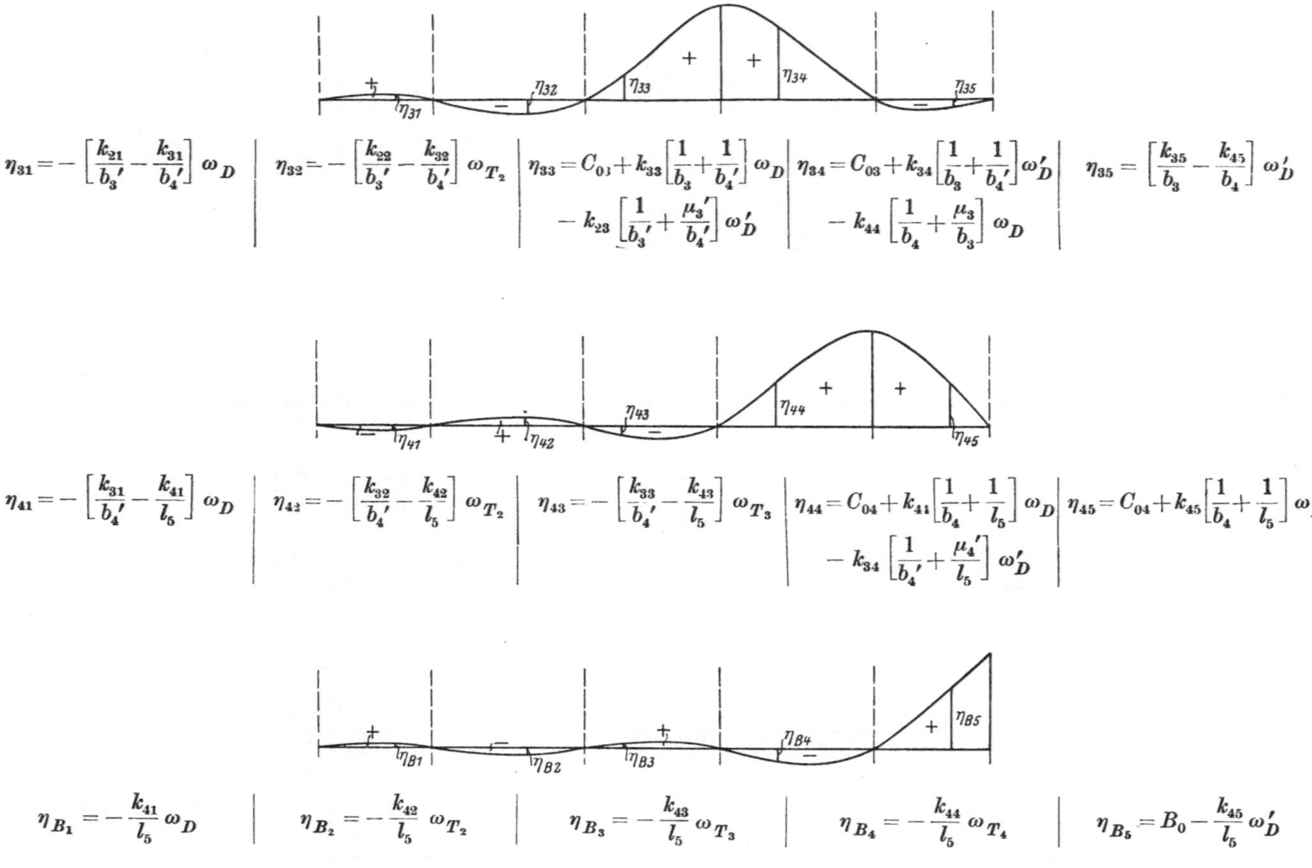

C_3

$$\eta_{31} = -\left[\frac{k_{21}}{b_3'} - \frac{k_{31}}{b_4'}\right]\omega_D$$

$$\eta_{32} = -\left[\frac{k_{22}}{b_3'} - \frac{k_{32}}{b_4'}\right]\omega_{T_2}$$

$$\eta_{33} = C_{03} + k_{33}\left[\frac{1}{b_3} + \frac{1}{b_4'}\right]\omega_D - k_{23}\left[\frac{1}{b_3'} + \frac{\mu_3'}{b_4'}\right]\omega_D'$$

$$\eta_{34} = C_{03} + k_{34}\left[\frac{1}{b_3} + \frac{1}{b_4'}\right]\omega_D' - k_{44}\left[\frac{1}{b_4} + \frac{\mu_3}{b_3}\right]\omega_D$$

$$\eta_{35} = \left[\frac{k_{35}}{b_3} - \frac{k_{45}}{b_4}\right]\omega_D'$$

C_4

$$\eta_{41} = -\left[\frac{k_{31}}{b_4'} - \frac{k_{41}}{l_5}\right]\omega_D$$

$$\eta_{42} = -\left[\frac{k_{32}}{b_4'} - \frac{k_{42}}{l_5}\right]\omega_{T_2}$$

$$\eta_{43} = -\left[\frac{k_{33}}{b_4'} - \frac{k_{43}}{l_5}\right]\omega_{T_3}$$

$$\eta_{44} = C_{04} + k_{41}\left[\frac{1}{b_4} + \frac{1}{l_5}\right]\omega_D - k_{34}\left[\frac{1}{b_4'} + \frac{\mu_4'}{l_5}\right]\omega_D'$$

$$\eta_{45} = C_{04} + k_{45}\left[\frac{1}{b_4} + \frac{1}{l_5}\right]\omega_D'$$

B

$$\eta_{B_1} = -\frac{k_{41}}{l_5}\omega_D$$

$$\eta_{B_2} = -\frac{k_{42}}{l_5}\omega_{T_2}$$

$$\eta_{B_3} = -\frac{k_{43}}{l_5}\omega_{T_3}$$

$$\eta_{B_4} = -\frac{k_{44}}{l_5}\omega_{T_4}$$

$$\eta_{B_5} = B_0 - \frac{k_{45}}{l_5}\omega_D'$$

[Bezeichnungen und Abkürzungen sowie k-Werte siehe S. 229 u. 230. Tafel der Zahlen ω siehe S. 267 bis 271.]

Tafel V, 10.

Einfluß
des Eigengewichtes _g_.

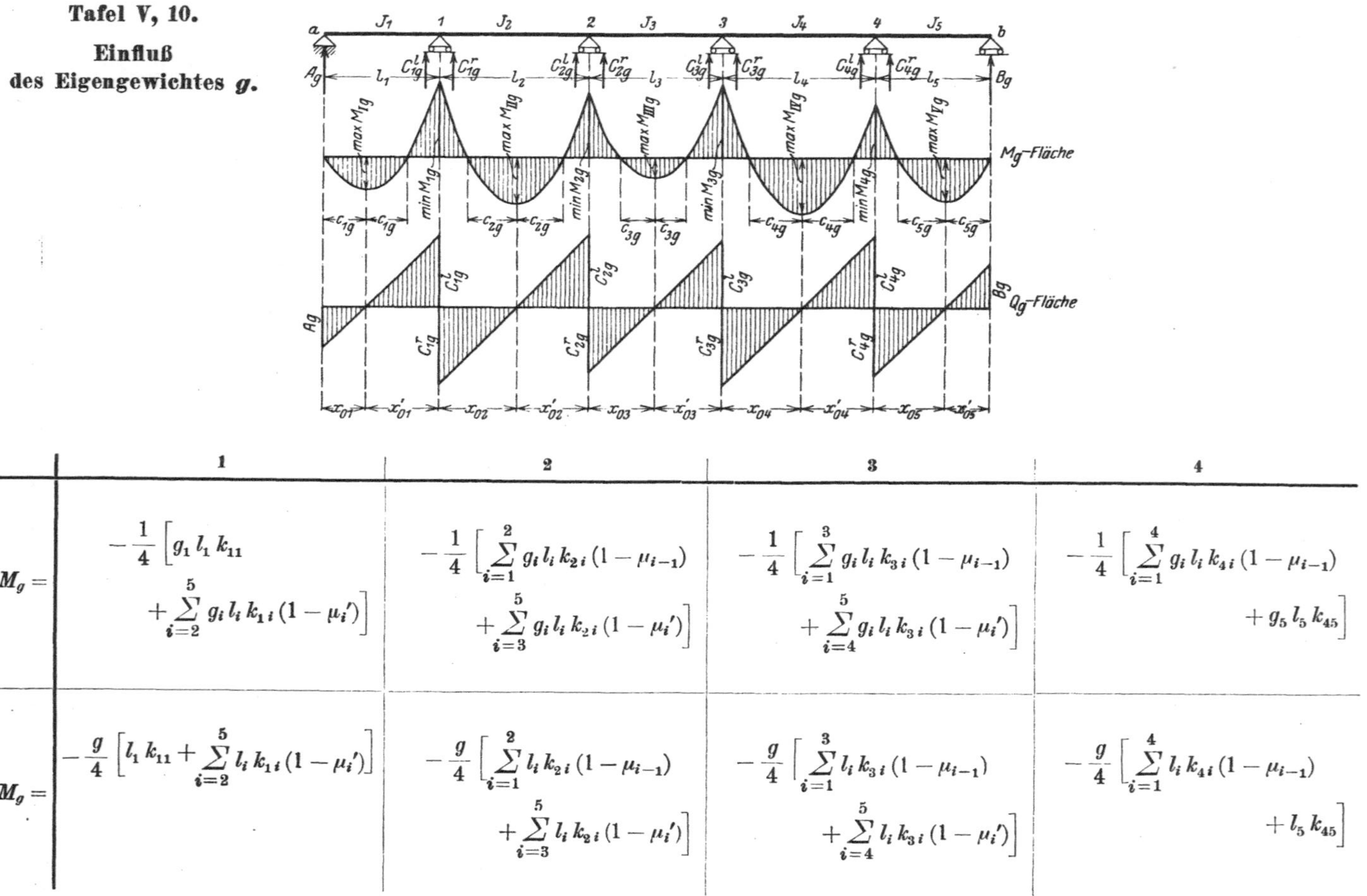

	1	2	3	4
$M_g =$	$-\dfrac{1}{4}\left[g_1 l_1 k_{11} + \displaystyle\sum_{i=2}^{5} g_i l_i k_{1i}(1-\mu_i')\right]$	$-\dfrac{1}{4}\left[\displaystyle\sum_{i=1}^{2} g_i l_i k_{2i}(1-\mu_{i-1}) + \displaystyle\sum_{i=3}^{5} g_i l_i k_{2i}(1-\mu_i')\right]$	$-\dfrac{1}{4}\left[\displaystyle\sum_{i=1}^{3} g_i l_i k_{3i}(1-\mu_{i-1}) + \displaystyle\sum_{i=4}^{5} g_i l_i k_{3i}(1-\mu_i')\right]$	$-\dfrac{1}{4}\left[\displaystyle\sum_{i=1}^{4} g_i l_i k_{4i}(1-\mu_{i-1}) + g_5 l_5 k_{45}\right]$
$M_g =$	$-\dfrac{g}{4}\left[l_1 k_{11} + \displaystyle\sum_{i=2}^{5} l_i k_{1i}(1-\mu_i')\right]$	$-\dfrac{g}{4}\left[\displaystyle\sum_{i=1}^{2} l_i k_{2i}(1-\mu_{i-1}) + \displaystyle\sum_{i=3}^{5} l_i k_{2i}(1-\mu_i')\right]$	$-\dfrac{g}{4}\left[\displaystyle\sum_{i=1}^{3} l_i k_{3i}(1-\mu_{i-1}) + \displaystyle\sum_{i=4}^{5} l_i k_{3i}(1-\mu_i')\right]$	$-\dfrac{g}{4}\left[\displaystyle\sum_{i=1}^{4} l_i k_{4i}(1-\mu_{i-1}) + l_5 k_{45}\right]$

	1	2	3	4	5
	$c_{1g} = \dfrac{l_1}{2} + \dfrac{M_{1g}}{g_1 l_1} = x_{01}$ $x_{01}' = l_1 - c_{1g}$ $x_1'' = c_{1g} - x_1$	$x_{02} = \dfrac{l_2}{2} + \dfrac{M_{2g} - M_{1g}}{g_2 l_2}$ $x_{02}' = l_2 - x_{02}$ $c_{2g} = \sqrt{x_{02}^2 + \dfrac{2 M_{1g}}{g_2}}$ $x_2'' = x_{02} - x_2$	$x_{03} = \dfrac{l_3}{2} + \dfrac{M_{3g} - M_{2g}}{g_3 l_3}$ $x_{03}' = l_3 - x_{03}$ $c_{3g} = \sqrt{x_{03}^2 + \dfrac{2 M_{2g}}{g_3}}$ $x_3'' = x_{03} - x_3$	$x_{04} = \dfrac{l_4}{2} + \dfrac{M_{4g} - M_{3g}}{g_4 l_4}$ $x_{04}' = l_4 - x_{04}$ $c_{4g} = \sqrt{x_{04}^2 + \dfrac{2 M_{3g}}{g_4}}$ $x_4'' = x_{04} - x_4$	$c_{5g} = \dfrac{l_5}{2} + \dfrac{M_{4g}}{g_5 l_5} = x_{05}'$ $x_{05} = l_5 - c_{5g}$ $x_5'' = x_{05} - x_5$
	$\max M_{Ig} = \dfrac{1}{2} g_1 c_{1g}^2$	$\max M_{IIg} = \dfrac{1}{2} g_2 c_{2g}^2$	$\max M_{IIIg} = \dfrac{1}{2} g_3 c_{3g}^2$	$\max M_{IVg} = \dfrac{1}{2} g_4 c_{4g}^2$	$\max M_{Vg} = \dfrac{1}{2} g_5 c_{5g}^2$
	$Q_{Ig} = g_1 x_1''$	$Q_{IIg} = g_2 x_2''$	$Q_{IIIg} = g_3 x_3''$	$Q_{IVg} = g_4 x_4''$	$Q_{Vg} = g_5 x_5''$
Auflagerkräfte	$A_g = g_1 x_{01}$ $C_{1g}^l = g_1 x_{01}'$	$C_{1g}^r = g_2 x_{02}$ $C_{2g}^l = g_2 x_{02}'$	$C_{2g}^r = g_3 x_{03}$ $C_{3g}^l = g_3 x_{03}'$	$C_{3g}^r = g_4 x_{04}$ $C_{4g}^l = g_4 x_{04}'$	$C_{4g}^r = g_5 x_{05}$ $B_g = g_5 x_{05}'$
	$C_{1g} = C_{1g}^l + C_{1g}^r$	$C_{2g} = C_{2g}^l + C_{2g}^r$	$C_{3g} = C_{3g}^l + C_{3g}^r$	$C_{4g} = C_{4g}^l + C_{4g}^r$	

[Bezeichnungen und Abkürzungen sowie k-Werte siehe S. 229 u. 230.]

Tafel V, 11.

Einfluß der veränderlichen Nutzlast p.

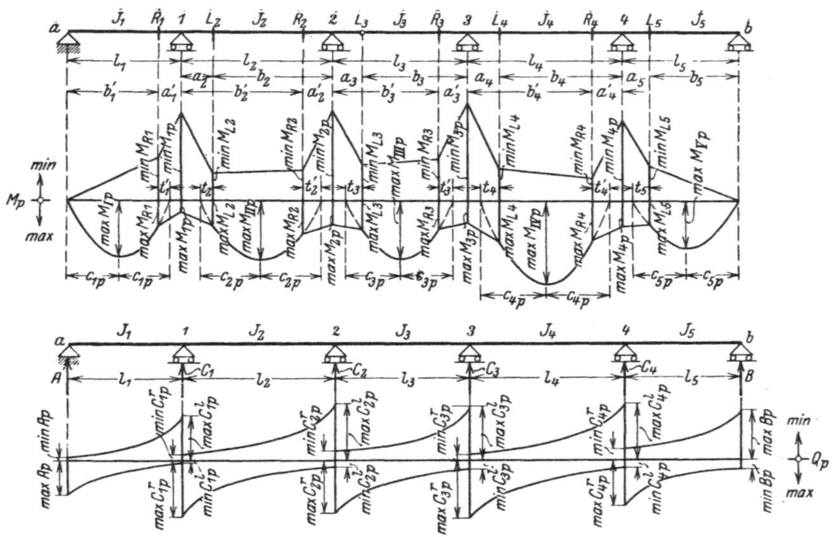

	1	2	3	4
min M_p	$-\dfrac{p}{4}\,[k_{11}\,l_1 + k_{12}\,l_2\,(1-\mu_2') + k_{14}\,l_4\,(1-\mu_4')]$	$-\dfrac{p}{4}\,[k_{22}\,l_2\,(1-\mu_1) + k_{23}\,l_3\,(1-\mu_3') + k_{25}\,l_5]$	$-\dfrac{p}{4}\,[k_{31}\,l_1 + k_{33}\,l_3\,(1-\mu_2) + k_{34}\,l_4\,(1-\mu_4')]$	$-\dfrac{p}{4}\,[k_{42}\,l_2\,(1-\mu_1) + k_{44}\,l_4\,(1-\mu_3) + k_{45}\,l_5]$
max M_p	$-\dfrac{p}{4}\,[k_{13}\,l_3\,(1-\mu_3') + k_{15}\,l_5]$	$-\dfrac{p}{4}\,[k_{21}\,l_1 + k_{24}\,l_4\,(1-\mu_4')]$	$-\dfrac{p}{4}\,[k_{32}\,l_2\,(1-\mu_1) + k_{35}\,l_5]$	$-\dfrac{p}{4}\,[k_{41}\,l_1 + k_{43}\,l_3\,(1-\mu_2)]$
$U\,M_p$	$-\dfrac{p}{4}\,[k_{11}\,l_1 + k_{13}\,l_3\,(1-\mu_3') + k_{15}\,l_5]$	$-\dfrac{p}{4}\,[k_{21}\,l_1 + k_{23}\,l_3\,(1-\mu_3') + k_{25}\,l_5]$	$-\dfrac{p}{4}\,[k_{31}\,l_1 + k_{33}\,l_3\,(1-\mu_2) + k_{35}\,l_5]$	$-\dfrac{p}{4}\,[k_{41}\,l_1 + k_{43}\,l_3\,(1-\mu_2) + k_{45}\,l_5]$
$G\,M_p$	$-\dfrac{p}{4}\,[k_{12}\,l_2\,(1-\mu_2') + k_{14}\,l_4\,(1-\mu_4')]$	$-\dfrac{p}{4}\,[k_{22}\,l_2\,(1-\mu_1) + k_{24}\,l_4\,(1-\mu_4')]$	$-\dfrac{p}{4}\,[k_{32}\,l_2\,(1-\mu_1) + k_{34}\,l_4\,(1-\mu_4')]$	$-\dfrac{p}{4}\,[k_{42}\,l_2\,(1-\mu_1) + k_{44}\,l_4\,(1-\mu_3)]$

	I	II	III	IV	V
	$c_{1p}=\dfrac{l_1}{2}+\dfrac{^U M_{1p}}{pl_1}=x_{01}$	$x_{02}=\dfrac{l_2}{2}+\dfrac{^G M_{2p}-{}^G M_{1p}}{pl_2}$	$x_{03}=\dfrac{l_3}{2}+\dfrac{^U M_{3p}-{}^U M_{2p}}{pl_3}$	$x_{04}=\dfrac{l_4}{2}+\dfrac{^G M_{4p}-{}^G M_{3p}}{pl_4}$	$c_{5p}=\dfrac{l_5}{2}+\dfrac{^U M_{4p}}{pl_5}=x'_{05}$
	$x'_{01}=l_1-c_{1p}$	$x'_{02}=l_2-x_{02}$	$x'_{03}=l_3-x_{03}$	$x'_{04}=l_4-x_{04}$	$x_{05}=l_5-c_{5p}$
		$c_{2p}=\sqrt{x_{02}^2+\dfrac{2\,^G M_{1p}}{p}}$	$c_{3p}=\sqrt{x_{03}^2+\dfrac{2\,^U M_{2p}}{p}}$	$c_{4p}=\sqrt{x_{04}^2+\dfrac{2\,^G M_{3p}}{p}}$	
		$t_2=c_{2p}+a_2-x_{02}$	$t_3=c_{3p}+a_3-x_{03}$	$t_4=c_{4p}+a_4-x_{04}$	$t_5=2c_{5p}-b_5$
	$t'_1=2c_{1p}-b'_1$	$t'_2=c_{2p}+a'_2-x'_{02}$	$t'_3=c_{3p}+a'_3-x'_{03}$	$t'_4=c_{4p}+a'_4-x'_{04}$	
	$\max M_{Ip}=\dfrac12\,pc_{1p}^2$	$\max M_{IIp}=\dfrac12\,pc_{2p}^2$	$\max M_{IIIp}=\dfrac12\,pc_{3p}^2$	$\max M_{IVp}=\dfrac12\,pc_{4p}^2$	$\max M_{Vp}=\dfrac12\,pc_{5p}^2$
$\max M_L$		$M_{L2}=\dfrac12\,pt_2(2c_{2p}-t_2)$	$M_{L3}=\dfrac12\,pt_3(2c_{3p}-t_3)$	$M_{L4}=\dfrac12\,pt_4(2c_{4p}-t_4)$	$M_{L5}=\dfrac12\,pb_5t_5$
$\max M_R$	$M_{R1}=\dfrac12\,pb'_1t'_1$	$M_{R2}=\dfrac12\,pt'_2(2c_{2p}-t'_2)$	$M_{R3}=\dfrac12\,pt'_3(2c_{3p}-t'_3)$	$M_{R4}=\dfrac12\,pt'_4(2c_{4p}-t'_4)$	
$\min M_L$		$M_{L2}=\dfrac{^U M_{2p}a_2+{}^U M_{1p}b_2}{l_2}$	$M_{L3}=\dfrac{^G M_{3p}a_3+{}^G M_{2p}b_3}{l_3}$	$M_{L4}=\dfrac{^U M_{4p}a_4+{}^U M_{3p}b_4}{l_4}$	$M_{L5}={}^G M_{4p}\dfrac{b_5}{l_5}$
$\min M_R$	$M_{R1}={}^G M_{1p}\dfrac{b'_1}{l_1}$	$M_{R2}=\dfrac{^U M_{2p}b'_2+{}^U M_{1p}a'_2}{l_2}$	$M_{R3}=\dfrac{^G M_{3p}b'_3+{}^G M_{2p}a'_3}{l_3}$	$M_{R4}=\dfrac{^U M_{4p}b'_4+{}^U M_{3p}a'_4}{l_4}$	

[Bezeichnungen und Abkürzungen sowie k-Werte siehe S. 229 u. 230.]   [Fortsetzung v. Tafel V, 11 s. nächste Seite.]

	1	2	3	4	5
α	$-\dfrac{p}{4\,l_1}\,k_{11}$	$-\dfrac{p}{4\,l_2}\,[k_{22}\,(1-\mu_1)$ $-\,k_{12}\,(1-\mu_2')]$	$-\dfrac{p}{4\,l_3}\,[k_{33}\,(1-\mu_2)$ $-\,k_{23}\,(1-\mu_3')]$	$-\dfrac{p}{4\,l_4}\,[k_{44}\,(1-\mu_3)$ $-\,k_{34}\,(1-\mu_4')]$	$+\dfrac{p}{4\,l_5}\,k_{45}$
max γ	$-\dfrac{p}{4\,l_1}\,[k_{13}\,l_3\,(1-\mu_3')$ $+\,l_5\,k_{15}]$	$-\dfrac{p}{4\,l_2}\,[l_1\,(k_{21}-k_{11})$ $+\,l_4\,(k_{24}-k_{14})\,(1-\mu_4')]$	$-\dfrac{p}{4\,l_3}\,[l_2\,(k_{32}-k_{22})\,(1-\mu_1)$ $+\,l_5\,(k_{35}-k_{25})]$	$-\dfrac{p}{4\,l_4}\,[l_1\,(k_{41}-k_{31})$ $+\,l_3\,(k_{43}-k_{33})\,(1-\mu_2)]$	$+\dfrac{p}{4\,l_5}\,[l_2\,k_{42}\,(1-\mu_1)$ $+\,l_4\,k_{44}\,(1-\mu_3)]$
min γ	$-\dfrac{p}{4\,l_1}\,[l_2\,k_{12}\,(1-\mu_2')$ $+\,l_4\,k_{14}\,(1-\mu_4')]$	$-\dfrac{p}{4\,l_2}\,[l_3\,(k_{23}-k_{13})(1-\mu_3')$ $+\,l_5\,(k_{25}-k_{15})]$	$-\dfrac{p}{4\,l_3}\,[l_1\,(k_{31}-k_{21})$ $+\,l_4\,(k_{34}-k_{24})\,(1-\mu_4')]$	$-\dfrac{p}{4\,l_4}\,[l_2\,(k_{42}-k_{32})(1-\mu_1)$ $+\,l_5\,(k_{45}-k_{35})]$	$+\dfrac{p}{4\,l_5}\,[l_1\,k_{41}$ $+\,l_3\,k_{43}\,(1-\mu_2)]$
max Q	$\dfrac{p}{2\,l_1}\,x_1'^2+\alpha_1\,x_1'+\max\gamma_1$	$\dfrac{p}{2\,l_2}\,x_2'^2+\alpha_2\,x_2'+\max\gamma_2$	$\dfrac{p}{2\,l_3}\,x_3'^2+\alpha_3\,x_3'+\max\gamma_3$	$\dfrac{p}{2\,l_4}\,x_4'^2+\alpha_4\,x_4'+\max\gamma_4$	$\dfrac{p}{2\,l_5}\,x_5'^2+\alpha_5\,x_5'+\max\gamma_5$
min Q	$-\dfrac{p}{2\,l_1}\,x_1^2+\bar\alpha_1\,x_1+\min\gamma_1$	$-\dfrac{p}{2\,l_2}\,x_2^2+\alpha_2\,x_2+\min\gamma_2$	$-\dfrac{p}{2\,l_3}\,x_3^2+\bar\alpha_3\,x_3+\min\gamma_3$	$-\dfrac{p}{2\,l_4}\,x_4^2+\alpha_4\,x_4+\min\gamma_4$	$-\dfrac{p}{2\,l_5}\,x_5^2+\alpha_5\,x_5+\min\gamma_5$

		A	C_1	C_2	C_3	C_4	B
Auflagerkräfte	max	$\dfrac{p\,l_1}{2}+\alpha_1\,l_1+\max\gamma_1$ $+\,\min\gamma_1$	$p\,\dfrac{l_1+l_2}{2}-\alpha_1\,l_1+\alpha_2\,l_2$ $-\,\min\gamma_1+\max\gamma_2$ $-\,\max\gamma_1+\min\gamma_2$	$p\,\dfrac{l_2+l_3}{2}-\alpha_2\,l_2+\alpha_3\,l_3$ $-\,\min\gamma_2+\max\gamma_3$ $-\,\max\gamma_2+\min\gamma_3$	$p\,\dfrac{l_3+l_4}{2}-\alpha_3\,l_3+\bar\alpha_4\,l_4$ $-\,\min\gamma_3+\max\gamma_4$ $-\,\max\gamma_3+\min\gamma_4$	$p\,\dfrac{l_4+l_5}{2}-\bar\alpha_4\,l_4+\alpha_5\,l_5$ $-\,\min\gamma_4+\max\gamma_5$ $-\,\max\gamma_4+\min\gamma_5$	$\dfrac{p\,l_5}{2}-\alpha_5\,l_5-\min\gamma_5$ $-\,\max\gamma_5$

Tafel V, 12. Einfluß der symmetrischen Belastung je einer Öffnung.

	Belastung in Öffnung				
	l_1	l_2	l_3	l_4	l_5
$M_1 =$	$-\,k_{11}\,z_1$	$-\,k_{12}\,(1-\mu_2')\,z_2$	$-\,k_{13}\,(1-\mu_3')\,z_3$	$-\,k_{14}\,(1-\mu_4')\,z_4$	$-\,k_{15}\,z_5$
$M_2 =$	$-\,k_{21}\,z_1$	$-\,k_{22}\,(1-\mu_1)\,z_2$	$-\,k_{23}\,(1-\mu_3')\,z_3$	$-\,k_{24}\,(1-\mu_4')\,z_4$	$-\,k_{25}\,z_5$
$M_3 =$	$-\,k_{31}\,z_1$	$-\,k_{32}\,(1-\mu_1)\,z_2$	$-\,k_{33}\,(1-\mu_2)\,z_3$	$-\,k_{34}\,(1-\mu_4')\,z_4$	$-\,k_{35}\,z_5$
$M_4 =$	$-\,k_{41}\,z_1$	$-\,k_{42}\,(1-\mu_1)\,z_2$	$-\,k_{43}\,(1-\mu_2)\,z_3$	$-\,k_{44}\,(1-\mu_3)\,z_4$	$-\,k_{45}\,z_5$

[Bezeichnungen und Abkürzungen sowie k-Werte siehe S. 229 u. 240.] [Hilfswerte z siehe S. 208 u. 209.]

Hilfstafel VI.

Der Balken über sechs ungleichen Öffnungen.

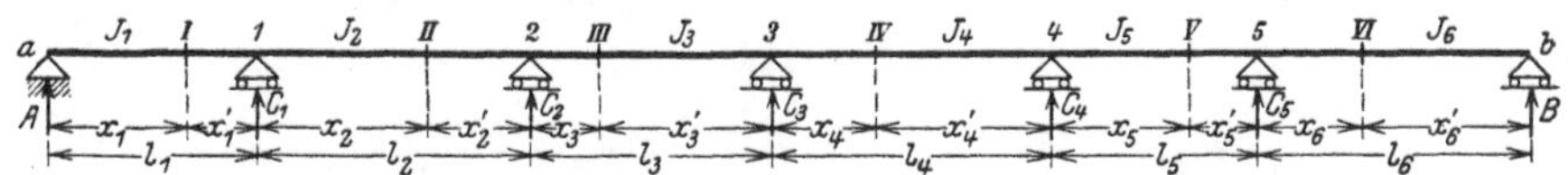

Tafel VI, 1.   Bezeichnungen und Abkürzungen.

1	$l_1' = l_1 \dfrac{J_c}{J_1}$	$l_2' = l_2 \dfrac{J_c}{J_2}$	$l_3' = l_3 \dfrac{J_c}{J_3}$	$l_4' = l_4 \dfrac{J_c}{J_4}$	$l_5' = l_5 \dfrac{J_c}{J_5}$	$l_6' = l_6 \dfrac{J_c}{J_6}$
2	$s_1 = 2\,(l_1' + l_2')$	$s_2 = 2\,(l_2' + l_3')$	$s_3 = 2\,(l_3' + l_4')$	$s_4 = 2\,(l_4' + l_5')$	$s_5 = 2\,(l_5' + l_6')$	
3	$\varDelta_1 = s_1 s_2 - l_2'^2$	$\varDelta_2 = s_4 s_5 - l_5'^2$	$\varDelta_3 = s_3\varDelta_1 - s_1 l_3'^2$	$\varDelta_4 = s_3\varDelta_2 - s_5 l_4'^2$	$\varDelta_5 = s_4\varDelta_3 - \varDelta_1 l_4'^2$	$\varDelta_6 = s_2\varDelta_4 - \varDelta_2 l_3'^2$
4	$\varDelta = s_5\varDelta_5 - \varDelta_3 l_5'^2 = s_1\varDelta_6 - \varDelta_4 l_2'^2$					
5	$\mu_1 = \dfrac{l_2'}{s_1}$	$\mu_2 = \dfrac{s_1 l_3'}{\varDelta_1}$	$\mu_3 = \dfrac{\varDelta_1 l_4'}{\varDelta_3}$	$\mu_4 = \dfrac{\varDelta_3 l_5'}{\varDelta_5}$	$\mu_5 = \dfrac{\varDelta_5 l_6'}{\varDelta}$	$\mu_6 = 0$
6	$\mu_1' = \dfrac{\varDelta_6 l_1'}{\varDelta}$	$\mu_2' = \dfrac{\varDelta_4 l_2'}{\varDelta_6}$	$\mu_3' = \dfrac{\varDelta_2 l_3'}{\varDelta_4}$	$\mu_4' = \dfrac{s_5 l_4'}{\varDelta_2}$	$\mu_5' = \dfrac{l_5'}{s_5}$	$\mu_6' = 0$
7	$b_1 = l_1$	$b_2 = \dfrac{l_2}{1+\mu_1}$	$b_3 = \dfrac{l_3}{1+\mu_2}$	$b_4 = \dfrac{l_4}{1+\mu_3}$	$b_5 = \dfrac{l_5}{1+\mu_4}$	$b_6 = \dfrac{l_6}{1+\mu_5}$
8	$a_1 = 0$	$a_2 = l_2 - b_2$	$a_3 = l_3 - b_3$	$a_4 = l_4 - b_4$	$a_5 = l_5 - b_5$	$a_6 = l_6 - b_6$
9	$b_1' = \dfrac{l_1}{1+\mu_1'}$	$b_2' = \dfrac{l_2}{1+\mu_2'}$	$b_3' = \dfrac{l_3}{1+\mu_3'}$	$b_4' = \dfrac{l_4}{1+\mu_4'}$	$b_5' = \dfrac{l_5}{1+\mu_5'}$	$b_6' = l_6$
10	$a_1' = l_1 - b_1'$	$a_2' = l_2 - b_2'$	$a_3' = l_3 - b_3'$	$a_4' = l_4 - b_4'$	$a_5' = l_5 - b_5'$	$a_6' = 0$

<table>
<tr><td colspan="2">Tafel VI, 2.</td><td colspan="2">Tafel VI, 3.</td></tr>
<tr><td>1</td><td>$M_1 s_1 + M_2 l_2' = Z_1$</td><td>1</td><td>$M_1 = \beta_{11} Z_1 + \beta_{12} Z_2 + \beta_{13} Z_3 + \beta_{14} Z_4 + \beta_{15} Z_5$</td></tr>
<tr><td>2</td><td>$M_1 l_2' + M_2 s_2 + M_3 l_3' = Z_2$</td><td>2</td><td>$M_2 = \beta_{12} Z_1 + \beta_{22} Z_2 + \beta_{23} Z_3 + \beta_{24} Z_4 + \beta_{25} Z_5$</td></tr>
<tr><td>3</td><td>$M_2 l_3' + M_3 s_3 + M_4 l_4' = Z_3$</td><td>3</td><td>$M_3 = \beta_{13} Z_1 + \beta_{23} Z_2 + \beta_{33} Z_3 + \beta_{34} Z_4 + \beta_{35} Z_5$</td></tr>
<tr><td>4</td><td>$M_3 l_4' + M_4 s_4 + M_5 l_5' = Z_4$</td><td>4</td><td>$M_4 = \beta_{14} Z_1 + \beta_{24} Z_2 + \beta_{34} Z_3 + \beta_{44} Z_4 + \beta_{45} Z_5$</td></tr>
<tr><td>5</td><td>$M_4 l_5' + M_5 s_5 \qquad = Z_5$</td><td>5</td><td>$M_5 = \beta_{15} Z_1 + \beta_{25} Z_2 + \beta_{35} Z_3 + \beta_{45} Z_4 + \beta_{55} Z_5$</td></tr>
</table>

Tafel VI, 4a.

$\beta_{11} = \dfrac{\varDelta_6}{\varDelta}$	$\beta_{12} = -\dfrac{l_2'\,\varDelta_4}{\varDelta}$	$\beta_{13} = \dfrac{l_2'\,l_3'\,\varDelta_2}{\varDelta}$	$\beta_{14} = -\dfrac{l_2'\,l_3'\,l_4'\,s_5}{\varDelta}$	$\beta_{15} = \dfrac{l_2'\,l_3'\,l_4'\,l_5'}{\varDelta}$
	$\beta_{22} = \dfrac{s_1\,\varDelta_4}{\varDelta}$	$\beta_{23} = -\dfrac{s_1\,l_3'\,\varDelta_2}{\varDelta}$	$\beta_{24} = \dfrac{s_1\,l_3'\,l_4'\,s_5}{\varDelta}$	$\beta_{25} = -\dfrac{s_1\,l_3'\,l_4'\,l_5'}{\varDelta}$
		$\beta_{33} = \dfrac{\varDelta_1\,\varDelta_2}{\varDelta}$	$\beta_{34} = -\dfrac{l_4'\,s_5\,\varDelta_1}{\varDelta}$	$\beta_{35} = \dfrac{l_4'\,l_5'\,\varDelta_1}{\varDelta}$
			$\beta_{44} = \dfrac{s_5\,\varDelta_3}{\varDelta}$	$\beta_{45} = -\dfrac{l_5'\,\varDelta_3}{\varDelta}$
				$\beta_{55} = \dfrac{\varDelta_5}{\varDelta}$

Tafel VI, 4b.

$\beta_{11} = \dfrac{\varDelta_6}{\varDelta}$	$\beta_{12} = -\mu_1\,\beta_{22}$	$\beta_{13} = -\mu_1\,\beta_{23}$	$\beta_{14} = -\mu_1\,\beta_{24}$	$\beta_{15} = -\mu_1\,\beta_{25}$
	$\beta_{22} = \dfrac{s_1\,\varDelta_4}{\varDelta}$	$\beta_{23} = -\mu_2\,\beta_{33}$	$\beta_{24} = -\mu_2\,\beta_{34}$	$\beta_{25} = -\mu_2\,\beta_{35}$
		$\beta_{33} = \dfrac{\varDelta_1\,\varDelta_2}{\varDelta}$	$\beta_{34} = -\mu_3\,\beta_{44}$	$\beta_{35} = -\mu_3\,\beta_{45}$
			$\beta_{44} = \dfrac{s_5\,\varDelta_3}{\varDelta}$	$\beta_{45} = -\mu_4\,\beta_{55}$
				$\beta_{55} = \dfrac{\varDelta_5}{\varDelta}$

Tafel VI, 5.

$k_{11} = \beta_{11}\,l_1\,l_1'$	$k_{12} = \beta_{11}\,l_2\,l_2'$	$k_{13} = \beta_{12}\,l_3\,l_3'$	$k_{14} = \beta_{13}\,l_4\,l_4'$	$k_{15} = \beta_{14}\,l_5\,l_5'$	$k_{16} = \beta_{15}\,l_6\,l_6'$
$k_{21} = \beta_{12}\,l_1\,l_1'$	$k_{22} = \beta_{22}\,l_2\,l_2$	$k_{23} = \beta_{22}\,l_3\,l_3'$	$k_{24} = \beta_{23}\,l_4\,l_4'$	$k_{25} = \beta_{24}\,l_5\,l_5'$	$k_{26} = \beta_{25}\,l_6\,l_6'$
$k_{31} = \beta_{13}\,l_1\,l_1'$	$k_{32} = \beta_{23}\,l_2\,l_2'$	$k_{33} = \beta_{33}\,l_3\,l_3'$	$k_{34} = \beta_{33}\,l_4\,l_4'$	$k_{35} = \beta_{34}\,l_5\,l_5'$	$k_{36} = \beta_{35}\,l_6\,l_6'$
$k_{41} = \beta_{14}\,l_1\,l_1'$	$k_{42} = \beta_{24}\,l_2\,l_2'$	$k_{43} = \beta_{34}\,l_3\,l_3'$	$k_{44} = \beta_{44}\,l_4\,l_4'$	$k_{45} = \beta_{44}\,l_5\,l_5'$	$k_{46} = \beta_{45}\,l_6\,l_6'$
$k_{51} = \beta_{15}\,l_1\,l_1'$	$k_{52} = \beta_{25}\,l_2\,l_2'$	$k_{53} = \beta_{35}\,l_3\,l_3'$	$k_{54} = \beta_{45}\,l_4\,l_4'$	$k_{55} = \beta_{55}\,l_5\,l_5'$	$k_{56} = \beta_{55}\,l_6\,l_6'$

Tafel VI, 6.   Einflußlinien für die Stützenmomente.

$$\omega_D = \frac{x}{l} - \frac{x^3}{l^3}$$

$$\omega_{T_2} = \omega_D - \mu_1\,\omega'_D\,; \quad\Big|\quad \omega_{T_3} = \omega_D - \mu_2\,\omega'_D\,; \quad\Big|\quad \omega_{T_4} = \omega_D - \mu_3\,\omega'_D\,; \quad\Big|\quad \omega_{T_5} = \omega_D - \mu_4\,\omega'_D$$

$$\omega'_D = \frac{x'}{l} - \frac{x'^3}{l^3}$$

$$\omega'_{T_2} = \omega'_D - \mu_2'\,\omega_D\,; \quad\Big|\quad \omega'_{T_3} = \omega'_D - \mu_3'\,\omega_D\,; \quad\Big|\quad \omega'_{T_4} = \omega'_D - \mu_4'\,\omega_D\,; \quad\Big|\quad \omega'_{T_5} = \omega'_D - \mu_5'\,\omega_D$$

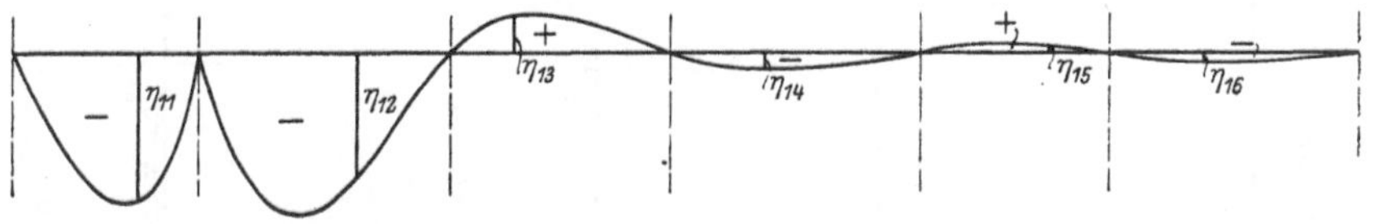

M_1 $\eta_{11} = -\,k_{11}\,\omega_D \;\big|\; \eta_{12} = -\,k_{12}\,\omega'_{T_2} \;\big|\; \eta_{13} = -\,k_{13}\,\omega'_{T_3} \;\big|\; \eta_{14} = -\,k_{14}\,\omega'_{T_4} \;\big|\; \eta_{15} = -\,k_{15}\,\omega'_{T_5} \;\big|\; \eta_{16} = -\,k_{16}\,\omega'_D$

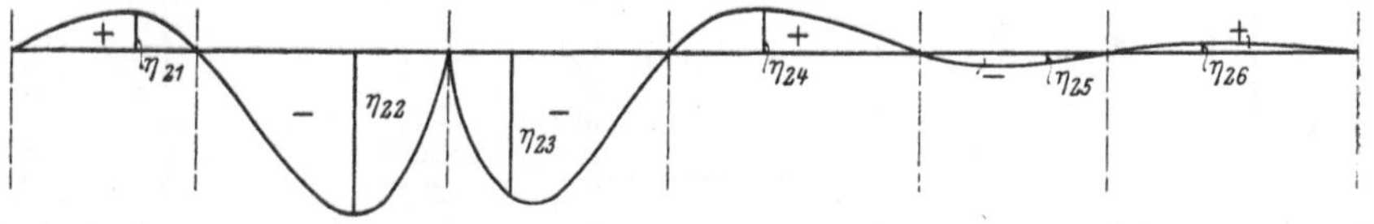

M_2 $\eta_{21} = -\,k_{21}\,\omega_D \;\big|\; \eta_{22} = -\,k_{22}\,\omega_{T_2} \;\big|\; \eta_{23} = -\,k_{23}\,\omega'_{T_3} \;\big|\; \eta_{24} = -\,k_{24}\,\omega'_{T_4} \;\big|\; \eta_{25} = -\,k_{25}\,\omega'_{T_5} \;\big|\; \eta_{26} = -\,k_{26}\,\omega'_D$

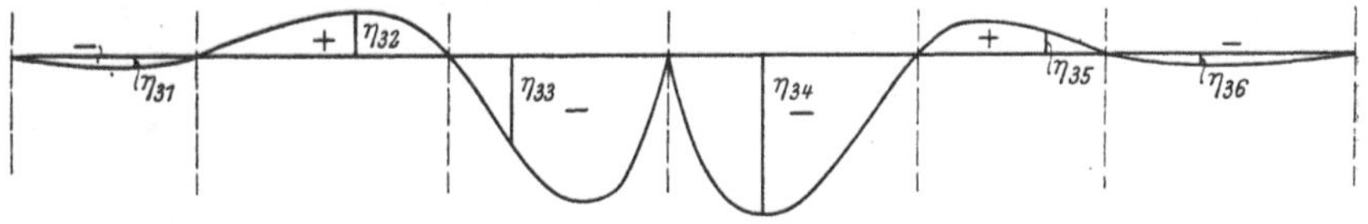

M_3 $\eta_{31} = -\,k_{31}\,\omega_D \;\big|\; \eta_{32} = -\,k_{32}\,\omega_{T_2} \;\big|\; \eta_{33} = -\,k_{33}\,\omega_{T_3} \;\big|\; \eta_{34} = -\,k_{34}\,\omega'_{T_4} \;\big|\; \eta_{35} = -\,k_{35}\,\omega'_{T_5} \;\big|\; \eta_{36} = -\,k_{36}\,\omega'_D$

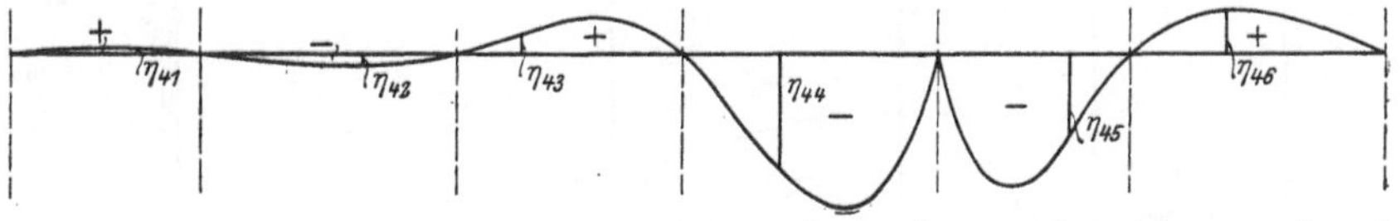

M_4 $\eta_{41} = -\,k_{41}\,\omega_D \;\big|\; \eta_{42} = -\,k_{42}\,\omega_{T_2} \;\big|\; \eta_{43} = -\,k_{43}\,\omega_{T_3} \;\big|\; \eta_{44} = -\,k_{44}\,\omega_{T_4} \;\big|\; \eta_{45} = -\,k_{45}\,\omega'_{T_5} \;\big|\; \eta_{46} = -\,k_{46}\,\omega'_D$

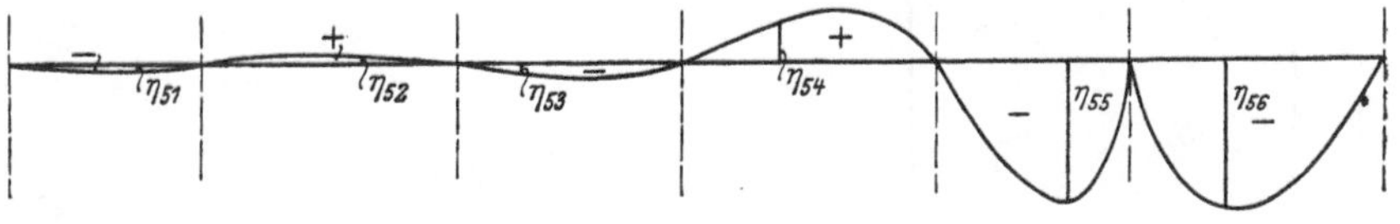

M_5 $\eta_{51} = -\,k_{51}\,\omega_D \;\big|\; \eta_{52} = -\,k_{52}\,\omega_{T_2} \;\big|\; \eta_{53} = -\,k_{53}\,\omega_{T_3} \;\big|\; \eta_{54} = -\,k_{54}\,\omega_{T_4} \;\big|\; \eta_{55} = -\,k_{55}\,\omega_{T_5} \;\big|\; \eta_{56} = -\,k_{56}\,\omega'_D$

[Bezeichnungen und Abkürzungen sowie k-Werte siehe S. 243 u. 244.   Tafel der Zahlen ω siehe S. 267 bis 271.]

Tafel VI, 7. Einflußlinien für die Feldmomente.

$$\xi_2 = \frac{x_2}{l_2} - \mu_1 \frac{x_2'}{l_2}; \qquad \xi_3 = \frac{x_3}{l_3} - \mu_2 \frac{x_3'}{l_3}; \qquad \xi_4 = \frac{x_4}{l_4} - \mu_3 \frac{x_4'}{l_4}; \qquad \xi_5 = \frac{x_5}{l_5} - \mu_4 \frac{x_5'}{l_5};$$

$$\xi_2' = \frac{x_2'}{l_2} - \mu_2' \frac{x_2}{l_2}; \qquad \xi_3' = \frac{x_3'}{l_3} - \mu_3' \frac{x_3}{l_3}; \qquad \xi_4' = \frac{x_4'}{l_4} - \mu_4' \frac{x_4}{l_4}; \qquad \xi_5' = \frac{x_5'}{l_5} - \mu_5' \frac{x_5}{l_5};$$

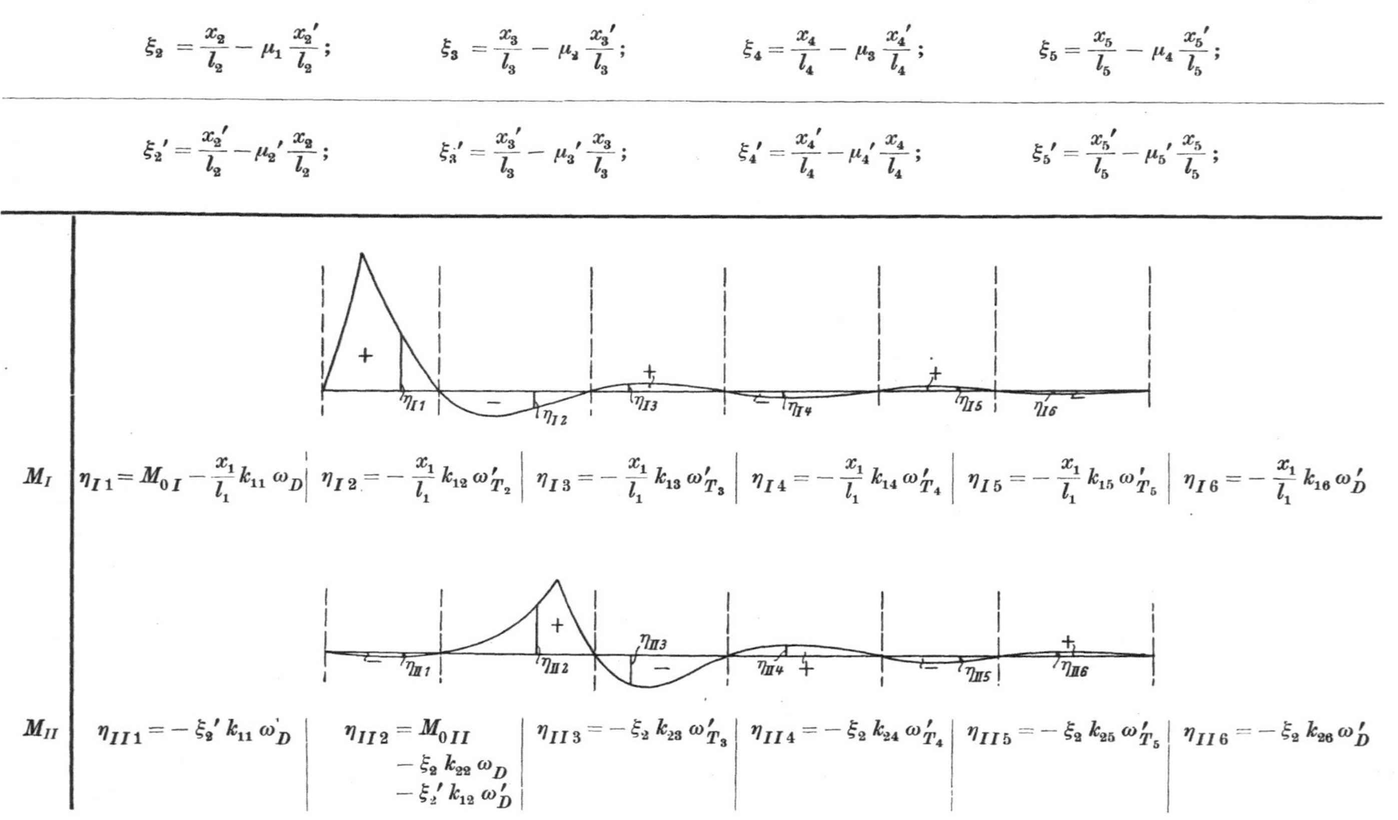

$$M_I \quad \left| \quad \eta_{I1} = M_{0I} - \frac{x_1}{l_1} k_{11} \omega_D' \quad \right| \quad \eta_{I2} = -\frac{x_1}{l_1} k_{12} \omega_{T_2}' \quad \left| \quad \eta_{I3} = -\frac{x_1}{l_1} k_{13} \omega_{T_3}' \quad \right| \quad \eta_{I4} = -\frac{x_1}{l_1} k_{14} \omega_{T_4}' \quad \left| \quad \eta_{I5} = -\frac{x_1}{l_1} k_{15} \omega_{T_5}' \quad \right| \quad \eta_{I6} = -\frac{x_1}{l_1} k_{16} \omega_D'$$

$$M_{II} \quad \left| \quad \eta_{II1} = -\xi_2' k_{11} \omega_D' \quad \right| \quad \begin{aligned} \eta_{II2} &= M_{0II} \\ &\quad - \xi_2 k_{22} \omega_D \\ &\quad - \xi_2' k_{12} \omega_D' \end{aligned} \quad \left| \quad \eta_{II3} = -\xi_2 k_{23} \omega_{T_3}' \quad \right| \quad \eta_{II4} = -\xi_2 k_{24} \omega_{T_4}' \quad \left| \quad \eta_{II5} = -\xi_2 k_{25} \omega_{T_5}' \quad \right| \quad \eta_{II6} = -\xi_2 k_{26} \omega_D'$$

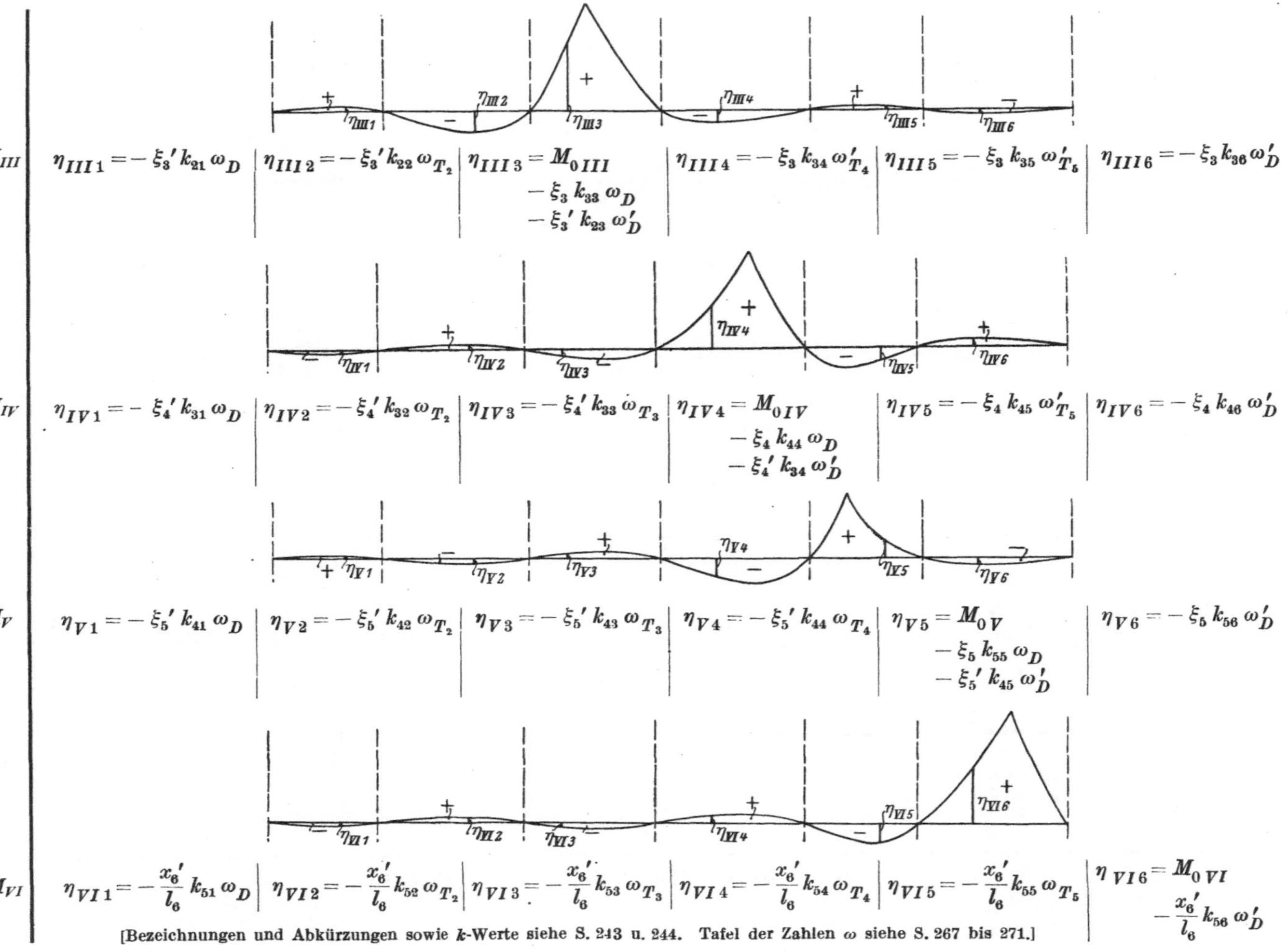

M_{III}	$\eta_{III\,1} = -\,\xi_3'\,k_{21}\,\omega_D$	$\eta_{III\,2} = -\,\xi_3'\,k_{22}\,\omega_{T_2}$	$\eta_{III\,3} = M_{0\,III} - \xi_3\,k_{33}\,\omega_D - \xi_3'\,k_{23}\,\omega_D'$	$\eta_{III\,4} = -\,\xi_3\,k_{34}\,\omega_{T_4}'$	$\eta_{III\,5} = -\,\xi_3\,k_{35}\,\omega_{T_5}'$
					$\eta_{III\,6} = -\,\xi_3\,k_{36}\,\omega_D'$
M_{IV}	$\eta_{IV\,1} = -\,\xi_4'\,k_{31}\,\omega_D$	$\eta_{IV\,2} = -\,\xi_4'\,k_{32}\,\omega_{T_2}$	$\eta_{IV\,3} = -\,\xi_4'\,k_{33}\,\omega_{T_3}$	$\eta_{IV\,4} = M_{0\,IV} - \xi_4\,k_{44}\,\omega_D - \xi_4'\,k_{34}\,\omega_D'$	$\eta_{IV\,5} = -\,\xi_4\,k_{45}\,\omega_{T_5}'$
					$\eta_{IV\,6} = -\,\xi_4\,k_{46}\,\omega_D'$
M_V	$\eta_{V\,1} = -\,\xi_5'\,k_{41}\,\omega_D$	$\eta_{V\,2} = -\,\xi_5'\,k_{42}\,\omega_{T_2}$	$\eta_{V\,3} = -\,\xi_5'\,k_{43}\,\omega_{T_3}$	$\eta_{V\,4} = -\,\xi_5'\,k_{44}\,\omega_{T_4}$	$\eta_{V\,5} = M_{0\,V} - \xi_5\,k_{55}\,\omega_D - \xi_5'\,k_{45}\,\omega_D'$
					$\eta_{V\,6} = -\,\xi_5\,k_{56}\,\omega_D'$
M_{VI}	$\eta_{VI\,1} = -\,\dfrac{x_6'}{l_6}\,k_{51}\,\omega_D$	$\eta_{VI\,2} = -\,\dfrac{x_6'}{l_6}\,k_{52}\,\omega_{T_2}$	$\eta_{VI\,3} = -\,\dfrac{x_6'}{l_6}\,k_{53}\,\omega_{T_3}$	$\eta_{VI\,4} = -\,\dfrac{x_6'}{l_6}\,k_{54}\,\omega_{T_4}$	$\eta_{VI\,5} = -\,\dfrac{x_6'}{l_6}\,k_{55}\,\omega_{T_5}$
					$\eta_{VI\,6} = M_{0\,VI} - \dfrac{x_6'}{l_6}\,k_{56}\,\omega_D'$

[Bezeichnungen und Abkürzungen sowie k-Werte siehe S. 243 u. 244. Tafel der Zahlen ω siehe S. 267 bis 271.]

Tafel VI, 8. Einflußlinien für die Querkräfte.

Q_I

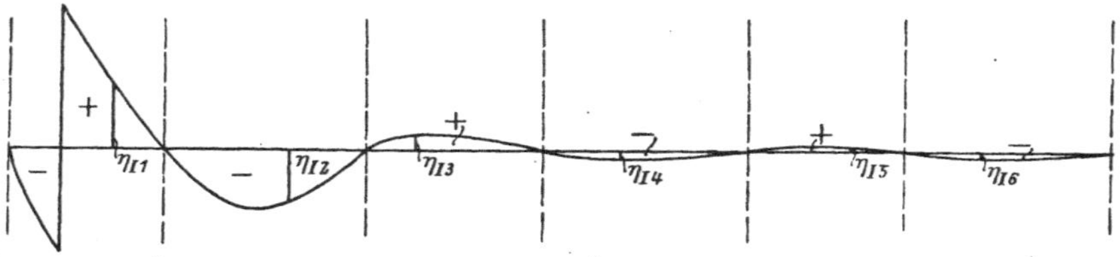

$$\eta_{I\,1} = Q_{0\,I} - \frac{k_{11}}{l_1}\,\omega_D \qquad \eta_{I\,2} = -\frac{k_{12}}{l_1}\,\omega'_{T_2} \qquad \eta_{I\,3} = -\frac{k_{13}}{l_1}\,\omega'_{T_3} \qquad \eta_{I\,4} = -\frac{k_{14}}{l_1}\,\omega_{T_4} \qquad \eta_{I\,5} = -\frac{k_{15}}{l_1}\,\omega'_{T_5} \qquad \eta_{I\,6} = -\frac{k_{16}}{l_1}\,\omega'_D$$

Q_{II}

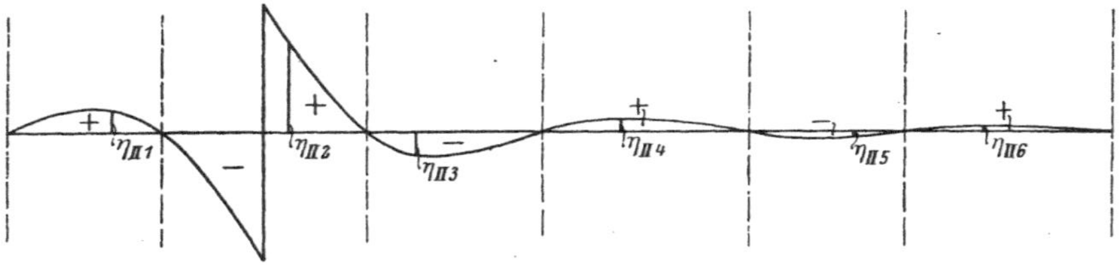

$$\eta_{II\,1} = \frac{k_{11}}{b_2'}\,\omega_D \qquad \begin{aligned}\eta_{II\,2} &= Q_{0\,II} \\ &+ \frac{k_{12}}{b_2'}\,\omega'_D - \frac{k_{22}}{b_2}\,\omega_D\end{aligned} \qquad \eta_{II\,3} = -\frac{k_{23}}{b_2}\,\omega'_{T_3} \qquad \eta_{II\,4} = -\frac{k_{24}}{b_2}\,\omega'_{T_4} \qquad \eta_{II\,5} = -\frac{k_{25}}{b_2}\,\omega'_{T_5} \qquad \eta_{II\,6} = -\frac{k_{26}}{b_2}\,\omega'_D$$

Q_{III}

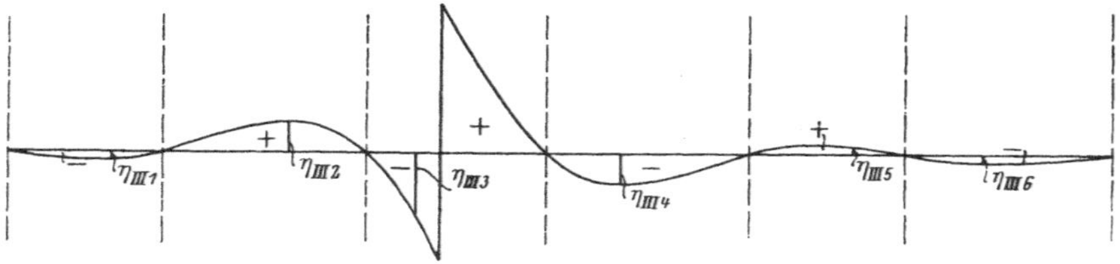

$$\eta_{III\,1} = \frac{k_{21}}{b_3'}\,\omega_D \qquad \eta_{III\,2} = \frac{k_{22}}{b_3'}\,\omega_{T_2} \qquad \begin{aligned}\eta_{III\,3} &= Q_{0\,III} \\ &+ \frac{k_{23}}{b_3'}\,\omega'_D - \frac{k_{33}}{b_3}\,\omega_D\end{aligned} \qquad \eta_{III\,4} = -\frac{k_{34}}{b_3}\,\omega'_{T_4} \qquad \eta_{III\,5} = -\frac{k_{35}}{b_3}\,\omega'_{T_5} \qquad \eta_{III\,6} = -\frac{k_{36}}{b_3}\,\omega'_D$$

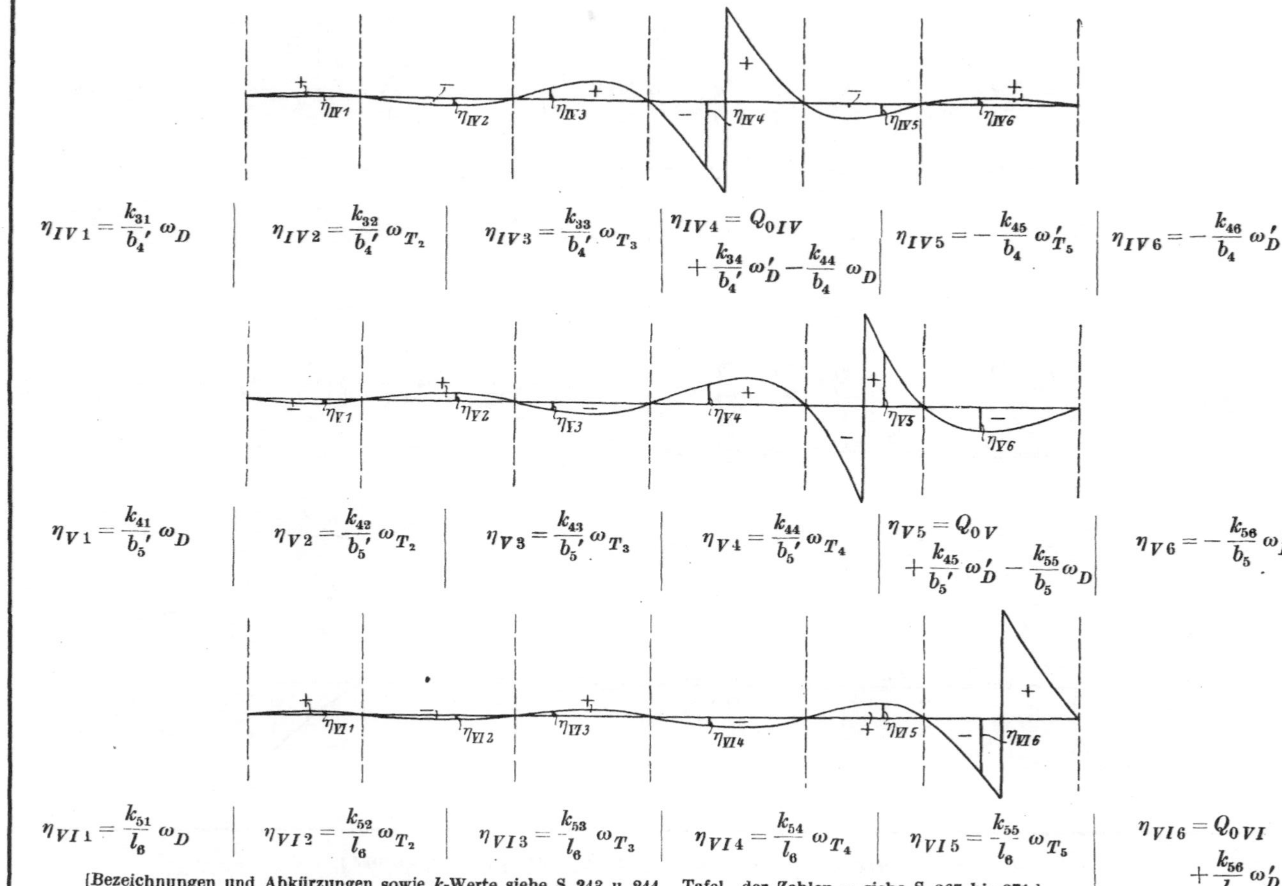

Q_{IV}

$$\eta_{IV1} = \frac{k_{31}}{b_4'}\,\omega_D$$

$$\eta_{IV2} = \frac{k_{32}}{b_4'}\,\omega_{T_2}$$

$$\eta_{IV3} = \frac{k_{33}}{b_4'}\,\omega_{T_3}$$

$$\eta_{IV4} = Q_{0IV} + \frac{k_{34}}{b_4'}\,\omega_D' - \frac{k_{44}}{b_4}\,\omega_D$$

$$\eta_{IV5} = -\frac{k_{45}}{b_4}\,\omega_{T_5}'$$

$$\eta_{IV6} = -\frac{k_{46}}{b_4}\,\omega_D'$$

Q_V

$$\eta_{V1} = \frac{k_{41}}{b_5'}\,\omega_D$$

$$\eta_{V2} = \frac{k_{42}}{b_5'}\,\omega_{T_2}$$

$$\eta_{V3} = \frac{k_{43}}{b_5'}\,\omega_{T_3}$$

$$\eta_{V4} = \frac{k_{44}}{b_5'}\,\omega_{T_4}$$

$$\eta_{V5} = Q_{0V} + \frac{k_{45}}{b_5'}\,\omega_D' - \frac{k_{55}}{b_5}\,\omega_D$$

$$\eta_{V6} = -\frac{k_{56}}{b_5}\,\omega_D'$$

Q_{VI}

$$\eta_{VI1} = \frac{k_{51}}{l_6}\,\omega_D$$

$$\eta_{VI2} = \frac{k_{52}}{l_6}\,\omega_{T_2}$$

$$\eta_{VI3} = \frac{k_{53}}{l_6}\,\omega_{T_3}$$

$$\eta_{VI4} = \frac{k_{54}}{l_6}\,\omega_{T_4}$$

$$\eta_{VI5} = \frac{k_{55}}{l_6}\,\omega_{T_5}$$

$$\eta_{VI6} = Q_{0VI} + \frac{k_{56}}{l_6}\,\omega_D'$$

[Bezeichnungen und Abkürzungen sowie k-Werte siehe S. 243 u. 244. Tafel der Zahlen ω siehe S. 267 bis 271.]

Tafel VI, 9. Einflußlinien für die Auflagerkräfte.

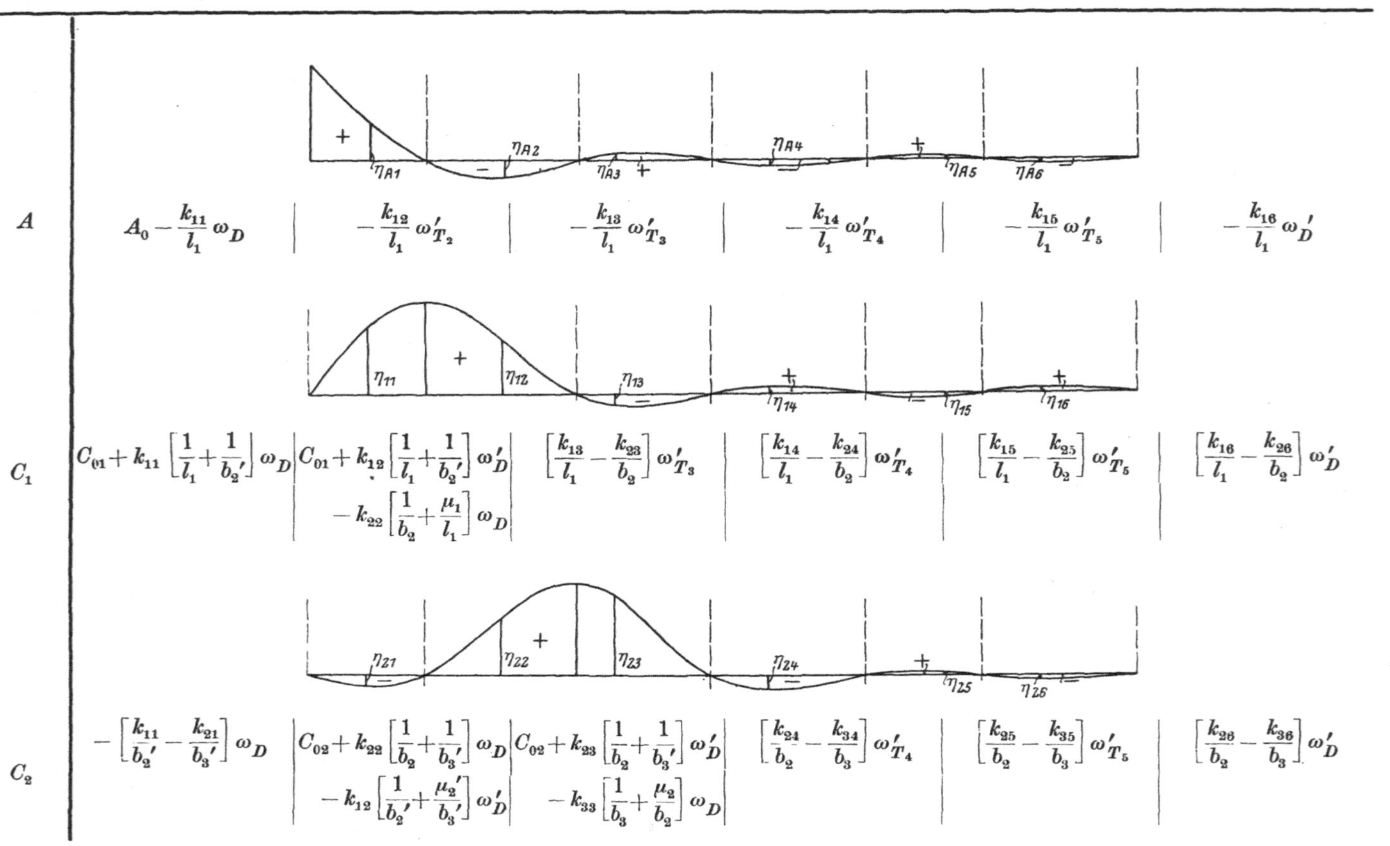

A	$A_0 - \dfrac{k_{11}}{l_1}\,\omega_D$	$-\dfrac{k_{12}}{l_1}\,\omega'_{T_2}$	$-\dfrac{k_{13}}{l_1}\,\omega'_{T_3}$	$-\dfrac{k_{14}}{l_1}\,\omega'_{T_4}$	$-\dfrac{k_{15}}{l_1}\,\omega'_{T_5}$; $-\dfrac{k_{16}}{l_1}\,\omega'_D$
C_1	$C_{01} + k_{11}\left[\dfrac{1}{l_1}+\dfrac{1}{b_2'}\right]\omega_D$	$C_{01} + k_{12}\left[\dfrac{1}{l_1}+\dfrac{1}{b_2'}\right]\omega'_D - k_{22}\left[\dfrac{1}{b_2}+\dfrac{\mu_1}{l_1}\right]\omega_D$	$\left[\dfrac{k_{13}}{l_1}-\dfrac{k_{23}}{b_2}\right]\omega'_{T_3}$	$\left[\dfrac{k_{14}}{l_1}-\dfrac{k_{24}}{b_2}\right]\omega'_{T_4}$	$\left[\dfrac{k_{15}}{l_1}-\dfrac{k_{25}}{b_2}\right]\omega'_{T_5}$; $\left[\dfrac{k_{16}}{l_1}-\dfrac{k_{26}}{b_2}\right]\omega'_D$
C_2	$-\left[\dfrac{k_{11}}{b_2'}-\dfrac{k_{21}}{b_3'}\right]\omega_D$	$C_{02} + k_{22}\left[\dfrac{1}{b_2}+\dfrac{1}{b_3'}\right]\omega_D - k_{12}\left[\dfrac{1}{b_2'}+\dfrac{\mu_2'}{b_3'}\right]\omega'_D$	$C_{02} + k_{23}\left[\dfrac{1}{b_2}+\dfrac{1}{b_3'}\right]\omega'_D - k_{33}\left[\dfrac{1}{b_3}+\dfrac{\mu_2}{b_2}\right]\omega_D$	$\left[\dfrac{k_{24}}{b_2}-\dfrac{k_{34}}{b_3}\right]\omega'_{T_4}$	$\left[\dfrac{k_{25}}{b_2}-\dfrac{k_{35}}{b_3}\right]\omega'_{T_5}$; $\left[\dfrac{k_{26}}{b_2}-\dfrac{k_{36}}{b_3}\right]\omega'_D$

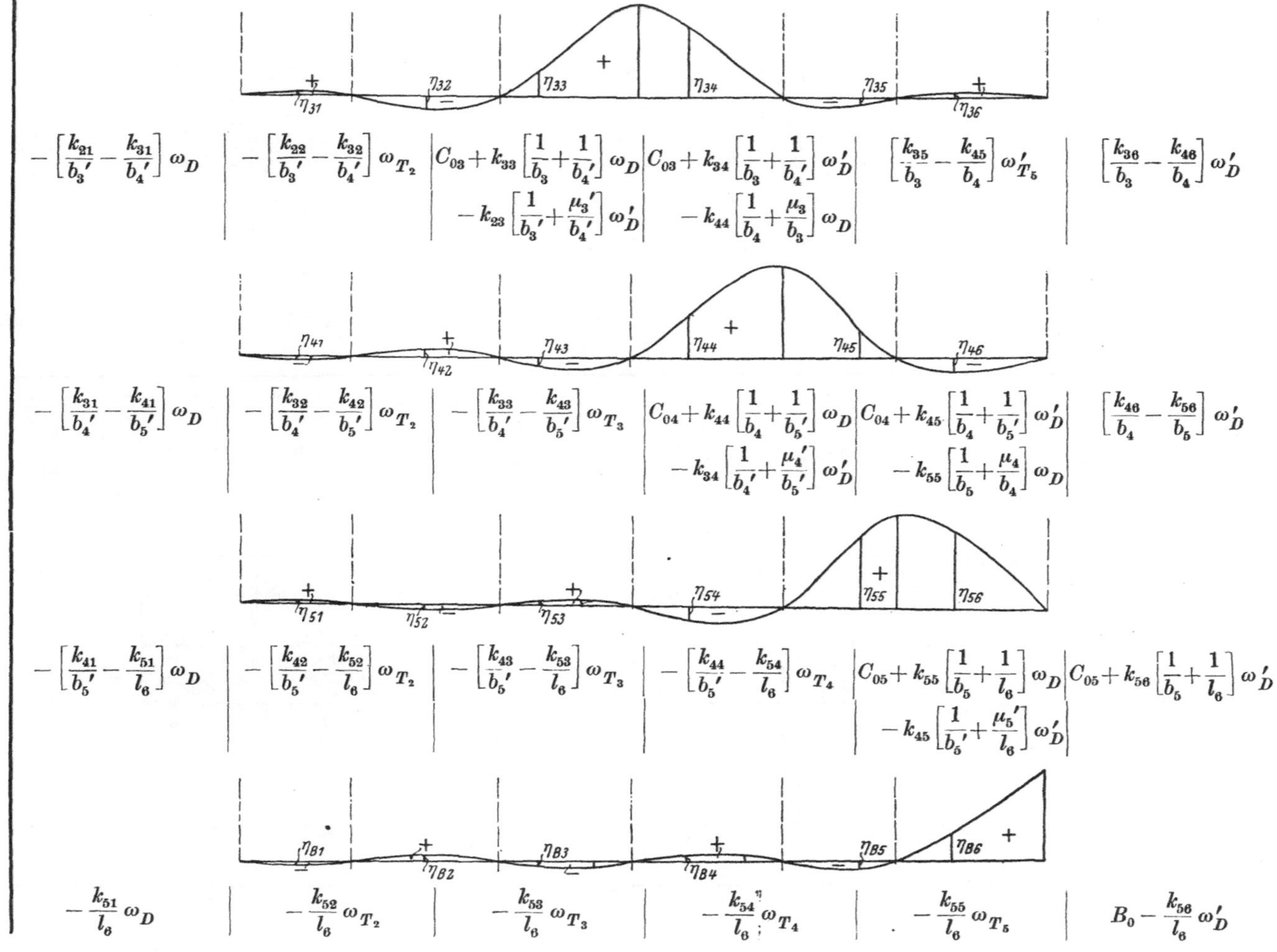

C_3	$-\left[\dfrac{k_{21}}{b_3{}'}-\dfrac{k_{31}}{b_4{}'}\right]\omega_D$	$-\left[\dfrac{k_{22}}{b_3{}'}-\dfrac{k_{32}}{b_4{}'}\right]\omega_{T_2}$	$C_{03}+k_{33}\left[\dfrac{1}{b_3}+\dfrac{1}{b_4{}'}\right]\omega_D$ $-k_{23}\left[\dfrac{1}{b_3{}'}+\dfrac{\mu_3{}'}{b_4{}'}\right]\omega_D'$	$C_{03}+k_{34}\left[\dfrac{1}{b_3}+\dfrac{1}{b_4{}'}\right]\omega_D'$ $-k_{44}\left[\dfrac{1}{b_4}+\dfrac{\mu_3}{b_3}\right]\omega_D$	$\left[\dfrac{k_{35}}{b_3}-\dfrac{k_{45}}{b_4}\right]\omega_{T_5}'$	$\left[\dfrac{k_{36}}{b_3}-\dfrac{k_{46}}{b_4}\right]\omega_D'$
C_4	$-\left[\dfrac{k_{31}}{b_4{}'}-\dfrac{k_{41}}{b_5{}'}\right]\omega_D$	$-\left[\dfrac{k_{32}}{b_4{}'}-\dfrac{k_{42}}{b_5{}'}\right]\omega_{T_2}$	$-\left[\dfrac{k_{33}}{b_4{}'}-\dfrac{k_{43}}{b_5{}'}\right]\omega_{T_3}$	$C_{04}+k_{44}\left[\dfrac{1}{b_4}+\dfrac{1}{b_5{}'}\right]\omega_D$ $-k_{34}\left[\dfrac{1}{b_4{}'}+\dfrac{\mu_4{}'}{b_5{}'}\right]\omega_D'$	$C_{04}+k_{45}\left[\dfrac{1}{b_4}+\dfrac{1}{b_5{}'}\right]\omega_D'$ $-k_{55}\left[\dfrac{1}{b_5}+\dfrac{\mu_4}{b_4}\right]\omega_D$	$\left[\dfrac{k_{46}}{b_4}-\dfrac{k_{56}}{b_5}\right]\omega_D'$
C_5	$-\left[\dfrac{k_{41}}{b_5{}'}-\dfrac{k_{51}}{l_6}\right]\omega_D$	$-\left[\dfrac{k_{42}}{b_5{}'}-\dfrac{k_{52}}{l_6}\right]\omega_{T_2}$	$-\left[\dfrac{k_{43}}{b_5{}'}-\dfrac{k_{53}}{l_6}\right]\omega_{T_3}$	$-\left[\dfrac{k_{44}}{b_5{}'}-\dfrac{k_{54}}{l_6}\right]\omega_{T_4}$	$C_{05}+k_{55}\left[\dfrac{1}{b_5}+\dfrac{1}{l_6}\right]\omega_D$ $-k_{45}\left[\dfrac{1}{b_5{}'}+\dfrac{\mu_5{}'}{l_6}\right]\omega_D'$	$C_{05}+k_{56}\left[\dfrac{1}{b_5}+\dfrac{1}{l_6}\right]\omega_D'$
B	$-\dfrac{k_{51}}{l_6}\omega_D$	$-\dfrac{k_{52}}{l_6}\omega_{T_2}$	$-\dfrac{k_{53}}{l_6}\omega_{T_3}$	$-\dfrac{k_{54}}{l_6}\omega_{T_4}$	$-\dfrac{k_{55}}{l_6}\omega_{T_5}$	$B_0-\dfrac{k_{56}}{l_6}\omega_D'$

[Bezeichnungen und Abkürzungen sowie k-Werte siehe S. 243 u. 244. Tafel der Zahlen ω siehe S. 267 bis 271.]

Tafel VI, 10. Einfluß des Eigengewichtes g.

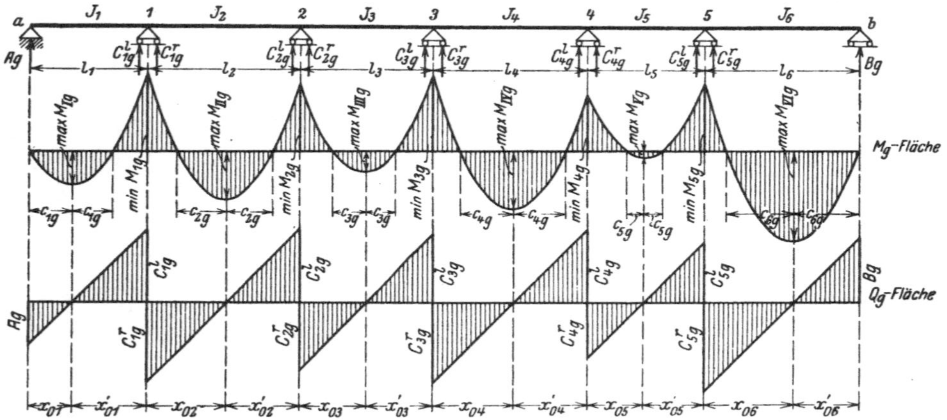

	1	2	3	4	5
M_g	$-\dfrac{1}{4}\Big[g_1\,l_1\,k_{11}$ $+\sum_{i=2}^{6} g_i\,l_i\,k_{1i}(1-\mu_i')\Big]$	$-\dfrac{1}{4}\Big[\sum_{i=1}^{2} g_i\,l_i\,k_{2i}(1-\mu_{i-1})$ $+\sum_{i=3}^{6} g_i\,l_i\,k_{2i}(1-\mu_i')\Big]$	$-\dfrac{1}{4}\Big[\sum_{i=1}^{3} g_i\,l_i\,k_{3i}(1-\mu_{i-1})$ $+\sum_{i=4}^{6} g_i\,l_i\,k_{3i}(1-\mu_i')\Big]$	$-\dfrac{1}{4}\Big[\sum_{i=1}^{4} g_i\,l_i\,k_{4i}(1-\mu_{i-1})$ $+\sum_{i=5}^{6} g_i\,l_i\,k_{4i}(1-\mu_i')\Big]$	$-\dfrac{1}{4}\Big[\sum_{i=1}^{5} g_i\,l_i\,k_{5i}(1-\mu_{i-1})$ $+g_6\,l_6\,k_{56}\Big]$
M_g	$-\dfrac{g}{4}\Big[l_1\,k_{11}$ $+\sum_{i=2}^{6} l_i\,k_{1i}(1-\mu_i')\Big]$	$-\dfrac{g}{4}\Big[\sum_{i=1}^{2} l_i\,k_{2i}(1-\mu_{i-1})$ $+\sum_{i=3}^{6} l_i\,k_{2i}(1-\mu_i')\Big]$	$-\dfrac{g}{4}\Big[\sum_{i=1}^{3} l_i\,k_{3i}(1-\mu_{i-1})$ $+\sum_{i=4}^{6} l_i\,k_{3i}(1-\mu_i')\Big]$	$-\dfrac{g}{4}\Big[\sum_{i=1}^{4} l_i\,k_{4i}(1-\mu_{i-1})$ $+\sum_{i=5}^{6} l_i\,k_{4i}(1-\mu_i')\Big]$	$-\dfrac{g}{4}\Big[\sum_{i=1}^{5} l_i\,k_{5i}(1-\mu_{i-1})$ $+l_6\,k_{56}\Big]$

	1	2	3	4	5	6
	$c_{1g}=\dfrac{l_1}{2}+\dfrac{M_{1g}}{g_1 l_1}=x_{01}$	$x_{02}=\dfrac{l_2}{2}+\dfrac{M_{2g}-M_{1g}}{g_2 l_2}$	$x_{03}=\dfrac{l_3}{2}+\dfrac{M_{3g}-M_{2g}}{g_3 l_3}$	$x_{04}=\dfrac{l_4}{2}+\dfrac{M_{4g}-M_{3g}}{g_4 l_4}$	$x_{05}=\dfrac{l_5}{2}+\dfrac{M_{5g}-M_{4g}}{g_5 l_5}$	$c_{6g}=\dfrac{l_6}{2}+\dfrac{M_{5g}}{g_6 l_6}=x'_{06}$
	$x'_{01}=l_1-c_{1g}$	$x'_{02}=l_2-x_{02}$	$x'_{03}=l_3-x_{03}$	$x'_{04}=l_4-x_{04}$	$x'_{05}=l_5-x_{05}$	$x_{06}=l_6-c_{6g}$
		$c_{2g}=\sqrt{x_{02}^2+\dfrac{2\,M_{1g}}{g_2}}$	$c_{3g}=\sqrt{x_{03}^2+\dfrac{2\,M_{2g}}{g_3}}$	$c_{4g}=\sqrt{x_{04}^2+\dfrac{2\,M_{3g}}{g_4}}$	$c_{5g}=\sqrt{x_{05}^2+\dfrac{2\,M_{4g}}{g_5}}$	
	$x_1''=c_{1g}-x_1$	$x_2''=x_{02}-x_2$	$x_3''=x_{03}-x_3$	$x_4''=x_{04}-x_4$	$x_5''=x_{05}-x_5$	$x_6''=x_{06}-x_6$
	$\max M_{Ig}=\dfrac{1}{2}\,g_1\,c_{1g}^2$	$\max M_{IIg}=\dfrac{1}{2}\,g_2\,c_{2g}^2$	$\max M_{IIIg}=\dfrac{1}{2}\,g_3\,c_{3g}^2$	$\max M_{IVg}=\dfrac{1}{2}\,g_4\,c_{4g}^2$	$\max M_{Vg}=\dfrac{1}{2}\,g_5\,c_{5g}^2$	$\max M_{VIg}=\dfrac{1}{2}\,g_6\,c_{6g}^2$
	$Q_{Ig}=g_1\,x_1''$	$Q_{IIg}=g_2\,x_2''$	$Q_{IIIg}=g_3\,x_3''$	$Q_{IVg}=g_4\,x_4''$	$Q_{Vg}=g_5\,x_5''$	$Q_{VIg}=g_6\,x_6''$
Auflagerkräfte	$A_g=g_1\,x_{01}$	$C_{1g}^r=g_2\,x_{02}$	$C_{2g}^r=g_3\,x_{03}$	$C_{3g}^r=g_4\,x_{04}$	$C_{4g}^r=g_5\,x_{05}$	$C_{5g}^r=g_6\,x_{06}$
	$C_{1g}^l=g_1\,x'_{01}$	$C_{2g}^l=g_2\,x'_{02}$	$C_{3g}^l=g_3\,x'_{03}$	$C_{4g}^l=g_4\,x'_{04}$	$C_{5g}^l=g_5\,x'_{05}$	$B_g=g_6\,x'_{06}$
	$C_{1g}=C_{1g}^l+C_{1g}^r$	$C_{2g}=C_{2g}^l+C_{2g}^r$	$C_{3g}=C_{3g}^l+C_{3g}^r$	$C_{4g}=C_{4g}^l+C_{4g}^r$	$C_{5g}=C_{5g}^l+C_{5g}^r$	

[Bezeichnungen und Abkürzungen sowie k-Werte siehe S. 243 u. 244.]

Tafel VI, 11. Einfluß der veränderlichen Nutzlast p.

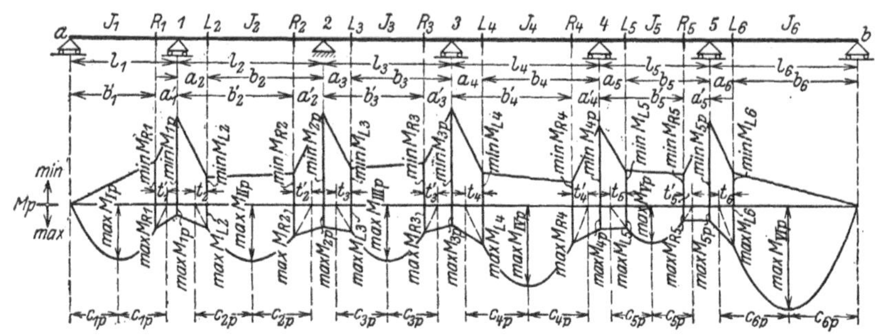

	1	2
min M_p	$-\dfrac{p}{4}\,[k_{11}\,l_1 + k_{12}\,l_2\,(1-\mu_2') + k_{14}\,l_4\,(1-\mu_4') + k_{16}\,l_6]$	$-\dfrac{p}{4}\,[k_{22}\,l_2\,(1-\mu_1) + k_{23}\,l_3\,(1-\mu_3') + k_{25}\,l_5\,(1-\mu_5')]$
max M_p	$-\dfrac{p}{4}\,[k_{13}\,l_3\,(1-\mu_3') + k_{15}\,l_5\,(1-\mu_5')]$	$-\dfrac{p}{4}\,[k_{21}\,l_1 + k_{24}\,l_4\,(1-\mu_4') + k_{26}\,l_6]$
$^U M_p$	$-\dfrac{p}{4}\,[k_{11}\,l_1 + k_{13}\,l_3\,(1-\mu_3') + k_{15}\,l_5\,(1-\mu_5')]$	$-\dfrac{p}{4}\,[k_{21}\,l_1 + k_{23}\,l_3\,(1-\mu_3') + k_{25}\,l_5\,(1-\mu_5')]$
$^G M_p$	$-\dfrac{p}{4}\,[k_{12}\,l_2\,(1-\mu_2') + k_{14}\,l_4\,(1-\mu_4') + k_{16}\,l_6]$	$-\dfrac{p}{4}\,[k_{22}\,l_2\,(1-\mu_1) + k_{24}\,l_4\,(1-\mu_4') + k_{26}\,l_6]$

[Bezeichnungen und Abkürzungen sowie k-Werte siehe S. 243 u. 244.]

Tafel VI, 11. Einfluß der veränderlichen Nutzlast p.

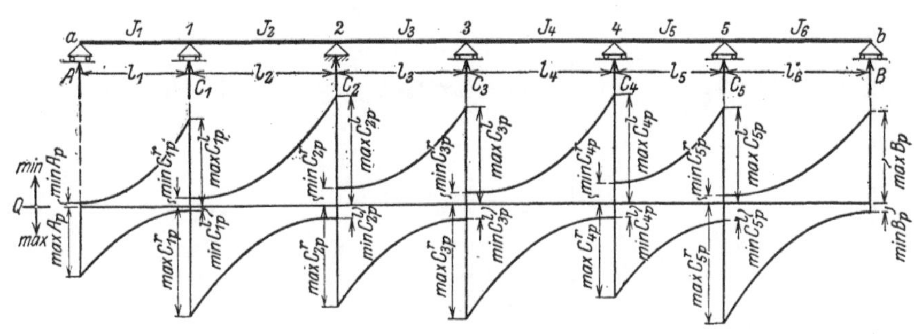

3	4	5
$-\dfrac{p}{4}\,[k_{31}\,l_1 + k_{33}\,l_3\,(1-\mu_2)$ $+\ k_{34}\,l_4\,(1-\mu_4') + k_{36}\,l_6]$	$-\dfrac{p}{4}\,[k_{42}\,l_2\,(1-\mu_1)$ $+\,k_{44}\,l_4(1-\mu_3)+k_{45}\,l_5(1-\mu_5')$	$-\dfrac{p}{4}\,[k_{51}\,l_1 + k_{53}\,l_3\,(1-\mu_2)$ $+\ k_{55}\,l_5\,(1-\mu_4) + k_{56}\,l_6]$
$-\dfrac{p}{4}\,[k_{32}\,l_2\,(1-\mu_1)$ $+\ k_{35}\,l_5\,(1-\mu_5')]$	$-\dfrac{p}{4}\,[k_{41}\,l_1 + k_{43}\,l_3\,(1-\mu_2)$ $+\ k_{46}\,l_6]$	$-\dfrac{p}{4}\,[k_{52}\,l_2\,(1-\mu_1)$ $+\ k_{54}\,l_4\,(1-\mu_3)]$
$-\dfrac{p}{4}\,[k_{31}\,l_1 + k_{33}\,l_3\,(1-\mu_2)$ $+\ k_{35}\,l_5\,(1-\mu_5')]$	$-\dfrac{p}{4}\,[k_{41}\,l_1 + k_{43}\,l_3\,(1-\mu_2)$ $+\ k_{45}\,l_5\,(1-\mu_5')]$	$-\dfrac{p}{4}\,[k_{51}\,l_1 + k_{53}\,l_3\,(1-\mu_2)$ $+\ k_{55}\,l_5\,(1-\mu_4)]$
$-\dfrac{p}{4}\,[k_{32}\,l_2\,(1-\mu_1)$ $+\ k_{34}\,l_4\,(1-\mu_4') + k_{36}\,l_6]$	$-\dfrac{p}{4}\,[k_{42}\,l_2\,(1-\mu_1)$ $+\ k_{44}\,l_4\,(1-\mu_3)+k_{46}\,l_6$	$-\dfrac{p}{4}\,[k_{52}\,l_2\,(1-\mu_1)$ $+\ k_{54}\,l_4\,(1-\mu_3)+k_{56}\,l_6]$

[Bezeichnungen und Abkürzungen sowie k-Werte siehe S. 243 u. 244.]

(Fortsetzung von Tafel VI, 11 s. nächste Seite.)

Tafel VI, 11. Einfluß der veränder-

	1	2	3
	$c_{1p} = \dfrac{l_1}{2} + \dfrac{{}^U M_{1p}}{p\,l_1} = x_{01}$	$x_{02} = \dfrac{l_2}{2} + \dfrac{{}^G M_{2p} - {}^G M_{1p}}{p\,l_2}$	$x_{03} = \dfrac{l_3}{2} + \dfrac{{}^U M_{3p} - {}^U M_{2p}}{p\,l_3}$
	$x'_{01} = l_1 - c_{1p}$	$x'_{02} = l_2 - x_{02}$	$x'_{03} = l_3 - x_{03}$
		$c_{2p} = \sqrt{x_{02}^2 + \dfrac{2\,{}^G M_{1p}}{p}}$	$c_{3p} = \sqrt{x_{03}^2 + \dfrac{2\,{}^U M_{2p}}{p}}$
		$t_2 = c_{2p} + a_2 - x_{02}$	$t_3 = c_{3p} + a_3 - x_{03}$
	$t_1' = 2\,c_{1p} - b_1'$	$t_2' = c_{2p} + a_2' - x'_{02}$	$t_3' = c_{3p} + a_3' - x'_{03}$
	$\max M_{Ip} = \dfrac{1}{2}\,p\,c_{1p}^2$	$\max M_{IIp} = \dfrac{1}{2}\,p\,c_{2p}^2$	$\max M_{IIIp} = \dfrac{1}{2}\,p\,c_{3p}^2$
$\begin{array}{c}\max\\ M_L\end{array}$		$M_{L_2} = \dfrac{1}{2}\,p\,t_2\,(2\,c_{2p} - t_2)$	$M_{L_3} = \dfrac{1}{2}\,p\,t_3\,(2\,c_{3p} - t_3)$
$\begin{array}{c}\max\\ M_R\end{array}$	$M_{R_1} = \dfrac{1}{2}\,p\,b_1'\,t_1'$	$M_{R_2} = \dfrac{1}{2}\,p\,t_2'\,(2\,c_{2p} - t_2')$	$M_{R_3} = \dfrac{1}{2}\,p\,t_3'\,(2\,c_{3p} - t_3')$
$\begin{array}{c}\min\\ M_L\end{array}$		$M_{L_2} = \dfrac{{}^U M_{2p}\,a_2 + {}^U M_{1p}\,b_2}{l_2}$	$M_{L_3} = \dfrac{{}^G M_{3p}\,a_3 + {}^G M_{2p}\,b_3}{l_3}$
$\begin{array}{c}\min\\ M_R\end{array}$	$M_{R_1} = {}^G M_{1p}\,\dfrac{b_1'}{l_1}$	$M_{R_2} = \dfrac{{}^U M_{2p}\,b_2' + {}^U M_{1p}\,a_2'}{l_2}$	$M_{R_3} = \dfrac{{}^G M_{3p}\,b_3' + {}^G M_{2p}\,a_3'}{l_3}$

[Bezeichnungen und Abkürzungen siehe S. 243.]

lichen Nutzlast p (Fortsetzung).

4	5	6
$x_{04} = \dfrac{l_4}{2} + \dfrac{{}^G M_{4p} - {}^G M_{3p}}{p\,l_4}$	$x_{05} = \dfrac{l_5}{2} + \dfrac{{}^U M_{5p} - {}^U M_{4p}}{p\,l_5}$	$c_{6p} = \dfrac{l_6}{2} + \dfrac{{}^G M_{5p}}{p\,l_6} = x'_{06}$
$x'_{04} = l_4 - x_{04}$	$x'_{05} = l_5 - x_{05}$	$x_{06} = l_6 - c_{6p}$
$c_{4p} = \sqrt{x_{04}^2 + \dfrac{2\,{}^G M_{3p}}{p}}$	$c_{5p} = \sqrt{x_{05}^2 + \dfrac{2\,{}^U M_{4p}}{p}}$	
$t_4 = c_{4p} + a_4 - x_{04}$	$t_5 = c_{5p} + a_5 - x_{05}$	$t_6 = 2\,c_{6p} - b_6$
$t_4' = c_{4p} + a_4' - x'_{04}$	$t_5' = c_{5p} + a_5' - x'_{05}$	
$\max M_{IV\,p} = \dfrac{1}{2}\,p\,c_{4p}^2$	$\max M_{V\,p} = \dfrac{1}{2}\,p\,c_{5p}^2$	$\max M_{VI\,p} = \dfrac{1}{2}\,p\,c_{6p}^2$
$M_{L_4} = \dfrac{1}{2}\,p\,t_4\,(2\,c_{4p} - t_4)$	$M_{L_5} = \dfrac{1}{2}\,p\,t_5\,(2\,c_{5p} - t_5)$	$M_{L_6} = \dfrac{1}{2}\,p\,b_6\,t_6$
$M_{R_4} = \dfrac{1}{2}\,p\,t_4'\,(2\,c_{4p} - t_4')$	$M_{R_5} = \dfrac{1}{2}\,p\,t_5'\,(2\,c_{5p} - t_5')$	
$M_{L_4} = \dfrac{{}^U M_{4p}\,a_4 + {}^U M_{3p}\,b_4}{l_4}$	$M_{L_5} = \dfrac{{}^G M_{5p}\,a_5 + {}^G M_{4p}\,b_5}{l_5}$	$M_{L_6} = {}^U M_{5p}\,\dfrac{b_6}{l_6}$
$M_{R_4} = \dfrac{{}^U M_{4p}\,b_4' + {}^U M_{3p}\,a_4'}{l_4}$	$M_{R_5} = \dfrac{{}^G M_{5p}\,b_5' + {}^G M_{4p}\,a_5'}{l_5}$	

[Bezeichnungen und Abkürzungen siehe S. 243.]

Tafel VI, 11. Einfluß der veränder-

	1	2	3
α	$-\dfrac{p}{4\,l_1}\,k_{11}$	$-\dfrac{p}{4\,l_2}\,[k_{22}\,(1-\mu_1)$ $-\,k_{12}\,(1-\mu_2')]$	$-\dfrac{p}{4\,l_3}\,[k_{33}\,(1-\mu_2)$ $-\,k_{23}\,(1-\mu_3')]$
max γ	$-\dfrac{p}{4\,l_1}\,[k_{13}\,l_3\,(1-\mu_3')$ $+\,l_5\,k_{15}\,(1-\mu_5')]$	$-\dfrac{p}{4\,l_2}\,[l_1\,(k_{21}-k_{11})$ $+\,l_4\,(k_{24}-k_{14})\,(1-\mu_4')$ $+\,l_6\,(k_{26}-k_{16})]$	$-\dfrac{p}{4\,l_3}\,[l_2\,(k_{32}-k_{22})\,(1-\mu_1)$ $+\,l_5\,(k_{35}-k_{25})\,(1-\mu_5')]$
min γ	$-\dfrac{p}{4\,l_1}\,[l_2\,k_{12}\,(1-\mu_2')$ $+\,l_4\,k_{14}\,(1-\mu_4')+l_6\,k_{16}]$	$-\dfrac{p}{4\,l_2}\,[l_3\,(k_{23}-k_{13})\,(1-\mu_3')$ $+\,l_5\,(k_{25}-k_{15})\,(1-\mu_5')]$	$-\dfrac{p}{4\,l_3}\,[l_1\,(k_{31}-k_{21})$ $+\,l_4\,(k_{34}-k_{24})\,(1-\mu_4')$ $+\,l_6\,(k_{36}-k_{26})]$
max Q	$\dfrac{p}{2\,l_1}\,x_1'^2+\alpha_1\,x_1'+\max\gamma_1$	$\dfrac{p}{2\,l_2}\,x_2'^2+\alpha_2\,x_2'+\max\gamma_2$	$\dfrac{p}{2\,l_3}\,x_3'^2+\alpha_3\,x_3'+\max\gamma_3$
min Q	$-\dfrac{p}{2\,l_1}\,x_1^2+\alpha_1\,x_1+\min\gamma_1$	$-\dfrac{p}{2\,l_2}\,x_2^2+\alpha_2\,x_2+\min\gamma_2$	$-\dfrac{p}{2\,l_3}\,x_3^2+\alpha_3\,x_3+\min\gamma_3$

		A	C_1	C_2
Auflagerkräfte	max	$\dfrac{p\,l_1}{2}+\alpha_1\,l_1+\max\gamma_1$	$p\,\dfrac{l_1+l_2}{2}-\alpha_1\,l_1+\alpha_2\,l_2$ $-\min\gamma_1+\max\gamma_2$	$p\,\dfrac{l_2+l_3}{2}-\alpha_2\,l_2+\alpha_3\,l_3$ $-\min\gamma_2+\max\gamma_3$
	min	$+\min\gamma_1$	$-\max\gamma_1+\min\gamma_2$	$-\max\gamma_2+\min\gamma_3$

Tafel VI, 12. Einfluß der symmetrischen

	l_1	l_2	l_3
			Belastung
$M_1 =$	$-k_{11}\,z_1$	$-k_{12}\,(1-\mu_2')\,z_2$	$-k_{13}\,(1-\mu_3')\,z_3$
$M_2 =$	$-k_{21}\,z_1$	$-k_{22}\,(1-\mu_1)\,z_2$	$-k_{23}\,(1-\mu_3')\,z_3$
$M_3 =$	$-k_{31}\,z_1$	$-k_{32}\,(1-\mu_1)\,z_2$	$-k_{33}\,(1-\mu_2)\,z_3$
$M_4 =$	$-k_{41}\,z_1$	$-k_{42}\,(1-\mu_1)\,z_2$	$-k_{43}\,(1-\mu_2)\,z_3$
$M_5 =$	$-k_{51}\,z_1$	$-k_{52}\,(1-\mu_1)\,z_2$	$-k_{53}\,(1-\mu_2)\,z_3$

[Bezeichnungen und Abkürzungen sowie k-Werte siehe S. 243 u. 244. — Hilfswerte z siehe S. 208 u. 209.]

lichen Nutzlast p (Fortsetzung).

4	5	6
$-\dfrac{p}{4\,l_4}[k_{44}(1-\mu_3) - k_{34}(1-\mu_4')]$	$-\dfrac{p}{4\,l_5}[k_{55}(1-\mu_4) - k_{45}(1-\mu_5')]$	$+\dfrac{p}{4\,l_6}k_{56}$
$-\dfrac{p}{4\,l_4}[l_1(k_{41}-k_{31}) + l_3(k_{43}-k_{33})(1-\mu_2) + l_6(k_{46}-k_{36})]$	$-\dfrac{p}{4\,l_5}[l_2(k_{52}-k_{42})(1-\mu_1) + l_4(k_{54}-k_{44})(1-\mu_3)]$	$+\dfrac{p}{4\,l_6}[l_1 k_{51} + l_3 k_{53}(1-\mu_2) + l_5 k_{55}(1-\mu_4)]$
$-\dfrac{p}{4\,l_4}[l_2(k_{42}-k_{32})(1-\mu_1) + l_5(k_{45}-k_{35})(1-\mu_5')]$	$-\dfrac{p}{4\,l_5}[l_1(k_{51}-k_{41}) + l_3(k_{53}-k_{43})(1-\mu_2) + l_6(k_{56}-k_{46})]$	$+\dfrac{p}{4\,l_6}[l_2 k_{52}(1-\mu_1) + l_4 k_{54}(1-\mu_3)]$
$\dfrac{p}{2\,l_4}x_4'^2 + \alpha_4 x_4' + \max\gamma_4$	$\dfrac{p}{2\,l_5}x_5'^2 + \alpha_5 x_5' + \max\gamma_5$	$\dfrac{p}{2\,l_6}x_6'^2 + \alpha_6 x_6' + \max\gamma_6$
$-\dfrac{p}{2\,l_4}x_4^2 + \alpha_4 x_4 + \min\gamma_4$	$-\dfrac{p}{2\,l_5}x_5^2 + \alpha_5 x_5 + \min\gamma_5$	$-\dfrac{p}{2\,l_6}x_6^2 + \alpha_6 x_6 + \min\gamma_6$

C_3	C_4	C_5	B
$p\dfrac{l_3+l_4}{2} - \alpha_3 l_3 + \alpha_4 l_4 - \min\gamma_3 + \max\gamma_4$	$p\dfrac{l_4+l_5}{2} - \alpha_4 l_4 + \alpha_5 l_5 - \min\gamma_4 + \max\gamma_5$	$p\dfrac{l_5+l_6}{2} - \alpha_5 l_5 + \alpha_6 l_6 - \min\gamma_5 - \max\gamma_6$	$\dfrac{p\,l_6}{2} - \alpha_6 l_6 - \min\gamma_6$
$-\max\gamma_3 + \min\gamma_4$	$-\max\gamma_4 + \min\gamma_5$	$-\max\gamma_5 + \min\gamma_6$	$-\max\gamma_6$

Belastung je einer Öffnung.

in Öffnung

l_4	l_5	l_6
$-k_{14}(1-\mu_4')z_4$	$-k_{15}(1-\mu_5')z_5$	$-k_{16}z_6$
$-k_{24}(1-\mu_4')z_4$	$-k_{25}(1-\mu_5')z_5$	$-k_{26}z_6$
$-k_{34}(1-\mu_4')z_4$	$-k_{35}(1-\mu_5')z_5$	$-k_{36}z_6$
$-k_{44}(1-\mu_3)z_4$	$-k_{45}(1-\mu_5')z_5$	$-k_{46}z_6$
$-k_{54}(1-\mu_3)z_4$	$-k_{55}(1-\mu_4)z_5$	$-k_{56}z_6$

[Bezeichnungen und Abkürzungen sowie k-Werte siehe S. 243 u. 244. — Hilfswerte z siehe S. 208 u. 209.]

Hilfstafel VII.

Der Balken über $n+1$ ungleichen Öffnungen.

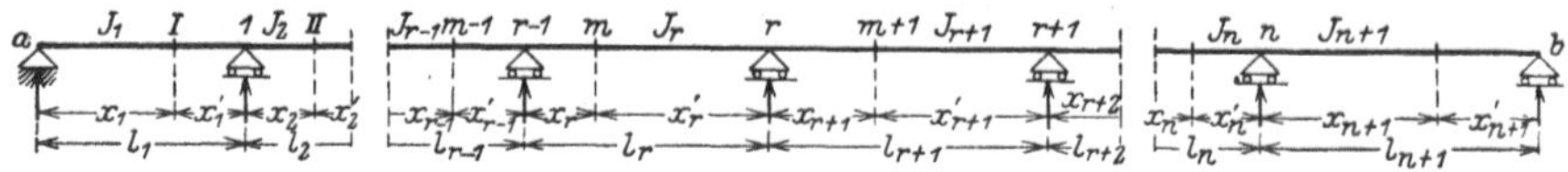

Tafel VII, 1. Bezeichnungen und Abkürzungen.

1	$l_r' = l_r \dfrac{J_c}{J_r}$ $s_r = 2\,(l_r' + l_{r+1}')$
2	$\mu_r = \dfrac{l_{r+1}'}{-\mu_{r-1}\cdot l_r' + s_r}$ $\mu_r' = \dfrac{l_r'}{-\mu_{r+1}'\cdot l_{r+1}' + s_r}$
3	$b_r = \dfrac{l_r}{1 + \mu_{r-1}}$ $b_r' = \dfrac{l_r}{1 + \mu_r'}$
4	$a_r = l_r - b_r$ $a_r' = l_r - b_r'$

(r nimmt die Werte von 1 bis $n+1$ an)

Tafel VII, 2. Die Dreimomentengleichungen.

$$M_{r-1}\,l_r' + M_r\,s_r + M_{r+1}\,l_{r+1}' = Z_r \quad (r \text{ nimmt die Werte von 1 bis } n \text{ an})$$

Tafel VII, 3. Die Auflösung der Dreimomentengleichungen.

$$M_r = \beta_{1r}\,Z_1 + \beta_{2r}\,Z_2 + \cdots \beta_{rr}\,Z_r + \cdots \beta_{nr}\,Z_n \quad (r \text{ nimmt die Werte von 1 bis } n \text{ an})$$

Tafel VII, 4. Die Werte β.

$$\left.\begin{aligned}
\beta_{r-2,\,r} &= -\mu_{r-2}\,\beta_{r-1,\,r} \\
\beta_{r-1\,r} &= -\mu_{r-1}\,\beta_{rr} \\
\beta_{rr} &= \dfrac{1}{l_r'\left[\dfrac{1}{\mu_r'} - \mu_{r-1}\right]}
\end{aligned}\right\} \quad \begin{aligned} &(r \text{ nimmt die Werte} \\ &\ \text{von 1 bis } n \text{ an}) \end{aligned}$$

Tafel VII, 5. Die Werte k.

$k_{ri} =$	$\beta_{r,\,i-1}\,l_i\,l_i'$ für $i > r$ $\beta_{ri}\,l_i\,l_i'$ für $i \gtreqless r$	i gibt die Spalte an. Innerhalb jeder Spalte durchläuft r die Werte von 1 bis $n+1$.

Tafel VII, 6. Einflußlinien für die Stützenmomente.

$\eta_{ri} =$	$-k_{ri}\,\omega_{T_i}$ für $i \gtreqless r$ $-k_{ri}\,\omega_{T_i}'$ für $i > r$	r bezeichnet die Stütze i „ „ Öffnung

Hierin ist: $\omega_{T_i} = \omega_D - \mu_{i-1}\,\omega_D'$ und $\omega_{T_i}' = \omega_D' - \mu_i'\,\omega_D$

Tafel VII, 7. Einflußlinien für die Feldmomente.

$$\xi_r = \dfrac{x_r}{l_r} - \mu_{r-1}\dfrac{x_r'}{l_r}\,; \qquad \xi_r' = \dfrac{x_r'}{l_r} - \mu_r'\dfrac{x_r}{l_r}$$

$\eta_{mi} =$	$\begin{aligned} & \qquad\qquad -\xi_r'\,k_{r-1,\,i}\,\omega_{T_i} \\ M_{0m} &-\xi_r\,k_{rr}\,\omega_D - \xi_r'\,k_{r-1,\,r}\,\omega_D' \\ & \qquad\qquad -\xi_r\,k_{ri}\,\omega_{T_i}' \end{aligned}$	$\begin{aligned} &\text{für } i < r \\ &\text{für } i = r \\ &\text{für } i > r \end{aligned}$

[Tafel der Zahlen ω siehe S. 267 bis 269 sowie Hilfstafel X a u. X b.]

Tafel VII, 8. Einflußlinien für die Querkräfte.

$$\eta_{m\,i} = \begin{cases} +\dfrac{1}{b_r{}'}\,k_{r-1,\,i}\,\omega_{T_i} & \text{für } i < r \\[2ex] Q_{0m} + \dfrac{1}{b_r{}'}\,k_{r-1,\,r}\,\omega_D{}' - \dfrac{1}{b_r}\,k_{r\,r}\,\omega_D & \text{für } i = r \\[2ex] -\dfrac{1}{b_r}\,k_{r\,i}\,\omega_{T_i}{}' & \text{für } i > r \end{cases}$$

Tafel VII, 9. Einfußlinien für die Auflagerkräfte.

$$\eta_{r\,i} = \begin{cases} -\left[\dfrac{k_{r-1,\,i}}{b_r{}'} - \dfrac{k_{r\,i}}{b_{r+1}'}\right]\omega_{T_i} & \text{für } i < r \\[2ex] C_{0r} + k_{r\,r}\left[\dfrac{1}{b_r} + \dfrac{1}{b_{r+1}'}\right]\omega_D - k_{r-1,\,r}\left[\dfrac{1}{b_r{}'} + \dfrac{\mu_r{}'}{b_{r+1}'}\right]\omega_D{}' & i = r \\[2ex] C_{0r} + k_{r,\,r+1}\left[\dfrac{1}{b_r} + \dfrac{1}{b_{r+1}'}\right]\omega_D{}' - k_{r+1,\,r+1}\left[\dfrac{1}{b_{r+1}} + \dfrac{\mu_r}{b_r}\right]\omega_D & i = r+1 \\[2ex] +\left[\dfrac{k_{r\,i}}{b_r} - \dfrac{k_{r+1,\,i}}{b_{r+1}}\right]\omega_{T_i}{}' & i > r+1 \end{cases}$$

r bezeichnet die Stütze, i die belastete Öffnung

Tafel VII, 10. Einfluß des Eigengewichtes g.

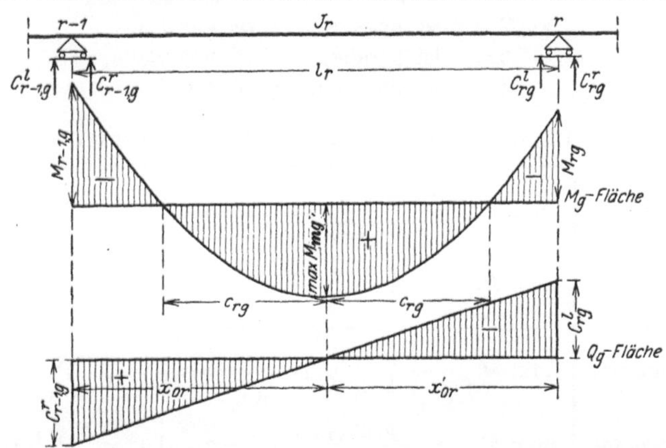

$$M_{rg} = -\frac{1}{4}\left[\sum_{i=1}^{r} g_i\,l_i\,k_{r\,i}\,(1-\mu_{i-1}) + \sum_{i=r+1}^{n+1} g_i\,l_i\,k_{r\,i}\,(1-\mu_i{}')\right]$$

$$x_{0r} = \frac{l_r}{2} + \frac{M_{rg} - M_{r-1,\,g}}{g_r\,l_r} \qquad\qquad \max M_{mg} = \frac{1}{2}\,g_r\,c_{rg}^2$$

$$x_{0r}' = l_r - x_{0r} \qquad\qquad Q_{mg} = g_r\,x_r{}''$$

$$c_{rg} = \sqrt{x_{0r}^2 + 2\,\frac{M_{r-1,\,g}}{g_r}} \qquad\qquad C_{rg}^l = g_r\,x_{0r}' \qquad C_{rg}^r = g_{r+1}\,x_{0,\,r+1}$$

$$x_r{}'' = x_{0r} - x_r \qquad\qquad C_{rg} = C_{rg}^l + C_{rg}^r$$

[Bezeichnungen und Abkürzungen sowie k-Werte siehe S. 260.]
[Tafel der Zahlen ω siehe S. 267 bis 269 sowie Hilfstafel X a u. X b.]

Tafel VII, 11. Einfluß der veränderlichen Nutzlast p.

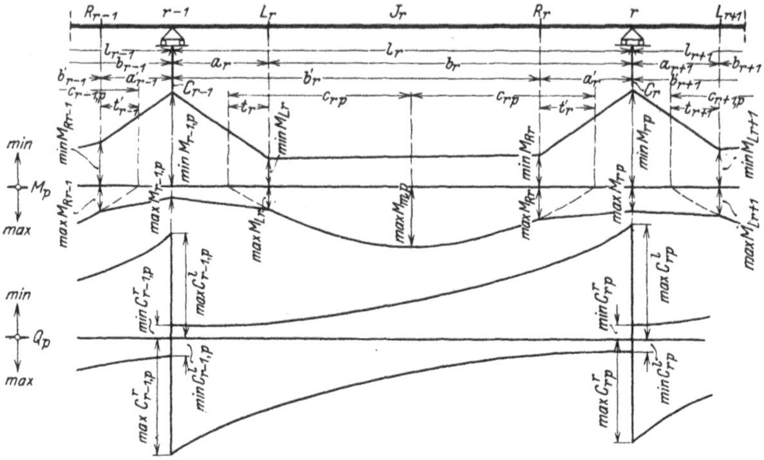

Es sind 4 Fälle zu unterscheiden:

1: r ist gerade; n ist gerade
2: r ist ungerade; n ist ungerade
3: r ist gerade; n ist ungerade
4: r ist ungerade; n ist gerade

Maximale und minimale Stützenmomente.

1.

r gerade
$$\min M_{rp} = -\frac{p}{4}\,{}^{G}\!\!\sum_{i=2}^{r} l_i\,k_{ri}\,(1-\mu_{i-1}) - \frac{p}{4}\,{}^{U}\!\!\sum_{i=r+1}^{n+1} l_i\,k_{ri}\,(1-\mu_i')$$

n gerade
$$\max M_{rp} = -\frac{p}{4}\,{}^{U}\!\!\sum_{i=1}^{r-1} l_i\,k_{ri}\,(1-\mu_{i-1}) - \frac{p}{4}\,{}^{G}\!\!\sum_{i=r+2}^{n} l_i\,k_{ri}\,(1-\mu_i')$$

2.

r ungerade
$$\min M_{rp} = -\frac{p}{4}\,{}^{U}\!\!\sum_{i=1}^{r} l_i\,k_{ri}\,(1-\mu_{i-1}) - \frac{p}{4}\,{}^{G}\!\!\sum_{i=r+1}^{n+1} l_i\,k_{ri}\,(1-\mu_i')$$

n ungerade
$$\max M_{rp} = -\frac{p}{4}\,{}^{G}\!\!\sum_{i=2}^{r-1} l_i\,k_{ri}\,(1-\mu_{i-1}) - \frac{p}{4}\,{}^{U}\!\!\sum_{i=r+2}^{n} l_i\,k_{ri}\,(1-\mu_i')$$

3.

r gerade
$$\min M_{rp} = -\frac{p}{4}\,{}^{G}\!\!\sum_{i=2}^{r} l_i\,k_{ri}\,(1-\mu_{i-1}) - \frac{p}{4}\,{}^{U}\!\!\sum_{i=r+1}^{n} l_i\,k_{ri}\,(1-\mu_i')$$

n ungerade
$$\max M_{rp} = -\frac{p}{4}\,{}^{U}\!\!\sum_{i=1}^{r-1} l_i\,k_{ri}\,(1-\mu_{i-1}) - \frac{p}{4}\,{}^{G}\!\!\sum_{i=r+2}^{n+1} l_i\,k_{ri}\,(1-\mu_i')$$

4.

r ungerade
$$\min M_{rp} = -\frac{p}{4}\,{}^{U}\!\!\sum_{i=1}^{r} l_i\,k_{ri}\,(1-\mu_{i-1}) - \frac{p}{4}\,{}^{G}\!\!\sum_{i=r+1}^{n} l_i\,k_{ri}\,(1-\mu_i')$$

n gerade
$$\max M_{rp} = -\frac{p}{4}\,{}^{G}\!\!\sum_{i=2}^{r-1} l_i\,k_{ri}\,(1-\mu_{i-1}) - \frac{p}{4}\,{}^{U}\!\!\sum_{i=r+2}^{n+1} l_i\,k_{ri}\,(1-\mu_i')$$

[Bezeichnungen und Abkürzungen sowie k-Werte siehe S. 260.]

Berechnung der Feldmomente.

1	r gerade	$^{U}M_{rp} = -\dfrac{p}{4}\,{}^{U}\!\!\sum\limits_{i=1}^{r-1} l_i\,k_{ri}\,(1-\mu_{i-1}) - \dfrac{p}{4}\,{}^{U}\!\!\sum\limits_{i=r+1}^{n+1} l_i\,k_{ri}\,(1-\mu_i')$
	n gerade	$^{G}M_{rp} = -\dfrac{p}{4}\,{}^{G}\!\!\sum\limits_{i=2}^{r} l_i\,k_{ri}\,(1-\mu_{i-1}) - \dfrac{p}{4}\,{}^{G}\!\!\sum\limits_{i=r+2}^{n} l_i\,k_{ri}\,(1-\mu_i')$
2	r ungerade	$^{U}M_{rp} = -\dfrac{p}{4}\,{}^{U}\!\!\sum\limits_{i=1}^{r} l_i\,k_{ri}\,(1-\mu_{i-1}) - \dfrac{p}{4}\,{}^{U}\!\!\sum\limits_{i=r+2}^{n} l_i\,k_{ri}\,(1-\mu_i')$
	n ungerade	$^{G}M_{rp} = -\dfrac{p}{4}\,{}^{G}\!\!\sum\limits_{i=2}^{r-1} l_i\,k_{ri}\,(1-\mu_{i-1}) - \dfrac{p}{4}\,{}^{G}\!\!\sum\limits_{i=r+1}^{n+1} l_i\,k_{ri}\,(1-\mu_i')$
3	r gerade	$^{U}M_{rp} = -\dfrac{p}{4}\,{}^{U}\!\!\sum\limits_{i=1}^{r-1} l_i\,k_{ri}\,(1-\mu_{i-1}) - \dfrac{p}{4}\,{}^{U}\!\!\sum\limits_{i=r+1}^{n} l_i\,k_{ri}\,(1-\mu_i')$
	n ungerade	$^{G}M_{rp} = -\dfrac{p}{4}\,{}^{G}\!\!\sum\limits_{i=2}^{r} l_i\,k_{ri}\,(1-\mu_{i-1}) - \dfrac{p}{4}\,{}^{G}\!\!\sum\limits_{i=r+2}^{n+1} l_i\,k_{ri}\,(1-\mu_i')$
4	r ungerade	$^{U}M_{rp} = -\dfrac{p}{4}\,{}^{U}\!\!\sum\limits_{i=1}^{r} l_i\,k_{ri}\,(1-\mu_{i-1}) - \dfrac{p}{4}\,{}^{U}\!\!\sum\limits_{i=r+2}^{n+1} l_i\,k_{ri}\,(1-\mu_i')$
	n gerade	$^{G}M_{rp} = -\dfrac{p}{4}\,{}^{G}\!\!\sum\limits_{i=2}^{r-1} l_i\,k_{ri}\,(1-\mu_{i-1}) - \dfrac{p}{4}\,{}^{G}\!\!\sum\limits_{i=r+1}^{n} l_i\,k_{ri}\,(1-\mu_i')$

r ist gerade	r ist ungerade
$x_{0r} = \dfrac{l_r}{2} + \dfrac{{}^{G}M_{rp} - {}^{G}M_{r-1,p}}{p\,l_r}$	$x_{0r} = \dfrac{l_r}{2} + \dfrac{{}^{U}M_{rp} - {}^{U}M_{r-1,p}}{p\,l_r}$
$c_{rp} = \sqrt{x_{0r}^2 + \dfrac{2\,{}^{G}M_{r-1,p}}{p}}$	$c_{rp} = \sqrt{x_{0r}^2 + \dfrac{2\,{}^{U}M_{r-1,p}}{p}}$

$$x_{0r}' = l_r - x_{0r}$$
$$t_r = c_{rp} + a_r - x_{0r}; \qquad t_r' = c_{rp} + a_r' - x_{0r}'$$

größtes Feldmoment: $\max M_{mp} = \dfrac{1}{2}\,p\cdot c_{rp}^2$

maximale Festpunktsmomente

$\max M_{Lr} = \dfrac{1}{2}\,p\,t_r\,(2\,c_{rp} - t_r)$	$\max M_{Rr} = \dfrac{1}{2}\,p\,t_r'\,(2\,c_{rp} - t_r')$

minimale Festpunktsmomente

r ist gerade	r ist ungerade
$\min M_{Lr} = \dfrac{a_r\,{}^{U}M_{rp} + b_r\,{}^{U}M_{r-1,p}}{l_r}$	$\min M_{Lr} = \dfrac{a_r\,{}^{G}M_{rp} + b_r\,{}^{G}M_{r-1,p}}{l_r}$
$\min M_{Rr} = \dfrac{b_r'\,{}^{U}M_{rp} + a_r'\,{}^{U}M_{r-1,p}}{l_r}$	$\min M_{Rr} = \dfrac{b_r'\,{}^{G}M_{rp} + a_r'\,{}^{G}M_{r-1,p}}{l_r}$

[Bezeichnungen und Abkürzungen sowie k-Werte siehe S. 260.]

Maximale und minimale Querkräfte.

$$\max Q_{mp} = \frac{p\,x_r'^2}{2\,l_r} + \alpha_r\,x_r' + \max\gamma_r \qquad\Big|\qquad \min Q_{mp} = -\frac{p\,x_r^2}{2\,l_r} + \alpha_r\,x_r + \min\gamma_r$$

$$\alpha_r = -\frac{p}{4\,l_r}\left[k_{rr}(1-\mu_{r-1}) - k_{r-1,r}(1-\mu_r')\right]$$

1

r gerade
$$\max\gamma_r = -\frac{p}{4\,l_r}\left[{}^{U}\!\sum_{i=1}^{r-1} l_i\,(k_{ri} - k_{r-1,i})\,(1-\mu_{i-1}) + {}^{G}\!\sum_{i=r+2}^{n} l_i\,(k_{ri} - k_{r-1,i})\,(1-\mu_i\right.$$

n gerade
$$\min\gamma_r = -\frac{p}{4\,l_r}\left[{}^{G}\!\sum_{i=2}^{r-2} l_i\,(k_{ri} - k_{r-1,i})\,(1-\mu_{i-1}) + {}^{U}\!\sum_{i=r+1}^{n+1} l_i\,(k_{ri} - k_{r-1,i})\,(1-\mu\right.$$

2

r ungerade
$$\max\gamma_r = -\frac{p}{4\,l_r}\left[{}^{G}\!\sum_{i=2}^{r-1} l_i\,(k_{ri} - k_{r-1,i})\,(1-\mu_{i-1}) + {}^{U}\!\sum_{i=r+2}^{n} l_i\,(k_{ri} - k_{r-1,i})\,(1-\mu_i\right.$$

n ungerade
$$\min\gamma_r = -\frac{p}{4\,l_r}\left[{}^{U}\!\sum_{i=1}^{r-2} l_i\,(k_{ri} - k_{r-1,i})\,(1-\mu_{i-1}) + {}^{G}\!\sum_{i=r+1}^{n+1} l_i\,(k_{ri} - k_{r-1,i})\,(1-\mu\right.$$

3

r gerade
$$\max\gamma_r = -\frac{p}{4\,l_r}\left[{}^{U}\!\sum_{i=1}^{r-1} l_i\,(k_{ri} - k_{r-1,i})\,(1-\mu_{i-1}) + {}^{G}\!\sum_{i=r+2}^{n+1} l_i\,(k_{ri} - k_{r-1,i})\,(1-\mu\right.$$

n ungerade
$$\min\gamma_r = -\frac{p}{4\,l_r}\left[{}^{G}\!\sum_{i=2}^{r-2} l_i\,(k_{ri} - k_{r-1,i})\,(1-\mu_{i-1}) + {}^{U}\!\sum_{i=r+1}^{n} l_i\,(k_{ri} - k_{r-1,i})\,(1-\mu\right.$$

4

r ungerade
$$\max\gamma_r = -\frac{p}{4\,l_r}\left[{}^{G}\!\sum_{i=2}^{r-1} l_i\,(k_{ri} - k_{r-1,i})\,(1-\mu_{i-1}) + {}^{U}\!\sum_{i=r+2}^{n+1} l_i\,(k_{ri} - k_{r-1,i})\,(1-\mu\right.$$

n gerade
$$\min\gamma_r = -\frac{p}{4\,l_r}\left[{}^{U}\!\sum_{i=1}^{r-2} l_i\,(k_{ri} - k_{r-1,i})\,(1-\mu_{i-1}) + {}^{G}\!\sum_{i=r+1}^{n} l_i\,(k_{ri} - k_{r-1,i})\,(1-\right.$$

Auflagerkräfte.

$$\max C_{rp} = p\,\frac{l_r + l_{r+1}}{2} - \alpha_r\,l_r + \alpha_{r+1}\cdot l_{r+1} - \min\gamma_r + \max\gamma_{r+1}$$

$$\min C_{rp} = -\max\gamma_r + \min\gamma_{r+1}$$

Tafel VII, 12. Einfluß der symmetrischen Belastung je einer Öffnung.

	Belastung in Öffnung		
	l_{r-1}	l_r	l_{r+1}
$M_r =$	$-k_{r,r-1}(1-\mu_{r-2})\,z_{r-1}$	$-k_{rr}(1-\mu_{r-1})\,z_r$	$-k_{r,r+1}(1-\mu_{r+1}')\,z_{r+1}$

[Bezeichnungen und Abkürzungen sowie k-Werte siehe S. 260.]
[Hilfswerte z siehe S. 208 u. 209.]

Hilfstafel VIII.

Ordinaten der Einheitsparabeln.

Tafel VIII, 1. Momentenparabel $y_M = \dfrac{4}{n^2}\, m\, m'$.

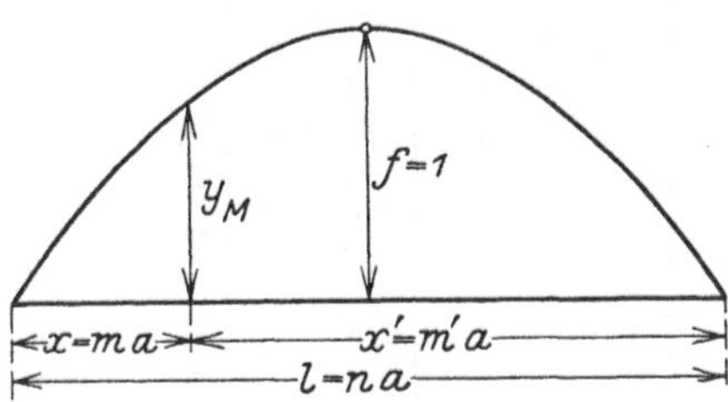

a) Teilung in n gleiche Felder.

n	1	2	3	4	5	6	7	8	9	10	n
5	0,6400	0,9600									5
6	0,5556	0,8889	1,0000								6
7	0,4898	0,8163	0,9796								7
8	0,4375	0,7500	0,9375	1,000							8
9	0,3951	0,6914	0,8889	0,9877							9
10	0,3600	0,6400	0,8400	0,9600	1,000						10
11	0,3306	0,5950	0,7934	0,9256	0,9917						11
12	0,3056	0,5556	0,7500	0,8889	0,9722	1,0000					12
13	0,2840	0,5207	0,7101	0,8521	0,9467	0,9941					13
14	0,2653	0,4898	0,6735	0,8163	0,9184	0,9796	1,0000				14
15	0,2489	0,4622	0,6400	0,7822	0,8889	0,9600	0,9956				15
16	0,2344	0,4375	0,6094	0,7500	0,8594	0,9375	0,9844	1,0000			16
17	0,2215	0,4152	0,5813	0,7197	0,8304	0,9135	0,9689	0,9965			17
18	0,2099	0,3951	0,5556	0,6914	0,8025	0,8889	0,9506	0,9877	1,0000		18
19	0,1994	0,3767	0,5319	0,6648	0,7756	0,8643	0,9307	0,9751	0,9972		19
20	0,1900	0,3600	0,5100	0,6400	0,7500	0,8400	0,9100	0,9600	0,9900	1,0000	20
n	1	2	3	4	5	6	7	8	9	10	n

b) Teilung in 100 gleiche Felder.

	0	1	2	3	4	5	6	7	8	9	
0,0	0	0,0396	0,0784	0,1164	0,1536	0,1900	0,2256	0,2604	0,2944	0,3276	0,9
0,1	0,3600	0,3916	0,4224	0,4524	0,4816	0,5100	0,5376	0,5644	0,5904	0,6156	0,8
0,2	0,6400	0,6636	0,6864	0,7084	0,7296	0,7500	0,7696	0,7884	0,8064	0,8236	0,7
0,3	0,8400	0,8556	0,8704	0,8844	0,8976	0,9100	0,9216	0,9324	0,9424	0,9516	0,6
0,4	0,9600	0,9676	0,9744	0,9804	0,9856	0,9900	0,9936	0,9964	0,9984	0,9996	0,5
	10	9	8	7	6	5	4	3	2	1	

Tafel VIII, 2. Querkraftsparabel $y_Q = \left(\dfrac{m}{n}\right)^2$.

a) Teilung in n gleiche Felder.

n	1	2	3	4	5	6	7	8	9	10	11	12	13	14	15	16	17	18	19	20
5	0,0400	0,1600	0,3600	0,6400	1,0000															
6	0,0278	0,1111	0,2500	0,4444	0,6944	1,0000														
7	0,0204	0,0816	0,1837	0,3265	0,5102	0,7347	1,0000													
8	0,0156	0,0625	0,1406	0,2500	0,3906	0,5625	0,7656	1,0000												
9	0,0123	0,0494	0,1111	0,1975	0,3086	0,4444	0,6049	0,7901	1,0000											
10	0,0100	0,0400	0,0900	0,1600	0,2500	0,3600	0,4900	0,6400	0,8100	1,0000										
11	0,0083	0,0331	0,0744	0,1322	0,2066	0,2975	0,4050	0,5289	0,6694	0,8264	1,0000									
12	0,0069	0,0278	0,0625	0,1111	0,1736	0,2500	0,3403	0,4444	0,5625	0,6944	0,8403	1,0000								
13	0,0059	0,0237	0,0532	0,0947	0,1479	0,2130	0,2899	0,3787	0,4793	0,5917	0,7160	0,8521	1,0000							
14	0,0051	0,0204	0,0459	0,0816	0,1276	0,1837	0,2500	0,3265	0,4133	0,5102	0,6173	0,7347	0,8622	1,0000						
15	0,0044	0,0178	0,0400	0,0711	0,1111	0,1600	0,2178	0,2844	0,3600	0,4444	0,5378	0,6400	0,7511	0,8711	1,0000					
16	0,0039	0,0156	0,0352	0,0625	0,0977	0,1406	0,1914	0,2500	0,3164	0,3906	0,4727	0,5625	0,6602	0,7656	0,8789	1,0000				
17	0,0035	0,0138	0,0311	0,0554	0,0865	0,1246	0,1696	0,2215	0,2803	0,3460	0,4187	0,4983	0,5848	0,6782	0,7785	0,8858	1,0000			
18	0,0031	0,0123	0,0278	0,0494	0,0772	0,1111	0,1512	0,1975	0,2500	0,3086	0,3735	0,4444	0,5216	0,6049	0,6944	0,7901	0,8920	1,0000		
19	0,0028	0,0111	0,0249	0,0443	0,0693	0,0997	0,1357	0,1773	0,2244	0,2770	0,3352	0,3989	0,4681	0,5429	0,6233	0,7091	0,8006	0,8975	1,0000	
20	0,0025	0,0100	0,0225	0,0400	0,0625	0,0900	0,1225	0,1600	0,2025	0,2500	0,3025	0,3600	0,4225	0,4900	0,5625	0,6400	0,7225	0,8100	0,9025	1,0000

b) Teilung in 100 gleiche Felder.

	0	1	2	3	4	5	6	7	8	9	
0,0	0,0000	0,0001	0,0004	0,0009	0,0016	0,0025	0,0036	0,0049	0,0064	0,0081	0,0
0,1	0,0100	0,0121	0,0144	0,0169	0,0196	0,0225	0,0256	0,0289	0,0324	0,0361	0,1
0,2	0,0400	0,0441	0,0484	0,0529	0,0576	0,0625	0,0676	0,0729	0,0784	0,0841	0,2
0,3	0,0900	0,0961	0,1024	0,1089	0,1156	0,1225	0,1296	0,1369	0,1444	0,1521	0,3
0,4	0,1600	0,1681	0,1764	0,1849	0,1936	0,2025	0,2116	0,2209	0,2304	0,2401	0,4
0,5	0,2500	0,2601	0,2704	0,2809	0,2916	0,3025	0,3136	0,3249	0,3364	0,3481	0,5
0,6	0,3600	0,3721	0,3844	0,3969	0,4096	0,4225	0,4356	0,4489	0,4624	0,4761	0,6
0,7	0,4900	0,5041	0,5184	0,5329	0,5476	0,5625	0,5776	0,5929	0,6084	0,6241	0,7
0,8	0,6400	0,6561	0,6724	0,6889	0,7056	0,7225	0,7396	0,7569	0,7744	0,7921	0,8
0,9	0,8100	0,8281	0,8464	0,8649	0,8836	0,9025	0,9216	0,9409	0,9604	0,9801	0,9
	0	1	2	3	4	5	6	7	8	9	

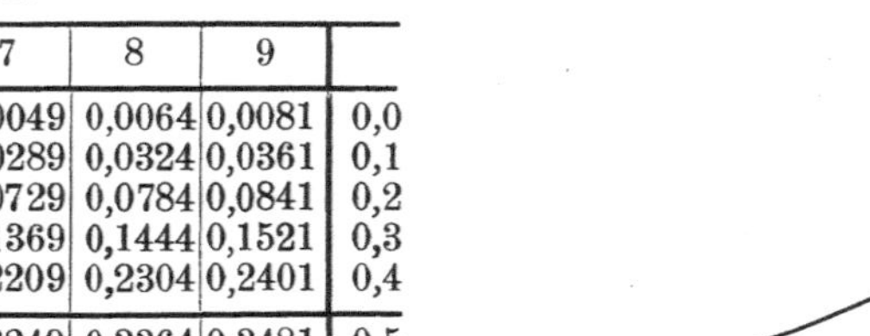

Hilfstafel IX.

Die Zahlen ω_D und ω_D'.

Tafel der Zahlen $\omega_D = \dfrac{x}{l} - \dfrac{x^3}{l^3}$.

a) Teilung in n gleiche Felder.

n	1	2	3	4	5	6	7	8	9	10	11	12	13	14	15	16	17	18	19
5	0,1920	0,3360	0,3840	0,2880															
6	0,1620	0,2963	0,3750	0,3704	0,2546														
7	0,1399	0,2624	0,3499	0,3848	0,3499	0,2274													
8	0,1230	0,2344	0,3223	0,3750	0,3809	0,3281	0,2051												
9	0,1097	0,2112	0,2963	0,3567	0,3841	0,3704	0,3073	0,1866											
10	0,0990	0,1920	0,2730	0,3360	0,3750	0,3840	0,3570	0,2880	0,1710										
11	0,0902	0,1758	0,2524	0,3156	0,3606	0,3832	0,3787	0,3426	0,2705	0,1578									
12	0,0828	0,1620	0,2344	0,2963	0,3443	0,3750	0,3848	0,3704	0,3281	0,2546	0,1464								
13	0,0765	0,1502	0,2185	0,2786	0,3277	0,3632	0,3823	0,3823	0,3605	0,3141	0,2403	0,1365							
14	0,0711	0,1399	0,2044	0,2624	0,3116	0,3499	0,3750	0,3848	0,3772	0,3499	0,3007	0,2274	0,1279						
15	0,0664	0,1310	0,1920	0,2477	0,2963	0,3360	0,3650	0,3816	0,3840	0,3704	0,3390	0,2880	0,2157	0,1203					
16	0,0623	0,1230	0,1809	0,2344	0,2820	0,3223	0,3538	0,3750	0,3845	0,3809	0,3625	0,3281	0,2761	0,2051	0,1135				
17	0,0586	0,1160	0,1710	0,2223	0,2687	0,3090	0,3419	0,3664	0,3810	0,3847	0,3761	0,3542	0,3175	0,2650	0,1954	0,1075			
18	0,0554	0,1097	0,1620	0,2112	0,2563	0,2963	0,3301	0,3567	0,3750	0,3841	0,3829	0,3704	0,3455	0,3073	0,2546	0,1866	0,1020		
19	0,0525	0,1041	0,1540	0,2012	0,2449	0,2843	0,3184	0,3464	0,3674	0,3805	0,3849	0,3796	0,3639	0,3368	0,2974	0,2449	0,1785	0,0971	
20	0,0499	0,0990	0,1466	0,1920	0,2344	0,2730	0,3071	0,3360	0,3589	0,3750	0,3836	0,3840	0,3754	0,3570	0,3281	0,2880	0,2359	0,1710	0,0926

$$\text{Tafel der Zahlen } \omega'_D = \frac{x'}{l} - \frac{x'^3}{l^3}.$$

a) Teilung in n gleiche Felder.

n	1	2	3	4	5	6	7	8	9	10	11	12	13	14	15	16	17	18	19
5	0,2880	0,3840	0,3360	0,1920															
6	0,2546	0,3704	0,3750	0,2963	0,1620														
7	0,2274	0,3499	0,3848	0,3499	0,2624	0,1399													
8	0,2051	0,3281	0,3809	0,3750	0,3223	0,2344	0,1230												
9	0,1866	0,3073	0,3704	0,3841	0,3567	0,2963	0,2112	0,1097											
10	0,1710	0,2880	0,3570	0,3840	0,3750	0,3360	0,2730	0,1920	0,0990										
11	0,1578	0,2705	0,3426	0,3787	0,3832	0,3606	0,3156	0,2524	0,1758	0,0902									
12	0,1464	0,2546	0,3281	0,3704	0,3848	0,3750	0,3443	0,2963	0,2344	0,1620	0,0828								
13	0,1365	0,2403	0,3141	0,3605	0,3823	0,3823	0,3632	0,3277	0,2786	0,2185	0,1502	0,0765							
14	0,1279	0,2274	0,3007	0,3499	0,3772	0,3848	0,3750	0,3499	0,3116	0,2624	0,2044	0,1399	0,0711						
15	0,1203	0,2157	0,2880	0,3390	0,3704	0,3840	0,3816	0,3650	0,3360	0,2963	0,2477	0,1920	0,1310	0,0664					
16	0,1135	0,2051	0,2761	0,3281	0,3625	0,3809	0,3845	0,3750	0,3538	0,3223	0,2820	0,2344	0,1809	0,1230	0,0623				
17	0,1075	0,1954	0,2650	0,3175	0,3542	0,3761	0,3847	0,3810	0,3664	0,3419	0,3090	0,2687	0,2223	0,1710	0,1160	0,0586			
18	0,1020	0,1866	0,2546	0,3073	0,3455	0,3704	0,3829	0,3841	0,3750	0,3567	0,3301	0,2963	0,2563	0,2112	0,1620	0,1097	0,0554		
19	0,0971	0,1785	0,2449	0,2974	0,3368	0,3639	0,3796	0,3849	0,3805	0,3674	0,3464	0,3184	0,2843	0,2449	0,2012	0,1540	0,1041	0,0525	
20	0,0926	0,1710	0,2359	0,2880	0,3281	0,3570	0,3754	0,3840	0,3836	0,3750	0,3589	0,3360	0,3071	0,2730	0,2344	0,1920	0,1466	0,0990	0,0499

$$\text{Tafel der Zahlen } \omega_D = \frac{x}{l} - \frac{x^3}{l^3}.$$

b) Teilung in 100 gleiche Felder.

	0	1	2	3	4	5	6	7	8	9	
0,0	0,0000	0,0100	0,0200	0,0300	0,0399	0,0499	0,0598	0,0697	0,0795	0,0893	0,0
0,1	0,0990	0,1087	0,1183	0,1278	0,1373	0,1466	0,1559	0,1651	0,1742	0,1831	0,1
0,2	0,1920	0,2007	0,2094	0,2178	0,2262	0,2344	0,2424	0,2503	0,2580	0,2656	0,2
0,3	0,2730	0,2802	0,2872	0,2941	0,3007	0,3071	0,3133	0,3194	0,3251	0,3307	0,3
0,4	0,3360	0,3411	0,3459	0,3505	0,3548	0,3589	0,3627	0,3662	0,3694	0,3724	0,4
0,5	0,3750	0,3774	0,3794	0,3811	0,3825	0,3836	0,3844	0,3848	0,3849	0,3847	0,5
0,6	0,3840	0,3830	0,3817	0,3800	0,3779	0,3754	0,3725	0,3692	0,3656	0,3615	0,6
0,7	0,3570	0,3521	0,3468	0,3410	0,3348	0,3281	0,3210	0,3135	0,3055	0,2970	0,7
0,8	0,2880	0,2786	0,2686	0,2582	0,2473	0,2359	0,2239	0,2115	0,1985	0,1850	0,8
0,9	0,1710	0,1564	0,1413	0,1256	0,1094	0,0926	0,0753	0,0573	0,0388	0,0197	0,9
	0	1	2	3	4	5	6	7	8	9	

$$\text{Tafel der Zahlen } \omega'_D = \frac{x'}{l} - \frac{x'^3}{l^3}.$$

b) Teilung in 100 gleiche Felder.

	0	1	2	3	4	5	6	7	8	9	
0,0	0,0000	0,0197	0,0388	0,0573	0,0753	0,0926	0,1094	0,1256	0,1413	0,1564	0,0
0,1	0,1710	0,1850	0,1985	0,2115	0,2239	0,2359	0,2473	0,2582	0,2686	0,2786	0,1
0,2	0,2880	0,2970	0,3055	0,3135	0,3210	0,3281	0,3348	0,3410	0,3468	0,3521	0,2
0,3	0,3570	0,3615	0,3656	0,3692	0,3725	0,3754	0,3779	0,3800	0,3817	0,3830	0,3
0,4	0,3840	0,3847	0,3849	0,3848	0,3844	0,3836	0,3825	0,3811	0,3794	0,3774	0,4
0,5	0,3750	0,3724	0,3694	0,3662	0,3627	0,3589	0,3548	0,3505	0,3459	0,3411	0,5
0,6	0,3360	0,3307	0,3251	0,3194	0,3133	0,3071	0,3007	0,2941	0,2872	0,2802	0,6
0,7	0,2730	0,2656	0,2580	0,2503	0,2424	0,2344	0,2262	0,2178	0,2094	0,2007	0,7
0,8	0,1920	0,1831	0,1742	0,1651	0,1559	0,1466	0,1373	0,1278	0,1183	0,1087	0,8
0,9	0,0990	0,0893	0,0795	0,0697	0,0598	0,0499	0,0399	0,0300	0,0200	0,0100	0,9
	0	1	2	3	4	5	6	7	8	9	

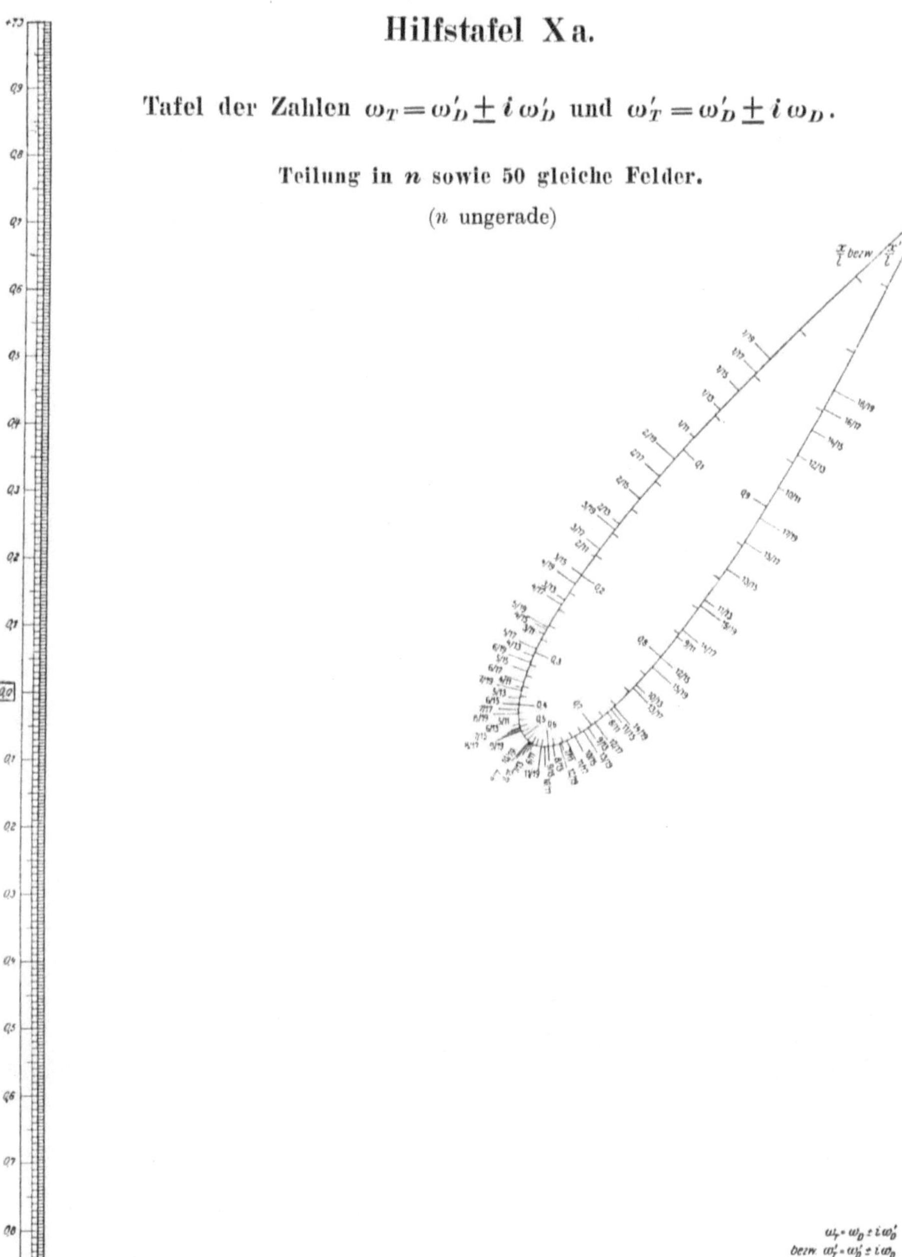

Hilfstafel X a.

Tafel der Zahlen $\omega_T = \omega'_D \pm i\,\omega'_D$ und $\omega'_T = \omega'_D \pm i\,\omega_D$.

Teilung in n sowie 50 gleiche Felder.

(n ungerade)

Hilfstafel X b.

Tafel der Zahlen $\omega_T = \omega_D \pm i\,\omega_D'$ und $\omega_T' = \omega_D' \pm i\,\omega_D$.

Teilung in n sowie 50 gleiche Felder.

(n gerade)

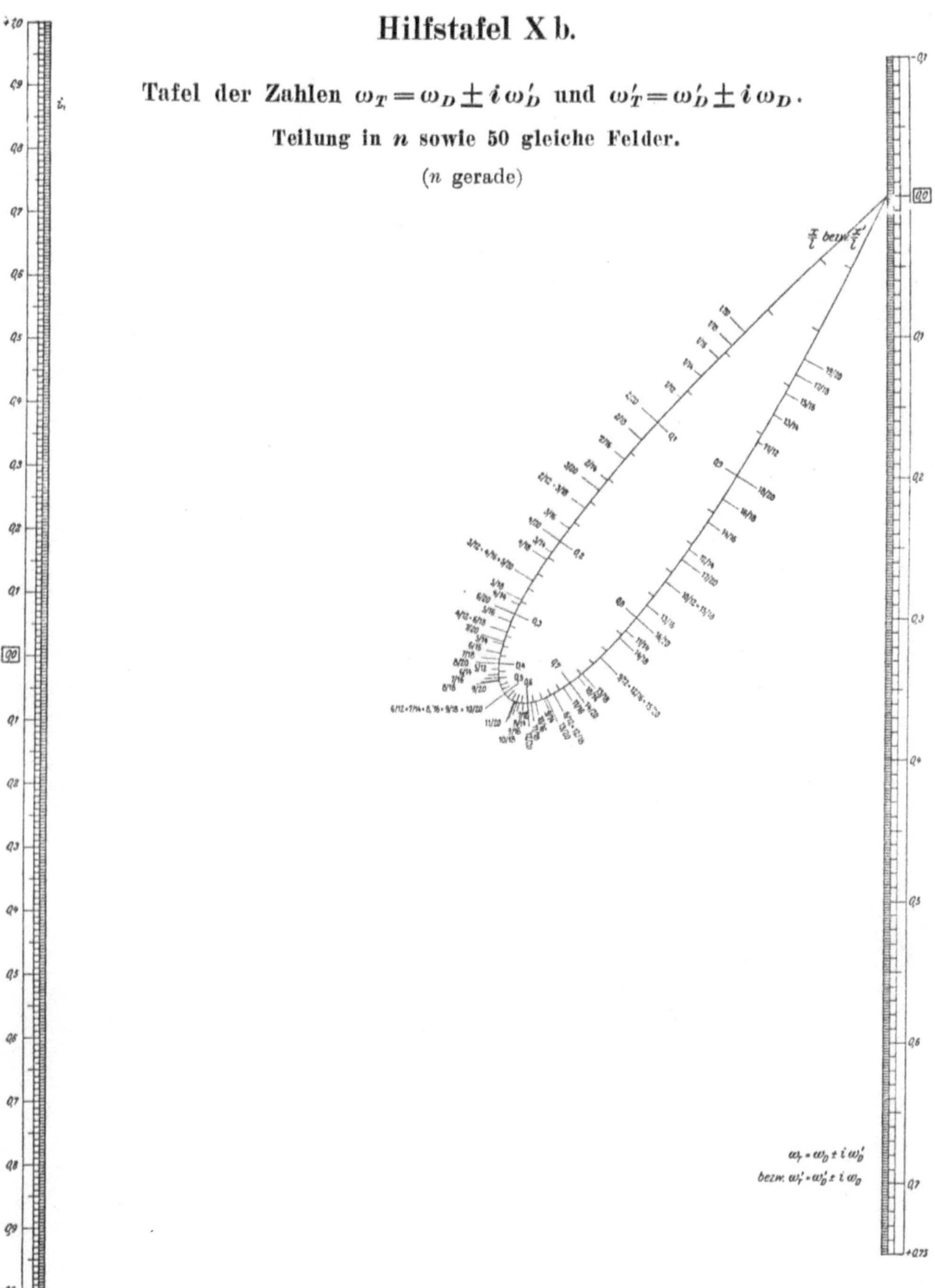

Hilfstafel XIa.

Tafel der Werte $\int \omega_T\, d\left(\dfrac{x}{l}\right)$ und $\int \omega_T'\, d\left(\dfrac{x'}{l}\right)$.

Teilung in n sowie 50 gleiche Felder.

(n ungerade)

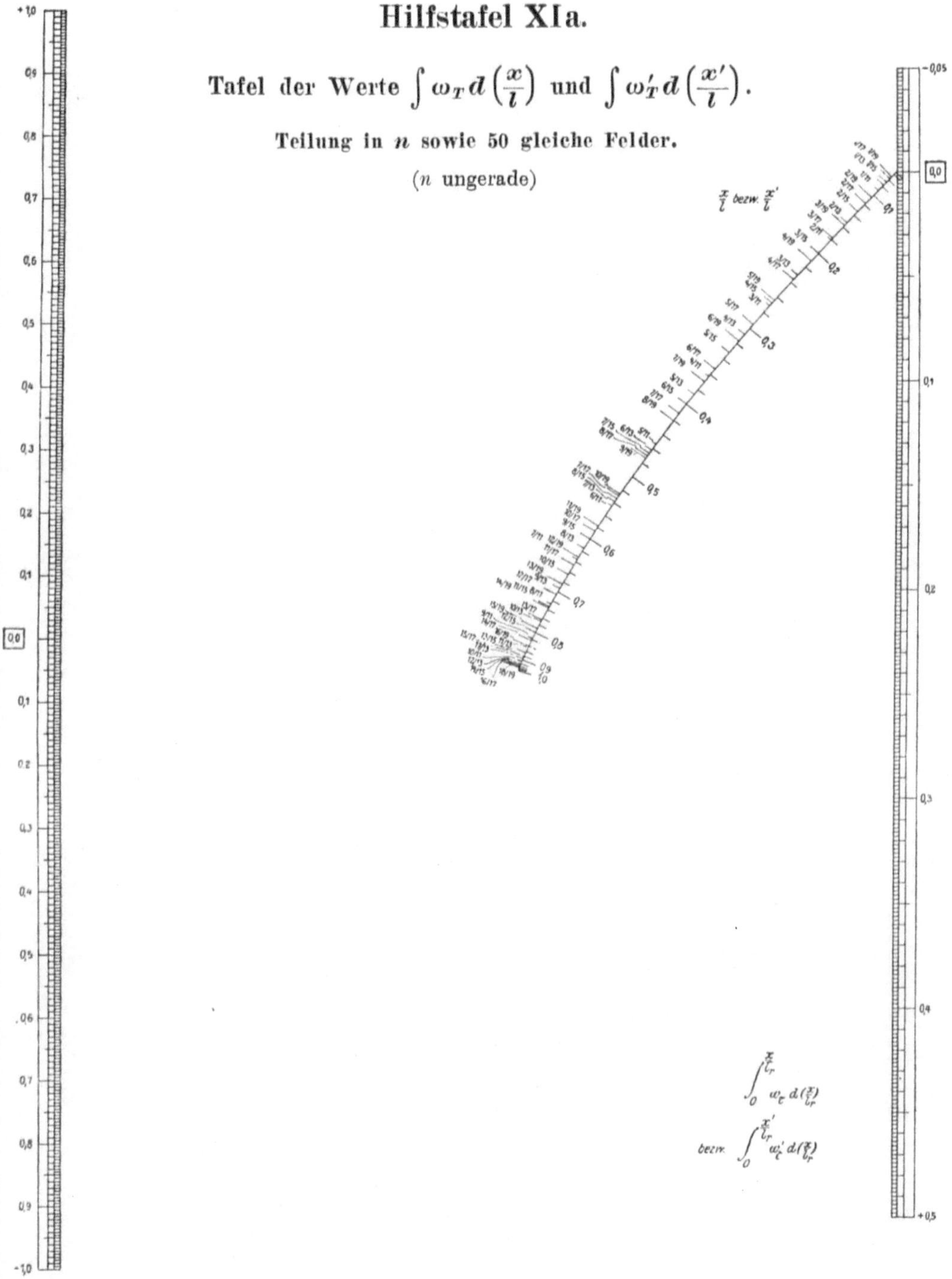

Verlag von Julius Springer in Berlin.

Hilfstafel XIb.

Tafel der Werte $\int \omega_T \, d\left(\frac{x}{l}\right)$ und $\int \omega_T' \, d\left(\frac{x'}{l}\right)$.

Teilung in n sowie 50 gleiche Felder.

(n gerade)

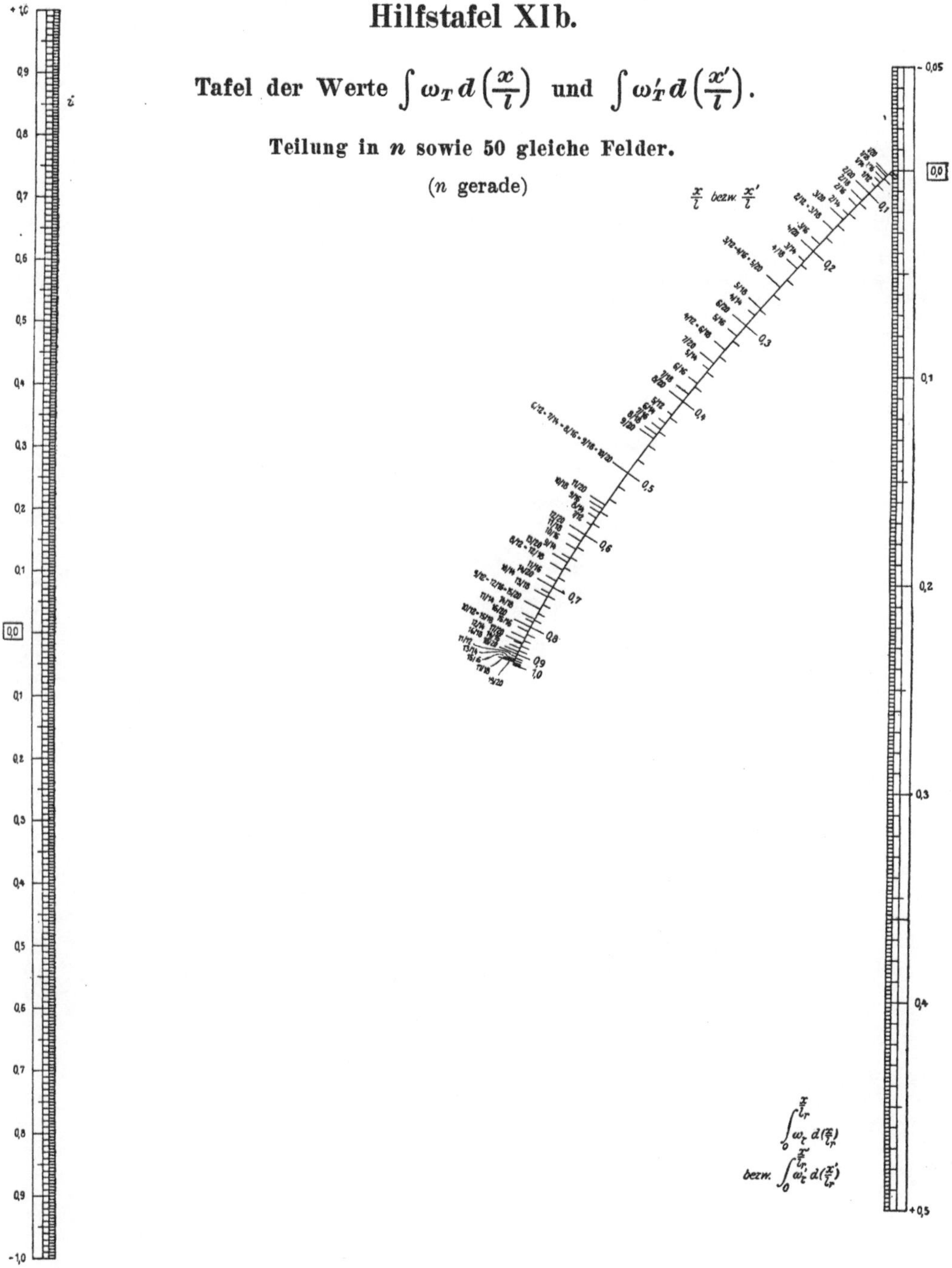

Verlag von Julius Springer in Berlin.

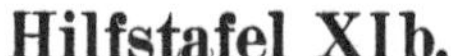

Die Kraftfelder in festen elastischen Körpern und ihre praktischen Anwendungen. Von Dr.-Ing. **Th. Wyss,** Privatdozent, Danzig. Mit 432 Abbildungen im Text und auf 35 Tafeln.

Erscheint im Oktober 1926.

Berechnung von Behältern nach neueren analytischen und graphischen Methoden für Studierende und Ingenieure und zum Gebrauche im Konstruktionsbüro. Zweite, vollständig umgearbeitete und erweiterte Auflage mit Benutzung der gemeinsam mit Prof. Dr. **K. v. Terzaghi** bearbeiteten ersten Auflage herausgegeben von Prof. Dr. **Theodor Pöschl,** Prag. Mit 71 Textabbildungen. VI, 212 Seiten. 1926.

Gebunden RM 15.60

Die Sicherheit der Bauwerke und ihre Berechnung nach Grenzkräften anstatt nach zulässigen Spannungen. Von Dr.-Ing. **Max Mayer,** Duisburg. Mit 3 Textabbildungen. VI, 66 Seiten. 1926.

RM 2.70

Erddruck auf Stützmauern. Von Prof **Richard Petersen,** Danzig. Mit 80 Abbildungen. 84 Seiten. 1924. RM 5.40; gebunden RM 6.30

Grenzzustände des Erddruckes auf Stützmauern. Von Prof. **Richard Petersen,** Danzig. Mit 26 Abbildungen. (Sonderabdruck aus: „Der Bauingenieur". 6. Jahrgang 1925. Heft 13.) 16 Seiten. 1925.

RM 0.90

Die Theorie elastischer Gewebe und ihre Anwendung auf die Berechnung biegsamer Platten unter besonderer Berücksichtigung der trägerlosen Pilzdecken. Von Dr.-Ing. **H. Marcus,** Direktor der HUTA, Hoch- und Tiefbau-Aktiengesellschaft, Breslau. Mit 123 Textabbildungen. VIII, 368 Seiten. 1924.

RM 21.—; gebunden RM 21.80

Die elastischen Platten. Die Grundlagen und Verfahren zur Berechnung ihrer Formänderungen und Spannungen, sowie die Anwendungen der Theorie der ebenen zweidimensionalen elastischen Systeme auf praktische Aufgaben. Von Privatdozent Dr.-Ing. **A. Nádai,** Göttingen. Mit 187 Abbildungen im Text und 8 Zahlentafeln. VIII, 326 Seiten. 1925.

Gebunden RM 24.—

Kreisplatten auf elastischer Unterlage. Theorie zentralsymmetrisch belasteter Kreisplatten und Kreisringplatten auf elastisch nachgiebiger Unterlage. Mit Anwendungen der Theorie auf die Berechnung von Kreisplattenfundamenten und die Einspannung in elastische Medien. Von Privatdozent Dr.-Ing. **Ferdinand Schleicher,** Karlsruhe. Mit 52 Textabbildungen. X, 148 Seiten. 1926. RM 13.50: gebunden RM 15.—

Die Berechnung statisch unbestimmter Tragwerke nach der Methode des Viermomentensatzes. Von Dr.-Ing. **Friedrich Bleich.** Zweite, verbesserte und vermehrte Auflage. Mit 117 Abbildungen im Text. V, 220 Seiten. 1925. Gebunden RM 15.—

Die gewöhnlichen und partiellen Differenzengleichungen in der Baustatik. Von Dr.-Ing. **Friedrich Bleich** und Prof. Dr.-Ing. **Ernst Melan.** Mit etwa 70 Textabbildungen.
Erscheint im Herbst 1926.

Theorie des Trägers auf elastischer Unterlage und ihre Anwendung auf den Tiefbau nebst einer Tafel der Kreis- und Hyperbelfunktionen. Von Prof. Dr.-Ing. **Keiichi Hayashi,** Japan. Mit 150 Textfiguren. X, 302 Seiten. 1921. RM 11.—

Zur Berechnung des beiderseits eingemauerten Trägers unter besonderer Berücksichtigung der Längskraft. Von Prof. Dr.-Ing. **Fukuhei Takabeya,** Japan. Mit 28 Textabbildungen und 2 Formeltafeln. IV, 52 Seiten. 1924. RM 3.—

Die Knickfestigkeit. Von Dr.-Ing. **Rudolf Mayer,** Privatdozent an der Technischen Hochschule in Karlsruhe. Mit 280 Textabbildungen und 87 Tabellen. VIII, 502 Seiten. 1921. RM 20.—

Die Deformationsmethode. Von Prof. Dr. techn. h. c. **A. Ostenfeld,** Kopenhagen. Mit 42 Abbildungen. VI, 118 Seiten. 1926. RM 10.—

Die Statik des ebenen Tragwerkes. Von Prof. **Martin Grüning,** Hannover. Mit 434 Textabbildungen. VIII, 706 Seiten. 1925.
Gebunden RM 45.—

Die Tragfähigkeit statisch unbestimmter Tragwerke aus Stahl bei beliebig häufig wiederholter Belastung. Von Prof. **Martin Grüning,** Hannover. Mit 6 Textabbildungen. IV, 30 Seiten. 1926. RM 3.30

Statik für den Eisen- und Maschinenbau. Von Prof. Dr.-Ing. **Georg Unold,** Chemnitz. Mit 606 Textabbildungen. VIII, 342 Seiten. 1925. Gebunden RM 22.50

Elastizität und Festigkeit. Die für die Technik wichtigsten Sätze und deren erfahrungsmäßige Grundlage. Von **C. Bach** und **R. Baumann.** Neunte, vermehrte Auflage. Mit in den Text gedruckten Abbildungen, 2 Buchdrucktafeln und 25 Tafeln in Lichtdruck. XXVIII, 687 Seiten. 1924.
Gebunden RM 24.—